HIV 354. HD

Marco Venturi

Town Planning Glossary

10,000 Multilingual Terms in One Alphabet
for European Town Planners

Stadtplanungsglossar

Glossaire d'Urbanisme

Glosario de Urbanísmo

Glossario di Urbanistica

K · G · Saur
München · New York · London · Paris 1990

CIP-Titelaufnahme der Deutschen Bibliothek

Venturi, Marco:
Town planning glossary : 10.000 multilingual terms in 1
alphabet for European town planners = Stadtplanungsglossar /
Marco Venturi. – München ; London ; New
York ; Paris : Saur, 1990
ISBN 3-598-10903-2
NE: HST

Printed on acid-free paper

Alle Rechte vorbehalten / All Rights Strictly Reserved
K. G. Saur Verlag, München 1990
(A member of the International Butterworth Group, London)

Distribution Rights for Italy by
Arsenale Editrice s.r.l. Venezia, Italy
ISBN 3-598-10903-2

Foreword

The publication of the *Town Planning Glossary* is a new landmark in the development of polyglot reference works. Unlike similar handbooks, all terms are compiled in a single continuous alphabet, and each term is followed by equivalents from the other respective languages, thus eliminating the usual tiresome preliminary search in an index. Listed in strict alphabetical order, the dictionary enables the rapid location of the term required.

This glossary is mainly intended for people working in the sector of town-planning, who need to translate from and into each of the languages included here.

The reason for choosing these particular five languages – they are, however, among those which are vehicles for the subject – was not in the name of any Europeanism. The basic concern was not to clutter up the book, especially with highly disparate typographical characters. Any future extension to include other linguistic groups will certainly be made easier by beginning from this basic text. The fact that the book is destined for a specialized user has had important consequences for its organization.

Firstly, definitions of the terms used were deemed unnecessary, insofar as they are presumably already known to the users (obviously in the case of words with multiple meanings the town-planning interpretation is intended). Secondly, defining the lexical area, which in reference to theories in the discipline appears highly controversial and tending towards the infinite, turned out to be possible on an empirical basis as the sum of the most commonly used words in various linguistic and institutional contexts. The resultant corpus from this linguistic survey may even provide a useful indicator as to the state of the art.

The field has, thus, been defined by superimposing lexicons from different sectors and techniques in town-planning, and it encompasses words commonly used in more than one of them. It does not claim, therefore, to be a complete guide to terms in the discipline but rather to cover the cross-currents between specific forms of knowledge and operational areas.

This common ground may be built on by creating customized supplements for specific sectors, which can, however, all be integrated and magnetically stored immediately.

Like all dictionaries, a further problem arises from the need to update continually. In town-planning not only the ideas and forms constantly change but also the definitions of the fundamental terms themselves: "plan" certainly cannot be said to have the same meaning today as it had ten years ago, and semantic changes do not always occur at the same rate in different countries.

This means that the most "inert" terms occupy a central position: in town-planning objects and forms change faster, both in time and space, than subjects and procedures.

A different kind of problem arises from the geography of the languages: a dictionary assumes that its content is basically the same in differently organized institutional or linguistic areas. But there are actually considerable disparities, not only from one language to another but also between different national set-ups. We have sought to establish a semantic field which, although not identical, is as equivalent as possible.

To a certain extent, then, there has been a harmonising of specific terminologies for each language through a kind of concordance table. What is aimed for is not so much a literal translation as a transposition in various practical disciplines. Thus, for example, the names of plans occupy a similar position in a hierarchical system, in a sequence of operations. Terms that might be ambivalent are explained by synonyms, and by the translation itself.

Terms that do not vary greatly from one language to another have not been included (e.g. lagoon, alternative, centrifuge etc.).

Despite this, there are still more than 2,000 entries. Many international town-planning experts with considerable practical experience contributed to the successful compilation of this work. They were able to provide the most currently used vocabulary today, as well as problematic expressions which are difficult to translate.

Compared to other dictionaries, the overall number of entries has been kept down by avoiding repetitions generally caused by subdividing according to subject-matter.

The organizing principle used has been to list the entries in alphabetic order which makes for much easier consultation. The system has been further streamlined by the fact that no single language is accorded priority. This was not only for reasons of equal dignity, but also to avoid indices, numberings or all references that necessarily require a double consultation before the desired entry is found.

The system used here allows for the direct translation from any of the five languages, by repeating all the translations in the order D-E-F-GB-I alongside the main word (in bold print). Furthermore, each individual language has been made immediately recognizable by using different types of print.

A second principle has been strictly to avoid repeating the same word, even if used for different meanings or in different languages. The main purpose of this rule is to avoid ambiguity when consulting the glossary. But in theory, it also means that future forms of automatic translation will be possible.

Compound words or phrases are thus only represented in one version: other uses are given along with the specific meaning (e.g. Umlegung, städtische – Grundstücksumlegung – Verkehrsumlegung etc.).

In some cases two nouns are linked by a comma: this formula indicates which definition is intended (e.g. estado, condición – change, variation, etc.). Some terms may appear to be little used. These are generally the best transposition possible of specific words in common usage in other countries (e.g. abusivismo or gentrification).

Expressions which are only used in one country and have no reliable equivalent in other contexts have not been included (e.g. advocacy planning).

This work has been made possible thanks to MPI research funds as well as a grant and other contributions from Alexander von Humboldt Stiftung. The suggestions and help from many colleagues, especially those from the Abteilung Raumplanung at the University of Dortmund, played a vital part in compiling this glossary.

The following people very kindly reread and revised the text:
Horst Rosenkranz and Michael Wegener
Joan Rodríguez Lores and Luis Varas
Jacqueline de Simpel and Odile Windau
Christiane Andersson and Carl Goldschmidt
Margaretha Breil and Cristina Cobianchi

Vorbemerkung

Im vorliegenden *Stadtplanungsglossar* wurde ein neuartiges Konzept für polyglotte Nachschlagewerke verwirklicht. Im Unterschied zu vergleichbaren Handbüchern erschließt sich jeder aufgenommene Begriff in fünf Sprachen durch einen eigenen Haupteintrag. Somit entfällt die oft mühsame Suche über ein Register. Die Handhabung des Wörterbuches wurde zudem durch die streng alphabetische Anordung seiner Stichwörter erleichtert, so daß jeder Begriff schnell und sicher nachgeschlagen werden kann.

Dieses Wörterbuch wendet sich in erster Linie an Berufsgruppen, die auf dem Gebiet der Stadtplanung tätig sind. Alle Stichwörter wurden in fünf ausgewählten Sprachen aufgenommen. Die Wahl fiel auf die in diesem Fachgebiet geläufigsten Sprachen, beruht also nicht – wie es vielleicht erscheinen mag – auf einem eurozentrischen Weltbild. Der Grundgedanke war hierbei, den Umfang nicht unnötig anwachsen zu lassen. Überdies soll Verwechslungen durch die Verwendung optisch unterschiedlicher Schriftzeichen vorgebeugt werden. Für Interessenten an weiteren Sprachen leistet das Werk, sozusagen als Ausgangsbasis, ebenfalls nützliche Hilfestellung.

Die Orientierung an den unterschiedlichen Bedürfnissen der Benutzer dieses Wörterbuches spiegelt sich im formalen Aufbau des Werkes wider. Zum einen wurde auf eine Definierung der aufgelisteten Stichwörter verzichtet, da sie dem fachkundigen Benutzer bereits bekannt sein dürften (bei mehrdeutigen Begriffen gilt automatisch die "städtebauliche" Bedeutungskomponente). Zum anderen wurde versucht, eine sinnvolle Lösung für die Eingrenzung der aufzunehmenden Stichwörter zu finden. Die Problematik ergibt sich aus dem eigentlich grenzenlos weiten Wortfeld, über dessen Abgrenzung unterschiedliche Meinungen bestehen, sobald man es auf eine bestimmte Fachrichtung oder Theorie bezieht. Eine Festlegung des lexikalischen Feldes ist jedoch auf der empirischen Ebene durchaus realisierbar, und zwar, wenn es als die Summe derjenigen wichtigen Vokabeln verstanden wird, die in verschiedenen linguistischen und institutionellen Kontexten benutzt werden.

Der daraus resultierende Textkorpus kann somit als äußerst nützlicher Indikator für "den Stand der Kunst" Stadtplanung gesehen werden. Er setzt sich aus den allen Fachrichtungen der Urbanistik gemeinsamen Begriffen zusammen. Es galt also nicht, die Gesamtheit aller hier möglichen Begriffe erschöpfend zu behandeln, sondern vielmehr, das sich überschneidende Vokabular der verschiedenen Planungsfachrichtungen aufzuführen. Der so entstandene Grundstock ist daher offen für individuelle Ergänzungen gemäß den einzelnen Teilaspekten des Faches, da das Material bereits auf Diskette vorhanden ist.

Ein weiteres Problem resultiert aus der Notwendigkeit der ständigen Aktualisierung, ein typisches Problem aller Wörterbücher. In dem Gebiet Stadtplanung verändern sich nicht nur Ideen und Formprinzipien, sondern auch die Bedeutung grundlegender Begriffe: so wird das Wort "Plan" heute sicherlich anders zu definieren sein als vor etwa zehn Jahren. Zudem gestalten sich Begriffsverschiebungen in den unterschiedlichen Ländern unterschiedlich schnell. Hieraus ergibt sich daß die "bedeutungsstabilsten" Stichwörter einen zentralen Platz einnehmen, wobei allgemein festzustellen ist, daß sich die Objekte und Formen der Raumplanung schneller ändern als die Subjekte und die Verhaltensweisen.

Ein andersgestaltetes Problem ergab sich aus der "Geographie" der Sprachen: ein Wörterbuch geht von der inhaltlichen Deckungsgleichheit eines Begriffes in verschiedenen linguistischen Bereichen oder unterschiedlichen strukturellen Bedingugen aus. Tatsächlich ist der Bedeutungsunterschied nicht nur von Sprache zu Sprache, sondern – je nach Kontext – auch innerhalb der Sprache sehr groß. Deshalb konnte in solchen Fällen nur versucht werden, so weit wie möglich, semantisch äquivalente Begriffe zu finden. Mit dem Ziel einer "Harmonisierung" der spezifischen Fachbegriffe jeder einzelnen Sprache wurden Konkordanztabellen aufgestellt, wobei nicht eine wortwörtliche Übersetzung, sondern eine sinngemäße Übertragung in die einzelnen Teilbereiche des Faches angestrebt wurde. So war man z.B. um eine äquivalente Anordnung für die Bezeichnung von Plänen bemüht, und zwar innerhalb der jeweiligen Struktur des nationalen Raumplanungsprinzips. Begriffe, die in den verschiedenen Sprachen fast identisch sind (z.B.: Lagune, Alternative, zentrifugal, etc.) wurden nicht in den Textkorpus aufgenommen.

Dennoch umfaßt das Wörterbuch über 2000 Stichwörter. Um diese Vollständigkeit zu erreichen, wurde die praktische Erfahrung vieler Experten mit internationalen Aufgaben im Bereich der Stadtplanung ausgewertet. Aus ihrem Fundus wurden die geläufigsten Vokabeln sowie jene Ausdrücke gewählt, die Übersetzungsschwierigkeiten bereiten könnten. Die Gesamtzahl der Stichwörter wurde in einem überblickbaren Umfang gehalten, da sich durch den alphabetischen Aufbau Wiederholungen vermeiden ließen, die sich bei einer thematischen Aufteilung ergeben hätten.

Außerdem wurde keine der Sprachen bevorzugt. Dies geschah nicht nur im Hinblick auf deren prinzipielle Gleichwertigkeit, sondern auch, um auf die sonst übliche Numerierung und die Listen am Ende des Buches verzichten zu können. Somit ist kein doppeltes Nachschlagen nötig.

Mit dem hier verwendeten System ist die direkte Übersetzung von allen fünf Sprachen in alle fünf Sprachen ermöglicht worden. Neben dem fettgedruckten Haupteintrag läßt sich die entsprechende Übersetzung in der Reihenfolge Deutsch, Spanisch, Französisch, Englisch, Italienisch (D - E - F - GB - I) durch die verschiedenen Schriftbilder rasch finden. Jede Wiederholung wurde vermieden, auch die jener Stichwörter mit mehreren Bedeutungen und solcher, die in mehreren Sprachen verwendet werden. Dadurch lassen sich erstens Mißverständnisse vermeiden, die durch die Vieldeutigkeit eines Begriffes entstehen könnten, und zweitens ermöglicht die Korrespondenz von einer einzigen Übersetzung für jedes Wort in Zukunft automatisch computerisierte Übertragungen. Bei vieldeutigen Ausdrücken wurde hier nur eine Übersetzungsmöglichkeit angegeben, während weitere Bedeutungen durch die Verknüpfung mit einem Adjektiv oder Beiwort erklärt wurden (z.B. Umlegung, städtische – Grundstücksumlegung – Verkehrsumlegung etc.).

Zur genaueren Definierung wurden einige Stichwörter durch Synonyme ergänzt, die durch ein Komma abgetrennt sind (z.B. estado, condición – change, variation). Begriffsbezeichnungen des Faches, welche in einem Land häufig vorkommen, in einem anderen Land aber nicht geläufig sind, wurden mit der bestmöglichen Übersetzung angegeben (z.B. abusivismo oder gentrification). Ausdrücke, die lediglich in ihrem Herkunftsland vorkommen und die keine zuverlässigen äquivalente Bezeichnungen in anderen Sprachsystemen kennen, wurden nicht berücksichtigt (z.B. advocacy planning).

Diese Arbeit wurde hauptsächlich durch die Unterstützung des Wissenschaftsfonds MPI und mit Hilfe eines Stipendiums, sowie weiterer Beiträge der Alexander-von-Humboldt-Stiftung ermöglicht.

Weiterhin entscheidend für die Verwirklichung dieser Arbeit war die Hilfe vieler Kollegen. In besonderem Maße soll hier die Unterstützung seitens der Abteilung Raumplanung der Universität Dortmund erwähnt werden.

Für eine wieder holte Überarbeitung standen freundlicherweise zur Verfügung:
Horst Rosenkranz und Michael Wegener
Joan Rodríguez Lores und Luis Varas
Jacqueline de Simpel und Odile Windau
Christiane Andersson und Carl Goldschmidt
Margaretha Breil und Cristina Cobianchi

Avertissement

Ce *Glossaire d'urbanisme* se base sur un nouveau concept pour des ouvrages de référence polyglottes.

A la différence d'autres manuels comparables, chaque terme fondamental est rapporté dans cinq langues différentes. On évite ainsi une recherche fastidieuse dans l'index. De plus, le classement strictement alphabétique des termes facilite le maniement de ce glossaire. Il est donc facile de trouver rapidement et sûrement chaque terme.

Ce glossaire s'adresse principalement à qui opère dans le secteur de la planification urbanistique, en vue de la traduction de et dans chacune des langues proposées ici.

Le choix des cinq langues "véhiculaires" en cette matière n'obéit pas à une logique eurocentrique, mais essentiellement au souci de ne pas alourdir davantage encore le volume, surtout par des caractères typographiques optiquement disparates: d'éventuels élargissements linguistiques seraient sans doute très facilités en s'appuyant sur ce texte de base.

La localisation des destinaires implique des conséquences importantes dans la structure du volume.

En premier lieu, les définitions des termes proposés ne semblent pas nécessaires, dans la mesure où on suppose que les bénéficiaires les connaissent déjà (dans le cas des vocables polysémiques c'est l'acception "urbanistique" qui vaut automatiquement).

En second lieu, la délimitation de l'aire lexicale, d'un côté tendentiellement infinie et extrêmement controverse dans ses limites, si on la réfère à une théorie de la discipline, se révèle en revanche possible sur une base empirique, comme somme des vocables les plus employés dans différents contextes linguistiques et institutionnels. Le corpus qui ressort de cette vérification peut même représenter un indicateur utile de l'"état de l'art".

Le champ est donc défini grâce à la superposition des lexiques propres à différents secteurs et techniques de l'urbanisme et comprend les articles communs à plusieurs d'entre eux. Il ne prétend donc pas épuiser l'univers des termes qui se rapportent à cette discipline, mais plutôt couvrir les interconnexions entre les savoirs spécifiques et les aires opérationnelles.

Cette aire commune s'ouvre donc chaque fois à des ajouts "personnalisés", relatifs à des secteurs spécifiques: leur traitement unifié sur un support magnétique est de toute façon immédiatement possible.

Un autre problème vient de la nécessité, commune à tout dictionnaire, d'une mise à jour continue; non seulement les contenus et les formes de l'urbanisme changent sans cesse, mais avec eux c'est l'acception même des vocables fondamentaux qui change: le mot "plan" n'a certainement pas le même sens aujourd'hui qu'il y a dix ans, et les modifications sémantiques se font souvent à des vitesses différentes d'un pays à l'autre.

De tout cela émerge la centralité des articles de plus grande "inertie": les objets et les formes de l'urbanisme changent plus rapidement dans le temps et dans l'espace que les sujets et les comportements.

Le problème posé par la géographie des langues est différent: un dictionnaire présuppose un contenu substantiellement identique dans des aires linguistiques ou dans des organisations institutionnelles diversifiées. Les disparités sont en revanche plus fortes non seulement d'une langue à l'autre, mais également entre les différents contextes nationaux: ce qu'on essaye ici de proposer, c'est un champ sémantique, autant que faire se peut, équivalent, mais non coïncidant.

Dans une certaine mesure, une "harmonisation" des terminologies spécifiques à chaque langue a donc été opérée par le biais d'une espèce de table de concordances, qui ne vise pas tant la traduction littérale, mais plutôt la transposition dans des pratiques disciplinaires différentes. Ainsi, par exemple, pour ce qui est de la dénomination des plans, nous proposons une équivalence de leur position dans un système hiérarchique, dans une chaîne d'opérations.

Des ambivalences éventuelles sont en revanche éclairées par leur juxtaposition avec des synonymes et par leur traduction même.

Par contre, nous n'avons pas proposé de termes qui ne présentent pas de divergence de relief d'une langue à l'autre (par exemple: lagune, alternative, centrifuge..). Malgré tout, il y a plus de 2000 articles. Pour ce faire, nous avons tiré les sommes des expériences dans ce domaine de nombreux experts qui ont recouvert des charges internationales, en insérant les vocables les plus courants et les vocables les plus difficiles à traduire.

Par rapport aux autres dictionnaires, nous avons réussi à contenir le nombre global des articles, en évitant les répétitions dues en général à une subdivision thématique. Le principe que nous avons suivi ici a été au contraire le principe de la classification par ordre purement alphabétique, qui rend la consultation plus facile.

En outre, cette dernière est ultérieurement accélérée dans la mesure où aucune langue n'a été privilégiée – non seulement pour des raisons de dignité égale, mais aussi pour éviter les classifications à la fin du livre, les numérotations et, quoiqu'il en soit, tous les renvois qui obligent à des consultations doubles, avant de trouver le vocable souhaité.

Par contre, avec le système que nous proposons ici, une traduction directe de et dans n'importe laquelle des cinq langues est possible en répétant à côté du vocable principal (en caractères gras) les entrées correspondantes dans la succession D-E-F-GB-I, où chaque langue est mise en évidence par les différents caractères typographiques.

Le second principe a été celui d'éviter de façon rigoureuse toute répétition de vocable, même s'il est utilisé dans des significations différentes ou dans des langues différentes. Le but de cette règle est avant tout d'éviter les ambiguités dans la consultation, et ensuite, de rendre théoriquement possibles à l'avenir des formes de traduction automatique.

Pour les vocables "polyvalents" nous ne proposons ici qu'une seule version: les autres sens sont donnés en association avec une spécification (par exemple: Umlegung, städtische – Grundstücksumlegung – Verkehrsumlegung etc.).

Dans certains cas, nous présentons deux substantifs associés par une virgule: aussi cette formule indique-t-elle dans quelles acceptions ils doivent être pris (par exemple: estado, condición – change, variation etc.).

Certains termes peuvent sembler d'usage non courant: il s'agit dans ce cas de la meilleure transposition possible des vocables spécifiques à d'autres pays et qui sont là très utilisés (par exemple, abusivismo ou gentrification).

Les expressions utilisées couramment et seulement dans les pays d'origine et pour lesquelles nous n'avons pas d'équivalents fiables dans d'autres contextes n'ont pas été proposées ici (par exemple: advocacy planning).

Ce travail a été rendu possible par l'utilisation des fonds de recherches MPI et par une bourse d'étude et d'autres subventions de la Alexander von Humboldt Stiftung.

Les suggestions et l'aide de nombreux collègues, en particulier ceux de la Abteilung Raumplanung de l'Université de Dortmund, ont été décisives. Se sont aimablement prêtés à une révision supplémentaire du texte:
Horst Rosenkranz et Michael Wegener
Joan Rodríguez Lores et Luis Varas
Jacqueline de Simpel et Odile Windau
Christiane Andersson et Carl Goldschmidt
Margaretha Breil et Cristina Cobianchi

Advertencia

Este *Glosario de urbanismo* basa sobre un nuevo concepto para libros de consulta políglotos.
A diferencia de otros libros de consulta similares, este glosario hace accesible cada término en cada una de las cinco lenguas por medio de una propria inclusión principal. Así se evita una dificultosa búsqueda basada en un índice. La estructura del glosario, que es estrictamente alfabética, facilita el manejo de éste: cada término puede ser hallado rápidamente y con seguridad.
Este glosario va dirigido principalmente a quienes operan en el sector de la planificación urbanística con el fin de permitir la traducción de y a cada una de las lenguas que aquí se proponen.
La elección de cinco lenguas, que abarcan la mayor parte de las que son "vehículos" de esta materia, no obedece a una lógica "eurocéntrica", sino, más bien, al interés de no hacer aún más pesado el presente volumen, sobre todo, con caracteres tipográficos ópticamente diferentes. De todos modos, la utilización de este texto base como apoyo, facilitaría eventuales ampliaciones a otros grupos lingüísticos.
La identificación de las personas a quienes va dirigido el texto comporta consecuencias importantes en lo que respecta a la estructura de este volumen. En primer lugar, no se consideran necesarias las definiciones de los términos aquí propuestos, ya que se parte del supuesto de que el usuario las conoce de antemano (en el caso de vocablos polisémicos se considera automáticamente la acepción "urbanismo"). Y, en segundo lugar, la delimitación del área léxica, que, por una parte, tiende a ser infinita, y, por otra, extremamente incierta en sus límites si se refiere a una teoría de la disciplina, resulta en cambio posible sobre una base empírica, como suma de los vocablos de mayor uso en diferentes contextos lingüísticos e institucionales. El corpus que resulta de esta constatación puede representar un útil indicador del "estado del arte".
El campo se define, por tanto, a través de la superposición de los léxicos propios de diferentes sectores y técnicas del urbanismo, y abarca las voces comunes a más de uno de ellos. Sin embargo, no pretende agotar el universo de los términos que se refieren a esta disciplina, sino, más bien, cubrir las interconexiones entre conocimientos específicos y áreas operativas. Esta área común se abre, por tanto, en cada ocasión a integraciones "personalizadas" relativas a sectores específicos: de todos modos, un tratamiento unificado de éstos en un soporte magnético es inmediatamente posible.
Otro problema resulta de la necesidad, común a todo diccionario, de una puesta al día continua; ya que cambian constantemente no sólo los contenidos y las formas del urbanismo, sino también la acepción misma de vocablos fundamentales: "plan" no tiene ciertamente el mismo significado hoy que hace diez años, y las modificaciones semánticas tienen con frecuencia velocidades diferentes de un país a otro.
De ello emerge la posición central de las voces de mayor "inercia": los objetos y las formas del urbanismo cambian más rápidamente en el tiempo y en el espacio que los sujetos y los comportamientos.
Un problema diferente es el dado por la geografía de las lenguas. Un diccionario presupone un contenido sustancialmente idéntico en áreas lingüísticas u organizaciones institucionales diversificadas. Sin embargo, existen grandes diferencias no sólo de una lengua a otra, sino también entre distintos contextos nacionales: lo que aquí se intenta proponer es un campo semántico lo más equivalente posible aunque no coincidente.
De alguna manera, se ha realizado una "armoni-

zación" de las terminologías específicas de cada idioma a través de una especie de tabla de concordancias que no aspira tanto a la traducción literal, como a la transposición en diferentes prácticas de las disciplinas. Así, por ejemplo, para la denominación de los planes se propone una equivalencia en su colocación en un sistema jerárquico dentro de una cadena de operaciones.

Eventuales ambivalencias quedan aclaradas por su acoplamiento a sinónimos y por su misma traducción.

Se ha prescindido, en cambio, de términos que no presentan discrepancias considerables de una lengua a otra (ej: laguna, alternativa, centrífugo, etc.). Pese a ello, el número de voces supera las 2.000. Para hacer esto, se han sumado las experiencias en el sector de numerosos expertos con cargos internacionales, incluyendo, por tanto, los vocablos más empleados y aquellos cuya traducción resultase más difícil.

Respecto a otros diccionarios, se ha logrado limitar el número total de las voces evitando las repeticiones que se derivan generalmente de una subdivisión temática.

El principio que se ha seguido aquí ha sido, por el contrario, el de hacer una lista simplemente alfabética, lo cual facilita considerablemente la consulta, que resulta ulteriormente simplificada por el hecho de que no se privilegia ninguna lengua, no sólo por razones de igual dignidad, sino también para evitar las listas al final del libro, las numeraciones o todas las remisiones que obliguen a dobles consultas antes de encontrar el vocablo deseado.

Con el sistema que se propone en el presente texto, en cambio, es posible la traducción directa de y a cada una de las cinco lenguas, repitiendo al lado del vocablo principal (en negrita) las voces correspondientes según la sucesión D-E-F-GB-I, en la que cada idioma viene identificado con diferentes caracteres tipográficos.

El segundo principio ha sido el de evitar, de una forma rigurosa, cualquier repetición del mismo vocablo, aunque se use con significados diferentes o en diversas lenguas. El objetivo de esta regla es, en primer lugar, evitar interpretaciones ambiguas cuando se consulta el texto y, en segundo lugar, hacer teóricamente posibles en el futuro formas de traducción automáticas. Para vocablos "polivalentes" se propone, pues, sólo una versión: los demás significados se dan en asociación con otro que especifica el mismo (ej: Umlegung, städtische – Grundstücksumlegung – Verkehrsumlegung etc.).

En algunos casos se presentan dos sustantivos asociados por una coma; esta fórmula indica también en que acepción éstos están incluidos (ej: estado, condición – change, variation, etc.).

Algunos términos pueden parecer no usuales: se trata en este caso de la mejor transposición posible de vocablos específicos en otros países donde son muy corrientes (ej: abusivismo o gentrification).

No hemos propuesto, en cambio, expresiones de utilización corriente sólo en el país original y que no tengan equivalentes fidedignos en otros contextos (ej: advocacy planning).

Este trabajo ha sido posible gracias a la utilización de fondos de investigación MPI, a una beca y a otras contribuciones de la Alexander von Humboldt Stiftung.

Han sido decisivas las sugerencias y la ayuda de muchos colegas, en especial los del Abteilung Raumplanung de la Universidad de Dortmund. Se han prestado amablemente a una repetida revisión:
Horst Rosenkranz y Michael Wegener
Joan Rodríguez Lores y Luis Varas
Jacqueline de Simpel y Odile Windau
Christiane Andersson y Carl Goldschmidt
Margaretha Breil y Cristina Cobianchi

Avvertenza

Con questo *Glossario di Urbanistica* si è voluto realizzare un progetto di opere di consultazione poliglotte totalmente nuovo. A differenza di altri manuali simili, ogni termine fondamentale viene infatti riportato in cinque lingue diverse. Con ciò si evita la ricerca spesso faticosa nell'indice. L'accesso al termine ricercato è stato inoltre facilitato e reso più comodo e veloce, tramite una rigorosa collocazione in ordine alfabetico.

Questo glossario si indirizza principalmente a chi opera nel settore della pianificazione urbanistica, in vista della traduzione da e in ognuna delle lingue qui proposte.

La scelta di cinque lingue, comprendenti comunque la maggior parte di quelle "veicolari" in questa materia, non obbedisce a una logica eurocentrica, ma essenzialmente alla preoccupazione di non appesantire ulteriormente il volume, soprattutto con caratteri tipografici otticamente disparati: eventuali futuri allargamenti ad altri gruppi linguistici sarebbero comunque molto facilitati dall'appoggiarsi a questo testo base.

L'identificazione dei destinatari ha conseguenze importanti per la struttura del volume.

In primo luogo le definizioni dei termini proposti non sembrano necessarie, in quanto si suppongono già note ai fruitori (in caso di vocaboli polisemici vale automaticamente l'accezione "urbanistica"). In secondo luogo la delimitazione dell'area lessicale, tendenzialmente infinita da un lato, ed estremamente controversa nei suoi confini se riferita a una teoria della disciplina, risulta invece possibile su base empirica, come somma dei vocaboli maggiormente impiegati in diversi contesti linguistici e istituzionali.

Il corpus risultante da questa verifica può anzi rappresentare un utile indicatore dello "stato dell'arte".

Il campo viene quindi definito attraverso la sovrapposizione dei vocabolari propri a differenti settori e tecniche dell'urbanistica, e comprende i lemmi comuni a più d'uno tra loro. Non pretende quindi di esaurire l'universo dei termini riferibili a questa disciplina ma piuttosto di coprire le interconnessioni tra specifici saperi e aree operative. Questa area comune è quindi aperta volta a volta a integrazioni "personalizzate", relative a settori specifici: un loro trattamento unificato su supporto magnetico è comunque immediatamente possibile.

Un altro problema è dato dalla necessità, comune a ogni dizionario, di un aggiornamento continuo; non solo i contenuti e le forme dell'urbanistica cambiano incessantemente, ma con essi cambia l'accezione stessa di vocaboli fondamentali: "piano" non ha certo lo stesso significato oggi di dieci anni fa, e le modificazioni semantiche hanno spesso velocità diverse da Paese a Paese.

Da ciò emerge la centralità dei lemmi di maggior "inerzia": oggetti e forme dell'urbanistica cambiano più rapidamente nel tempo e nello spazio che non i soggetti e i comportamenti.

Diverso è il problema dato dalla geografia delle lingue: un dizionario presuppone un contenuto sostanzialmente identico in aree linguistiche od organizzazioni istituzionali diversificate. Le disparità sono invece forti non solo tra lingua e lingua, ma anche tra diversi contesti nazionali: quello che qui si cerca di proporre è un campo semantico per quanto possibile equivalente, ma non coincidente.

In qualche misura si è quindi operata una "armonizzazione" delle terminologie specifiche ad ogni lingua attraverso una specie di tavola delle concordanze, che non mira tanto alla traduzione letterale, quanto alla trasposizione in diverse pratiche disciplinari. Così, per esempio, per la denominazione dei piani si propone una equiva-

lenza nella loro collocazione in un sistema gerarchico, in una catena di operazioni.
Eventuali ambivalenze vengono invece chiarite dal loro accoppiamento con sinonimi e dalla loro stessa traduzione.
Non si sono invece proposti termini che non presentano divergenze di rilievo da lingua a lingua (es. laguna, alternativa, centrifugo, ecc.). Ciò nonostante il numero dei lemmi supera i 2000. Per fare questo si sono sommate le esperienze sul campo di molti esperti con incarichi internazionali, inserendo quindi i vocaboli più correnti e quelli di più difficile traduzione.
Rispetto ad altri dizionari si è riusciti a contenere il numero complessivo dei lemmi evitando le ripetizioni, derivanti generalmente da una suddivisione tematica.
Il principio qui seguito è stato invece quello dell'elencazione puramente alfabetica, che facilita notevolmente la consultazione. Questa è inoltre ulteriormente sveltita per il fatto di non privilegiare nessuna lingua – non solo per ragioni di pari dignità, ma anche per evitare gli elenchi a fine libro, le numerazioni o comunque tutti i rimandi che obblighino a doppie consultazioni prima di trovare il vocabolo desiderato.
Con il sistema qui proposto, è invece possibile la traduzione diretta da e in qualsiasi delle cinque lingue, ripetendo a lato del vocabolo principale (in neretto) le voci corrispondenti secondo la successione D-E-F-GB-I, in cui le singole lingue vengono evidenziate da differenti caratteri tipografici.
Il secondo principio è stato quello di evitare in maniera rigorosa qualsiasi ripetizione dello stesso vocabolo anche se usato con significati diversi o in lingue diverse. Lo scopo di questa regola è in primo luogo quello di evitare ambiguità nella consultazione, in secondo luogo quello di rendere teoricamente possibili in futuro forme di traduzione automatica.
Per vocaboli "polivalenti" viene quindi qui proposta solo una versione: gli altri significati vengono dati in associazione con uno specificativo (es. Umlegung, städtische – Grundstücksumlegung – Verkehrsumlegung ecc.).
In alcuni casi si presentano due sostantivi associati da una virgola; anche questa formula indica in che accezione essi vadano intesi (es. estado, condición – change, variation ecc.).
Alcuni termini possono sembrare di uso non corrente: si tratta in questo caso della miglior trasposizione possibile di vocaboli specifici ad altri paesi e ivi molto usati (es. abusivismo o gentrification ecc.).
Non sono state invece qui proposte espressioni utilizzate correntemente solo nella lingua originale, e che non abbiano equivalenti attendibili in altri contesti (es. advocacy planning).

Questo lavoro è stato reso possibile dall'utilizzo di fondi di ricerca MPI e da una borsa di studio e altri contributi della Alexander von Humboldt Stiftung.
Decisivi sono stati i suggerimenti e l'aiuto di molti colleghi, in particolare di quelli dell'Abteilung Raumplanung dell'Università di Dortmund.
A una ripetuta revisione del testo si sono amichevolmente prestati:
Horst Rosenkranz e Michael Wegener
Joan Rodríguez Lores e Luis Varas
Jacqueline de Simpel e Odile Windau
Christiane Andersson e Carl Goldschmidt
Margaretha Breil e Cristina Cobianchi

Marco Venturi

Town Planning Glossary

10,000 Multilingual Terms in One Alphabet
for European Town Planners

Stadtplanungsglossar

Glossaire d'Urbanisme

Glosario de Urbanísmo

Glossario di Urbanistica

A

a caso - aufs Geratewohl - *al azar* - au hasard - *at random*

a destinazione vincolata - zweckgebunden - *vinculado a objetivos* - affecté - *tied, earmarked*

a escala reducida, en miniatura - à l'échelle réduite, en miniature - *scaled-down, in miniature* - in scala ridotta, in miniatura - *in verkleinertem Maßstab*

a fascia - bandförmig - *en bandas, lineal* - rubané - *ribboned*

a forfait, tutto compreso - Pauschale - *global, forfait* - forfait - *lump sum*

à jour, actuel - up-to-date - *aggiornato* - neuzeitlich, zeitgemäß - *actual, puesto al dìa*

a la medida - sur mesure - *tailor-made* - su misura - *nach Maß*

a livello stradale - Straßenniveau, auf - *a nivel de la calle* - au niveau de la rue - *at street level*

à l'échelle réduite, en miniature - scaled-down, in miniature - *in scala ridotta, in miniatura* - in verkleinertem Maßstab - *a escala reducida, en miniatura*

à l'envers, au contraire - reverse, conversely - *all'inverso, al contrario* - umgekehrt - *al inverso, al contrario*

a nivel de la calle - au niveau de la rue - *at street level* - a livello stradale - *Straßenniveau, auf*

à plusieurs étages - multi-story - *multipiano* - mehrgeschossig - *de varias plantas*

à sens unique - one-way street - *senso unico* - Einbahnstraße - *sentido único, sentido obligatorio*

à usages multiples, polyvalent - multi-purpose - *pluriuso, polivalente* - Mehrzweck - *multiuso, polivalente*

a varios niveles - denivelé - *grade-separated* - su più livelli - *niveaufrei*

abaissement de l'âge de la retraite - early retirement - *pensionamento anticipato* - Eintritt, vorzeitiger ins Rentealter - *jubilación adelantada, anticipada*

abandonement - abbandono - *Aufgabe (einer Nutzung), verlassen* - abandono - *cession*

abandono - cession - *abandonement* - abbandono - *Aufgabe (einer Nutzung), verlassen*

abastecer - fournir - *supply (to)* - fornire - *liefern*

abastecimiento de agua - distribution de l'eau - *water supply* - erogazione dell'acqua - *Wasserversorgung*

abattoir - slaughterhouse - *mattatoio* - Schlachthof - *matadero*

abbandono - Aufgabe (einer Nutzung), verlassen - *abandono* - cession - *abandonement*

Abbau - desguace - *démontage* - dismantling - *smontaggio*

abbaubar, biologisch - degradable - *biodégradable* - biodegradable - *biodegradabile*

abbrechen - demoler - *démolir* - demolish (to) - *demolire*

Abbruchverfügung - orden de demolición - *ordre de démolition* - demolition order - *ordine di demolizione*

Abfahrtszeit - hora de salida - *heure de départ* - time of departure - *ora di partenza*

Abfallbehälter - papeleras públicas - *bac à ordures* - litter bin, trash can - *cestino stradale*

Abfallbeseitigung, Müllabfuhr - servicio de recogida de basuras - *remassage des ordures, évacuation des déchets* - refuse collection, waste disposal - *evacuazione dei rifiuti*

Abfälle - residuos, basuras - *détritus, déchets, ordures* - refuse, trash, garbage - *immondizia*
Abfälle, schädliche - residuos nocivos - *déchets nocifs* - noxious waste - *rifiuti nocivi*
Abfallstoffe, feste - residuos sólidos - *déchets solides* - solid waste - *rifiuti solidi*
Abgabe - tarifa, impuesto - *imposition* - duty, fee - *tributo*
Abgas - gas de escape, combustión - *gaz d'échappement* - exhaust - *gas di scarico*
Abgeordneter - diputado - *député, délegué* - representative - *deputato, delegato*
abgrenzend - contìguo, vecino, limìtrofe - *avoisinant, limitrophe* - contiguous, bordering - *confinante*
Abgrenzung - perìmetro - *ligne de cordon, delimitation* - cordon line, boundary - *perimetro*
Abhängigkeit, gegenseitige - interdependencia - *interdépendance* - interdependence - *interdipendenza*
Abholzung - desforestación - *déboisement* - felling of trees, lumbering - *disboscamento*
abilità, capacità - Fähigkeit - *talento, abilidad, aptitud* - aptitude, capacité - *skill*
abitante in periferia - Vorstadtbewohner - *habitante suburbano, habitante de las afueras* - banlieusard - *suburbanite*
abitante, residente - Einwohner, Bewohner - *habitante* - habitant - *inhabitant, resident*
abitazione - Wohnung, Wohneinheit - *vivienda* - logement - *dwelling, home*
abitazione in comune, comunità di alloggio - Wohngemeinschaft - *vivienda en comunidad* - communauté, groupe en cohabitation - *commune*
Abkommen - pacto, acuerdo - *pact, accord, entente* - pact, agreement, - *patto, accordo*
Ablösungssumme - indemnización - *indemnité* - redemption settlement - *buonuscita*
Abnahme - baja, mengua, pérdida - *baisse* - cut, drop, decline, withdrawl - *calo*
Abnahmebescheinigung - certificado de recepción - *certificat de réception, de salubrité* - certificate of approval, occupancy - *agibilità, collaudo*
Abordnung - delegación - *délegation* - delegation - *delegazione*
Absatz - ventas - *montant des ventes* - sales - *smercio*
abschleppen - remover, remolear - *évacuer* - tow away (to) - *rimuovere*
Abschluß - estipulación - *stipulation* - transaction, conclusion - *stipulazione*
Abschnitt, Schein - cupón, talón - *coupon, talon* - coupon, stub, counterfoil - *tagliando, cedola*
Abschöpfung von Planungsgewinnen - impuesto sobre las ganancias derivadas de la planificación - *récupération des plus values liées aux décision de planification* - taxation of development gains due to planning - *imposta sull'incremento di valore delle aree fabbricabili*
abschrecken - desanimar - *décourager* - deter (to) - *scoraggiare*
Abschreibung - amortización - *amortissement, défalcation* - depreciation - *ammortamento, detrazione*
absichtlich - intencionalmente - *exprès, à dessin* - intentionally, wilfully - *intenzionalmente, apposta*
Absperrlinie - lìnea de defensa - *ligne d'écran* - screen line, cordon line - *linea-schermo*
Abstandserlaß - normas para la regulación de distancias, ordenanza de espaciamiento - *réglementation des gabarits* - spacing ordinance - *regolamento sulle distanze*
Abstandsfläche - zona de preservación, espacio libre - *zone de sauvegarde* - safety zone - *fascia di rispetto*
Abstellplatz - plaza de aparcamiento - *place de stationnement* - parking space (lot) - *posto macchina*
Abstellplatz, überdachter - garaje cubierto - *stationnement couvert* - car port - *parcheggio coperto*
Abstimmung - coordinación - *harmonisation* - coordination - *coordinamento*
Abteilung - departamento - *département, service* - department - *reparto*
abundance - sovrabbondanza - *Überfluß* - abundancia - *surabondance*
abundancia - surabondance - *abundance* - sovrabbondanza - *Überfluß*
abusivismo - Gesetzwidrigkeit - *abuso, ilegalidad* - activité illicite, illégitimité - *unauthorised activity*
abusivo - squatter - *squatter, illegal occupant* - occupante abusivo - *Besetzer, Ansiedler ohne Rechtstitel*
abuso edilizio - Schwarzbau - *costrucción ilegal* - construction sauvage - *illegal building*
abuso, ilegalidad - activité illicite, illégitimité - *unauthorised activity* - abusivismo - *Gesetzwidrigkeit*

Abwanderung - éxodo - *exode* - out-migration - *esodo*
Abwanderungsgebiet - área en despoblamiento - *zone d'émigration* - region of declining population - *area di spopolamento*
Abwärme - calor perdido - *chaleur perdue* - waste heat - *calore di scarico*
Abwasser - aguas residuales - *eaux usées* - waste water, sewage - *acque reflue, luride*
Abwasserklärung - reciclaje de aguas residuales, depuradora - *assainissement, traitement des eaux usées* - waste water treatment, sewage treatment - *riciclaggio delle acque luride*
Abwassernetz - sistema de drenaje, red de desagüe - *réseau des eaux usées* - drainage system, sewer network - *rete fognaria*
Abweichung vom allgemeinen Trend - desviación de una tendencia general - *écart par rapport à la tendance générale* - deviation from a general trend - *scarto da una tendenza generale*
Abwertung - devalutación - *dépréciation, dévaluation* - devaluation - *svalutazione*
Abzweigung - ramificación - *embranchement* - junction - *bivio*
acabado - achèvement - *completion* - completamento - *Fertigstellung*
accelerare - beschleunigen - *acelerar* - accélérer - *accelerate (to), speed up (to)*
accelerate (to), speed up (to) - accelerare - *beschleunigen* - acelerar - *accélérer*
acceleration lane - corsia di accelerazione - *Beschleunigungspur* - via de aceleración - *voie d'accélération*
accélérer - accelerate (to), speed up (to) - *accelerare* - beschleunigen - *acelerar*
acceptable conditions - condizioni accettabili - *Verhältnisse, annehmbare* - condiciones aceptables - *conditions acceptables*
accès aux véhicules - vehicular access - *accesso veicolare* - Einfahrt für Fahrzeuge - *acceso de vehìculos*
accès interdit - no entry, do not enter - *divieto d'accesso* - Eintritt verboten - *acceso prohibido*
accès routier - road access - *accesso stradale* - Straßenanschluß - *acceso a la carretera*
accesibilidad - accessibilité - *accessibility* - accessibilità - *Zugänglichkeit*
acceso a la carretera - accès routier - *road access* - accesso stradale - *Straßenanschluß*
acceso a la propiedad - accession à la propriété - *access to ownership, to owner occupancy* - accesso alla proprietà - *Zugang zum Eigentum*
acceso de vehìculos - accès aux véhicules - *vehicular access* - accesso veicolare - *Einfahrt für Fahrzeuge*
acceso prohibido - accès interdit - *no entry, do not enter* - divieto d'accesso - *Eintritt verboten*
access balcony - ballatoio - *Laubengang* - porche - *coursive*
access road, street - strada di accesso - *Anliegerstraße* - camino de acceso, calle de acceso - *rue de desserte locale*
access to ownership, to owner occupancy - accesso alla proprietà - *Zugang zum Eigentum* - acceso a la propriedad - *accession à la propriété*
accessibilità - Zugänglichkeit - *accesibilidad* - accessibilité - *accessibility*
accessibilité - accessibility - *accessibilità* - Zugänglichkeit - *accesibilidad*
accessibility - accessibilità - *Zugänglichkeit* - accesibilidad - *accessibilité*
accession à la propriété - access to ownership, to owner occupancy - *accesso alla proprietà* - Zugang zum Eigentum - *acceso a la propriedad*
accesso alla proprietà - Zugang zum Eigentum - *acceso a la propriedad* - accession à la propriété - *access to ownership, to owner occupancy*
accesso stradale - Straßenanschluß - *acceso a la carretera* - accès routier - *road access*
accesso veicolare - Einfahrt für Fahrzeuge - *acceso de vehìculos* - accès aux véhicules - *vehicular access*
accessory building - annesso - *Nebengebäude* - anexos - *annexe, dépendance*
accidentado - accidenté - *broken* - accidentato - *zerklüftet*
accidentato - zerklüftet - *accidentado* - accidenté - *broken*
accidenté - broken - *accidentato* - zerklüftet - *accidentado*
acción de las olas - action des vagues - *wave action* - azione delle onde - *Wellentätigkeit*
accommodation - sistemazione, collocazione - *Unterbringung* - acomodación - *recasement, hébergement*
accommodation capacity - capacità ricettiva - *Beherbergungskapazität* - capacidad hotele-

ra - *capacité d'hébergement*
accord, convention - arrangement - *accordo, convenzione* - Vereinbarung - *acuerdo, convención*
accordo, convenzione - Vereinbarung - *acuerdo, convención* - accord, convention - *arrangement*
accounting system - sistema di contabilità - Buchhaltungs-, Buchführungssystem - sistema de contabilidad - *système de comptabilité*
accroissement - increase, growth - *crescita, incremento* - Vermehrung, Wachstum - *incremento*
accroissement naturel - natural increase - *incremento naturale* - Zunahme, natürliche - *incremento natural*
accroissement rapide, explosion - sharp increase - *esplosione, crescita tumultuosa* - Ansteigen, schnelles - *explosión, aumento rápido*
accroître, augmenter - increase (to), augment (to) - *aumentare* - anwachsen - *aumentar, acrecentar*
accumulated demand - domanda pregressa - Nachholbedarf - neesidades a cubrir, demanda acumulada - *besoin à couvrir*
acelerar - accélérer - *accelerate (to), speed up (to)* - accelerare - *beschleunigen*
àcera, vereda - trottoir - *pavement, sidewalk* - marciapiede - *Bürgersteig*
achat - purchase - *acquisto* - Ankauf - *compra*
achat de propriétés - purchase of real estate - *acquisto di beni fondiari* - Kauf von Immobilien - *compra de inmeubles*
achèvement - completion - *completamento* - Fertigstellung - *acabado*
achèvement, agrandissement - completion, extension - *completamento, ampliamento* - Ausbau - *terminación, ampliación*
Achse - eje - *axe* - trunk, axis, shaft - *asse*
acid rain - pioggia acida - *Regen, saurer* - lluvia acida - *pluie acide*
Ackerbaubetrieb - explotación agrìcola, finca - *ferme à cultures arables* - crop farm - *fattoria ad arativo*
Ackerland - tierra de cultivo, laborable, tierra de labrantìo - *terre labourable* - arable land - *arativo*
acomodación - recasement, hébergement - *accommodation* - sistemazione, collocazione - *Unterbringung*
acqua corrente - fließendes Wasser - *agua corriente* - eau courante - *running water*
acqua dolce - Süßwasser - *agua dulce* - eau douce - *fresh water*
acqua potabile - Trinkwasser - *agua potable* - eau potable - *potable water*
acqua salata, di mare - Salzwasser - *agua salada, de mar* - eau salée, de mer - *salt water*
acque di superficie - Oberflächenwasser - *aguas superficiales* - eaux de surface - *surface water*
acque reflue, luride - Abwasser - *aguas residuales* - eaux usées - *waste water, sewage*
acque territoriali - Hoheitsgewässer - *aguas territoriales* - eaux territoriales - *territorial waters*
acquisto - Ankauf - *compra* - achat - *purchase*
acquisto di beni fondiari - Kauf von Immobilien - *compra de inmeubles* - achat de propriétés - *purchase of real estate*
acta - procès-verbal - *minutes, proceeding* - verbale, rendiconto - *Protokoll*
acta de cesión - acte de cession - *deed of conveyance* - atto di cessione - *Überschreibungsurkunde*
acte de cession - deed of conveyance - *atto di cessione* - Überschreibungsurkunde - *acta de cesión*
actif - employed - *attivo, occupato* - erwerbstätig - *activo, ocupado*
actif net - shareholders' equity - *capitale netto* - Nettokapital - *capital neto*
action des vagues - wave action - *azione delle onde* - Wellentätigkeit - *acción de las olas*
action program - programma di intervento - *Aktionsprogramm* - programa de intervención publica - *programme d'intervention*
actividad constructiva - opérations de construction - *construction work* - attività costrutiva - *Baumaßnahmen*
actividades extralaborales - activités après le travail - *after-work activities* - attività svolte dopo il lavoro - *Tätigkeiten nach Feierabend*
actividad illicita, illégitimité - unauthorised activity - *abusivismo* - Gesetzwidrigkeit - *abuso, ilegalidad*
activités après le travail - after-work activities - *attività svolte dopo il lavoro* - Tätigkeiten nach Feierabend - *actividades extralaborales*
activity mix, mixed use - mix di funzioni - *Gemengelage* - combinación de actividades - *mélange d'activités*
activo, ocupado - actif - *employed* - attivo, occupato - *erwerbstätig*

actual population - popolazione effettiva - *Bevölkerung, tatsächliche* - población efectiva, población real - *population existante*
actualisation, mise à jour d'un plan - updating of a plan - *variante, aggiornamento* - Planfortschreibung - *actualización o puesta al dìa de un plan*
actualisé, mis à jour - state-of-the-art - *attualizzato, aggiornato* - auf dem neuesten Stand - *puesto al dia*
actualización o puesta al dìa de un plan - actualisation, mise à jour d'un plan - *updating of a plan* - variante, aggiornamento - *Planfortschreibung*
actual, disponible - actuel, disponible - *existing, on hand* - attuale, a disposizione - *vorhanden*
actual, puesto al dìa - à jour, actuel - *up-to-date* - aggiornato - *neuzeitlich, zeitgemäß*
actuel, disponible - existing, on hand - *attuale, a disposizione* - vorhanden - *actual, disponible*
acuerdo, convención - accord, convention - *arrangement* - accordo, convenzione - *Vereinbarung*
ad anello, concentrico - ringförmig - *anular* - annulaire - *circular*
adaptation, conformité - fit, adaptation, adjustment - *adattamento, adeguamento* - Anpassung - *armonización, adaptación*
adattamento, adeguamento - Anpassung - *armonización, adaptación* - adaptation, conformité - *fit, adaptation, adjustment*
adatto - geeignet - *conforme, adecuado* - approprié - *suitable*
addestramento - Ausbildung - *formación, adestramiento* - formation - *job training*
additional costs - spese aggiuntive - *Mehrkosten* - costos, gastos suplementarios - *frais supplémentaires*
adecuado - adéquat, convenable - *adequate, suitable* - adeguato - *angemessen*
adeguato - angemessen - *adecuado* - adéquat, convenable - *adequate, suitable*
adéquat, convenable - adequate, suitable - *adeguato* - angemessen - *adecuado*
adequate, suitable - adeguato - *angemessen* - adecuado - *adéquat, convenable*
Ader - arteria - *artère* - artery - *arteria*
adjoint au maire - alderman, deputy mayor - *assessore municipale* - Stadtrat, Ratsherr - *asesor, concejal*

adjudication, passation, de marché - allocation, award of contracts - *appalto* - Vergebung, Vergabe - *concesión, encargo*
administración - administration - *administration* - amministrazione - *Verwaltung*
administración intermunicipal - administration intercommunale - *inter-municipal authority* - uffici intercomunali, comprensorio - *Behörde, interkommunale*
administration - administration, management - *amministrazione* - Verwaltung - *administración*
administration, management - amministrazione - *Verwaltung* - administración - *administration*
administration communale - civic center, city hall - *uffici comunali, centro civico* - Stadtverwaltung - *centro cìvico, ayuntamiento*
administration intercommunale - inter-municipal authority - *uffici intercomunali, comprensorio* - Behörde, interkommunale - *administración intermunicipal*
administration publique - authority - *organismo pubblico* - Behörde - *organismo público, autoridad*
administrative boundaries of a town - confini amministrativi di una città - *Verwaltungsgrenzen einer Stadt* - lìmites administrativos de una ciudad - *limites administratives d'une ville*
administrative law court - tribunale amministrativo - *Verwaltungsgericht* - tribunal administrativo - *tribunal administratif*
administrative reform - riforma amministrativa - *Verwaltungsreform* - reforma admistrativa - *réforme administrative*
administrative unit - circoscrizione amministrativa - *Verwaltungsbezirk* - distrito administrativo - *circonscription administrative*
adopción - adoption (d'un projet) - *consent, approval* - adozione - *Zustimmung*
adoption (d'un projet) - consent, approval - *adozione* - Zustimmung - *adopción*
adozione - Zustimmung - *adopción* - adoption (d'un projet) - *consent, approval*
aduana - douane, péage - *duty, customs* - dazio, dogana - *Zoll*
adult - adulto - *Erwachsene* - adulto, crecido - *adulte*
adulte - adult - *adulto* - Erwachsene - *adulto, crecido*
adulto - Erwachsene - *adulto, crecido* - adulte -

adult
adulto, crecido - adulte - *adult* - adulto - *Erwachsene*
advanced technology - tecnologia avanzata - *Technologie, fortgeschrittene* - tecnologia avanzada - *technologie avancée*
advertisement, ad - avviso, pubblicità - *Anzeige* - anuncio, aviso - *annonce*
advisory committee - comitato - *Beirat* - comité - *comité*
aération, ventilation - airing, ventilation - *ventilazione* - Entlüftung - *ventilación*
aereo a reazione - Düsenflugzeug - *avión a reacción* - avion à réaction - *jet*
aéré, dégagé - widely spaced, low density - *decongestionato, a bassa densità* - aufgelokkert - *descongestionado, espaciado*
aerial photograph - fotografia aerea - *Luftbild* - fotografia aérea - *photographie aérienne*
aerial plan - piano aerofotogrammetrico - *Luftbildplan* - plano aerofotogramétrico - *plan aérophotogrammétrique*
aerial surveying - rilevamento aereo - *Luftbildmessung* - relevamiento aéreo - *aérophotogrammétrie*
aérophotogrammétrie - aerial surveying - *rilevamento aereo* - Luftbildmessung - *relevamiento aéreo*
aéroport - airport - *aeroporto* - Flughafen - *aeropuerto*
aeroporto - Flughafen - *aeropuerto* - aéroport - *airport*
aeropuerto - aéroport - *airport* - aeroporto - *Flughafen*
affectation de la circulation - traffic assignment, rerouting, diversion - *attribuzione delle correnti di traffico* - Verkehrsumlegung - *asignación de la circulación*
affecté - tied, earmarked - *a destinazione vincolata* - zweckgebunden - *vinculado a objetivos*
affecter - allocate (to) - *stanziare, erogare* - bereitstellen - *poner a disposición*
affidabilità - Zuverlässigkeit - *fiabilidad* - fiabilité, sûreté - *reliability*
affitto - Miete - *alquiler, arriendo* - loyer - *rent*
affitto con riscatto - Kaufanwartschaft - *opción* - location-attribution - *owner occupancy*
affluent - tributary - *affluente* - Nebenfluß - *afluente*
affluente - Nebenfluß - *afluente* - affluent - *tributary*
affrétement - charter - *noleggio* - Befrachtung - *fletamiento*
afluente - affluent - *tributary* - affluente - *Nebenfluß*
after-work activities - attività svolte dopo il lavoro - *Tätigkeiten nach Feierabend* - actividades extralaborales - *activités après le travail*
âge au mariage - age of marriage - *età al matrimonio* - Heiratsalter - *edad de matrimonio*
âge de retraite - retirement age - *età della pensione* - Pensionierungsalter - *edad de jubilación*
age group - classe di età - *Altersklasse* - clase de edad - *classe d'âge*
âge moyen - average age - *età media* - Durchschnittsalter - *edad media*
age of marriage - età al matrimonio - *Heiratsalter* - edad de matrimonio - *âge au mariage*
agenda for a town council meeting - ordine del giorno del consiglio municipale - *Tagesordnung des Gemeinderates* - orden del dìa del concejo municipal - *ordre du jour du conseil municipal*
agent immobilier - real estate agent - *agente immobiliare* - Grundstücksmakler - *agente inmobiliario, corredor de propriedades*
agente contaminador - materiau polluant - *pollutant* - agente inquinante - *Schadstoff*
agente immobiliare - Grundstücksmakler - *agente inmobiliario, corredor de propriedades* - agent immobilier - *real estate agent*
agente inmobiliario, corredor de propriedades - agent immobilier - *real estate agent* - agente immobiliare - *Grundstücksmakler*
agente inquinante - Schadstoff - *agente contaminador* - materiau polluant - *pollutant*
agentes contaminadores de la atmósfera - polluants atmosphériques - *atmospheric pollutants* - agenti inquinanti atmosferici - *Luftschadstoff*
agenti inquinanti atmosferici - Luftschadstoff - *agentes contaminadores de la atmósfera* - polluants atmosphériques - *atmospheric pollutants*
age-sex distribution - distribuzione per età e sesso - *Alters- und Geschlechtsstruktur* - clasificación según edades y sexos - *structure par âge et par sexe*
age-sex pyramid - piramide delle età - *Alterspyramide* - pirámide de edades - *pyramide des âges*

aggiornato - neuzeitlich, zeitgemäß - *actual, puesto al dìa* - à jour, actuel - *up-to-date*
agglomération urbaine - urban agglomeration, conurbation - *agglomerato urbano* - Städteballung - *aglomeración urbana*
Agglomerationsvorteile - econòmias externas - *économies externes* - external economies - *economie esterne*
agglomeration, conurbation - zona di concentrazione - *Verdichtungsgebiet* - aglomeración - *zone de concentration*
agglomerato urbano - Städteballung - *aglomeración urbana* - agglomération urbaine - *urban agglomeration, conurbation*
aggregate family income - reddito familiare complessivo - *Haushaltseinkommen* - renta global de la familia - *revenu total du ménage*
agibilità, collaudo - Abnahmebescheinigung - *certificado de recepción* - certificat de réception, de salubrité - *certificate of approval, occupancy*
aglomeración - zone de concentration - *agglomeration, conurbation* - zona di concentrazione - *Verdichtungsgebiet*
aglomeración urbana - agglomération urbaine - *urban agglomeration, conurbation* - agglomerato urbano - *Städteballung*
agotamiento de existencias - épuisement des stocks - *depletion of stocks* - esaurimento delle scorte - *Erschöpfung des Bestands*
agrandissement - extension - *ampliamento* - Erweiterung - *ensanche*
Agrargebiet - región agricola - *région agricole* - agricultural region - *regione agricola*
agreement - consensus - *concordanza di opinioni* - Meinung, übereinstimmende - *conformidad*
agricoltore, contadino - Bauer - *agricultor, campesino* - paysan, fermier - *farmer*
agricultor, campesino - paysan, fermier - *farmer* - agricoltore, contadino - *Bauer*
agricultural development association - consorzio di bonifica - *Meliorationsverband* - consorcio de desarrollo agrìcola - *syndicat pour la bonification*
agricultural land - terreno agricolo - *Fläche, landwirtschaftliche* - terreno agricola, tierra de cultivo - *terrain agricole*
agricultural region - regione agricola - *Agrargebiet* - región agricola - *région agricole*
agricultural use value of land - valore agricolo - *Nutzwert, landwirtschaftlicher* - valor agricola - *valeur comme terrain agricole*
agua corriente - eau courante - *running water* - acqua corrente - *fließendes Wasser*
agua dulce - eau douce - *fresh water* - acqua dolce - *Süßwasser*
agua potable - eau potable - *potable water* - acqua potabile - *Trinkwasser*
agua salada, de mar - eau salée, de mer - *salt water* - acqua salata, di mare - *Salzwasser*
aguanieve - neige fondante - *sleet* - nevischio - *Schneeregen*
aguas residuales - eaux usées - *waste water, sewage* - acque reflue, luride - *Abwasser*
aguas subterraneas - nappe phréatique - *ground water* - nappa freatica - *Grundwasser*
aguas superficiales - eaux de surface - *surface water* - acque di superficie - *Oberflächenwasser*
aguas territoriales - eaux territoriales - *territorial waters* - acque territoriali - *Hoheitsgewässer*
ahorro - épargne - *savings* - risparmio - *'Sparguthaben*
aid policy - politica di sostegno - *Förderungspolitik* - polìtica de fomento - *politique d'encouragement*
aide à la personne, aide individualisée - individual or family assistance - *sussidio individuale o familiare* - Individual- oder Familienbeihilfe - *subsidio individual, subsidio familiar*
aide de démarrage - front-end assistance - *aiuti per nuove iniziative* - Starthilfe - *ayudas para nuevas iniciativas*
aide personnalisée au logement - housing allowance - *aiuto personalizzato per l'edilizia* - Subjektförderung (Wohnen) - *crédito personal para la construcción*
aides aux petites et moyennes entreprises - small-business assistance - *aiuti alla piccola e media industria* - Mittelstandsförderung - *ayuda a la pequeña y mediana industria*
air quality standards - requisiti di purezza dell'aria - *Normen der Luftreinheit* - normas de pureza del aire - *normes de pureté de l'air*
air traffic - traffico aereo - *Luftverkehr* - trafico aéreo - *circulation aérienne, trafic aérien*
aire - field, area - *area* - Bereich, Areal - *área*
aire à dominante résidentielle - predominantly residential area - *area prevalentemente residenziale* - Gebiet, vornehmlich für Wohnzwecke bestimmtes - *área preferentemente*

residencial
aire d'attraction - city region, urban region - *area di gravitazione* - Einzugsgebiet - *área de atracción*
aire de repos - stopping place - *area di ristoro* - Rastplatz - *area de descanso*
aire de service - service area - *area di servizio* - Raststätte - *área de servicio*
aire métropolitaine - metropolitan area - *area metropolitana* - Großraum, städtischer - *área metropolitana*
aire publique - area for public use - *area di uso pubblico* - Fläche für öffentliche Nutzung - *área para uso publico*
airfield - campo d'aviazione - *Flugplatz* - campo de aviación - *terrain d'aviation*
airing, ventilation - ventilazione - *Entlüftung* - ventilación - *aération, ventilation*
airport - aeroporto - *Flughafen* - aeropuerto - *aéroport*
aiuti alla piccola e media industria - Mittelstandsförderung - *ayuda a la pequeña y mediana industria* - aides aux petites et moyennes entreprises - *small-business assistance*
aiuti per nuove iniziative - Starthilfe - *ayudas para nuevas iniciativas* - aide de démarrage - *front-end assistance*
aiuto personalizzato per l'edilizia - Subjektförderung (Wohnen) - *crédito personal para la construcción* - aide personnalisée au logement - *housing allowance*
ajuar, mobiliario - ameublement - *furniture* - arredamento - *Einrichtung*
ajuste del arriendo - ajustement de loyer - *rent review* - revisione dell'affitto - *Mietanpassung*
ajustement de loyer - rent review - *revisione dell'affitto* - Mietanpassung - *ajuste del arriendo*
Akte, Sache - dossier, carpeta, acta - *dossier - paper, file* - *pratica, dossier*
Aktiengesellschaft (AG) - sociedad por acciones, sociedad anónima - *société anonyme (SA)* - joint stock company, corporation - *società per azioni (SpA)*
Aktionsprogramm - programa de intervención publica - *programme d'intervention* - action program - *programma di intervento*
al azar - au hasard - *at random* - a caso - *aufs Geratewohl*
al contado, en efectivo - comptant - *cash, out-of-pocket* - in contanti - *bar*
al di sotto della media - unter dem Durchschnitt - *debajo de la media* - en dessous de la moyenne - *below average*
al inverso, al contrario - à l'envers, au contraire - *reverse, conversely* - all'inverso, al contrario - *umgekehrt*
albero decisionale - Entscheidungsbaum - *árbol de decisión* - arbre de décision - *decision tree*
albo professionale - Berufsregister - *guìa profesional* - tableau professionel - *professional register*
alcalde - maire - *mayor* - sindaco - *Bürgermeister*
alderman, deputy mayor - assessore municipale - *Stadtrat, Ratsherr* - asesor, concejal - *adjoint au maire*
alejado, periférico, remoto - éloigné, écarté - *peripheral* - distante, fuori mano - *entlegen*
alentours, environs - surroundings, vicinity - *dintorni* - Umgebung - *entorno, alrededores*
Algenblüte - proliferación de algas - *prolifération d'algues* - water bloom - *proliferazione d'alghe*
aligeramiento, descarga - soulagement, décharge - *relief* - alleggerimento, sgravio - *Entlastung*
alignement - building line - *allineamento dei fabbricati* - Baulinie - *lìnea de edificación*
alignment - tracciato - *Trasse* - traza - *tracé*
alimento - nourriture - *food* - nutrimento - *Nahrung*
allacciamento - Anschluß - *conexión* - raccordement, branchement - *connection, hook-up*
allagamento - Überflutung - *anegación, inundación* - inondation - *inundation, flooding*
allégerments fiscaux - tax reduction - *sgravi fiscali* - Steuererleichterung - *reducción fiscal*
alleggerimento, sgravio - Entlastung - *aligeramiento, descarga* - soulagement, décharge - *relief*
alley, passage - vicolo - *Gasse* - callejuela - *ruelle*
allineamento dei fabbricati - Baulinie - *lìnea de edificación* - alignement - *building line*
allocate (to) - stanziare, erogare - *bereitstellen* - poner a disposición - *affecter*
allocation - assegnazione - Anweisung - asignación - attribution
allocation, aide - subsidy, assistance - *sussidio, sovvenzione* - Beihilfe - *subsidio, subvención*
allocation, award of contracts - appalto - *Vergebung, Vergabe* - concesión, encargo - *adju-*

dication, passation, de marché
allocation de chômage - unemployment compensation - *sussidio di disoccupazione* - Arbeitslosengeld - *subsidio de paro*
allocations familiales - child allowance - *assegni familiari* - Kindergeld - *subsidios familiares*
alloggio - Unterkunft - *alojamiento* - logis - *lodging*
alloggio di servizio - Werkswohnung - *alojamiento para el personal* - logement de fonction - *company housing*
allot (to) - lottizzare - *parzellieren* - parcelar - *lotir*
allotment - lottizzazione - *Parzellierung* - parcelación - *lotissement*
allotment garden - orto urbano - *Schrebergarten* - pequeño huerto - *jardin ouvrier*
allotment plan - piano di lottizzazione - *Parzellierungsplan* - plan de parcelación, plan parcelario - *plan de lotissement*
allowance, grant - sovvenzione, contributo - *Zuschuß* - subvención, subsidio - *subvention, aide*
alluvial deposit - deposito alluvionale - *Flußablagerung* - depósito aluvial - *dépôts d'alluvions*
all-time high - massimo assoluto - *Höchstand, absoluter* - nivel maximo - *niveau maximum absolu*
all'inverso, al contrario - umgekehrt - *al inverso, al contrario* - à l'envers, au contraire - *reverse, conversely*
almacén, tienda - magasin - *shop, store* - negozio - *Laden*
alojamiento - logis - *lodging* - alloggio - *Unterkunft*
alojamiento para el personal - logement de fonction - *company housing* - alloggio di servizio - *Werkswohnung*
alquiler, arriendo - loyer - *rent* - affitto - *Miete*
alta marea - Flut - *marea alta* - marée haute - *high tide*
alta mar, mar abierto - au large, haute mer - *open sea* - alto mare, mare aperto - *Meer, offenes*
Altbaumodernisierung - rehabilitación - *réhabilitation* - rehabilitation, renovation - *recupero, risanamento*
Altenheim - asilo, residencia de ancianos - *maison de retraite* - old people's home, senior citizens' residence - *casa di ricovero per an-*

ziani
Ältere - ancianos, personas mayores - *personnes âgées* - elderly people - *anziani*
Alter, mittleres - madurez - *entre deux âges, âge moyen* - middle age - *mezza età*
Altersklasse - clase de edad - *classe d'âge* - age group - *classe di età*
Alterspyramide - pirámide de edades - *pyramide des âges* - age-sex pyramid - *piramide delle età*
Alters- und Geschlechtsstruktur - clasificación según edades y sexos - *structure par âge et par sexe* - age-sex distribution - *distribuzione per età e sesso*
altezza massima degli edifici - Gebäudenhöhe, maximale - *altura máxima de construcción* - hauteur maximale des constructions - *maximum building height*
altezza minima interna - Mindestraumhöhe - *altura mìnima interna, altura mìnima interior* - hauteur minimale sous plafond - *minimal interior height*
altezze e distanze tra gli edifici - Höhen und seitliche Abstände von Gebäuden - *alturas y distancias que separan los edificios* - hauteurs et distances entre les bâtiments - *heights of and distances between buildings*
altiplanicie, altiplano - haut-plateau - *plateau, tableland* - altopiano - *Hochebene*
Altlasten - deterioro a causa de usos precedentes - *contamination et frais dus aux usages précédents* - burden of contaminated soil - *oneri da usi precedenti*
alto - élevé, haut - *high* - alto, elevato - *hoch*
alto, elevato - hoch - *alto* - élevé, haut - *high*
alto mare, mare aperto - Meer, offenes - *alta mar, mar abierto* - au large, haute mer - *open sea*
altopiano - Hochebene - *altiplanicie, altiplano* - haut-plateau - *plateau, tableland*
Altstadt - centro histórico, ciudad antigua - *centre historique* - historical town center - *centro storico*
altura máxima de construcción - hauteur maximale des constructions - *maximum building height* - altezza massima degli edifici - *Gebäudenhöhe, maximale*
altura mìnima interna, altura mìnima interior - hauteur minimale sous plafond - *minimal interior height* - altezza minima interna - *Mindestraumhöhe*
alturas y distancias que separan los edificios -

hauteurs et distances entre les bâtiments - *heights of and distances between buildings* - altezze e distanze tra gli edifici - *Höhen und seitliche Abstände von Gebäuden*
ama de casa - ménagère - *housewife* - casalinga - *Hausfrau*
ambiente - Umwelt - *medio ambiente* - environnement, milieu, ambiance - *environment*
ambiente urbano - Stadtlandschaft - *paisaje urbano* - paysage urbain - *townscape*
amélioration - improvement - *miglioria* - Verbesserung - *mejora*
amélioration du cadre urbain - improvement of the housing environment - *migliorie dell'intorno residenziale* - Wohnumfeldverbesserung - *mejoramiento del entorno de las viviendas*
aménagement des espaces verts - open space plan - *piano del verde* - Grünordnungsplan - *plano de áreas verdes, plan regulador de áreas verdes*
aménagement du territoire - national/regional policy - *ordinamento, assetto territoriale* - Raumordnung - *regimen, ordenación territorial*
aménagements de transport - transportation facilities - *attrezzature di trasporto* - Beförderungsmöglichkeiten - *instalaciones de transporte*
amendement, modification - amendment - *emendamento* - Änderung (rechtlich) - *enmienda*
amendment - emendamento - *Änderung (rechtlich)* - enmienda - *amendement, modification*
ameublement - furniture - *arredamento* - Einrichtung - *ajuar, mobiliario*
amministrazione - Verwaltung - *administración* - administration - *administration, management*
ammortamento, detrazione - Abschreibung - *amortización* - amortissement, défalcation - *depreciation*
amortissement, défalcation - depreciation - *ammortamento, detrazione* - Abschreibung - *amortización*
amortización - amortissement, défalcation - *depreciation* - ammortamento, detrazione - *Abschreibung*
amount of precipitation in cm - quantità di pioggia in cm - *Niederschlagshöhe in cm* - cantidad de lluvia en cm - *hauteur des précipitations en cm*
ampleur de la marée, marnage - tidal range - *escursione della marea* - Tidenhub - *dimensión de la marea*
ampliamento - Erweiterung - *ensanche* - agrandissement - *extension*
Amt - oficina pública - *fonction, office* - function, office - *mansione, ufficio*
amtlich - oficial - *officiel* - official - *ufficiale*
analisi costo-profitto - Kosten-Nutzenanalyse - *análisis costo-ganancia* - analyse coût-bénéfice - *cost-benefit analysis*
analisi territoriale - Raumanalyse *análisis del territorio, análisis territorial* - analyse du territoire - *spatial analysis*
análisis costo-ganancia - analyse coût-bénéfice - *cost-benefit analysis* - analisi costo-profitto - *Kosten-Nutzenanalyse*
análisis del territorio, análisis territorial - analyse du territoire - *spatial analysis* - analisi territoriale - *Raumanalyse*
analyse coût-bénéfice - cost-benefit analysis - *analisi costo-profitto* - Kosten-Nutzenanalyse - *análisis costo-ganancia*
analyse du territoire - spatial analysis - *analisi territoriale* - Raumanalyse - *análisis del territorio, análisis territorial*
anbauen - cultivar - *cultiver* - grow (to) - *coltivare*
Anbindung - ligazón - *lien* - link - *legame*
ancho - large - *wide, broad* - largo - *breit*
ancho de vìas - largeur de voie - *lane width* - larghezza di corsia - *Spurbreite (Straße)*
ancho del carril - écartement - *gauge* - scartamento - *Spurweite (Eisenbahn)*
anchorage - ancoraggio - *Ankerplatz* - anclaje - *mouillage*
ancianos, personas mayores - personnes âgées - *elderly people* - anziani - *Ältere*
ancillary facilities - servizi sussidiari - *Folgeeinrichtungen* - equipamientos auxiliares - *équipements auxiliaires*
anclaje - mouillage - *anchorage* - ancoraggio - *Ankerplatz*
ancoraggio - Ankerplatz - *anclaje* - mouillage - *anchorage*
andén, ferrovia - voie ferrée - *railway track* - binario, strada ferrata - *Eisenbahngleis*
andén de carga, plataforma de carga - plateforme de chargement - *loading dock* - banchina di scarico - *Ladebühne*
Änderung (rechtlich) - enmienda - *amende-

ment, modification - amendment - *emendamento*
anegación, inundación - inondation - *inundation, flooding* - allagamento - *Überflutung*
anello periferico, tangenziale - Ring, äußerer - *anillo periférico* - ceinture périphérique, rocade extérieure - *outer ringroad*
anello suburbano - Ring von Vororten - *cinturón periférico* - couronne suburbaine - *suburban ring*
anexión, incorporación - incorporation - *incorporation, annexation* - annessione, incorporazione - *Einverleibung, Eingemeindung*
anexos - annexe, dépendance - *accessory building* - annesso - *Nebengebäude*
Anfangsphase - fase inicial - *periode de démarrage* - start-up period - *fase iniziale*
Anforderung - exigencia, demanda - *exigence, requête* - requirement, demand - *richiesta, domanda*
Angebot - oferta - *offre* - supply - *offerta*
angemessen - adecuado - *adéquat, convenable* - adequate, suitable - *adeguato*
Angestellter - empleado - *employé* - employee, clerk - *impiegato*
Anhaltspunkt - punto de referencia - *point de repère, d'appui* - reference point, clue - *punto di riferimento, di appoggio*
anillo periférico - ceinture périphérique, rocade extérieure - *outer ringroad* - anello periferico, tangenziale - *Ring, äußerer*
animales domésticos - animaux domestiques - *pets* - animali domestici - *Haustiere*
animales salvajes - animaux sauvages - *wild animals* - animali selvatici - *Tiere, wilde*
animali domestici - Haustiere - *animales domésticos* - animaux domestiques - *pets*
animali selvatici - Tiere, wilde - *animales salvajes* - animaux sauvages - *wild animals*
animaux domestiques - pets - *animali domestici* - Haustiere - *animales domésticos*
animaux sauvages - wild animals - *animali selvatici* - Tiere, wilde - *animales salvajes*
Ankauf - compra - *achat* - purchase - *acquisto*
Ankerplatz - anclaje - *mouillage* - anchorage - *ancoraggio*
Ankündigung - notificación - *notification* - notice, announcement - *notifica*
Ankunftszeit - hora de llegada - *heure d'arrivée* - time of arrival - *ora d'arrivo*
Anlage - instalación, establecimiento - *installation* - plant, installation, facility - *impianto*

Anlagekapital - capital fijo - *immobilisations* - fixed assets - *capitale fisso*
Anlagestrategie - estrategia de inversión - *stratégie des investissements* - investment strategy - *strategia di investimento*
Anlaufkosten - costos de partida, de puesta in marcha - *frais de démarrage* - launching costs - *costi iniziali*
Anleihe, Darlehen - préstamo, mutuo - *prêt* - loan - *prestito, mutuo*
Anlieferungsstraße - via de servicio - *voie de service* - service road - *strada di servizio*
Anliegerbeitrag - gastos vecinales - *cotisation de riveraineté* - front-foot charge - *quote vicinali*
Anliegerstraße - camino de acceso, calle de acceso - *rue de desserte locale* - access road, street - *strada di accesso*
Anmeldung - inscripción - *inscription, déclaration* - inscription, registration - *iscrizione, notifica*
Annahmen - hipótesis - *hypothèses* - assumptions - *ipotesi*
année budgétaire, exercice - budget, fiscal year - *anno finanziario, fiscale, di esercizio* - Haushaltsjahr - *año financiero, ejercicio*
annessione, incorporazione - Einverleibung, Eingemeindung - *anexión, incorporación* - incorporation - *incorporation, annexation*
annesso - Nebengebäude - *anexos* - annexe, dépendance - *accessory building*
annexe, dépendance - accessory building - *annesso* - Nebengebäude - *anexos*
anno finanziario, fiscale, di esercizio - Haushaltsjahr - *año financiero, ejercicio* - année budgétaire, exercice - *budget, fiscal year*
annonce - advertisement, ad - *avviso, pubblicità* - Anzeige - *anuncio, aviso*
annual increase - incremento annuo - *Zuwachs, jährlicher* - incremento anual - *augmentation annuelle*
annual installment - versamento annuale - *Einzahlung, jährliche* - pago anual - *versement annuel*
annual rate of new housing construction - percentuale annua di nuovi alloggi - *Wohnungsbaurate, jährliche* - porcentaje anual de nuevas viviendas - *pourcentage annuel de nouveaux logements*
annual rate of replacement - tasso di rimpiazzo annuo - *Ersatzrate, jährliche* - tasa de reemplazo anual - *taux annuel de remplacement*

annulaire - circular - *ad anello, concentrico* - ringförmig - *anular*
año financiero, ejercicio - année budgétaire, exercice - *budget, fiscal year* - anno finanziario, fiscale, di esercizio - *Haushaltsjahr*
anodin, inoffensif - harmless - *innocuo* - harmlos - *inofensivo, inocuo*
Anpassung - armonización, adaptación - *adaptation, conformité* - fit, adaptation, adjustment - *adattamento, adeguamento*
Anpassungspflicht - obligación de adaptación - *obligation d'adaptation* - obligation to harmonize, requirement to conform - *obbligo di armonizzazione*
Anreiz - incentivo, estímulo - *stimulant, incitation* - incentive, stimulus - *incentivo*
ansa di un fiume - Flußschleife - *recodo de un rìo* - coude d'un fleuve - *bend in a river*
Ansässiger, Bewohner - residente - *résident* - resident - *residente*
Ansatz - enfoque - *démarche* - approach, start - *impostazione*
Anschluß - conexión - *raccordement, branchement* - connection, hook-up - *allacciamento*
Ansicht - opinion - *avis* - wiew, opinion - *parere*
Ansicht, Aufriß - elevación, fachada, alzado - *façade* - elevation, view - *prospetto*
ansiedeln - colocar, instalar - *implanter, établir* - settle (to), move (to) - *insediare*
Ansiedlung - instalación - *établissement* - settlement - *insediamento*
Anspruch - pretensión, exigencia - *prétention, exigence* - claim, pretension - *esigenza, pretesa*
Ansteigen, schnelles - explosión, aumento rápido - *accroissement rapide, explosion* - sharp increase - *esplosione, crescita tumultuosa*
anstellen - emplear - *employer* - employ (to) - *impiegare*
Anstrengung - esfuerzo - *effort* - effort, stress - *sforzo*
anteilmäßig - proporcional, pro-rata - *proportionel*, proportional, pro-rata - *proporzionale*
antenne, filiale - establishment, branch - *sede, filiale* - Niederlassung - *filial, sucursal*
antisismico - erdbebensicher - *asìsmico* - résistant aux séismes - *earthquake-proof*
anti-glare screening - schermo anti-abbagliante - *Blendschutz- einrichtungen* - filtro anti-reflectante - *écran anti-éblouissant*
anti-pollution measures - provvedimenti anti-inquinamento - *Maßnahmen gegen Verunreinigung* - medidas anti-polución - *mesures anti-pollution*
anti-trust legislation - legislazione anti-monopolistica - *Kartellgesetzgebung* - legislación anti-monopolio - *législation anti-trust*
Antrag - solicitud - *requête, demande* - application, request - *richiesta*
Antragsteller - solicitante - *requérant, demandeur* - applicant, petitioner - *firmatario della domanda*
Antragsteller benachrichtigen - notificar al solicitante - *aviser le requérant* - notify the applicant (to) - *notificare al richiedente*
anular - annulaire - *circular* - ad anello, concentrico - *ringförmig*
anuncio, aviso - annonce - *advertisement, ad* - avviso, pubblicità - *Anzeige*
anwachsen - aumentar, acrecentar - *accroître, augmenter* - increase (to), augment (to) - *aumentare*
Anweisung - asignación - *attribution* - allocation - *assegnazione*
Anzahl der Räume - número de cuartos - *nombre de pièces* - number of rooms - *numero dei vani*
Anzahlung - fianza, entrada - *arrhes* - deposit - *caparra*
Anzeige - anuncio, aviso - *annonce* - advertisement, ad - *avviso, pubblicità*
anzeigen - denunciar - *dénoncer, porter plainte* - denounce (to), report (to) - *denunciare*
anziani - Ältere - *ancianos, personas mayores* - personnes âgées - *elderly people*
Anziehungskraft - fuerza de attracción - *pouvoir d'attraction* - attraction power - *forza d'attrazione*
aparcamiento en diagonal - stationnement en oblique - *diagonal parking* - parcheggio in diagonale - *Schrägparken*
aparcamiento transversal - stationnement perpendiculaire au trottoir - *transverse parking* - parcheggio a pettine - *Querparken*
aparcerìa - métayage - *métayage, tenant farming* - mezzadria - *Halbpacht*
apartamento, vivienda independiente - appartement indépendant - *self-contained flat* - appartamento autonomo - *Wohnung, abgeschlossene*
apartamento, vivienda, piso - appartement - *flat* - appartamento - *Wohnung*
Apartment - estudio, apartamento - *studio* -

study-bedroom, studio apartment - *monolocale*
apelar una sentencia - se pourvoir en appel - *appeal (to)* - ricorrere in appello - *Berufung einlegen*
Apotheke - farmacia, botica - *pharmacie* - chemist's shop, pharmacy - *farmacia*
apoyo, sostén - appui, soutien - *support* - appoggio, sostegno - *Unterstützung*
appalto - Vergebung, Vergabe - *concesión, encargo* - adjudication, passation, de marché - *allocation, award of contracts*
appartamento - Wohnung - *apartamento, vivienda, piso* - appartement - *flat*
appartamento autonomo - Wohnung, abgeschlossene - *apartamento, vivienda independiente* - appartement indépendant - *self-contained flat*
appartamento in affitto - Mietwohnung - *vivienda en alquiler* - logement locatif - *tenement, rented flat*
appartamento ristrutturato - Wohnung, umgebaute - *piso transformado, reformado* - appartement transformé - *converted flat*
appartement - flat - *appartamento* - Wohnung - *apartamento, vivienda, piso*
appartement indépendant - self-contained flat - *appartamento autonomo* - Wohnung, abgeschlossene - *apartamento, vivienda independiente*
appartement transformé - converted flat - *appartamento ristrutturato* - Wohnung, umgebaute - *piso transformado, reformado*
appeal (to) - ricorrere in appello - *Berufung einlegen* - apelar una sentencia - *se pourvoir en appel*
appel d'offres - call for tenders, request for bids - *bando* - Ausschreibung - *propuestas públicas, concurso*
applicant, petitioner - firmatario della domanda - *Antragsteller* - solicitante - *requérant, demandeur*
application for grant - richiesta di aiuti - *Förderantrag* - solicitud de subvención - *requête de subventions*
application of, utilization - impiego, applicazione - *Verwendung* - utilización, aplicación - *application, utilisation*
application, request - richiesta - *Antrag* - solicitud - *requête, demande*
application, utilisation - application of, utilization - *impiego, applicazione* - Verwendung - *utilización, aplicación*
applied research - ricerca applicata - *Forschung, angewandte* - investigación aplicada - *recherche appliquée*
appoggio, sostegno - Unterstützung - *apoyo, sostén* - appui, soutien - *support*
appointment to - nomina - *Ernennung* - nombramiento - *nomination*
appontement, banquette - pier, shoulder - *banchina, pontile* - Pier, Bankett - *plataforma*
apportion (to) - suddividere - *verteilen* - repartir, subdividir - *répartir*
appraisal techniques - metodi di valutazione - *Schätzungs-, Bewertungsmethoden* - sistema de valuación - *méthodes d'évaluation*
approach, start - impostazione - *Ansatz* - enfoque - *démarche*
approbation - approval, permit - *approvazione* - Genehmigung - *ratificación, aprobación, permiso*
approbation des emprunts - loan approval - *approvazione di prestiti* - Darlehensbewilligung - *aprobación de préstamos*
approbation d'un plan - ratification, official approval of plan - *approvazione di un piano* - Planfeststellungsbeschluß - *aprobación de un plan*
approprié - suitable - *adatto* - geeignet - *conforme, adecuado*
approval, permit - approvazione - *Genehmigung* - ratificación, aprobación, permiso - *approbation*
approvazione - Genehmigung - *ratificación, aprobación, permiso* - approbation - *approval, permit*
approvazione di prestiti - Darlehensbewilligung - *aprobación de préstamos* - approbation des emprunts - *loan approval*
approvazione di un piano - Planfeststellungsbeschluß - *aprobación de un plan* - approbation d'un plan - *ratification, official approval of plan*
approvvigionamento - Versorgung - *aprovisionamiento* - fourniture, ravitaillement - *supply, service delivery*
appui, soutien - support - *appoggio, sostegno* - Unterstützung - *apoyo, sostén*
aprobación de préstamos - approbation des emprunts - *loan approval* - approvazione di prestiti - *Darlehensbewilligung*
aprobación de un plan - approbation d'un plan - *ratification, official approval of plan* - ap-

provazione di un piano - *Planfeststellungsbeschluß*
aprovisionamento, abastecimiento - livraison, approvisionnement - *delivery* - fornitura, approvvigionamento - *Lieferung*
aprovisionamiento - fourniture, ravitaillement - *supply, service delivery* - approvvigionamento - *Versorgung*
aptitud, idoneidad - aptitude, qualification - *turn, bent, idoneity* - attitudine, idoneità - *Eignung*
aptitude, capacité - skill - *abilità, capacità* - Fähigkeit - *talento, abilidad, aptitud*
aptitude, qualification - turn, bent, idoneity - *attitudine, idoneità* - Eignung - *aptitud, idoneidad*
arable land - arativo - *Ackerland* - tierra de cultivo, laborable, tierra de labrantío - *terre labourable*
arativo - Ackerland - *tierra de cultivo, laborable, tierra de labrantío* - terre labourable - *arable land*
Arbeiten, öffentliche - trabajos públicos - *travaux publics* - public works - *lavori pubblici*
Arbeiter - trabajador - *travailleur* - worker - *lavoratore*
Arbeiterklasse - clase obrera - *classe des travailleurs* - working class - *classe operaia*
Arbeitgeber - jefe, principal de la fábrica - *employeur* - employer, boss - *datore di lavoro*
Arbeitnehmer - empleado, subordinado, subalterno - *salarié* - employee - *dipendente, salariato*
Arbeitnehmer- Arbeitgeberverhältnis - relaciones industriales - *relations industrielles* - industrial relations - *relazioni industriali*
Arbeitnehmer, Industriearbeiter - obrero - *ouvrier* - blue collar, workman - *operaio*
Arbeitsablauf - organización del trabajo - *déroulement du travail* - sequence of operations - *sequenza operativa, svolgimento del lavoro*
Arbeitsbedingungen - condiciones laborales - *conditions de travail* - working conditions - *condizioni lavorative*
Arbeitsbeschaffung - creación de puestos de trabajo - *création d'emplois* - job creation - *creazione di posti di lavoro*
arbeitsfähig - en edad de trabajar - *en âge de travailler* - working-age - *in età lavorativa*
Arbeitsgruppe - grupo de trabajo - *groupe de travail* - working group - *gruppo di lavoro*
Arbeitskraft - mano de obra - *main d'oeuvre* - manpower, work force - *manodopera*
Arbeitslosengeld - subsidio de paro - *allocation de chômage* - unemployment compensation - *sussidio di disoccupazione*
Arbeitslosenquote - porcentaje de paro - *taux de chômage* - unemployment rate - *tasso di disoccupazione*
Arbeitsloser - sin empleo, desocupado - *chômeur* - unemployed, jobless - *disoccupato*
Arbeitslosigkeit - paro - *chômage* - unemployment - *disoccupazione*
Arbeitsmarkt - mercado del trabajo - *marché du travail* - labour market - *mercato del lavoro*
Arbeitsplatz - puesto de trabajo - *poste de travail* - position, job - *posto di lavoro*
Arbeitsteilung - división del trabajo - *division du travail* - division of labour - *divisione del lavoro*
Arbeitsverfahren - procedimento de trabajo - *procédures de travail* - operational procedures - *procedure operative*
Arbeitszeit - horario laboral - *horaire de travail* - working time - *orario di lavoro*
Arbeitszimmer - cuarto de trabajo - *local de travail, atelier, bureau* - study - *stanza di lavoro*
Arbeit, ungelernte - trabajo manual - *travail manuel* - manual work - *lavoro manuale*
arbitrairement - arbitrarily - *arbitrariamente* - willkürlich - *arbitrariamente*
arbitrariamente - arbitrairement - *arbitrarily* - arbitrariamente - *willkürlich*
arbitrariamente - willkürlich - *arbitrariamente* - arbitrairement - *arbitrarily*
arbitrarily - arbitrariamente - *willkürlich* - arbitrariamente - *arbitrairement*
árbol de decisión - arbre de décision - *decision tree* - albero decisionale - *Entscheidungsbaum*
arbolado, boscoso - boisé - *wooded* - boscoso - *bewaldet*
arbre de décision - decision tree - *albero decisionale* - Entscheidungsbaum - *árbol de decisión*
arcade - galleria con negozi - *Passage* - pasaje comercial - *galerie marchande, passage*
architect's association - ordine degli architetti - *Architekten Kammer* - colegio oficial de arquitectos - *ordre des architectes*
architectural design - progettazione architettonica - *Gestaltung, architektonische* - diseño

arquitectónico - *dessin architectural*
architectural layout - progetto architettonico - *Bebauungsentwurf* - proyecto arquitectónico - *projet d'aménagement*
Architekten Kammer - colegio oficial de arquitectos - *ordre des architectes* - architect's association - *ordine degli architetti*
arcilloso - argileux - *clayey* - argilloso - *lehmig*
area - Bereich, Areal - *área* - aire - *field, area*
área - aire - *field, area* - area - *Bereich, Areal*
area assistita, depressa - Fördergebiet - *región de aprovechamiento* - région à aider - *assisted area*
área bajo protección - secteur sauvegardé, périmètre sensible - *protected area, conservation area* - zona di salvaguardia, area protetta - *Schutzbereich*
area da risanare - Sanierungsgebiet - *área de saneamiento* - zone à assainir - *clearance area, improvement area*
área de atracción - aire d'attraction - *city region, urban region* - area di gravitazione - *Einzugsgebiet*
área de desarollo futuro - zone d'aménagement différé (Z.A.D.) - *area for future development* - zona a sistemazione differita - *Bauerwartungsland, Zone für zukünftige Bebauung*
area de descanso - aire de repos - *stopping place* - area di ristoro - *Rastplatz*
área de equipamientos publìcos - espaces pour des équipements publics - *land for public facilities* - area per i servizi - *Flächen für Gemeinbedarf*
área de immigración - zone d'immigration - *area with growing population* - area di immigrazione - *Zuwanderungsgebiet*
area de recreo - installation de loisirs - *recreation facilities* - impianti per il tempo libero - *Freizeitanlage*
área de rehabilitación urbana - zone de rénovation - *urban renewal area* - area di rinnovo urbano - *Erneuerungsgebiet*
área de saneamiento - zone à assainir - *clearance area, improvement area* - area da risanare - *Sanierungsgebiet*
área de servicio - aire de service - *service area* - area di servizio - *Raststätte*
area designated for immediate development - zona d'urbanizzazione prioritaria - *Baugelände, als vordringlich erklärtes* - zona de urbanización prioritaria - *Zone à Urbaniser en Priorité (Z.U.P.)*
area di gravitazione - Einzugsgebiet - *área de atracción* - aire d'attraction - *city region, urban region*
area di immigrazione - Zuwanderungsgebiet - *área de immigración* - zone d'immigration - *area with growing population*
area di intervento pubblico - Gebiet, für öffentliche Gebäude ausgewiesenes - *zona para edificios públicos* - zone réservée aux constructions publiques - *area for public buildings*
area di rinnovo urbano - Erneuerungsgebiet - *área de rehabilitación urbana* - zone de rénovation - *urban renewal area*
area di ristoro - Rastplatz - *area de descanso* - aire de repos - *stopping place*
area di servizio - Raststätte - *área de servicio* - aire de service - *service area*
area di spopolamento - Abwanderungsgebiet - *área en despoblamiento* - zone d'émigration - *region of declining population*
area di uso pubblico - Fläche für öffentliche Nutzung - *área para uso publico* - aire publique - *area for public use*
area edificata - Fläche, bebaute - *superficie edificada* - zone construite - *built-up area*
área en despoblamiento - zone d'émigration - *region of declining population* - area di spopolamento - *Abwanderungsgebiet*
area for future development - zona a sistemazione differita - *Bauerwartungsland, Zone für zukünftige Bebauung* - área de desarollo futuro - *zone d'aménagement différé (Z.A.D.)*
area for public buildings - area di intervento urbano - *Gebiet, für öffentliche Gebäude ausgewiesenes* - zona para edificios públicos - *zone réservée aux constructions publiques*
area for public use - area di uso pubblico - *Fläche für öffentliche Nutzung* - área para uso publico - *aire publique*
area metropolitana - Großraum, städtischer - *área metropolitana* - aire métropolitaine - *metropolitan area*
área metropolitana - aire métropolitaine - *metropolitan area* - area metropolitana - *Großraum, städtischer*
area of detached houses - quartiere di villette - *Villenviertel, Einfamilienhausgebiet* - barrio de chalets - *quartier pavillonaire*
área para el tiempo libre, área de recreación - zone de loisirs - *leisure area, recreation* - area

per il tempo libero - *Erholungsgebiet*
área para uso publico - aire publique - *area for public use* - area di uso pubblico - *Fläche für öffentliche Nutzung*
area per i servizi - Flächen für Gemeinbedarf - *área de equipamientos publìcos* - espaces pour des équipements publics - *land for public facilities*
area per il tempo libero - Erholungsgebiet - *área para el tiempo libre, área de recreación* - zone de loisirs - *leisure area, recreation*
area per l'edilizia abitativa - Bauland für den Wohnungsbau - *área residencial* - terrain destiné à l'habitat - *residential land*
area periferica - Randgebiet - *area periférica* - région périphérique - *pheripheral area*
area periférica - région périphérique - *pheripheral area* - area periferica - *Randgebiet*
área preferentemente residencial - aire à dominante résidentielle - *predominantly residential area* - area prevalentemente residenziale - *Gebiet, vornehmlich für Wohnzwecke bestimmtes*
area prevalentemente residenziale - Gebiet, vornehmlich für Wohnzwecke bestimmtes - *área preferentemente residencial* - aire à dominante résidentielle - *predominantly residential area*
area related, site-specific - in funzione dell'ambiente - *umweltbezogen* - en función del, relativo al ambiente - *lié à l'environnement*
área residencial - terrain destiné à l'habitat - *residential land* - area per l'edilizia abitativa - *Bauland für den Wohnungsbau*
área rural - zone rurale - *rural area* - area rurale - *Gebiet, ländliches*
area rurale - Gebiet, ländliches - *área rural* - zone rurale - *rural area*
area subject to a building prohibition - zona non edificabile - *Bauverbotszone* - zona no edificable - *zone interdite à la construction*
area to be alloted - zona da lottizzare - *Gelände, für die Parzellierung freigegebenes* - zona de parcelación, zona para parcelar - *zone à lotir*
área urbana - zone urbaine - *local authority jurisdiction* - territorio comunale - *Stadtgebiet*
area verde - Grünfläche - *área verde* - espace vert - *green area, open space*
área verde - espace vert - *green area, open space* - area verde - *Grünfläche*
area with growing population - area di immigrazione - *Zuwanderungsgebiet* - área de immigración - *zone d'immigration*
arénagement de la côte - coastal accretion - *ripascimento dei litorali* - Gestaltung der Küste - *remodelación de litorales*
arête, crête - crest, ridge - *cresta, colmo* - Bergkamm - *cresta*
argileux - clayey - *argilloso* - lehmig - *arcilloso*
argilloso - lehmig - *arcilloso* - argileux - *clayey*
argine lungo un fiume - Hochwasserdamm - *dique de un rìo* - levée d'un fleuve - *river embankment*
argine ripido - Steilufer - *dique escarpado* - talus raide - *steep bank*
arm of sea, inlet - braccio di mare - *Meeresarm* - brazo de mar - *bras de mer*
armadura, andamiaje - armature, échafaudage - *scaffolding* - armatura, impalcatura - *Gerüst*
armatura, impalcatura - Gerüst - *armadura, andamiaje* - armature, échafaudage - *scaffolding*
armature, échafaudage - scaffolding - *armatura, impalcatura* - Gerüst - *armadura, andamiaje*
armonización, adaptación - adaptation, conformité - *fit, adaptation, adjustment* - adattamento, adeguamento - *Anpassung*
arrangement - accordo, convenzione - *Vereinbarung* - acuerdo, convención - *accord, convention*
arredamento - Einrichtung - *ajuar, mobiliario* - ameublement - *furniture*
arredo urbano - Straßenmöblierung - *mobiliario urbano* - mobilier urbain - *street furniture*
arrendador, alquilador - propriétaire bailleur - *landlord* - locatore - *Vermieter*
arrendatario, inquilino - locataire - *tenant* - inquilino, locatario - *Mieter*
arrêt d'autobus - bus stop - *fermata d'autobus* - Bushaltestelle - *parada de autobuses*
arrêté ministériel - ministerial memorandum, ordinance - *circolare ministeriale* - Ministerialerlaß - *circular ministerial*
arretrato - rektrograd - *retrógrado* - arriéré - *top-down, downward*
arretrato, sottosviluppato - zurückgeblieben - *subdesarrollado, atrasado* - arriéré, en retard - *backward*
arrhes - deposit - *caparra* - Anzahlung - *fianza,*

entrada
arrieré - top-down, downward - *arretrato* - rektrograd - *retrógrado*
arriéré, en retard - backward - *arretrato, sottosviluppato* - zurückgeblieben - *subdesarrollado, atrasado*
arroyo - ruisseau - *creek, brook* - ruscello - Bach
Art der Baukonstruktion - método de construcción - *méthode de construction* - method of building - *metodo di costruzione*
artère - artery - *arteria* - Ader - *arteria*
arteria - artère - *artery* - arteria - *Ader*
arteria - Ader - *arteria* - artère - *artery*
artery - arteria - *Ader* - arteria - *artère*
artesanado - artisanat - *handcraft, trade craft* - artigianato - *Handwerk*
article de marque déposée - trade-marked merchandise - *articolo brevettato* - Markenartikel - *articulo patentado, marca registrada*
articolo brevettato - Markenartikel - *articulo patentado, marca registrada* - article de marque déposée - *trade-marked merchandise*
articulo patentado, marca registrada - article de marque déposée - *trade-marked merchandise* - articolo brevettato - *Markenartikel*
artigianato - Handwerk - *artesanado* - artisanat - *handcraft, trade craft*
artisanat - handcraft, trade craft - *artigianato* - Handwerk - *artesanado*
asciutto - trocken - *seco* - sec - *dry*
asesor, concejal - adjoint au maire - *alderman, deputy mayor* - assessore municipale - *Stadtrat, Ratsherr*
asfaltado - goudronné - *asphalted* - asfaltato - *asphaltiert*
asfaltato - asphaltiert - *asfaltado* - goudronné - *asphalted*
asignación - attribution - *allocation* - assegnazione - *Anweisung*
asignación de la circulación - affectation de la circulation - *traffic assignment, rerouting, diversion* - attribuzione delle correnti di traffico - *Verkehrsumlegung*
asignar - assigner - *assign (to)* - assegnare - *zuweisen*
asilo nido - Kinderkrippe - *jardìn de infancia, guarderia* - crèche, garderie d'enfants - *day nursery*
asilo, residencia de ancianos - maison de retraite - *old people's home, senior citizens' residence* - casa di ricovero per anziani - *Altenheim*
asìsmico - résistant aux séismes - *earthquake-proof* - antisismico - *erdbebensicher*
asistencia social - assistance sociale - *welfare work* - assistenza pubblica - *Sozialfürsorge*
asociación de inquilinos, de arrendatarios - association des résidents - *tenants' association* - associazione dei locatari - *Mieterverein*
asociación de vecinos, junta de vecinos - conseil de quartier - *neighbourhood council* - consiglio di quartiere - *Stadtteilrat*
asociación intermunicipal, asociación intercomunal - association intercommunale - *association of governments* - associazione intercomunale - *Gemeindeverband*
aspectos jurìdicos - aspects juridiques - *legal aspects* - aspetti giuridici - *Rechtsgesichtspunkte*
aspects juridiques - legal aspects - *aspetti giuridici* - Rechtsgesichtspunkte - *aspectos jurìdicos*
aspetti giuridici - Rechtsgesichtspunkte - *aspectos jurìdicos* - aspects juridiques - *legal aspects*
asphalted - asfaltato - *asphaltiert* - asfaltado - *goudronné*
asphaltiert - asfaltado - *goudronné* - asphalted - *asfaltato*
assainir - tidy up (to) - *risanare, bonificare* - rekultivieren - *sanear*
assainissement après démolition - slum clearance - *restauro pesante, con demolizioni* - Flächensanierung - *saneamiento, erradiación de barrios insalubres*
assainissement par endroits - selective clearance - *risanamento puntuale* - Objektsanierung - *saneamiento puntual*
assainissement, traitement des eaux usées - waste water treatment, sewage treatment - *riciclaggio delle acque luride* - Abwasserklärung - *reciclaje de aguas residuales, depuradora*
assainissement, réhabilitation - redevelopment, rehabilitation - *risanamento* - Sanierung - *saneamiento*
asse - Achse - *eje* - axe - *trunk, axis, shaft*
asse principale, secondario - Hauptachse, Nebenachse - *eje principal, secundario* - axe principal, secondaire - *main, secondary axis*
asse di quartiere - Sammelstraße - *ruta local principal* - route locale principale - *collector road, local main road*

assèchement, drainage - draining - *prosciugamento, drenaggio* - Trockenlegung - *desagüe, saneamiento*
assegnare - zuweisen - *asignar* - assigner - *assign (to)*
assegnazione - Anweisung - *asignación* - attribution - *allocation*
assegni familiari - Kindergeld - *subsidios familiares* - allocations familiales - *child allowance*
assessment of properties - valutazione fiscale delle proprietà - *Schätzung, steuerliche Veranlagung* - valoración fiscal del patrimonio - *évaluation fiscale des biens*
assessorato all'edilizia - Hochbauamt - *departamento de obras, departamento de construcciones* - service des bâtiments - *city architect's office, building surveyor's office*
assessore municipale - Stadtrat, Ratsherr - *asesor, concejal* - adjoint au maire - *alderman, deputy mayor*
assicurazione - Versicherung - *seguro* - assurance - *insurance*
assign (to) - assegnare - *zuweisen* - asignar - *assigner*
assigner - assign (to) - *assegnare* - zuweisen - *asignar*
assistance sociale - welfare work - *assistenza pubblica* - Sozialfürsorge - *asistencia social*
assisted area - area assistita, depressa - *Fördergebiet* - región de aprovechamiento - *région à aider*
assistenza pubblica - Sozialfürsorge - *asistencia social* - assistance sociale - *welfare work*
association - consorzio - *Verband* - consorcio - *association, fédération*
association de défense - civic action group - *iniziativa popolare, dal basso* - Bürgerinitiative - *iniciativa popular*
association des résidents - tenants' association - *associazione dei locatari* - Mieterverein - *asociación de inquilinos, de arrendatarios*
association intercommunale - association of governments - *associazione intercomunale* - Gemeindeverband - *asociación intermunicipal, asociación intercomunal*
association of governments - associazione intercomunale - *Gemeindeverband* - asociación intermunicipal, asociación intercomunal - *association intercommunale*
association of municipalities for the provision of several services - consorzio polivalente - *Zweckverband, interkommunaler* - consorcio polivalente - *Syndicat Intercommunal à Vocations Multiples (S.I.V.O.M.)*
association, fédération - association - *consorzio* - Verband - *consorcio*
associazione dei locatari - Mieterverein - *asociación de inquilinos, de arrendatarios* - association des résidents - *tenants' association*
associazione intercomunale - Gemeindeverband - *asociación intermunicipal, asociación intercomunal* - association intercommunale - *association of governments*
assolement - crop rotation - *rotazione delle colture* - Fruchtwechsel - *rotación agraria*
assumptions - ipotesi - *Annahmen* - hipótesis - *hypothèses*
assurance - insurance - *assicurazione* - Versicherung - *seguro*
astilleros - chantier naval - *shipyard* - cantiere, arsenale - *Werft*
at random - a caso - *aufs Geratewohl* - al azar - *au hasard*
at street level - a livello stradale - *Straßenniveau, auf* - a nivel de la calle - *au niveau de la rue*
atelier - workshop - *officina* - Werkstatt - *taller*
atestado, abarrotado - bondé - *overcrowded* - sovraffollato - *überfüllt*
atmospheric pollutants - agenti inquinanti atmosferici - *Luftschadstoff* - agentes contaminadores de la atmósfera - *polluants atmosphériques*
atmospheric pressure - pressione atmosferica - *Luftdruck* - presión atmosférica - *pression atmosphérique*
attente - waiting - *attesa* - Warten - *espera*
attesa - Warten - *espera* - attente - *waiting*
attic room - sottotetto - *Dachraum, Mansarde* - buhardilla, mansarda - *mansarde*
attitudine, idoneità - Eignung - *aptitud, idoneidad* - aptitude, qualification - *turn, bent, idoneity*
attività costruttiva - Baumaßnahmen - *actividad constructiva* - opérations de construction - *construction work*
attività svolte dopo il lavoro - Tätigkeiten nach Feierabend - *actividades extralaborales* - activités après le travail - *after-work activities*
attivo, occupato - erwerbstätig - *activo, ocupado* - actif - *employed*
atto di cessione - Überschreibungsurkunde - *acta de cesión* - acte de cession - *deed of conveyance*

attraction power - forza d'attrazione - *Anziehungskraft* - fuerza de atracción - *pouvoir d'attraction*
attractive loan - credito agevolato - *Förderungsdarlehen, günstiges* - crédito facilitado - *prêt bonifié*
attraversamento - Durchfahrt - *pasaje* - traversée - *passage through*
attrezzature commerciali - Handelseinrichtungen - *instalaciones comerciales, equipamiento comercial* - équipements commerciaux - *commercial facilities*
attrezzature culturali - Kultureinrichtungen - *instalaciones culturales, equipamiento cultural* - équipements culturels - *cultural facilities*
attrezzature di trasporto - Beförderungsmöglichkeiten - *instalaciones de transporte* - aménagements de transport - *transportation facilities*
attrezzature per l'educazione fisica - Sporteinrichtungen - *instalaciones deportivas, equipamiento deportivo* - équipements pour l'éducation physique - *sport facilities*
attrezzature sanitarie - Einrichtungen des Gesundheitswesens - *instalaciones sanitarias, equipamiento sanitario* - équipements sanitaires - *health care facilities*
attrezzature scolastiche - Einrichtungen für schulische Zwecke - *instalaciones escolares, equipamiento escolar* - équipement scolaire - *educational facilities*
attrezzature sociali - Sozialeinrichtungen - *instalaciones sociales, equipamiento social* - équipements sociaux - *social services facilities*
attrezzature turistiche - Einrichtungen für den Fremdenverkehr - *instalaciones turìsticas, equipamiento turistico* - équipements touristiques - *tourist facilities*
attribution - allocation - *assegnazione* - Anweisung - *asignación*
attribution - assegnazione - *Anweisung* - asignación - *attribution*
attribuzione delle correnti di traffico - Verkehrsumlegung - *asignación de la circulación* - affectation de la circulation - *traffic assignment, rerouting, diversion*
attuale, a disposizione - vorhanden - *actual, disponible* - actuel, disponible - *existing, on hand*
attualizzato, aggiornato - auf dem neuesten Stand - *puesto al dia* - actualisé, mis à jour - *state-of-the-art*
attuazione - Implementierung - *realización, implementación* - mise en oeuvre - *implementation*
au hasard - at random - *a caso* - aufs Geratewohl - *al azar*
au large, haute mer - open sea - *alto mare, mare aperto* - Meer, offenes - *alta mar, mar abierto*
au niveau de la rue - at street level - *a livello stradale* - Straßenniveau, auf - *a nivel de la calle*
auction (to) - mettere all'asta - *versteigern* - poner a subasta, subastar - *mettre aux enchères*
audit, check - verifica, prova - *Prüfung* - verificación, prueba - *vérification*
auf dem neuesten Stand - puesto al dia - *actualisé, mis à jour* - state-of-the-art - *attualizzato, aggiornato*
Aufbau - construcción, edificación - *construction, édification* - construction, building-up - *costruzione, edificazione*
Aufenthaltsdauer - duración de la estancia - *durée du séjour* - length of stay - *durata del soggiorno*
Auffahrt - rampa de acceso - *rampe d'accès* - driveway, ramp approach - *rampa d'accesso*
Auffangparkplätze - parqueaderos perifericos - *parking de dissuasion* - park-and-ride - *parcheggi periferici, scambiatori*
Aufforstung - forestación, repoblación forestal - *reboisement* - reafforestation - *rimboschimento*
Auffüllen von Baulücken - edificación intersticial - *remplissage de dents résiduelles* - filling of vacant space - *edilizia interstiziale*
Aufgabe - tarea, deber - *devoir, tâche* - task, assignement - *compito, incarico*
Aufgabe (einer Nutzung), verlassen - abandono - *cession* - abandonement - *abbandono*
aufgelockert - descongestionado, espaciado - *aéré, dégagé* - widely spaced, low density - *decongestionato, a bassa densità*
Auflagen, Vorschriften - prescripciones - *prescriptions* - prescriptions, requirements - *prescrizioni*
Aufnahmefähigkeit - receptividad - *capacité de réception* - receptiveness - *ricettività*
Aufpflastern - pavimentar - *recouvrir la chaussée d'un pavé* - pave (to) - *selciare*
aufs Geratewohl - al azar - *au hasard* - at

random - *a caso*
Aufschwung - despegue, recuperación - *reprise* - upwising, recovery - *ripresa*
Aufseher - vigilante, guardia - *surveillant, garde* - overseer, guard - *sorvegliante*
Aufsetzen (eines Textes) - redacción - *rédaction* - draft - *stesura*
Aufsichtsbehörde - autoridad tutelar, de control - *autorité de tutelle* - supervisory authority - *autorità tutelare*
Aufsichtsrat - consejo de vigilancia, de administración - *conseil de surveillance, d'administration* - supervisory board, board of trustees - *collegio dei sindaci, consiglio d'amministrazione*
Aufstellungsverfahren - procedimento de planificación - *procédure de rédaction* - planning procedure - *procedimento di stesura, redazione*
Aufteilung des Markts - reparto del mercado - *répartition du marché* - division of market shares - *ripartizione del mercato*
Aufteilung, statistische - desagregación estadìstica - *désagrégation statistique* - statistical breakdown - *disaggregazione statistica*
Auftrag - pedido, encargo - *ordre, charge* - order, task - *commessa, incarico*
Auftragserteilung - dar encargo - *passation de commande, ordre* - bid award - *conferimento dell'incarico*
aufwendig - costoso, dispendioso - *coûteux* - costly, lavish - *dispendioso*
Aufwertung, Höherstufung - mejora calidadiva - *rehabilitation, rehaussement de niveau* - up-grading - *riqualificazione*
augmentation de la productivité - increase of production - *aumento di produzione* - Produktionssteigerung - *aumento de la producción*
augmentation - markup - *rincaro* - Verteuerung - *encarecimiento, subida de precios*
augmentation annuelle - annual increase - *incremento annuo* - Zuwachs, jährlicher - *incremento anual*
augmentation des prix - price rise - *aumento dei prezzi* - Preisanstieg - *subida de precios*
augmentation des ventes - increase in sales - *aumenti delle vendite* - Umsatzsteigerung - *aumento de ventas*
aumentar, acrecentar - accroître, augmenter - *increase (to), augment (to)* - aumentare - anwachsen

aumentare - anwachsen - *aumentar, acrecentar* - accroître, augmenter - *increase (to), augment (to)*
aumenti delle vendite - Umsatzsteigerung - *aumento de ventas* - augmentation des ventes - *increase in sales*
aumento di produzione - Produktionssteigerung - *aumento de la producción* - augmentation de la productivité - *increase of production*
aumento de la producción - augmentation de la productivité - *increase of production* - aumento di produzione - *Produktionssteigerung*
aumento de ventas - augmentation des ventes - *increase in sales* - aumenti delle vendite - *Umsatzsteigerung*
aumento dei prezzi - Preisanstieg - *subida de precios* - augmentation des prix - *price rise*
Ausarbeitung - elaboración - *élaboration* - elaboration, drawing-up - *elaborazione*
ausbaggern - dragar - *draguer* - dredge - *dragare*
Ausbau - terminación, ampliación - *achèvement, agrandissement* - completion, extension - *completamento, ampliamento*
Ausbesserung, Reparatur - reparación - *réparation, entretien* - repair - *riparazione*
Ausbildung - formación, adestramiento - *formation* - job training - *addestramento*
Ausbreitung - dispersión - *déploiement, étalement* - sprawl, dispersal - *sparpagliamento*
Ausdehnung, radiale - expansión radial - *expansion radio-centrique* - radial expansion - *espansione radiale*
Ausdehnung, städtische - expansión urbana - *expansion urbaine* - urban growth - *espansione urbana*
Ausfahrt - salida - *sortie* - exit - *uscita*
Ausfahrtskurve - curva de salida - *virage de sortie* - exit curve - *curva di uscita*
Ausführung von Bauvorhaben - realización de proyectos de construcción - *exécution de projets de construction* - execution of building projects - *realizzazione di progetti edilizi*
Ausgaben für Freizeitgestaltung - gastos para esparcimiento - *dépenses pour les loisirs* - spendings on leisure - *spese per il tempo libero*
Ausgaben, laufende - gastos corrientes - *dépenses courantes* - current expenses - *spese correnti*

Ausgaben, öffentliche - gastos públicos - *dépenses publiques* - public expenditure - *spesa pubblica*
Ausgangspunkt - punto de partida - *point de départ* - starting position - *punto di partenza*
ausgeben - gastar - *dépenser* - spend (to) - *spendere*
ausgewogen - equilibrado - *balancé, équilibré* - balanced - *bilanciato, equilibrato*
Ausgleichung, gleichmäßige Verteilung - reparto por igual, equilibrado - *péréquation* - equalisation, balance - *perequazione*
Auskunftspflicht - obligación de comunicación - *obligation de publicité* - duty to give information - *obbligo di comunicazione*
auslagern - relocalizar - *transporter ailleurs, mettre à l'abri* - relocate (to) - *spostare, rilocalizzare*
Auslandsumsatz - venta al extrajero - *vente à l'étranger* - foreign sales - *vendite all'estero*
Ausleger, Vorsprung - en voladizo - *porte-à-faux* - cantilever - *sbalzo*
Auslegung - interpretación - *interprétation* - comment, interpretation - *interpretazione*
Auslegung, öffentliche - publicación - *publication* - publication - *pubblicazione, affissione*
Ausmaß der Verstädterung - grado de urbanización - *degré d'urbanisation* - degree of urbanization - *grado di urbanizzazione*
Ausnahme - excepción - *exception, objection (leg.)* - exception - *eccezione*
Ausnahmegenehmigung - derogación - *dérogation* - exemption, variance - *deroga*
Ausnutzung - explotación - *exploitation* - exploitation, use - *sfruttamento*
ausruhen (sich) - reposar - *reposer (se)* - rest (to), relax (to) - *riposarsi*
Ausschluß der Öffentlichkeit - exclusión total del publico - *interdiction au public* - exclusion of the public - *esclusione del pubblico*
Ausschreibung - propuestas públicas, concurso - *appel d'offres* - call for tenders, request for bids - *bando*
Ausschuß, Kommission - junta, comisión - commission - council, board, commission - *giunta, commissione*
Aussichtspunkt - mirador - *belvédère* - viewpoint - *belvedere*
Ausstattung - dotación, equipamiento - *équipement, dotation* - equipment, outfit - *dotazione*
Ausstattung, infrastrukturelle - equipamiento existente - *dotation en équipement* - existing level of infrastructure - *dotazione di attrezzature*
Ausstellungshalle - sala de esposiciones - *salle d'expositions* - exhibition hall - *sala per esposizioni*
Aussterben einer Art - extinción de una especie - *extinction d'une espèce* - extinction of a species - *estinzione di una specie*
Austausch - cambio - *échange* - exchange - *scambio*
Auswanderung, Emigration - emigración - *émigration* - emigration - *emigrazione*
Ausweisung - expulsión - *expulsion, éjection* - expulsion - *espulsione*
Auswirkung - efecto, impacto - *effet, impact* - outcome, impact - *effetto, impatto*
authority - organismo pubblico - *Behörde* - organismo público, autoridad - *administration publique*
autocostruzione - Selbsthilfe im Wohnungsbau - *autoconstrucción* - autoconstruction - *self-help housing*
auto gestion - self-government - *autogoverno* - Selbstverwaltung - *autogestión*
Autobahn - autopista - *autoroute* - motorway, freeway - *autostrada*
Autobahnausfahrt - salida de la autopista - *sortie d'autoroute* - motorway exit - *uscita dell'autostrada*
Autobahnknotenpunkt - nudo autoviario - *échangeur d'autoroute* - motorway interchange - *svincolo autostradale*
Autobahnzubringer - cinturón de ronda de la autopista - *bretelle d'autoroute* - motorway feeder, freeway spur - *raccordo autostradale*
autobús - autocar - *coach, bus* - pullman - *Kraftomnibus*
autocar - coach, bus - *pullman* - Kraftomnibus - *autobús*
autocarro - Lastwagen (LKW) - *camión* - camion - *lorry, truck*
autocarro delle immondizie - Müllwagen - *camión basurero* - camion pour ordures - *refuse lorry, garbage truck*
autoconstrucción - autoconstruction - *self-help housing* - autocostruzione - *Selbsthilfe im Wohnungsbau*
autoconstruction - self-help housing - *autocostruzione* - Selbsthilfe im Wohnungsbau - *autoconstrucción*
Autofahrer - conductor - *conducteur d'une*

voiture - car driver - *automobilista*
Autofahrt - viaje en coche - *voyage en voiture* - car journey, trip - *giro in macchina*
autofinancement - self-financing - *autofinanziamento* - Eigenfinanzierung - *autofinanciamiento*
autofinanciamiento - autofinancement - *self-financing* - autofinanziamento - *Eigenfinanzierung*
autofinanziamento - Eigenfinanzierung - *autofinanciamiento* - autofinancement - *self-financing*
autogestión - auto gestion - *self-government* - autogoverno - *Selbstverwaltung*
autogoverno - Selbstverwaltung - *autogestión* - auto gestion - *self-government*
automobilista - Autofahrer - *conductor* - conducteur d'une voiture - *car driver*
autónoma del distrito - constituent Kreis - *autonomous* - formante distretto - *kreisfrei*
autonomous town - formante distretto - *kreisfrei* - autónoma del distrito - *constituent Kreis*
autopista - autoroute - *motorway, freeway* - autostrada - *Autobahn*
autoridad tutelar, de control - autorité de tutelle - *supervisory authority* - autorità tutelare - *Aufsichtsbehörde*
autoridad urbanistica - autorité chargée de la planification - *planning authority* - ente competente per l'urbanistica - *Planungsbehörde*
autorisation de créer la viabilisation - planning permission for development - *permesso urbanistico* - Erschließungsgenehmigung - *permiso urbanistico*
autorità tutelare - Aufsichtsbehörde - *autoridad tutelar, de control* - autorité de tutelle - *supervisory authority*
autorité chargée de la planification - planning authority - *ente competente per l'urbanistica* - Planungsbehörde - *autoridad urbanistica*
autorité de tutelle - supervisory authority - *autorità tutelare* - Aufsichtsbehörde - *autoridad tutelar, de control*
autorizado, titular - ayant droit, titulaire - *eligible* - avente diritto, autorizzato - *berechtigt*
autoroute - motorway, freeway - *autostrada* - Autobahn - *autopista*
autoroute urbaine - urban motorway - *autostrada urbana* - Stadtautobahn - *autovìa urbana*
autostrada - Autobahn - *autopista* - autoroute - *motorway, freeway*
autostrada urbana - Stadtautobahn - *autovìa urbana* - autoroute urbaine - *urban motorway*
autovettura privata - Privatwagen (PKW) - *coche privado* - voiture privée - *private car*
autovìa de peaje - route à péage - *toll road* - strada a pedaggio - *Mautstraße*
autovìa urbana - autoroute urbaine - *urban motorway* - autostrada urbana - *Stadtautobahn*
auto-ayuda, iniciativa personal - effort personnel - *self-help* - iniziativa personale - *Selbsthilfe*
Außenbereich - zona exterior - *zone non urbanisée* - undeveloped area - *zona agricola*
Außenhandelssaldo - balanza comercial - *bilan net des exportations* - net exports - *bilancia commerciale*
Außenwanderung - migración exterior - *migration extérieure* - external migration - *migrazione esterna*
auvent - porch roof - *pensilina* - Schutzdach - *marquesina*
available, disposable - disponibile - *verfügbar* - disponible - *disponible, prêt*
avalancha, alud - avalanche - *avalanche* - valanga - *Lawine*
avalanche - avalanche - *valanga* - Lawine - *avalancha, alud*
avalanche - valanga - *Lawine* - avalancha, alud - *avalanche*
avenida, paseo - boulevard, avenue - *boulevard, avenue* - viale, corso - *Boulevard, Allee*
avente diritto, autorizzato - berechtigt - *autorizado, titular* - ayant droit, titulaire - *eligible*
average - media - *Durchschnitt* - término medio - *moyenne*
average age - età media - *Durchschnittsalter* - edad media - *âge moyen*
avión a reacción - avion à réaction - *jet* - aereo a reazione - *Düsenflugzeug*
avion à réaction - jet - *aereo a reazione* - Düsenflugzeug - *avión a reacción*
avis - wiew, opinion - *parere* - Ansicht - *opinion*
aviser le requérant - notify the applicant (to) - *notificare al richiedente* - Antragsteller benachrichtigen - *notificar al solicitante*
avoisinant, limitrophe - contiguous, bordering - *confinante* - abgrenzend - *contìguo, vecino,*

limìtrofe
avviso, pubblicità - Anzeige - *anuncio, aviso* - annonce - *advertisement, ad*
axe - trunk, axis, shaft - *asse* - Achse - *eje*
axe principal, secondaire - main, secondary axis - *asse principale, secondario* - Hauptachse, Nebenachse - *eje principal, secundario*
axial growth - sviluppo assiale - *Wachstum, achsiales* - crecimiento axial - *croissance axiale*
ayant droit, titulaire - eligible - *avente diritto, autorizzato* - berechtigt - *autorizado, titular*
ayuda a la pequeña y mediana industria - aides aux petites et moyennes entreprises - *small-business assistance* - aiuti alla piccola e media industria - *Mittelstandsförderung*
ayudas para nuevas iniciativas - aide de démarrage - *front-end assistance* - aiuti per nuove iniziative - *Starthilfe*
ayuntamiento, municipio - mairie - *town hall* - municipio - *Rathaus*
azienda, esercizio - Betrieb - *empresa, casa* - entreprise, exploitation - *firm*
azienda pescicola - Fischzuchtanstalt - *establecimiento de pesca* - établissement piscicole - *fish farm*
azione delle onde - Wellentätigkeit - *acción de las olas* - action des vagues - *wave action*

B

bac - ferry - *traghetto* - Fähre - *transbordador*
bac à fleurs - flower tub - *vaso da fiori* - Blumenkübel - *maceta*
bac à ordures - litter bin, trash can - *cestino stradale* - Abfallbehälter - *papeleras públicas*
Bach - arroyo - *ruisseau* - creek, brook - *ruscello*
bachelor, single - celibe - *Junggeselle, ledig* - soltero - *célibataire*
bacino d'attrazione - Einzugsbereich - *zona de influencia* - zone d'influence - *catchment area, shed*
bacino idrografico - Wassereinzugsgebiet - *cuenca hidrográfica* - bassin versant - *protected water recharge area*
backward - arretrato, sottosviluppato - *zurückgeblieben* - subdesarrollado, atrasado - *arriéré, en retard*
backyard - corte interna - *Hinterhof* - patio posterior - *cour intérieure*
Bad (Thermal-) - estación termal, termas - station thermale - spa (thermal) - *stazione termale*
bahìa, ensenada - baie, crique - *bay, cove* - baia, insenatura - *Bucht*
Bahn - pista - *piste* - track - *pista, traccia*
Bahnhof - estación - *gare* - station - *stazione*
Bahnübergang - paso a nivel - *passage à niveau* - level crossing - *passaggio a livello*
baia, insenatura - Bucht - *bahìa, ensenada* - baie, crique - *bay, cove*
baie, crique - bay, cove - *baia, insenatura* - Bucht - *bahìa, ensenada*
bail emphytéotique - hereditary tenancy - *contratto enfiteutico* - Erbpachtvertrag - *contrato enfiteutico*

bail, location - lease - *locazione* - Pacht - *locación*
baisse - cut, drop, decline, withdrawl - *calo* - Abnahme - *baja, mengua, pérdida*
baisse des prix - price reduction - *diminuzione dei prezzi* - Preisermäßigung - *baja, disminución de precios*
baisse des ventes - reduction in sales - *contrazione delle vendite* - Umsatzrückgang - *disminución, decrecimiento de ventas*
baja, mengua, pérdida - baisse - *cut, drop, decline, withdrawl* - calo - *Abnahme*
baja de intereses - bonification d'intérêt - *reduction of interest rates* - ribasso degli interessi - *Zinssenkung*
baja, disminución de precios - baisse des prix - *price reduction* - diminuzione dei prezzi - *Preisermäßigung*
bajo - bas - *low* - basso - *niedrig*
bajo protección - classé - *listed (on the national register)* - vincolato - *unter Denkmalschutz*
balance, account - bilancio - *Bilanz, Abschluß* - balance, cuentas - *bilan*
balance, balance ordinario - budget de fonctionnement - *operating account* - bilancio ordinario (d'esercizio) - *Betriebsbilanz*
balance, cuentas - bilan - *balance, account* - bilancio - *Bilanz, Abschluß*
balance del Estado, balance fiscal - bilan de l'Etat - *national budget* - bilancio dello stato - *Staatshaushalt*
balance des paiements - balance of payments - *bilancia dei pagamenti* - Zahlungsbilanz - *balanza de pagos*
balance extraordinario - budget d'investissement - *capital budget, capital account* - bilan-

cio straordinario - *Kapitalhaushalt*
balance municipal - budget municipal - *local government budget* - bilancio comunale - *Gemeindehaushalt*
balance of payments - bilancia dei pagamenti - *Zahlungsbilanz* - balanza de pagos - *balance des paiements*
balance presupuestorio - bilan prévisionnel - *budget estimate* - bilancio preventivo - *Haushaltsplan, Voranschlag*
balancé, équilibré - balanced - *bilanciato, equilibrato* - ausgewogen - *equilibrado*
balance, equilibrium - equilibrio - *Gleichgewicht* - equilibrio, balance - *équilibre*
balanced - bilanciato, equilibrato - *ausgewogen* - equilibrado - *balancé, équilibré*
balanza comercial - bilan net des exportations - *net exports* - bilancia commerciale - *Außenhandelssaldo*
balanza de pagos - balance des paiements - *balance of payments* - bilancia dei pagamenti - *Zahlungsbilanz*
ballatoio - Laubengang - *porche* - coursive - *access balcony*
Ballungsrandgebiet - zona marginal de una conurbación - *zone périurbaine* - outer conurbation area - *zona al margine di una conurbazione*
Ballungsraum, Ballungszone - conurbación - *conurbation* - conurbation - *conurbazione*
balneario - station balnéaire - *seaside resort* - stazione balneare - *Seebadeort*
bambino - Kind - *niño* - enfant - *child*
banc de rochers - reef - *banco di roccia* - Felsklippe - *banco de roca, bajos*
banca dati - Datenbank - *banco de datos* - banque de données - *data bank*
banchina, pontile - Pier, Bankett - *plataforma* - appontement, banquette - *pier, shoulder*
banchina di scarico - Ladebühne - *andén de carga, plataforma de carga* - plate-forme de chargement - *loading dock*
banchina di terra - Erdwall - *terraplén* - talus de protection - *berm, bank of earth*
banco de arena, bajo fondo - bas-fond - *shallows, shoal* - secca - *Untiefe*
banco de datos - banque de données - *data bank* - banca dati - *Datenbank*
banco de roca, bajos - banc de rochers - *reef* - banco di roccia - *Felsklippe*
banco di roccia - Felsklippe - *banco de roca, bajos* - banc de rochers - *reef*

banda divisoria - berme, bande de séparation - *median* - spartitraffico - *Mittelstreifen*
bande d'arrêt d'urgence - emergency lane, shoulder - *corsia di emergenza* - Haltespur für Notfälle - *via de emergencia*
Bandentwicklung, bandartige Bebauung - desarollo lineal - *construction en bandes, développement linéaire* - linear development, strip - *urbanizzazione a nastro, sviluppo lineare*
bandförmig - en bandas, lineal - *rubané* - ribboned - *a fascia*
bando - Ausschreibung - *propuestas públicas, concurso* - appel d'offres - *call for tenders, request for bids*
Bandstadt - ciudad lineal - *cité linéaire* - linear city - *città lineare*
bankruptcy - fallimento - *Konkurs, Bankrott* - quiebra, bancarrota - *faillite*
banlieue - suburb - *periferia* - Peripherie - *perifería, suburbio*
banlieue résidentielle - residential suburb - *periferia residenziale* - Wohnbezirk, vorstädtischer - *periferia residencial*
banlieusard - suburbanite - *abitante in periferia* - Vorstadtbewohner - *habitante suburbano, habitante de las afueras*
banque de données - data bank - *banca dati* - Datenbank - *banco de datos*
bar - al contado, en efectivo - *comptant* - cash, out-of-pocket - *in contanti*
bar, esercizio pubblico - Wirtshaus - *cafetería, café, bar* - bistrot, café - *public house, pub, bar*
barrera - barrière - *dam* - barriera - *Damm*
barrera de protección - glissière - *crash barrier* - guardrail - *Leitplanke*
barriera - Damm - *barrera* - barrière - *dam*
barrière - dam - *barriera* - Damm - *barrera*
barrio - quartier - *ward* - quartiere - *Viertel*
barrio de chalets - quartier pavillonaire - *area of detached houses* - quartiere di villette - *Villenviertel, Einfamilienhausgebiet*
barrio histórico - quartier ancien - *old neighbourhood* - quartiere storico - *Stadtviertel, alt*
barrio pobre, chabola, favela - bidonville - *shanty town, slum area* - quartiere povero, baraccopoli - *Elendsviertel*
barrio residencial - zone résidentielle - *residential area* - zona residenziale - *Wohngebiet*
bas - low - *basso* - niedrig - *bajo*
base map - pianta di base - *Grundkarte* - plano

de fundación - *carte de base*
basic data - dati di base - *Grunddaten* - datos básicos - *données de base*
basic infrastructure - infrastruttura di base - *Grundausstattung* - infraestructura de base - *infrastructure de base*
basic objective - obiettivo fondamentale - *Leitbild* - objectivos de base - *objectif de base*
basis of appeal - ragioni del ricorso - *Begründung des Widerspruchs* - motivos de la apelación - *raison pour faire appel*
bassa marea - Ebbe - *marea baja* - marée basse - *ebb*
bassin versant - protected water recharge area - *bacino idrografico* - Wassereinzugsgebiet - *cuenca hidrográfica*
basso - niedrig - *bajo* - bas - *low*
bassopiani - Tiefland - *llanos* - terres basses - *lowlands*
bastidor, cortina - coulisse - *curtain, wing* - quinta, cortina - *Kulisse*
basura doméstica - ordures ménagères - *household refuse* - rifiuti domestici - *Hausmüll*
basura, residuos - ordures - *waste, refuse* - spazzatura - *Müll*
basurero colectivo - poubelle pour les déchets encombrants - *bulk refuse container, dumpster* - pattumiera collettiva - *Sperrmüllbehälter*
bas-fond - shallows, shoal - *secca* - Untiefe - *banco de arena, bajo fondo*
bâtiment - building - *edificio, fabbricato* - Gebäude - *edificio, construcción*
bâtiment d'exploitation agricole - farm building - *edificio ad uso agricolo* - Wirtschaftsgebäude - *edificio para uso agricolo*
bâtiment en terrasses - terraced housing - *casa a terrazze* - Terrassenhaus - *casa en terraza*
bâtiments-tours - high rise tower - *edifici a torre* - Punkthäuser - *torres*
Bauantrag - solicitud de permiso de construcción - *demande de permis de construire* - building permit application - *domanda di concessione edilizia*
Baubeschreibung - especificación de materiales - *spécification des matériaux* - plans and specifications - *requisiti dei materiali*
Bauer - agricultor, campesino - *paysan, fermier* - farmer - *agricoltore, contadino*
Bauernhaus - casa de labranza, finca, granja - *ferme* - farmhouse - *casa colonica*
Bauerwartungsland, Zone für zukünftige Bebauung - área de desarollo futuro - *zone d'aménagement différé (Z.A.D.)* - area for future development - *zona a sistemazione differita*
baufällig - en ruina - *en ruine* - dilapidated - *cadente*
Baugelände, als vordringlich erklärtes - zona de urbanización prioritaria - *Zone à Urbaniser en Priorité (Z.U.P.)* - area designated for immediate development - *zona d'urbanizzazione prioritaria*
Baugenehmigung - permiso de construcción - *permis de construire* - building permit - *permesso di costruzione*
Baugenehmigungsgebühr - impuesto sobre la construcción - *droits de concession d'un permis de construire* - building permit fee - *oneri di urbanizzazione*
Baugrundstück - solar edificable - *lot à bâtir* - building lot - *lotto edificabile*
Bauherr - comitente - *maître d'oeuvre* - building sponsor, builder - *committente*
Bauholz - madera de construcción - *bois de construction* - timber for construction - *legname da costruzione*
Bauinvestor - promotor inmobiliario - *promoteur* - property developer - *promotore immobiliare, costruttore*
Baukosten - costos de construcción, *coûts de construction* - building costs - *costi di costruzione*
Bauland für den Wohnungsbau - área residencial - *terrain destiné à l'habitat* - residential land - *area per l'edilizia abitativa*
Baulandpreis - precio del terreno edificable - *prix du terrain à bâtir* - price of developable land - *prezzo del terreno edificabile*
Baulandumlegung, Arrondierung - reparcelación - *remembrement* - replotting, land readjustment - *rilottizzazione*
Bauleitplan - plan regulador - *plan d'urbanisme* - urban development plan - *piano urbanistico*
Baulinie - lìnea de edificación - *alignement* - building line - *allineamento dei fabbricati*
Baulücke - huecos - *trou, dent* - empty site, vacant lot - *buchi, interstizi*
Baumaßnahmen - actividad constructiva - *opérations de construction* - construction work - *attività costruttiva*
baumlos - sin árboles - *sans arbres* - treeless - *senza alberi*
Baumpflanzung - plantación de árboles - *boi-*

sement - tree planting - *plantumazione*
Baumschule - vivero forestal - *pépinière* - tree nursery - *vivaio forestale*
Bauordnung - reglamento de construcción urbana - *réglement concernant les constructions* - building code - *regolamento edilizio*
Bauordnungsamt - dirección de obras municipales - *direction de l'équipement* - building inspection authorities - *ufficio edilizia*
Baustelle - obra - *chantier (de construction)* - site - *cantiere (di costruzione)*
Bauträger - responsable de la construcción - *maître d'ouvrage* - builder - *stazione appaltante*
Bauverbotszone - zona no edificable - *zone interdite à la construction* - area subject to a building prohibition - *zona non edificabile*
Bauvertrag - contrato de edificación - *contrat d'entreprise, marché* - building contract - *contratto di costruzione*
Bauweise, offene - chalets, construcción abierta - *habitat pavillonaire* - detached houses - *villini*
Bauwirtschaft - industria de la construcción - *industrie du bâtiment* - construction industry - *edilizia*
Bauzeit - duración de la construcción - *durée des travaux* - construction time - *durata del cantiere*
bay, cove - baia, insenatura - *Bucht* - bahìa, ensenada - *baie, crique*
be snow-bound (to) - essere bloccato dalla neve - *durch Schnee abgeschnitten sein* - estar bloqueado por la nieve - *être bloqué par la neige*
Beamter, Funktionär - funcionario, empleado público - *fonctionnaire* - official, civil servant - *funzionario*
beaufsichtigt - vigilado - *surveillé* - supervised - *custodito*
beauftragen - encargar, encomendar - *charger* - make responsible for (to) - *incaricare*
Bebauungsdichte - densidad de la edificación - *densité de construction* - building intensity - *densità edilizia*
Bebauungsdichte, maximal zulässige - lìmite máximo de densidad - *Plafond Légal de Densité (P.L.D.)* - maximum building intensity - *tetto limite di densità*
Bebauungsentwurf - proyecto arquitectónico - *projet d'aménagement* - architectural layout - *progetto architettonico*
Bebauungsplan - plan urbanìstico - *plan d'aménagement de zone* - building plan, developement plan - *piano di edificazione*
Bedarf - necesidad - *besoin* - demand, requirement - *fabbisogno*
Bedarf an zusätzlichen Arbeitsplätzen - necesidad de nuevas ocupaciones - *besoin d'emplois supplémentaires* - need for additional employment or jobs - *bisogno di occupazione addizionale*
Bedingung - condición - *condition* - condition, term - *condizione*
Bedürfnissen nachkommen - satisfacer las necesidades - *remplir les exigences* - meet requirements (to) - *soddisfare le esigenze*
Beförderungsart - modo de transporte - *mode de transport* - mode of transport - *modo di trasporto*
Beförderungsmöglichkeiten - instalaciones de transporte - *aménagements de transport* - transportation facilities - *attrezzature di trasporto*
Befrachtung - fletamiento - *affrétement* - charter - *noleggio*
Befragung, postalische - formulario de correos - *questionnaire par poste* - postal survey, mail survey - *questionario postale*
Begegnungsstätte - lugar de encuentro, de la cita - *lieu de rencontre* - meeting place - *luogo d'incontro*
Begleiterscheinung - fenómeno colateral, concomitante - *phénomène concomitant* - side phenomenon - *fenomeno concomitante, collaterale*
Begrenzung, zeitliche - lìmite de tiempo - *limitation dans le temps* - time limit - *limite di tempo*
Begründung des Widerspruchs - motivos de la apelación - *raison pour faire appel* - basis of appeal - *ragioni del ricorso*
Begrünung - trasformación en área verde - *verduration* - planting - *uso a verde*
begutachten - realizar un peritaje - *expertiser* - screen (to), assess (to) - *esaminare, periziare*
behavior - comportamento - *Verhalten* - comportamiento, conducta - *comportement*
Beherbergungskapazität - capacidad hotelera - *capacité d'hébergement* - accommodation capacity - *capacità ricettiva*
Behinderte - inválidos, minus validos - *infirmes, handicapés* - disabled persons, handicappers - *invalidi*
Behörde - organismo público, autoridad - *ad-*

ministration publique - authority - *organismo pubblico*
Behörde, interkommunale - administración intermunicipal - *administration intercommunale* - inter-municipal authority - *uffici intercomunali, comprensorio*
Beihilfe - subsidio, subvención - *allocation, aide* - subsidy, assistance - *sussidio, sovvenzione*
Beirat - comité - *comité* - advisory committee - *comitato*
Beitrag - contribución, aporte - *contribution* - contribution, cotisation - *contributo*
Belastbarkeit - capacidad de carga - *capacité à absorber, supporter* - loading capacity - *limite delle misure adottabili*
Belastung - carga, peso, incidencia - *charge, incidence* - load, burden - *carico, incidenza*
Belastung, thermische - polución térmica - *pollution thermique* - thermal pollution - *degradazione da calore*
Belastung der Umwelt - degradación del entorno natural - *dégradation de l'environnement* - degradation of the environment - *degradazione dell'ambiente naturale*
Belegschaft - obreros, personal - *personnel, effectifs* - hands, personnel - *maestranze*
Beleuchtung, städtische - iluminación pública - *éclairage public* - street lighting - *illuminazione pubblica*
belleza natural - curiosité naturelle - *natural monument* - località di particolare interesse naturale - *Naturdenkmal*
below average - al di sotto della media - *unter dem Durchschnitt* - debajo de la media - *endessous de la moyenne*
belvedere - Aussichtspunkt - *mirador* - belvédère - *viewpoint*
belvédère - viewpoint - *belvedere* - Aussichtspunkt - *mirador*
benachrichtigen - informar - *informer* - inform (to) - *informare*
bend - curva - *Kurve* - recodo, curva - *courbe*
bend in a river - ansa di un fiume - *Flußschleife* - recodo de un río - *coude d'un fleuve*
bends, curves - tornanti - *Biegungen* - curvas - *tournants*
bene personale - Eigentum, persönliches - *bien personal* - bien personnel - *personal property*
bénéfice, avantage - benefit, advantage - *beneficio, vantaggio* - Vorteil - *provecho, ventaja*
bénéficiaire, usufruitier - beneficiary - *beneficiario, fruitore* - Nutznießer - *beneficiario*
beneficiario - bénéficiaire, usufruitier - *beneficiary* - beneficiario, fruitore - *Nutznießer*
beneficiario, fruitore - Nutznießer - *beneficiario* - bénéficiaire, usufruitier - *beneficiary*
beneficiary - beneficiario, fruitore - *Nutznießer* - beneficiario - *bénéficiaire, usufruitier*
beneficio, vantaggio - Vorteil - *provecho, ventaja* - bénéfice, avantage - *benefit, advantage*
benefit, advantage - beneficio, vantaggio - *Vorteil* - provecho, ventaja - *bénéfice, avantage*
beni di consumo - Verbrauchsgüter - *bienes de consumo* - biens de consommation - *consumer goods*
beni d'investimento - Investitionsgüter - *bienes de inversión* - biens d'investissement - *capital goods*
beni e servizi - Güter- und Dienstleistungen - *bienes y servicios* - biens et services - *goods and services*
beni immobili - Vermögen, unbewegliches - *bienes inmuebles* - immeubles - *real assets*
Berater - consultor, asesor - *expert, conseiller* - consultant, adviser - *consulente*
Beratungdienst - consultorio, servicio de consulta - *service de consultation* - counselling, advisory service - *servizio di consulenza*
berechnen - calcular - *calculer* - calculate (to) - *calcolare*
berechtigt - autorizado, titular - *ayant droit, titulaire* - eligible - *avente diritto, autorizzato*
Bereich, Areal - área - *aire* - field, area - *area*
bereitstellen - poner a disposición - *affecter* - allocate (to) - *stanziare, erogare*
Bergbau - industria extractiva, industria minera - *industrie d'extraction, minière* - mining industry - *industria estrattiva, mineraria*
Bergehalde - vertedero - *terril* - slagheap - *discarica*
Berghang - ladera de una montaña - *fianc de montagne* - mountain side - *versante di una montagna*
Bergkamm - cresta - *arête, crête* - crest, ridge - *cresta, colmo*
Bergschaden - daños provocados por trabajos en minas - *subsidence* - mining damage - *subsidenza*
Bergung - salvataje - *sauvetage* - rescue, salvage - *salvataggio*
Bericht - informe, aviso - *rapport, avis* - report, account - *rapporto, comunicazione*

Berichtigung - rectificación - *rectification* - correction - *rettifica*
berm, bank of earth - banchina di terra - *Erdwall* - terraplén - *talus de protection*
berme, bande de séparation - median - *spartitraffico* - Mittelstreifen - *banda divisoria*
Beruf - profesión, oficio - *profession, métier* - profession, job, occupation - *professione, occupazione*
Berufsregister - guìa profesional - *tableau professionel* - professional register - *albo professionale*
Berufung einlegen - apelar una sentencia - *se pourvoir en appel* - appeal (to) - *ricorrere in appello*
Beschaffenheit - estado, condicion - *constitution, état* - state, condition - *stato, condizione*
Beschäftigung - empleo - *emploi* - employment - *impiego, occupazione*
Beschäftigungs- möglichkeiten - ofertas de trabajo - *possibilités d'emploi* - employment opportunities - *offerte di lavoro*
Beschilderung - señalisación - *signalisation, balisage* - sign posting - *segnaletica*
Beschlagnahme - confiscación - *confiscation, saisie* - confiscation, requisition, seizure - *requisizione, sequestro*
beschleunigen - acelerar - *accélérer* - accelerate (to), speed up (to) - *accelerare*
Beschleunigungspur - via de aceleración - *voie d'accélération* - acceleration lane - *corsia di accelerazione*
Beschluß - deliberación - *délibération* - resolution, decision - *delibera*
beschränken - limitar - *limiter, resteindre* - limit (to), restrict (to) - *limitare, restringere*
Beschränkung der Fahrzeugzufahrt - limitación al acceso de vehìculos - *limitation d'accès aux véhicules* - limitation of vehicular access - *limitazione d'accesso veicolare*
Beschwerde - reclamación - *réclamation* - complaint - *reclamo*
beseitigen - eliminar - *éliminer* - eliminate (to), remove (to) - *eliminare*
Beseitigung - limpieza - *nettoyage* - clearance - *ripulitura*
Besetzer, Ansiedler ohne Rechtstitel - abusivo - *squatter* - squatter, illegal occupant - *occupante abusivo*
Besetzung - ocupación - *occupation* - occupation - *occupazione*
Besichtigung, Rundfahrt - visìta, excursión - visite, tour - sightseeing - *visita, giro*
Besitzurkunde - tìtulo - *titre* - title deed, certificate - *titolo*
besoin - demand, requirement - *fabbisogno* - Bedarf - *necesidad*
besoin à couvrir - accumulated demand - *domanda pregressa* - Nachholbedarf - *neesidades a cubrir, demanda acumulada*
besoin d'emplois supplémentaires - need for additional employment or jobs - *bisogno di occupazione addizionale* - Bedarf an zusätzlichen Arbeitsplätzen - *necesidad de nuevas ocupaciones*
Besonnung - soleamento, asoleamiento - *ensoleillement* - exposure to sunlight - *soleggiamento*
beständig - estacionario, constante - *stationnaire, constant* - constant, continuous - *stazionario*
Bestandsaufnahme - inventario, relieve - *inventaire* - inventory, stock-taking - *inventario, rilievo*
Bestätigung - homologación, confirmación - *homologation, confirmation* - confirmation, authorisation - *omologazione, conferma*
Bestellung - orden, encargo - *commande* - order - *ordinazione*
Bestimmung relevanter Faktoren - definición de factores destacados - *définition de facteurs significatifs* - definition of relevant factors - *definizione dei fattori rilevanti*
Bestimmungsland - paìs de destino - *pays de destination* - country of destination - *paese di destinazione*
Bestimmung, Eignung - vocación - *vocation* - suitability, fitness - *vocazione*
Beteiligung, Teilnahme - participación - *participation* - participation - *partecipazione*
Betrieb - empresa, casa - *entreprise, exploitation* - firm - *azienda, esercizio*
Betriebsausgaben - gastos empresariales - *dépenses de fonctionnement* - operation expenditures, operating costs - *spese d'esercizio*
betriebsbereit - operacional, en función - *opérationnel* - operational - *operazionale*
Betriebsbilanz - balance, balance ordinario - *budget de fonctionnement* - operating account - *bilancio ordinario (d'esercizio)*
Betriebsleitung - dirección - *direction* - management - *direzione*
Betriebssubvention - subsidio de funcionamento - *subvention de fonctionnement* - sub-

sidy of operations - *sovvenzione d'esercizio*
betterment - valore di miglioria, plusvalore fondiario - *Wertverbesserung* - plusvalìa inmobiliaria - *plus-value foncière*
betterment levy, special assessment - imposta sul plus-valore fondiario - *Wertabschöpfung* - impuesto sobre la plusvalìa inmobiliaria - *impôt sur les plus-values foncières*
Beurteilung - juicio - *jugement* - judgement, review - *giudizio*
Bevölkerung - población - *population* - population - *popolazione*
Bevölkerung, tatsächliche - población efectiva, población real - *population existante* - actual population - *popolazione effettiva*
Bevölkerungsdaten, altersspezifische - coeficientes especìficos por edad - *taux par âge* - population data by age group - *quozienti specifici per età*
Bevölkerungsdruck - presión demografica - *pression démographique* - population pressure - *pressione demografica*
Bevölkerungskurve - curva demografica - *courbe de la population* - population curve - *curva della popolazione*
Bevölkerungspolitik - polìtica demografica - *politique démographique* - population policy - *politica demografica*
Bevölkerungsprognose - previsiones demográficas - *perspectives démographiques* - population forecast - *proiezioni demografiche*
bewaldet - arbolado, boscoso - *boisé* - wooded - *boscoso*
Bewässerungssystem - sistema de riego - *système d'irrigation* - irrigation system - *sistema d'irrigazione*
Beweglichkeit, räumliche - movilidad espacial - *mobilité spatiale* - spatial mobility - *mobilità spaziale*
Bewegung - movimiento - *mouvement* - movement - *movimento*
Bewertung - evaluación - *évaluation* - evaluation, appraisal - *valutazione*
Bewirtschaftung in schmalen Landstreifen - cultivo en bandas - *culture en bandes* - strip cultivation - *coltivazione a fasce*
Bewölkung - nubosidad - *nébulosité* - cloudiness - *nuvolosità*
Bezirk - distrito - *district* - district, arrondissement - *distretto*
biblioteca - bibliothèque - *library* - biblioteca - Bibliothek

biblioteca - Bibliothek - *biblioteca* - bibliothèque - *library*
Bibliothek - biblioteca - *bibliothèque* - library - *biblioteca*
bibliothèque - library - *biblioteca* - Bibliothek - *biblioteca*
bicicleta - vélo, bicyclette - *bicycle* - bicicletta - *Fahrrad*
bicicletta - Fahrrad - *bicicleta* - vélo, bicyclette - *bicycle*
bicycle - bicicletta - *Fahrrad* - bicicleta - *vélo, bicyclette*
bicycle lane - pista ciclabile - *Radweg* - pista para bicicletas - *piste cyclable*
bid award - conferimento dell'incarico - *Auftragserteilung* - dar encargo - *passation de commande, ordre*
bidonville - shanty town, slum area - *quartiere povero, baraccopoli* - Elendsviertel - *barrio pobre, chabola, favela*
Biegungen - curvas - *tournants* - bends, curves - *tornanti*
bien personal - bien personnel - *personal property* - bene personale - *Eigentum, persönliches*
bien personnel - personal property - *bene personale* - Eigentum, persönliches - *bien personal*
bienes de consumo - biens de consommation - *consumer goods* - beni di consumo - *Verbrauchsgüter*
bienes de inversión - biens d'investissement - *capital goods* - beni d'investimento - *Investitionsgüter*
bienes del Estado, propiedad del Estado - domaine d'état - *government property* - demanio pubblico - *Domäne, Staatsgüter*
bienes inmuebles - immeubles - *real assets* - beni immobili - *Vermögen, unbewegliches*
bienes y servicios - biens et services - *goods and services* - beni e servizi - *Güter- und Dienstleistungen*
biens de consommation - consumer goods - *beni di consumo* - Verbrauchsgüter - *bienes de consumo*
biens d'investissement - capital goods - *beni d'investimento* - Investitionsgüter - *bienes de inversión*
biens et services - goods and services - *beni e servizi* - Güter- und Dienstleistungen - *bienes y servicios*
biens immobiliers - investment property - *inve-*

stimenti immobiliari - Immobilienanlagen - *inversión inmobiliaria*
biforcazione - Straßengabelung - *bifurcación* - bifurcation - road fork, "Y"
bifurcación - bifurcation - *road fork, "Y"* - biforcazione - *Straßengabelung*
bifurcation - road fork, "Y" - *biforcazione* - Straßengabelung - *bifurcación*
bilan - balance, account - *bilancio* - Bilanz, Abschluß - *balance, cuentas*
bilan de l'Etat - national budget - *bilancio dello stato* - Staatshaushalt - *balance del Estado, balance fiscal*
bilan net des exportations - net exports - *bilancia commerciale* - Außenhandelssaldo - *balanza comercial*
bilan prévisionnel - budget estimate - *bilancio preventivo* - Haushaltsplan, Voranschlag - *balance presupuestorio*
bilancia commerciale - Außenhandelssaldo - *balanza comercial* - bilan net des exportations - *net exports*
bilancia dei pagamenti - Zahlungsbilanz - *balanza de pagos* - balance des paiements - *balance of payments*
bilanciato, equilibrato - ausgewogen - *equilibrado* - balancé, équilibré - *balanced*
bilancio - Bilanz, Abschluß - *balance, cuentas* - bilan - *balance, account*
bilancio comunale - Gemeindehaushalt - *balance municipal* - budget municipal - *local government budget*
bilancio dello stato - Staatshaushalt - *balance del Estado, balance fiscal* - bilan de l'Etat - *national budget*
bilancio ordinario (d'esercizio) - Betriebsbilanz - *balance, balance ordinario* - budget de fonctionnement - *operating account*
bilancio preventivo - Haushaltsplan, Voranschlag - *balance presupuestorio* - bilan prévisionnel - *budget estimate*
bilancio straordinario - Kapitalhaushalt - *balance extraordinario* - budget d'investissement - *capital budget, capital account*
Bilanz, Abschluß - balance, cuentas - *bilan* - balance, account - *bilancio*
Bildungsniveau - nivel de educación - *niveau d'éducation* - level of education - *livello di formazione*
bill of loading - polizza di carico - *Konnossement, Frachtbrief* - póliza de carga - *connaissement*

binario, strada ferrata - Eisenbahngleis - *andén, ferrovia* - voie ferrée - *railway track*
Binnenland - región interna - *région intérieure* - inland region - *regione interna*
Binnenschiffahrt - navegación interna - *navigation intérieure* - inland navigation - *navigazione interna*
Binnenwanderung - migración interna - *migration intérieure* - internal migration - *migrazione interna*
biodegradabile - abbaubar, biologisch - *degradable* - biodégradable - *biodegradable*
biodegradable - biodegradabile - *abbaubar, biologisch* - degradable - *biodégradable*
biodégradable - biodegradable - *biodegradabile* - abbaubar, biologisch - *degradable*
biological death - morte biologica - *Umkippen (biologisch)* - muerte biologica - *mort biologique*
bird's eye perspective - prospettiva a volo d'uccello - *Vogelperspektive* - perspectiva caballera, perspectiva a vuelo de pájaro - *perspective à vol d'oiseau*
birth control, family planning - controllo delle nascite, pianificazione familiare - *Geburtenkontrolle, Familienplanung* - control de natalidad, planificación familiar - *régulation des nassainces, planning familial*
birth rate - tasso di natalità - *Geburtenrate* - porcentaje de natalidad - *taux de natalité*
bisogno di occupazione addizionale - Bedarf an zusätzlichen Arbeitsplätzen - *necesidad de nuevas ocupaciones* - besoin d'emplois supplémentaires - *need for additional employment or jobs*
bistrot, café - public house, pub, bar - *bar, esercizio pubblico* - Wirtshaus - *cafeterìa, café, bar*
bivio - Abzweigung - *ramificación* - embranchement - *junction*
Blendschutz- einrichtungen - filtro anti-reflectante - *écran anti-éblouissant* - anti-glare screening - *schermo anti-abbagliante*
bleu - blue print - *copia eliografica* - Lichtpause - *copia de planos*
Blickpunkt - punto focal - *point focal* - focal point - *punto focale*
blind alley, cul-de-sac - vicolo cieco - *Sackgasse* - callejón sin salida - *impasse*
blizzard - blizzard - *tormenta* - Schneesturm - *tormenta de nieve*
blizzard - tormenta - *Schneesturm* - tormenta

de nieve - *blizzard*
block - isolato - *Häuserblock* - manzana, bloque - *îlot*
block with access balconies - casa a ballatoio - *Laubenganghaus* - casa-corredor - *maison à coursive*
bloquer - tie up (to), lock up (to) - *vincolare* - festlegen - *vincular*
blot, scarring of the landscape - deturpamento del paesaggio - *Verunstaltung der Landschaft* - destrucción del paisaje - *dégradation du paysage*
blue collar, workman - operaio - *Arbeitnehmer, Industriearbeiter* - obrero - *ouvrier*
blue print - copia eliografica - *Lichtpause* - copia de planos - *bleu*
Blumenkübel - maceta - *bac à fleurs* - flower tub - *vaso da fiori*
board of directors - consiglio d'amministrazione - *Verwaltungsrat* - consejo de administración - *conseil d'administration*
board sheet - volantino - *Flugblatt* - volante - *tract*
boarder - pensionante - *Kostgänger* - pensionista, huésped de una pension - *pensionnaire*
bodega, depósito - cale - *storage space* - stiva, area di carico - *Laderaum*
Boden - suelo - *sol* - soil - *suolo*
Bodenabschreibung - depreciación del terreno - *dépréciation foncière* - depreciation of land values - *deprezzamento del terreno*
Bodenart - tipo de suelo - *type de sol* - soil type - *tipo di suolo*
Bodenaufbau - estructura del suelo - *structure du sol* - soil structure - *struttura del suolo*
Bodenbewirtschaftung, intensive - cultivo intensivo - *culture intensive* - intensive farming, agriculture - *coltivazione intensiva*
Bodendüngung - fertilización - *fertilisation, utilisation d'engrais* - fertilization - *concimazione*
Bodenerosion - erosión del suelo - *érosion du sol* - soil erosion - *erosione del suolo*
Bodenkarte - mapa pedológico - *carte pédologique* - soil map - *carta pedologica*
Bodennutzung - uso del suelo - *occupation du sol* - soil use - *uso del suolo*
Bodennutzung, vorgeschlagene - propuesta de utilización del suelo - *utilisation proposée du sol* - proposed land use - *destinazione prevista*
Bodenordnungsgesetz - regimen de suelos - *Loi d'Orientation Foncière* - land development act - *legge sul regime dei suoli*
Bodenrecht - derecho del suelo - *droit foncier* - land law - *diritto fondiario*
Bodenschutz - protección del suelo - *protection des sols* - soil protection - *difesa del suolo*
Bodenspekulation - especulación del suelo - *spéculation foncière* - land speculation - *speculazione fondiaria*
Bodenvorrat, Baulandreserve - terrenos reservados, reserva de suelos - *réserve foncière* - vacant land reserve - *terreni vincolati, riserva fondiaria*
Bodenvorratspolitik - polìtica para la creación de áreas de reserva urbana - *politique foncière* - policy of creating land reserves - *politica per la creazione di aree urbane di riserva*
bois - wood - *bosco* - Wald - *bosque*
bois de construction - timber for construction - *legname da costruzione* - Bauholz - *madera de construcción*
boisé - wooded - *boscoso* - bewaldet - *arbolado, boscoso*
boisement - tree planting - *plantumazione* - Baumpflanzung - *plantación de árboles*
boletìn meteorológico - bulletin météorologique - *weather report* - bollettino meteorologico - *Wetterbericht*
bollettino meteorologico - Wetterbericht - *boletìn meteorológico* - bulletin météorologique - *weather report*
bondé - overcrowded - *sovraffollato* - überfüllt - *atestado, abarrotado*
bonifica - Kultivierung, Urbarmachung von Land durch Trockenlegung - *bonificación* - mise en valeur, assainissement de terres - *reclamation of land by drainage*
bonificación - mise en valeur, assainissement de terres - *reclamation of land by drainage* - bonifica - *Kultivierung, Urbarmachung von Land durch Trockenlegung*
bonification d'intérêt - reduction of interest rates - *ribasso degli interessi* - Zinssenkung - *baja de intereses*
bonne, aide ménagère - household helper - *domestica* - Hausgehilfin - *criada, sirvienta*
bord, marge - fringe - *frangia* - Rand - *borde, margen*
border - frontiera - *Grenze* - frontera, limite - *frontière*
bordereau de paie - payroll - *busta paga* - Lohnliste, Gehaltsliste - *registro de pagos hoja salarial*

borde, margen - bord, marge - *fringe* - frangia - *Rand*
bordo della strada - Straßenbegrenzungslinie - *margen de la carretera* - côté de la route - *road boundary, street line*
Bordschwelle - solera - *bordure* - kerb, curb - *cordolo*
bordure - kerb, curb - *cordolo* - Bordschwelle - *solera*
borne - concrete bollard - *paracarro* - Sperrpfosten - *guardacantón, guardabarros*
borne-fontaine - drinking fountain - *fontanella, punto acqua* - Laufbrunnen - *fuente cilla*
boscaglia - Gestrüpp - *boscaje* - broussaille - *scrubs*
boscaje - broussaille - *scrubs* - boscaglia - Gestrüpp
boschetto - Wäldchen - *bosquecillo* - bosquet - *copse*
bosco - Wald - *bosque* - bois - *wood*
boscoso - bewaldet - *arbolado, boscoso* - boisé - *wooded*
bosque - bois - *wood* - bosco - *Wald*
bosquecillo - bosquet - *copse* - boschetto - Wäldchen
bosquejo de un plano / de un proyecto - esquisse de projet - *sketch proposal* - schizzo - Vorschlagsskizze
bosquet - copse - *boschetto* - Wäldchen - *bosquecillo*
bottleneck - strozzatura - *Engpass* - embotellamiento, estrangulamiento - *goulet d'étranglement*
Boulevard, Allee - avenida, paseo - *boulevard, avenue* - boulevard, avenue - *viale, corso*
boulevard, avenue - boulevard, avenue - *viale, corso* - Boulevard, Allee - *avenida, paseo*
boulevard, avenue - viale, corso - *Boulevard, Allee* - avenida, paseo - *boulevard, avenue*
bouleversement social - switching - *mutamenti sociali* - Umschichtung - *cambio social*
braccio di mare - Meeresarm - *brazo de mar* - bras de mer - *arm of sea, inlet*
Brachland - terrenos baldìos, barbecho - *friche* - derelict land, fallow - *terreno dismesso, abbandonato*
branch - ramo - *Zweig* - rama, ramo - *branche*
branche - branch - *ramo* - Zweig - *rama, ramo*
bras de mer - arm of sea, inlet - *braccio di mare* - Meeresarm - *brazo de mar*
brazo de mar - bras de mer - *arm of sea, inlet* - braccio di mare - *Meeresarm*

breaking thorough, piercing - sventramento - *Durchbruch* - destripamiento, excavación - *éventrement, percement*
breakwater - pennello, frangiflutti - *Wellenbrecher* - rompeolas - *épi, éperon, brise-lames*
breit - ancho - *large* - wide, broad - *largo*
bretelle d'autoroute - motorway feeder, freeway spur - *raccordo autostradale* - Autobahnzubringer - *cinturón de ronda de la autopista*
brina - Reif - *escarcha* - givre - *hoar-frost*
bringing-up of children - educazione dei figli - *Kindererziehung* - educación de los hijos - *éducation des enfants*
broken - accidentato - *zerklüftet* - accidentado - *accidenté*
broker - mediatore - *Makler* - corredor - *courtier*
brouillard - fog - *nebbia* - Nebel - *niebla*
broussaille - scrubs - *boscaglia* - Gestrüpp - *boscaje*
Bruchlinie - lìnea de falla - *ligne de faille* - fault line - *linea di faglia*
Bruttoinlandsprodukt (B.I.P.) - producto interno bruto (P.I.B.) - *produit intérieur brut (P.I.B.)* - gross domestic product (G.D.P.) - *prodotto interno lordo (P.I.L.)*
Bruttosozialprodukt (B.S.P.) - produto nacional bruto (P.N.B.) - *produit national brut (P.N.B.)* - gross national product (G.N.P.) - *prodotto nazionale lordo (P.N.L.)*
Bruttowanderungsbewegung - masa migratoria - *migration totale* - gross migration - *massa migratoria*
Buchhaltungs-, Buchführungssystem - sistema de contabilidad - *système de comptabilité* - accounting system - *sistema di contabilità*
buchi, interstizi - Baulücke - *huecos* - trou, dent - *empty site, vacant lot*
Bucht - bahìa, ensenada - *baie, crique* - bay, cove - *baia, insenatura*
bucle de enlace - courbe de raccordement - *transition, easement curve* - curva di raccordo - *Übergangsbogen*
budget cut - taglio nel bilancio - *Haushaltskürzung* - reducción presupuestaria - *réduction budgétaire*
budget de fonctionnement - operating account - *bilancio ordinario (d'esercizio)* - Betriebsbilanz - *balance, balance ordinario*
budget d'investissement - capital budget, capital account - *bilancio straordinario* - Kapital-

haushalt - *balance extraordinario*
budget estimate - bilancio preventivo - *Haushaltsplan, Voranschlag* - balance presupuestorio - *bilan prévisionnel*
budget estimate - preventivo - *Kostenvoranschlag* - presupuesto - *devis*
budget municipal - local government budget - *bilancio comunale* - Gemeindehaushalt - *balance municipal*
budget, fiscal year - anno finanziario, fiscale, di esercizio - *Haushaltsjahr* - año financiero, ejercicio - *année budgétaire, exercice*
buffer zone - zona cuscinetto - *Pufferzone* - zona tampón - *zone-tampon*
buhardilla, mansarda - mansarde - *attic room* - sottotetto - *Dachraum, Mansarde*
builder - stazione appaltante - *Bauträger* - responsable de la construcción - *maître d'ouvrage*
building - edificio, fabbricato - *Gebäude* - edificio, construcción - *bâtiment*
building code - regolamento edilizio - *Bauordnung* - reglamento de construcción urbana - *réglement concernant les constructions*
building contract - contratto di costruzione - *Bauvertrag* - contrato de edificación - *contrat d'entreprise, marché*
building costs - costi di costruzione - *Baukosten* - costos de construcción, - *coûts de construction*
building inspection authorities - ufficio edilizia - *Bauordnungsamt* - dirección de obras municipales - *direction de équipement*
building intensity - densità edilizia - *Bebauungsdichte* - densidad de la edificación - *densité de construction*
building lease - diritto di superficie - *Erbbaurecht* - derecho de superficie - *droit héréditaire de superficie*
building line - allineamento dei fabbricati - *Baulinie* - lìnea de edificación - *alignement*
building lot - lotto edificabile - *Baugrundstück* - solar edificable - *lot à bâtir*
building permit application - domanda di concessione edilizia - *Bauantrag* - solicitud de permiso de construcción - *demande de permis de construire*
building permit - permesso di costruzione - *Baugenehmigung* - permiso de construcción - *permis de construire*
building permit fee - oneri di urbanizzazione - *Baugenehmigungsgebühr* - impuesto sobre la construcción - *droits de concession d'un permis de construire*
building plan, developement plan - piano di edificazione - *Bebauungsplan* - plan urbanìstico - *plan d'aménagement de zone*
building sponsor, builder - committente - *Bauherr* - comitente - *maître d'oeuvre*
building subsidy, grant - contributi per l'edilizia - *Wohnungsbausubvention* - subsidio de la vivienda - *subvention à l'habitat, aide à la pierre*
built-on land - terreno edificato - *Gebiet, bebautes* - terreno edificado - *terrain bâti*
built-up area - area edificata - *Fläche, bebaute* - superficie edificada - *zone construite*
bulk cargo - merce alla rinfusa - *Schüttgut* - carga a granel - *cargaison en vrac*
bulk refuse container, dumpster - pattumiera collettiva - *Sperrmüllbehälter* - basurero colectivo - *poubelle pour les déchets encombrants*
bulletin météorologique - weather report - *bollettino meteorologico* - Wetterbericht - *boletìn meteorológico*
Bundesfernstraße - carretera estatal carretera nacional - *route nationale* - federal highway, national motorway - *strada statale*
buonuscita - Ablösungssumme - *indemnización* - indemnité - *redemption settlement*
burden of contaminated soil - oneri da usi precedenti - *Altlasten* - deterioro a causa de usos precedentes - *contamination et frais dus aux usages précédents*
burden of taxation - gravame fiscale - *Steuerbelastung* - gravámen fiscal - *charge des impôts*
bureau - bureau, office - *ufficio* - Büro, Amt - oficina, despacho
bureau, office - ufficio - *Büro, Amt* - oficina, despacho - *bureau*
bureau de l'état civil - registry office - *ufficio anagrafico* - Standesamt - *oficina de registro civil*
bureau de poste - post office - *ufficio postale* - Postamt - *oficina de correos*
bureau du cadastre - real estate office - *ufficio del catasto* - Liegenschaftsamt - *registro de la propriedad*
Bürgerbeteiligung - participación de ciudadanos - *participation des citoyens* - citizen's participation - *partecipazione dei cittadini*
Bürgerinitiative - iniciativa popular - *association de défense* - civic action group - *iniziativa*

popolare, dal basso
Bürgermeister - alcalde - *maire* - mayor - *sindaco*
Bürgersteig - àcera, vereda - *trottoir* - pavement, sidewalk - *marciapiede*
Bürgschaft - garantìa, aval - *garantie* - guarantee - *garanzia*
Büro, Amt - oficina, despacho - *bureau* - bureau, office - *ufficio*
bus bay, stop lane - piazzola di sosta per autobus - *Bushaltebucht* - estacionamento para autobuses - *zone d'arrêt pour autobus*
bus line - linea di autobus - *Buslinie* - lìnea de autobuses - *ligne d'autobus*
bus stop - fermata d'autobus - *Bushaltstelle* - parada de autobuses - *arrêt d'autobus*
Bushaltebucht - estacionamento para autobuses - *zone d'arrêt pour autobus* - bus bay, stop lane - *piazzola di sosta per autobus*
Bushaltstelle - parada de autobuses - *arrêt d'autobus* - bus stop - *fermata d'autobus*

business centre - centro direzionale - *Geschäftszentrum* - centro administrativo, directivo, commercial - *centre d'affaires*
business premises - locali commerciali - *Geschäftsräume* - locales commerciales - *locaux commerciaux*
Buslinie - lìnea de autobuses - *ligne d'autobus* - bus line - *linea di autobus*
búsqueda de la vivienda - recherche du logement - *house hunting* - ricerca della casa - *Wohnungssuche*
busta paga - Lohnliste, Gehaltsliste - *registro de pagos hoja salarial* - bordereau de paie - *payroll*
but du déplacement - purpose of the trip - *scopo dello spostamento* - Fahrtzweck - *motivo del deplazamiento*
by chance - per caso - *zufällig* - por azar, casualmente - *par hasard*
by-pass, diversion - deviazione - *Umleitung* - desvìo - *déviation, détournement*

C

cabeza de familia, jefe de familia - chef de famille - *head of the household* - capofamiglia - *Haushaltsvorstand*
cabina telefonica - Telefonzelle - *cabina telefónica* - cabine téléphonique - *telephone booth*
cabina telefónica - cabine téléphonique - *telephone booth* - cabina telefonica - *Telefonzelle*
cabine téléphonique - telephone booth - *cabina telefonica* - Telefonzelle - *cabina telefónica*
cablage - cabling, wiring - *cablaggio* - Verkabelung - *tendido de cables*
cablaggio - Verkabelung - *tendido de cables* - cablage - *cabling, wiring*
câbles et conduits souterrains - underground cables and pipes - *cavi e tubi sotterranei* - Kabel und Leitungen, unterirdische - *cables y conductos subterráneos*
cables y conductos subterráneos - câbles et conduits souterrains - *underground cables and pipes* - cavi e tubi sotterranei - *Kabel und Leitungen, unterirdische*
cabling, wiring - cablaggio - *Verkabelung* - tendido de cables - *cablage*
cabo - cap - *cape* - capo - *Kap*
cadastre, ficher immobilier - cadastre, land register - *catasto, registro immobiliare* - Kataster, Grundbuch - *catastro, censo de fincas, registro inmobiliario*
cadastre, land register - catasto, registro immobiliare - *Kataster, Grundbuch* - catastro, censo de fincas, registro inmobiliario - *cadastre, ficher immobilier*
cadena de alimentación - chaîne alimentaire - *food chain* - catena alimentare - *Nahrungskette*

cadena de montañas - chaîne de montagnes - *mountain chain* - catena di montagne - *Gebirgskette*
cadente - baufällig - *en ruina* - en ruine - *dilapidated*
cadre - framework - *quadro* - Rahmen - *cuadro, marco*
caduta sassi - Steinschlag - *caìda de piedras* - chute de pierres - *falling rocks*
cafeterìa, café, bar - bistrot, café - *public house, pub, bar* - bar, esercizio pubblico - *Wirtshaus*
cage d'escalier - stairwell - *vano scale* - Treppenhaus - *caja de escaleras*
cahier des charges - conditions of bid - *capitolato d'appalto* - Submissionsbedingungen - *especificaciones*
caìda de piedras - chute de pierres - *falling rocks* - caduta sassi - *Steinschlag*
caillouteux - stony - *pietroso, ciottoloso* - steinig - *rocoso*
caja de escaleras - cage d'escalier - *stairwell* - vano scale - *Treppenhaus*
calado - tirant d'eau - *draught* - pescaggio - *Tiefgang*
calcaire - limy, calcareous, chalky - *calcareo* - kalkhaltig - *calcáreo*
calcareo - kalkhaltig - *calcáreo* - calcaire - *limy, calcareous, chalky*
calcáreo - calcaire - *limy, calcareous, chalky* - calcareo - *kalkhaltig*
calcolare - berechnen - *calcular* - calculer - *calculate (to)*
calcular - calculer - *calculate (to)* - calcolare - *berechnen*
calculate (to) - calcolare - *berechnen* - calcular -

calculer
calculer - calculate (to) - *calcolare* - berechnen - *calcular*
calculer à l'avance - estimate (to) - *preventivare* - voranschlagen - *presupuestar, calcular de antemano*
cálculo a grandes lìneas cálculo estimativo - devis descriptif - *rough estimate* - capitolato - *Grobberechnung*
cale - storage space - *stiva, area di carico* - Laderaum - *bodega, depósito*
calefacción - chauffage - *heating* - riscaldamento - *Heizung*
calefacción urbana - chauffage urbain - *district heating* - teleriscaldamento - *Fernheizung*
calidad de vida - qualité de la vie - *quality of life* - qualità della vita - *Lebensqualität*
calidad del agua - qualité de l'eau - *water quality* - purezza delle acque - *Gewässergüte*
calidad del ambiente - qualité de l'environnement - *environmental quality* - qualità dell'ambiente - *Umweltqualität*
call for tenders, request for bids - bando - *Ausschreibung* - propuestas públicas, concurso - *appel d'offres*
calle cerrada al tráfico de vehìculos - rue fermée à la circulation automobile - *street closed to motor vehicles* - strada chiusa al traffico motorizzato - *Straße, für Motorfahrzeuge gesperrte*
calle con árboles - rue plantée d'arbres - *tree-lined street* - strada alberata - *Straße, baumbestandene*
calle de moda - rue représentative - *fashionable street* - strada alla moda - *Prachtstraße*
calle peatonal - rue piétonnière - *pedestrian street* - strada pedonale - *Fußgängerstraße*
calle principal - route principale - *trunk road, main street, major throughfare* - strada principale - *Hauptstraße*
calle radial - route radiale - *radial road* - strada radiale - *Radialstraße*
calle secundaria, de servicio - voie de desserte - *spur side street, road* - strada secondaria di collegamento - *Nebenstraße, Verbindungsweg*
callejón sin salida - impasse - *blind alley, cul-de-sac* - vicolo cieco - *Sackgasse*
callejuela - ruelle - *alley, passage* - vicolo - *Gasse*
calles con edificios alineados a los dos lados - route construite des deux côtés - *street with buildings on both sides* - strada con edifici allineati lungo i lati - *Straße, beidseitig bebaute*
calo - Abnahme - *baja, mengua, pérdida* - baisse - *cut, drop, decline, withdrawl*
calor perdido - chaleur perdue - *waste heat* - calore di scarico - *Abwärme*
calore di scarico - Abwärme - *calor perdido* - chaleur perdue - *waste heat*
calque - tracing paper - *lucido* - Pause - *papel vegetal*
cambiamento - Veränderung - *modificación, cambio* - changement - *change*
cambiare mezzo di trasporto - umsteigen - *transbordar, cambiar de medio de transporte* - changer de moyen de transport - *change (to) transport modes*
cambio - échange - *exchange* - scambio - *Austausch*
cambio de destino - changement d'affectation - *rezoning, change of the original purpose* - cambio di destinazione - *Umwidmung, Zweckentfremdung*
cambio de residencia - changement de domicile, de résidence - *change of residence, move* - cambio di residenza - *Wohnsitzwechsel*
cambio di destinazione - Umwidmung, Zweckentfremdung - *cambio de destino* - changement d'affectation - *rezoning, change of the original purpose*
cambio di residenza - Wohnsitzwechsel - *cambio de residencia* - changement de domicile, de résidence - *change of residence, move*
cambio estructural - changement de structure - *structural change* - modificazioni strutturali - *Strukturwandel*
cambio social - bouleversement social - *switching* - mutamenti sociali - *Umschichtung*
cambios en los comportamientos recreativos - changements de modes dans les loisirs - *change in recreational behaviour* - mutamenti dei modelli ricreativi - *Freizeitverhalten, Änderungen im*
camera - Zimmer - *habitación, pieza* - chambre, salle - *room, chamber*
camera degli ospiti - Gästezimmer - *habitación de invitados* - chambre d'ami - *guest room*
camera dei bambini - Kinderzimmer - *habitación de niños* - chambre d'enfants - *nursery, child's room*
camino de acceso, calle de acceso - rue de desserte locale - *access road, street* - strada di

accesso - *Anliegerstraße*
camino de grava - route en gravier - *gravel road* - strada ghiaiosa - *Kiesweg*
camino sin pavimentar - route non goudronnée - *unsurfaced road* - strada non asfaltata - *Straße, unbefestigte*
camion - lorry, truck - *autocarro* - Lastwagen (LKW) - *camión*
camión - camion - *lorry, truck* - autocarro - Lastwagen (LKW)
camión basurero - camion pour ordures - *refuse lorry, garbage truck* - autocarro delle immondizie - *Müllwagen*
camion pour ordures - refuse lorry, garbage truck - *autocarro delle immondizie* - Müllwagen - *camión basurero*
camp site - campeggio - *Campingplatz* - camping - *terrain de camping*
campagna urbanizzata - Gebiet, erschlossenes ländliches - *campo urbanizado* - campagne desservie - *urbanized countryside*
campagne desservie - urbanized countryside - *campagna urbanizzata* - Gebiet, erschlossenes ländliches - *campo urbanizado*
campeggio - Campingplatz - *camping* - terrain de camping - *camp site*
camping - terrain de camping - *camp site* - campeggio - *Campingplatz*
Campingplatz - camping - *terrain de camping* - camp site - *campeggio*
campione - Probe, Muster - *muestra* - échantillon, spécimen - *specimen*
campo da gioco - Spielplatz - *plaza de juegos* - terraine, aire de jeux - *playground*
campo de aviación - terrain d'aviation - *airfield* - campo d'aviazione - *Flugplatz*
campo deportivo - terrain de sport - *sport field* - campo sportivo - *Sportanlage*
campo d'aviazione - Flugplatz - *campo de aviación* - terrain d'aviation - *airfield*
campo libero - Freiraum - *campo libre* - champ libre, main libre - *room for manoeuvre*
campo libre - champ libre, main libre - *room for manoeuvre* - campo libero - *Freiraum*
campo sportivo - Sportanlage - *campo deportivo* - terrain de sport - *sport field*
campo urbanizado - campagne desservie - *urbanized countryside* - campagna urbanizzata - *Gebiet, erschlossenes ländliches*
canal barge, lighter - chiatta - *Kanalboot, Leichter* - chalana, balsa - *chaland, péniche*
canalisation - sewerage - *canalizzazione* - Kanalisierung - *canalización*
canalización - canalisation - *sewerage* - canalizzazione - *Kanalisierung*
canalizzazione - Kanalisierung - *canalización* - canalisation - *sewerage*
cancello - Tor - *portón* - portail - *gate*
cantidad de lluvia en cm - hauteur des précipitations en cm - *amount of precipitation in cm* - quantità di pioggia in cm - *Niederschlagshöhe in cm*
cantiere (di costruzione) - Baustelle - *obra* - chantier (de construction) - *site*
cantiere, arsenale - Werft - *astilleros* - chantier naval - *shipyard*
cantilever - sbalzo - *Ausleger, Vorsprung* - en voladizo - *porte-à-faux*
cap - cape - *capo* - Kap - *cabo*
capacidad de carga - capacité à absorber, supporter - *loading capacity* - limite delle misure adottabili - *Belastbarkeit*
capacidad de producción - capacité de production - *productive capacity* - capacità di produzione - *Produktionskapazität*
capacidad de transporte - capacité de transport - *carrying capacity* - capacità di trasporto - *Transportkapazität*
capacidad hotelera - capacité d'hébergement - *accommodation capacity* - capacità ricettiva - *Beherbergungskapazität*
capacità di produzione - Produktionskapazität - *capacidad de producción* - capacité de production - *productive capacity*
capacità di trasporto - Transportkapazität - *capacidad de transporte* - capacité de transport - *carrying capacity*
capacità ricettiva - Beherbergungskapazität - *capacidad hotelera* - capacité d'hébergement - *accommodation capacity*
capacité à absorber, supporter - loading capacity - *limite delle misure adottabili* - Belastbarkeit - *capacidad de carga*
capacité de développement - development potential - *potenziale di sviluppo* - Entwicklungspotential - *potencial de desarrollo*
capacité d'hébergement - accommodation capacity - *capacità ricettiva* - Beherbergungskapazität - *capacidad hotelera*
capacité de production - productive capacity - *capacità di produzione* - Produktionskapazität - *capacidad de producción*
capacité de réception - receptiveness - *ricettività* - Aufnahmefähigkeit - *receptividad*

capacité de transport - carrying capacity - *capacità di trasporto* - Transportkapazität - *capacidad de transporte*
caparra - Anzahlung - *fianza, entrada* - arrhes - *deposit*
cape - capo - *Kap* - cabo - *cap*
capital - capitale - *capital* - capitale - *Hauptstadt*
capital - capitale - *Hauptstadt* - capital - *capitale*
capital budget, capital account - bilancio straordinario - *Kapitalhaushalt* - balance extraordinario - *budget d'investissement*
capital d'entreprise - venture capital - *capitale di rischio* - Risikokapital - *capital en riesgo*
capital de explotación - capital d'exploitation - working capital - *capitale di sfruttamento* - Verwertungskapital
capital d'exploitation - working capital - *capitale di sfruttamento* - Verwertungskapital - *capital de explotación*
capital en riesgo - capital d'entreprise - *venture capital* - capitale di rischio - *Risikokapital*
capital expenditure - spese d'equipaggiamento - *Kapitalaufwendung* - gastos de inversión - *dépenses d'investissement*
capital fijo - immobilisations - *fixed assets* - capitale fisso - *Anlagekapital*
capital goods - beni d'investimento - *Investitionsgüter* - bienes de inversión - *biens d'investissement*
capital neto - actif net - *shareholders' equity* - capitale netto - *Nettokapital*
capitale - capital - *capitale* - Hauptstadt - *capital*
capitale - Hauptstadt - *capital* - capitale - *capital*
capitale di rischio - Risikokapital - *capital en riesgo* - capital d'entreprise - *venture capital*
capitale di sfruttamento - Verwertungskapital - *capital de explotación* - capital d'exploitation - *working capital*
capitale fisso - Anlagekapital - *capital fijo* - immobilisations - *fixed assets*
capitale netto - Nettokapital - *capital neto* - actif net - *shareholders' equity*
capitolato - Grobberechnung - *cálculo a grandes lìneas cálculo estimativo* - devis descriptif - *rough estimate*
capitolato d'appalto - Submissionsbedingungen - *especificaciones* - cahier des charges - *conditions of bid*

capo - Kap - *cabo* - cap - *cape*
capofamiglia - Haushaltsvorstand - *cabeza de familia, jefe de familia* - chef de famille - *head of the household*
caposquadra, capomastro - Vorarbeiter, Polier - *jefe de obras, maestro mayor* - contremaitre - *foreman*
captive trip - spostamento obbligato - *Fahrt möglich durch nur ein Verkehrsmittel* - desplazamiento obligatorio - *déplacement captif*
car driver - automobilista - *Autofahrer* - conductor - *conducteur d'une voiture*
car journey, trip - giro in macchina - *Autofahrt* - viaje en coche - *voyage en voiture*
car port - parcheggio coperto - *Abstellplatz, überdachter* - garaje cubierto - *stationnement couvert*
caracterìsticas - caractéristiques - *characteristics* - caratteristiche - *Eigenschaften*
caracterìsticas artifi- ciales - caractéristiques artificielles - *man-made features* - caratteristiche artificiali - *Merkmale, künstliche*
caracterìsticas naturales del paisaje - caractéristiques naturelles - *natural features* - caratteristiche naturali - *Merkmale, natürliche*
caractéristiques - characteristics - *caratteristiche* - Eigenschaften - *caracterìsticas*
caractéristiques artificielles - man-made features - *caratteristiche artificiali* - Merkmale, künstliche - *caracterìsticas artifi- ciales*
caractéristiques naturelles - natural features - *caratteristiche naturali* - Merkmale, natürliche - *caracterìsticas naturales del paisaje*
caratteristiche - Eigenschaften - *caracterìsticas* - caractéristiques - *characteristics*
caratteristiche artificiali - Merkmale, künstliche - *caracterìsticas artifi- ciales* - caractéristiques artificielles - *man-made features*
caratteristiche naturali - Merkmale, natürliche - *caracterìsticas naturales del paisaje* - caractéristiques naturelles - *natural features*
carencia de vivendas, déficit habitacional - manque de logements - *housing shortage* - carenza di alloggi - *Wohnungs-Knappheit, Defizit*
carenza - Defizit, Mangel - *déficit, carencia* - manque - *lack*
carenza di alloggi - Wohnungs-Knappheit, Defizit - *carencia de vivendas, déficit habitacional* - manque de logements - *housing shortage*

carga, peso, incidencia - charge, incidence - load, burden - carico, incidenza - *Belastung*
carga a granel - cargaison en vrac - *bulk cargo* - merce alla rinfusa - *Schüttgut*
cargaison en vrac - bulk cargo - *merce alla rinfusa* - Schüttgut - *carga a granel*
carico, incidenza - Belastung - *carga, peso, incidencia* - charge, incidence - *load, burden*
carico locativo - Mietbelastung - *gastos de arriendo* - charges locatives - *rent expenditures*
carrefour - intersection, crossing - *incrocio* - Kreuzung - *cruce*
carrefour en croix - cross-road - *quadrivio, crocevia* - Kreuzung, rechtwinklige - *encrucijada*
carreggiata - Fahrbahn - *carretera, firme* - chaussée - *carriageway, roadway*
carreggiata ad uso plurimo - Verkehrsfläche, gemischte - *carreteras, autopistas de uso múltiple* - voirie à utilisation mixte - *multipurpose road*
carreras en carretera - courses sur route - *road race* - corse su strada - *Straßenrennen*
carretera estatal carretera nacional - route nationale - *federal highway, national motorway* - strada statale - *Bundesfernstraße*
carreteras, autopistas de uso múltiple - voirie à utilisation mixte - *multipurpose road* - carreggiata ad uso plurimo - *Verkehrsfläche, gemischte*
carretera, firme - chaussée - *carriageway, roadway* - carreggiata - *Fahrbahn*
carriageway, roadway - carreggiata - *Fahrbahn* - carretera, firme - *chaussée*
carrier - portatore - *Träger, Überbringer* - portador - *porteur*
carry out (to) - realizzare - *verwirklichen* - realizar - *réaliser*
carrying capacity - capacità di trasporto - *Transportkapazität* - capacidad de transporte - *capacité de transport*
carta geografica - Landkarte - *mapa (geográfico)* - carte géographique - *map*
carta geologica - Karte, geologische - *mapa geológico* - carte géologique - *geological map*
carta isocronica - Isochronenplan - *mapa isocrónico* - carte isochronique - *isochrone map*
carta meteorologica - Wetterkarte - *mapa meteorológico* - carte météorologique - *weather chart*
carta pedologica - Bodenkarte - *mapa pedológico* - carte pédologique - *soil map*

carta tematica - Thema-Karte - *mapa temático* - carte thématique - *thematic map*
carta topografica - Karte, topographische - *mapa topográfico* - carte topographique - *contour map*
carte de base - base map - *pianta di base* - Grundkarte - *plano de fundación*
carte géographique - map - *carta geografica* - Landkarte - *mapa (geográfico)*
carte géologique - geological map - *carta geologica* - Karte, geologische - *mapa geológico*
carte isochronique - isochrone map - *carta isocronica* - Isochronenplan - *mapa isocrónico*
carte météorologique - weather chart - *carta meteorologica* - Wetterkarte - *mapa meteorológico*
carte pédologique - soil map - *carta pedologica* - Bodenkarte - *mapa pedológico*
carte thématique - thematic map - *carta tematica* - Thema-Karte - *mapa temático*
carte topographique - contour map - *carta topografica* - Karte, topographische - *mapa topográfico*
cartello stradale - Verkehrszeichen - *señal de tráfico* - panneau de signalisation - *road sign*
cartografia automatica - Computer-Kartographie - *cartografía automática* - cartographie automatique - *computer mapping*
cartografía automática - cartographie automatique - *computer mapping* - cartografia automatica - *Computer-Kartographie*
cartographie automatique - computer mapping - *cartografia automatica* - Computer-Kartographie - *cartografía automática*
cas d'étude - case study - *caso studio* - Fallstudie - *estudio de caso*
casa - Haus - *casa, vivienda* - maison - *house*
casa, vivienda - maison - *house* - casa - *Haus*
casa a ballatoio - Laubenganghaus - *casa-corredor* - maison à coursive - *block with access balconies*
casa a piani sfalsati - Staffelhaus, Haus mit versetzen Ebenen - *casa de diferentes niveles* - maison à demi-niveaux - *split-level house*
casa a terrazze - Terrassenhaus - *casa en terraza* - bâtiment en terrasses - *terraced housing*
casa abbinata - Doppelhaus - *casa pareada* - maison jumelée - *semi-detached house*
casa colonica - Bauernhaus - *casa de labranza, finca, granja* - ferme - *farmhouse*
casa de alquiler - immeuble locatif, maison de

rapport - *tenement building, apartment building* - casa in affitto - *Mietshaus*
casa de diferentes niveles - maison à demi-niveaux - *split-level house* - casa a piani sfalsati - *Staffelhaus, Haus mit versetzen Ebenen*
casa de labranza, finca, granja - ferme - *farmhouse* - casa colonica - *Bauernhaus*
casa de vacaciones - maison de loisirs - *holiday cottage* - casa di vacanze - *Ferienhaus*
casa d'angolo - Eckhaus - *casa que hace esquina, casa-esquina* - maison en coin - *corner house*
casa di ricovero per anziani - Altenheim - *asilo, residencia de ancianos* - maison de retraite - *old people's home, senior citizens' residence*
casa di vacanze - Ferienhaus - *casa de vacaciones* - maison de loisirs - *holiday cottage*
casa en terraza - bâtiment en terrasses - *terraced housing* - casa a terrazze - *Terrassenhaus*
casa in affitto - Mietshaus - *casa de alquiler* - immeuble locatif, maison de rapport - *tenement building, apartment building*
casa in linea, a schiera - Reihenhaus - *casas alineadas* - maison mitoyenne, en alignement - *row house*
casa in testata - Endhaus - *casa terminal* - maison en bout de rangée - *end house*
casa pareada - maison jumelée - *semi-detached house* - casa abbinata - *Doppelhaus*
casa que hace esquina, casa-esquina - maison en coin - *corner house* - casa d'angolo - *Eckhaus*
casa terminal - maison en bout de rangée - *end house* - casa in testata - *Endhaus*
casa torre - Turmbau - *torre* - immeuble tour - *tower*
casa unifamiliar - maison individuelle - *single family house* - casa unifamiliare - *Einfamilienhaus*
casa unifamiliare - Einfamilienhaus - *casa unifamiliar* - maison individuelle - *single family house*
casalinga - Hausfrau - *ama de casa* - ménagère - *housewife*
casas alineadas - maison mitoyenne, en alignement - *row house* - casa in linea, a schiera - *Reihenhaus*
casa-corredor - maison à coursive - *block with access balconies* - casa a ballatoio - *Laubenganghaus*
cascada - chute d'eau - *waterfall* - cascata - *Wasserfall*
cascata - Wasserfall - *cascada* - chute d'eau - *waterfall*
case study - caso studio - *Fallstudie* - estudio de caso - *cas d'étude*
caserma dei pompieri - Feuerwache - *cuartel de bomberos* - caserne de pompiers - *fire station*
caserne de pompiers - fire station - *caserma dei pompieri* - Feuerwache - *cuartel de bomberos*
casero, dueño de la casa - propriétaire, proprio - *home owner* - padrone di casa - *Hausbesitzer*
cash, out-of-pocket - in contanti - *bar* - al contado, en efectivo - *comptant*
caso - Zufall - *casualidad, azar* - hasard - *chance*
caso studio - Fallstudie - *estudio de caso* - cas d'étude - *case study*
casualidad, azar - hasard - *chance* - caso - *Zufall*
casucho - taudis - *slum* - tugurio - *Elendswohnung*
catasto, registro immobiliare - Kataster, Grundbuch - *catastro, censo de fincas, registro inmobiliario* - cadastre, ficher immobilier - *cadastre, land register*
catastro, censo de fincas, registro inmobiliario - cadastre, ficher immobilier - *cadastre, land register* - catasto, registro immobiliare - *Kataster, Grundbuch*
catchment area, shed - bacino d'attrazione - *Einzugsbereich* - zona de influencia - *zone d'influence*
catena alimentare - Nahrungskette - *cadena de alimentación* - chaîne alimentaire - *food chain*
catena di montaggio - Fließband - *cinta transportadora* - chaîne de montage - *conveyor belt*
catena di montagne - Gebirgskette - *cadena de montañas* - chaîne de montagnes - *mountain chain*
cauce, lecho de un rìo - lit d'un fleuve - *river bed* - letto di un fiume - *Flußbett*
cavalcavia - Überführung - *paso superior* - pont-route - *flyover, overpass*
cavedio - Innenhof - *patio interior* - courée, cour intérieure - *interior courtyard*
cavi e tubi sotterranei - Kabel und Leitungen, unterirdische - *cables y conductos subterráneos* - câbles et conduits souterrains - *underground cables and pipes*

cavidad - creux - *hollow* - cavità - *Vertiefung*
cavità - Vertiefung - *cavidad* - creux - *hollow*
ceiling for subsides, upper limit for a grant - tetto massimo per le sovvenzioni - *Förderungsobergrenze* - subvención máxima - *plafond pour l'attribution d'aide*
ceinture périphérique, rocade extérieure - outer ringroad - *anello periferico, tangenziale* - Ring, äußerer - *anillo periférico*
ceinture verte - green belt - *cintura, fascia verde* - Grüngürtel - *cinturón verde*
célibataire - bachelor, single - *celibe* - Junggeselle, ledig - *soltero*
celibe - Junggeselle, ledig - *soltero* - célibataire - *bachelor, single*
censimento per campione - Zählung unter Verwendung von Stichproben - *censo por muestra* - recensement par sondage - *sample survey*
censimento (una popolazione di... secondo il censimento del ...) - Volkszählung (eine Bevölkerung von... auf Grund der V. von ...) - *censo (una población de ... según el censo de ...)* - recensement (une population de... selon le recensement de ...) - *census (a ... census population of ...)*
censo por muestra - recensement par sondage - *sample survey* - censimento per campione - *Zählung unter Verwendung von Stichproben*
censo (una población de ... según el censo de ...) - recensement (une population de... selon le recensement de ...) - *census (a ... census population of ...)* - censimento (una popolazione di... secondo il censimento del ...) - *Volkszählung (eine Bevölkerung von... auf Grund der V. von ...)*
census (a ... census population of ...) - censimento (una popolazione di... secondo il censimento del ...) - *Volkszählung (eine Bevölkerung von... auf Grund der V. von ...)* - censo (una población de ... según el censo de ...) - *recensement (une population de... selon le recensement de ...)*
census data - dati del censimento - *Zählungsdaten* - datos del censo - *données du recensement*
census district, statistical area - sezione di censimento, circoscrizione statistica - *Zählbezirk, statistischer Bezirk* - distrito de censo - *district de recensement, unité statistique*
census form - modulo per il censimento - *Zählbogen* - formulario para el censo - *feuille de recensement*
central government funds for urban improvement - fondi di ristrutturazione urbana - *Umstrukturierungsfonds* - fondos de restructuración urbana - *Fond d'Aménagement Urbain (FAU)*
central nuclear, atómica - centrale atomique - *nuclear power plant* - centrale nucleare - *Kernkraftwerk*
central place - località centrale - *Ort, zentraler* - lugar central - *lieu central*
centrale atomique - nuclear power plant - *centrale nucleare* - Kernkraftwerk - *central nuclear, atómica*
centrale nucleare - Kernkraftwerk - *central nuclear, atómica* - centrale atomique - *nuclear power plant*
centralidad - centralité - *centrality* - centralità - *Zentralität*
centralità - Zentralität - *centralidad* - centralité - *centrality*
centralité - centrality - *centralità* - Zentralität - *centralidad*
centrality - centralità - *Zentralität* - centralidad - *centralité*
centre commercial - shopping centre - *centro commerciale* - Handelszentrum - *centro comercial*
centre d'affaires - business centre - *centro direzionale* - Geschäftszentrum - *centro administrativo, directivo, commercial*
centre de communication - transportation centre - *centro di comunicazioni* - Verkehrszentrum - *centro de comunicación*
centre de services - service centre - *centro di servizio* - Dienstleistungszentrum - *centro de servicios*
centre de tourisme - tourist centre - *centro turistico* - Fremdenverkehrszentrum - *centro turìstico*
centre ferroviaire - important railway junction - *nodo ferroviario* - Eisenbahnknotenpunkt - *nudo ferroviario*
centre historique - historical town center - *centro storico* - Altstadt - *centro histórico, ciudad antigua*
centre line - striscia di mezzeria - *Mittellinie* - lìnea axial - *ligne axiale*
centre social - community centre - *centro sociale* - Sozialzentrum - *centro social*
centre ville - city centre - *centro città* - Stadtzentrum - *centro ciudad,*

centro administrativo, directivo, commercial - centre d'affaires - *business centre* - centro direzionale - *Geschäftszentrum*
centro città - Stadtzentrum - *centro ciudad,* - centre ville - *city centre*
centro ciudad, - centre ville - *city centre* - centro città - *Stadtzentrum*
centro cìvico, ayuntamiento - administration communale - *civic center, city hall* - uffici comunali, centro civico - *Stadtverwaltung*
centro comercial - centre commercial - *shopping centre* - centro commerciale - *Handelszentrum*
centro commerciale - Handelszentrum - *centro comercial* - centre commercial - *shopping centre*
centro de comunicación - centre de communication - *transportation centre* - centro di comunicazioni - *Verkehrszentrum*
centro de innovación tecnológica, de experimentación cientìfica - technopole, parc scientifique - *science park* - parco tecnologico - *Innovationszentrum*
centro de servicios - centre de services - *service centre* - centro di servizio - *Dienstleistungszentrum*
centro di comunicazioni - Verkehrszentrum - *centro de comunicación* - centre de communication - *transportation centre*
centro di servizio - Dienstleistungszentrum - *centro de servicios* - centre de services - *service centre*
centro direzionale - Geschäftszentrum - *centro administrativo, directivo, commercial* - centre d'affaires - *business centre*
centro histórico, ciudad antigua - centre historique - *historical town center* - centro storico - *Altstadt*
centro social - centre social - *community centre* - centro sociale - *Sozialzentrum*
centro sociale - Sozialzentrum - *centro social* - centre social - *community centre*
centro storico - Altstadt - *centro histórico, ciudad antigua* - centre historique - *historical town center*
centro turistico - Fremdenverkehrszentrum - *centro turìstico* - centre de tourisme - *tourist centre*
centro turìstico - centre de tourisme - *tourist centre* - centro turistico - *Fremdenverkehrszentrum*
centro, centro urbano - commune urbaine, quartier central - *city* - città, quartieri centrali - *Stadtgemeinde, Innenstadt*
cercanìa, vecinidad - proximité - *proximity* - vicinanza - *Nähe*
cerca, valla - clôture - *fence* - recinto - *Zaun*
cereales - grains, céréales - *grains, corn, field crops* - cereali - *Getreide*
cereali - Getreide - *cereales* - grains, céréales - *grains, corn, field crops*
cerrar al trafico rodado - rendre piétonnier - *pedestrianize (to)* - pedonalizzare - *Fußgängerzone anlegen*
certificado de recepción - certificat de réception, de salubrité - *certificate of approval, occupancy* - agibilità, collaudo - *Abnahmebescheinigung*
certificat de réception, de salubrité - certificate of approval, occupancy - *agibilità, collaudo* - Abnahmebescheinigung - *certificado de recepción*
certificate of approval, occupancy - agibilità, collaudo - *Abnahmebescheinigung* - certificado de recepción - *certificat de réception, de salubrité*
césped - gazon - *lawn* - tappeto erboso - *Rasenfläche*
cession - abandonement - *abbandono* - Aufgabe (einer Nutzung), verlassen - *abandono*
cestino stradale - Abfallbehälter - *papeleras públicas* - bac à ordures - *litter bin, trash can*
ceto, classe - Stand, Klasse - *clase* - classe - *status, class*
chaîne alimentaire - food chain - *catena alimentare* - Nahrungskette - *cadena de alimentación*
chaîne de montage - conveyor belt - *catena di montaggio* - Fließband - *cinta transportadora*
chaîne de montagnes - mountain chain - *catena di montagne* - Gebirgskette - *cadena de montañas*
chair lift - seggiovia - *Sessellift* - telesilla - *télésiège*
chalana, balsa - chaland, péniche - *canal barge, lighter* - chiatta - *Kanalboot, Leichter*
chaland, péniche - canal barge, lighter - *chiatta* - Kanalboot, Leichter - *chalana, balsa*
chalets, construcción abierta - habitat pavillonaire - *detached houses* - villini - *Bauweise, offene*
chaleur perdue - waste heat - *calore di scarico* - Abwärme - *calor perdido*
chambre, salle - room, chamber - *camera -*

Zimmer - *habitación, pieza*
chambre d'ami - guest room - *camera degli ospiti* - Gästezimmer - *habitación de invitados*
chambre d'enfants - nursery, child's room - *camera dei bambini* - Kinderzimmer - *habitación de niños*
champ de tir - rifle-range - *poligono di tiro* - Schießplatz - *polìgono de tiro*
champ libre, main libre - room for manoeuvre - *campo libero* - Freiraum - *campo libre*
chance - caso - *Zufall* - casualidad, azar - *hasard*
change - cambiamento - *Veränderung* - modificación, cambio - *changement*
change, variation - variazione, modificazione - *Veränderung, Abweichung* - variación, modificación - *variation, écart*
change in recreational behaviour - mutamenti dei modelli ricreativi - *Freizeitverhalten, Änderungen im* - cambios en los comportamientos recreativos - *changements de modes dans les loisirs*
change of farm property lines - ricomposizione fondiaria - *Flurbereinigung* - modificación de los limites de fincas - *redressement parcellaire*
change of residence, move - cambio di residenza - *Wohnsitzwechsel* - cambio de residencia - *changement de domicile, de résidence*
change (to) transport modes - cambiare mezzo di trasporto - *umsteigen* - transbordar, cambiar de medio de transporte - *changer de moyen de transport*
changement - change - *cambiamento* - Veränderung - *modificación, cambio*
changement de domicile, de résidence - change of residence, move - *cambio di residenza* - Wohnsitzwechsel - *cambio de residencia*
changement de structure - structural change - *modificazioni strutturali* - Strukturwandel - *cambio estructural*
changement d'affectation - rezoning, change of the original purpose - *cambio di destinazione* - Umwidmung, Zweckentfremdung - *cambio de destino*
changements de modes dans les loisirs - change in recreational behaviour - *mutamenti dei modelli ricreativi* - Freizeitverhalten, Änderungen im - *cambios en los comportamientos recreativos*
changer de moyen de transport - change (to) transport modes - *cambiare mezzo di trasporto* - umsteigen - *transbordar, cambiar de medio de transporte*
chantier (de construction) - site - *cantiere (di costruzione)* - Baustelle - *obra*
chantier naval - shipyard - *cantiere, arsenale* - Werft - *astilleros*
characteristics - caratteristiche - *Eigenschaften* - caracterìsticas - *caractéristiques*
charge, incidence - load, burden - *carico, incidenza* - Belastung - *carga, peso, incidencia*
charge des impôts - burden of taxation - *gravame fiscale* - Steuerbelastung - *gravámen fiscal*
charger - make responsible for (to) - *incaricare* - beauftragen - *encargar, encomendar*
charges locatives - rent expenditures - *carico locativo* - Mietbelastung - *gastos de arriendo*
charges locatives additionnelles - extra costs for common services - *spese condominiali* - Nebenkosten - *gastos comunes*
charter - noleggio - *Befrachtung* - fletamiento - *affrétement*
chasse-neige - snow plough - *spazzaneve* - Schneepflug - *quitanieve*
chatarra - ferraille, mitraille - *scrap* - rottame - *Schrott*
chauffage - heating - *riscaldamento* - Heizung - *calefacción*
chauffage urbain - district heating - *teleriscaldamento* - Fernheizung - *calefacción urbana*
chaussée - carriageway, roadway - *carreggiata* - Fahrbahn - *carretera, firme*
check (to), slow down (to) - frenare - *hemmen* - frenar - *freiner*
chef de famille - head of the household - *capofamiglia* - Haushaltsvorstand - *cabeza de familia, jefe de familia*
chef de service - head of an administrative department - *direttore di un ufficio* - Dezernent - *jefe de servicio*
chef des services d'urbanisme - chief planning officer, planning director - *ingegnere capo* - Stadtbaurat - *ingeniero jefe*
chemin - path - *sentiero* - Pfad - *senda, vereda*
chemin de fer - railway, railroad - *ferrovia* - Eisenbahn - *ferrocarril*
chemist's shop, pharmacy - farmacia - *Apotheke* - farmacia, botica - *pharmacie*
chiatta - Kanalboot, Leichter - *chalana, balsa* - chaland, péniche - *canal barge, lighter*
chiavi in mano - schlüsselfertig - *llave en mano* - clés en main - *turnkey*
chiazza d'olio - Öllache - *mancha de aceite* -

nappe de mazout - *oil slick*
chief planning officer, planning director - ingegnere capo - *Stadtbaurat* - ingeniero jefe - *chef des services d'urbanisme*
chiffre d'affaires - turnover - *giro d'affari* - Umsatz - *cifras de negocios*
child - bambino - *Kind* - niño - *enfant*
child allowance - assegni familiari - *Kindergeld* - subsidios familiares - *allocations familiales*
chiudere le strade al traffico - Straßen vom Verkehr abriegeln - *prohibido circular, prohibida la circulación* - fermer les routes à la circulation - *close (to) the streets to vehicles*
chiuse regolatrici - Wehr - *compuertas, presas* - vanne de régulation - *floodgates, sluices*
chiusura delle strade laterali - Schließung von Nebenstraßen - *cierre de las calles laterales* - fermeture des rues latérales - *closing of side streets*
choice of route - scelta del tracciato - *Wahl der Trasse* - elección del trazado - *choix du tracé*
choix collectif - collective choice - *scelta collettiva* - Entscheidung, kollektive - *decisión, elección colectiva*
choix de l'emplacement - locational choice - *scelta localizzativa* - Standortwahl - *elección del lugar*
choix du tracé - choice of route - *scelta del tracciato* - Wahl der Trasse - *elección del trazado*
chômage - unemployment - *disoccupazione* - Arbeitslosigkeit - *paro*
chômeur - unemployed, jobless - *disoccupato* - Arbeitsloser - *sin empleo, desocupado*
chute de neige - snowfall - *nevicata* - Schneefall - *nevada*
chute de pierres - falling rocks - *caduta sassi* - Steinschlag - *caída de piedras*
chute d'eau - waterfall - *cascata* - Wasserfall - *cascada*
ciclomotore - Mofa - *velomotor* - vélomoteur - *motorbike, moped*
cieno, fondo cenagoso - plage de vase - *mud area* - velma - *Schlammfläche*
cierre de las calles laterales - fermeture des rues latérales - *closing of side streets* - chiusura delle strade laterali - *Schließung von Nebenstraßen*
cierre de un ramal ferroviario - désaffectation d'un tronçon ferroviaire - *railway abandonment* - soppressione di una tratta ferroviaria - *Stillegung einer Bahnstrecke*

cifras de negocios - chiffre d'affaires - *turnover* - giro d'affari - *Umsatz*
cima, cumbre - pic - *peak* - cima, picco - *Spitze*
cima, picco - Spitze - *cima, cumbre* - pic - *peak*
cinta transportadora - chaîne de montage - *conveyor belt* - catena di montaggio - *Fließband*
cintura, fascia verde - Grüngürtel - *cinturón verde* - ceinture verte - *green belt*
cinturón de ronda de la autopista - bretelle d'autoroute - *motorway feeder, freeway spur* - raccordo autostradale - *Autobahnzubringer*
cinturón periférico - couronne suburbaine - *suburban ring* - anello suburbano - *Ring von Vororten*
cinturón verde - ceinture verte - *green belt* - cintura, fascia verde - *Grüngürtel*
circolare - Rundschreiben - *circular* - circulaire - *news letter*
circolare ministeriale - Ministerialerlaß - *circular ministerial* - arrêté ministériel - *ministerial memorandum, ordinance*
circolazione stradale - Straßenverkehr - *circulatión por carretera* - trafic routier - *road traffic*
circolo - Verein, Kreis - *club, cìrculo* - club, cercle - *club, organization*
circonscription administrative - administrative unit - *circoscrizione amministrativa* - Verwaltungsbezirk - *distrito administrativo*
circonscription électorale - constituency - *circoscrizione elettorale* - Wahlbezirk - *distrito electoral, circunscripción electoral*
circonvallazione - Ringstraße - *vía de circunvalación* - route circulaire - *ring road*
circoscrizione amministrativa - Verwaltungsbezirk - *distrito administrativo* - circonscription administrative - *administrative unit*
circoscrizione elettorale - Wahlbezirk - *distrito electoral, circunscripción electoral* - circonscription électorale - *constituency*
circulaire - news letter - *circolare* - Rundschreiben - *circular*
circular - circulaire - *news letter* - circolare - *Rundschreiben*
circular - ad anello, concentrico - *ringförmig* - anular - *annulaire*
circular ministerial - arrêté ministériel - *ministerial memorandum, ordinance* - circolare ministeriale - *Ministerialerlaß*
circulatión por carretera - trafic routier - *road traffic* - circolazione stradale - *Straßenver-*

kehr
circulation aérienne, trafic aérien - air traffic - *traffico aereo* - Luftverkehr - *trafico aéreo*
circulation de transit - through traffic - *traffico di attraversamento* - Durchgangsverkehr - *tránsito transversal*
citadine, cité - town - *cittadina, città* - Kleinstadt, Stadt - *ciudad pequeña, ciudad*
citadins - towns people, city dwellers - *cittadini* - Stadtbewohner - *ciudadanos*
cité linéaire - linear city - *città lineare* - Bandstadt - *ciudad lineal*
cité-jardin - garden city - *città-giardino* - Gartenstadt - *ciudad-jardín*
citizen's participation - partecipazione dei cittadini - *Bürgerbeteiligung* - participación de ciudadanos - *participation des citoyens*
città - Stadt - *ciudad* - ville - *town, city*
città di provincia - Provinzstadt - *ciudad de provincia* - ville de province - *provincial town*
città dormitorio - Entlastungsstadt - *ciudad-dormitorio* - ville de décharge - *overspill, relief town*
città dormitorio - Schlafstadt - *ciudad dormitorio* - ville dortoir - *dormitory town, bedroom community*
città lineare - Bandstadt - *ciudad lineal* - cité linéaire - *linear city*
città media - Mittelzentrum - *ciudad de tamaño medio, ciudad media* - ville moyenne - *medium-sized town*
città nuova - Neue Stadt - *ciudad nueva* - ville nouvelle - *new town*
città perno - Kernstadt - *ciudad pivote, ciudad núcleo* - ville-pivot - *core-city, central city*
città satellite - Trabantensiedlung - *ciudad-satélite* - ville satellite - *satellite town*
città universitaria - Universitätsstadt - *ciudad universitaria* - ville universitaire - *university town*
cittadina, città - Kleinstadt, Stadt - *ciudad pequeña, ciudad* - citadine, cité - *town*
cittadini - Stadtbewohner - *ciudadanos* - citadins - *towns people, city dwellers*
città-giardino - Gartenstadt - *ciudad-jardín* - cité-jardin - *garden city*
città, quartieri centrali - Stadtgemeinde, Innenstadt - *centro, centro urbano* - commune urbaine, quartier central - *city*
city - città, quartieri centrali - *Stadtgemeinde, Innenstadt* - centro, centro urbano - *commune urbaine, quartier central*

city architect's office, building surveyor's office - assessorato all'edilizia - *Hochbauamt* - departamento de obras, departamento de construcciones - *service des bâtiments*
city centre - centro città - *Stadtzentrum* - centro ciudad, - *centre ville*
city manager - segretario comunale - *Stadtdirektor* - secretario municipal, comunal - *sécretaire général*
city region, urban region - area di gravitazione - *Einzugsgebiet* - área de atracción - *aire d'attraction*
city wall - mura della città - *Stadtmauer* - muralla de la ciudad - *enceinte d'une ville*
ciudad - ville - *town, city* - città - *Stadt*
ciudad de provincia - ville de province - *provincial town* - città di provincia - *Provinzstadt*
ciudad de tamaño medio, ciudad media - ville moyenne - *medium-sized town* - città media - *Mittelzentrum*
ciudad dormitorio - ville dortoir - *dormitory town, bedroom community* - città dormitorio - *Schlafstadt*
ciudad lineal - cité linéaire - *linear city* - città lineare - *Bandstadt*
ciudad nueva - ville nouvelle - *new town* - città nuova - *Neue Stadt*
ciudad pequeña, ciudad - citadine, cité - *town* - cittadina, città - *Kleinstadt, Stadt*
ciudad pivote, ciudad núcleo - ville-pivot - *core-city, central city* - città perno - *Kernstadt*
ciudad universitaria - ville universitaire - *university town* - città universitaria - *Universitätsstadt*
ciudadanos - citadins - *towns people, city dwellers* - cittadini - *Stadtbewohner*
ciudad-dormitorio - ville de décharge - *overspill, relief town* - città dormitorio - *Entlastungsstadt*
ciudad-jardín - cité-jardin - *garden city* - città-giardino - *Gartenstadt*
ciudad-satélite - ville satellite - *satellite town* - città satellite - *Trabantensiedlung*
civic action group - iniziativa popolare, dal basso - *Bürgerinitiative* - iniciativa popular - *association de défense*
civic center, city hall - uffici comunali, centro civico - *Stadtverwaltung* - centro cìvico, ayuntamiento - *administration communale*
civil engineering - genio civile - *Tiefbau* - ingenierìa civil - *ponts et chaussées*
civil servant - statale (impiegato) - *Stadtsbeam-*

ter - empleado estatal, funcionario - *employé de l'Etat, functionaire de l'Etat*
claim, pretension - esigenza, pretesa - *Anspruch* - pretensión, exigencia - *prétention, exigence*
clase - classe - *status, class* - ceto, classe - *Stand, Klasse*
clase de edad - classe d'âge - *age group* - classe di età - *Altersklasse*
clase de tamaño - classe de grandeur - *size category* - classe di grandezza - *Größenklasse*
clase obrera - classe des travailleurs - *working class* - classe operaia - *Arbeiterklasse*
clasificación - classification - *classification* - classificazione - *Klassifizierung*
clasificación por medidas - répartition par taille - *size distribution* - suddivisione per taglia - *Verteilung nach Größe*
clasificación según edades y sexos - structure par âge et par sexe - *age-sex distribution* - distribuzione per età e sesso - *Alters- und Geschlechtsstruktur*
classe - status, class - *ceto, classe* - Stand, Klasse - *clase*
classé - listed (on the national register) - *vincolato* - unter Denkmalschutz - *bajo protección*
classe d'âge - age group - *classe di età* - Altersklasse - *clase de edad*
classe de grandeur - size category - *classe di grandezza* - Größenklasse - *clase de tamaño*
classe des travailleurs - working class - *classe operaia* - Arbeiterklasse - *clase obrera*
classe di età - Altersklasse - *clase de edad* - classe d'âge - *age group*
classe di grandezza - Größenklasse - *clase de tamaño* - classe de grandeur - *size category*
classe operaia - Arbeiterklasse - *clase obrera* - classe des travailleurs - *working class*
classification - classification - *classificazione* - Klassifizierung - *clasificación*
classification - classificazione - *Klassifizierung* - clasificación - *classification*
classificazione - Klassifizierung - *clasificación* - classification - *classification*
clause de sauvegarde - preservation order - *clausola di salvaguardia* - Rechtsvorschrift über Veränderungssperren - *cláusula de conservación*
clausola di salvaguardia - Rechtsvorschrift über Veränderungssperren - *cláusula de conservación* - clause de sauvegarde - *preservation order*

cláusula de conservación - clause de sauvegarde - *preservation order* - clausola di salvaguardia - *Rechtsvorschrift über Veränderungssperren*
clayey - argilloso - *lehmig* - arcilloso - *argileux*
cleaning woman - donna delle pulizie - *Putzfrau* - mujer de la limpieza - *femme de ménage*
clearance - ripulitura - *Beseitigung* - limpieza - *nettoyage*
clearance area, improvement area - area da risanare - *Sanierungsgebiet* - área de saneamiento - *zone à assainir*
clés en main - turnkey - *chiavi in mano* - schlüsselfertig - *llave en mano*
cliff - scogliera - *Kliff* - farallón - *falaise*
clima - climat - *climate* - clima - *Klima*
clima - Klima - *clima* - climat - *climate*
climat - climate - *clima* - Klima - *clima*
climate - clima - *Klima* - clima - *climat*
climatic zone - zona climatica - *Klimazone* - zona climática - *zone climatique*
close (to) the streets to vehicles - chiudere le strade al traffico - *Straßen vom Verkehr abriegeln* - prohibido circular, prohibida la circulación - *fermer les routes à la circulation*
closing of side streets - chiusura delle strade laterali - *Schließung von Nebenstraßen* - cierre de las calles laterales - *fermeture des rues latérales*
clôture - fence - *recinto* - Zaun - *cerca, valla*
cloud - nube, nuvola - *Wolke* - nube - *nuage*
cloudiness - nuvolosità - *Bewölkung* - nubosidad - *nébulosité*
clover-leaf interchange - quadrifoglio - *Kleeblattkreuz* - trébol de cuatro hojas - *croisement en trèfle*
club, cercle - club, organization - *circolo* - Verein, Kreis - *club, cìrculo*
club, cìrculo - club, cercle - *club, organization* - circolo - *Verein, Kreis*
club, organization - circolo - *Verein, Kreis* - club, cìrculo - *club, cercle*
coach, bus - pullman - *Kraftomnibus* - autobús - *autocar*
coastal accretion - ripascimento dei litorali - *Gestaltung der Küste* - remodelación de litorales - *arénagement de la côte*
coastal area - regione costiera - *Küstengebiet* - región costera - *région littorale*
coastal pollution - inquinamento del litorale - *Küstenverschmutzung* - contaminación del

litoral - *pollution des côtes*
coastal protection - opere di difesa costiera - *Küstenschutz* - obras para la protección del litoral - *protection de la côte*
coastal shipping - navigazione di piccolo cabotaggio - *Küstenschiffahrt* - navegación costanera - *navigation côtière*
coche privado - voiture privée - *private car* - autovettura privata - *Privatwagen (PKW)*
coefficient - coefficient, index - *indice, coefficiente* - Kennzahl, Index - *coeficiente, indice*
Coefficient d'Occupation des Sols (C.O.S.) indice d'utilisation - floor area ratio - *coefficiente d'occupazione del suolo, indice di fabbricabilità* - Geschoßflächenzahl - *porcentaje de edificación*
coefficiente d'occupazione del suolo, indice di fabbricabilità - Geschoßflächenzahl - *porcentaje de edificación* - Coefficient d'Occupation des Sols (C.O.S.) indice d'utilisation - *floor area ratio*
coefficient, index - indice, coefficiente - *Kennzahl, Index* - coeficiente, indice - *coefficient*
coeficiente de matrimonios, tasa de matrimonios - taux de mariage - *marriage rate* - quoziente di nuzialità - *Eheschließungsziffer*
coeficientes especìficos por edad - taux par âge - *population data by age group* - quozienti specifici per età - *Bevölkerungsdaten, altersspezifische*
coeficiente, indice - coefficient - *coefficient, index* - indice, coefficiente - *Kennzahl, Index*
cogestion - employees representation in management, codetermination - *cogestione* - Mitbestimmung - *cogestión*
cogestión - cogestion - *employees representation in management, codetermination* - cogestione - *Mitbestimmung*
cogestione - Mitbestimmung - *cogestión* - cogestion - *employees representation in management, codetermination*
coincidenza dei treni - Zuganschluß - *correspondencia de trenes* - correspondance des trains - *train connection*
col (de montagne) - mountain pass - *passo montano* - Gebirgspaß - *paso de montaña*
colada de barro - coulée de boue - *mud flow, mud glacier* - colata di fango - *Schlammlawine*
colata di fango - Schlammlawine - *colada de barro* - coulée de boue - *mud flow, mud glacier*

colector - collecteur - *outfall drain, major storm drain* - collettore - *Vorfluter*
colegio oficial de arquitectos - ordre des architectes - *architect's association* - ordine degli architetti - *Architekten Kammer*
colina, cerro - colline - *hill* - collina, colle - *Hügel*
collecteur - outfall drain, major storm drain - *collettore* - Vorfluter - *colector*
collective choice - scelta collettiva - *Entscheidung, kollektive* - decisión, elección colectiva - *choix collectif*
collective function - funzione collettiva - *Gemeinschaftsfunktion* - función colectiva - *fonction collective*
collectivité locale - local corporate body - *ente locale* - Körperschaft, kommunale - *ente local*
collector road, local main road - asse di quartiere - *Sammelstraße* - ruta local principal - *route locale principale*
collegamento - Verbindung - *ligazón, conexión* - liaison - *liaison, link*
collegamento stradale - Straßenverbindung - *enlace de carreteras* - liaison routière - *road link*
collegamento, urbanizzazione - Erschließung - *trabajos de urbanización* - urbanisation, mise en valeur - *pre-treatment, development, open-up*
collegio dei sindaci, consiglio d'amministrazione - Aufsichtsrat - *consejo de vigilancia, de administración* - conseil de surveillance, d'administration - *supervisory board, board of trustees*
collettore - Vorfluter - *colector* - collecteur - *outfall drain, major storm drain*
collina, colle - Hügel - *colina, cerro* - colline - *hill*
colline - hill - *collina, colle* - Hügel - *colina, cerro*
collinoso - hügelig - *en colinas* - valloné - *hilly*
colloque - meeting - *convegno* - Tagung - *convenio*
colocación preferida, localización preferida - emplacement préféré - *preferred location* - localizzazione preferita - *Lage, bevorzugte*
colocar, instalar - implanter, établir - *settle (to), move (to)* - insediare - *ansiedeln*
coltivare - anbauen - *cultivar* - cultiver - *grow (to)*
coltivazione a fasce - Bewirtschaftung in

schmalen Landstreifen - *cultivo en bandas* - culture en bandes - *strip cultivation*
coltivazione in serra - Treibhauskultur - *cultivo en invernadero* - culture en serre - *cultivation in greenhouses*
coltivazione intensiva - Bodenbewirtschaftung, intensive - *cultivo intensivo* - culture intensive - *intensive farming, agriculture*
coltura di primizie - Frühgemüseanbau - *cultivo de primicias* - culture des primeurs - *growing of early vegetables*
comando, unidad de tareas especiales - unité d'emploi spécial - *task force* - unità speciale - Sonderkommando
comarca, paraje, alrededores - parages - *environs* - paraggi - *Gegend*
combinación de actividades - mélange d'activités - *activity mix, mixed use* - mix di funzioni - *Gemengelage*
comercio al por menor - commerce de détail - *retail trade* - commercio al dettaglio - *Einzelhandel*
comitato - Beirat - *comité* - comité - *advisory committee*
comité - comité - *advisory committee* - comitato - *Beirat*
comité - advisory committee - *comitato* - Beirat - *comité*
comitente - maître d'oeuvre - *building sponsor, builder* - committente - *Bauherr*
commande - order - *ordinazione* - Bestellung - *orden, encargo*
comment, interpretation - interpretazione - *Auslegung* - interpretación - *interprétation*
commerce de détail - retail trade - *commercio al dettaglio* - Einzelhandel - *comercio al por menor*
commercial facilities - attrezzature commerciali - *Handelseinrichtungen* - instalaciones comerciales equipamiento comercial - *équipements commerciaux*
commercio al dettaglio - Einzelhandel - *comercio al por menor* - commerce de détail - *retail trade*
commessa, incarico - Auftrag - *pedido, encargo* - ordre, charge - *order, task*
commission - council, board, commission - *giunta, commissione* - Ausschuß, Kommission - *junta, comisión*
committente - Bauherr - *comitente* - maître d'oeuvre - *building sponsor, builder*
common law - diritto consuetudinario - Gewohnheitsrecht - derecho consuetudinario - *droit coutumier*
Common Market - Mercato Comune - *Gemeinsamer Markt* - Mercado Común - *Marché Commun*
communauté - community - *comunità* - Gemeinschaft - *comunidad*
communauté, groupe en cohabitation - commune - *abitazione in comune, comunità di alloggio* - Wohngemeinschaft - *vivienda en comunidad*
commune - abitazione in comune, comunità di alloggio - *Wohngemeinschaft* - vivienda en comunidad - *communauté, groupe en cohabitation*
commune, mairie - local authority, community - *comune* - Gemeinde - *comuna, municipio*
commune urbaine, quartier central - city - *città, quartieri centrali* - Stadtgemeinde, Innenstadt - *centro, centro urbano*
communes de banlieue - suburban municipalities - *comuni della cintura* - Umlandgemeinde - *comunas sub-urbanas*
community - comunità - *Gemeinschaft* - comunidad - *communauté*
community centre - centro sociale - *Sozialzentrum* - centro social - *centre social*
commuter - pendolare - *Pendler* - guadalajarista - *navetteur, banlieusard, migrant journalier*
commuter flow - migrazione giornaliera - *Pendelbewegung* - migración diaria - *migration journalière*
company - ditta - *Firma* - firma, casa - *firme*
company bus service - servizio d'autobus per lavoratori - *Werkbusdienst* - servicio de autobuses para trabajadores - *service d'autobus pour travailleurs*
company housing - alloggio di servizio - *Werkswohnung* - alojamiento para el personal - *logement de fonction*
comparabilidad - comparabilité - *comparability* - comparabilità - *Vergleichbarkeit*
comparabilità - Vergleichbarkeit - *comparabilidad* - comparabilité - *comparability*
comparabilité - comparability - *comparabilità* - Vergleichbarkeit - *comparabilidad*
comparability - comparabilità - *Vergleichbarkeit* - comparabilidad - *comparabilité*
compatibilité sociale - social acceptability - *sopportabilità sociale* - Sozialverträglichkeit - *soportabilidad social*

compensación - compensation - *set-off, clearance* - compensazione - *Verrechnung*
compensación financiaria - peréquation financière - *financial equalisation* - perequazione economica - *Finanzausgleich*
compensation - set-off, clearance - *compensazione* - Verrechnung - *compensación*
compensation, indemnity - indennizzo, indennità - *Entschädigung* - resarcimiento, indemnización - *dédommagement, indemnité*
compensazione - Verrechnung - *compensación* - compensation - *set-off, clearance*
compétence de planification - planning powers - *poteri di pianificazione* - Planungshoheit - *poderes de planificación*
compétent - in charge - *competente* - zuständig - *competente*
competente - compétent - *in charge* - competente - *zuständig*
competente - zuständig - *competente* - compétent - *in charge*
competition - concorso - *Wettbewerb* - concurso - *concours*
competitive economy - economia concorrenziale - *Wettbewerbswirtschaft* - economìa competidora - *économie compétitive*
competitiveness - competitività - *Wettbewerbsfähigkeit* - competividad - *compétitivité*
competitività - Wettbewerbsfähigkeit - *competividad* - compétitivité - *competitiveness*
compétitivité - competitiveness - *competitività* - Wettbewerbsfähigkeit - *competividad*
competividad - compétitivité - *competitiveness* - competitività - *Wettbewerbsfähigkeit*
compito, incarico - Aufgabe - *tarea, deber* - devoir, tâche - *task, assignement*
complaint - reclamo - *Beschwerde* - reclamación - *réclamation*
completamento - Fertigstellung - *acabado* - achèvement - *completion*
completamento, ampliamento - Ausbau - *terminación, ampliación* - achèvement, agrandissement - *completion, extension*
completion - completamento - *Fertigstellung* - acabado - *achèvement*
completion, extension - completamento, ampliamento - *Ausbau* - terminación, ampliación - *achèvement, agrandissement*
comportamento - Verhalten - *comportamiento, conducta* - comportement - *behavior*
comportamiento, conducta - comportement - *behavior* - comportamento - *Verhalten*

comportement - behavior - *comportamento* - Verhalten - *comportamiento, conducta*
compostage - compostation - *compostaggio* - Kompostierung - *compostaje*
compostaggio - Kompostierung - *compostaje* - compostage - *compostation*
compostaje - compostage - *compostation* - compostaggio - *Kompostierung*
compostation - compostaggio - *Kompostierung* - compostaje - *compostage*
compra - achat - *purchase* - acquisto - *Ankauf*
compra de inmuebles - achat de propriétés - *purchase of real estate* - acquisto di beni fondiari - *Kauf von Immobilien*
comprehensive planning - pianificazione integrata - *Gesamtplanung* - planificación integrada - *planification intégrée*
compromissione da radiazioni - Strahlenbelastung - *efectos de radiación* - effets de radiation - *exposure to radiation*
compromissione del paesaggio - Zersiedlung der Landschaft - *paisaje alterado* - mitage - *destruction of the landscape*
comproprietà, condominio - Mitbesitz - *copropriedad* - copropriété - *joint ownership*
comptabilité administrative - public accounts - *contabilità pubblica* - Verwaltungsbuchführung - *contabilidad pública*
comptant - cash, out-of-pocket - *in contanti* - bar - *al contado, en efectivo*
compuertas, presas - vanne de régulation - *floodgates, sluices* - chiuse regolatrici - *Wehr*
compulsory purchase order - obbligo d'acquisto - *Zwangsankaufbescheid* - obligación de compra - *mise en demeure d'acquérir*
compulsory purchase value - valore d'espropio - *Enteignungswert* - valor de expropriación - *valeur d'expropriation*
compulsory purchase, condemnation - espropio - *Enteignung* - expropriación - *expropriation*
computer - elaboratore, computer - *Datenverarbeitungsanlage* - ordenador, computadora - *ordinateur*
computer mapping - cartografia automatica - *Computer-Kartographie* - cartografia automática - *cartographie automatique*
Computer-Kartographie - cartografia automática - *cartographie automatique* - computer mapping - *cartografia automatica*
comunas sub-urbanas - communes de banlieue - *suburban municipalities* - comuni della cin-

52

tura - *Umlandgemeinde*
comuna, municipio - commune, mairie - *local authority, community* - comune - *Gemeinde*
comune - Gemeinde - *comuna, municipio* - commune, mairie - *local authority, community*
comuni della cintura - Umlandgemeinde - *comunas sub-urbanas* - communes de banlieue - *suburban municipalities*
comunidad - communauté - *community* - comunità - *Gemeinschaft*
comunità - Gemeinschaft - *comunidad* - communauté - *community*
concentración - concentration - *merger, concentration* - concentrazione - *Konzentration*
concentration - merger, concentration - *concentrazione* - Konzentration - *concentración*
concentrazione - Konzentration - *concentración* - concentration - *merger, concentration*
concesión, encargo - adjudication, passation, de marché - *allocation, award of contracts* - appalto - *Vergebung, Vergabe*
concesión, licencia, franquicia - concession, licence - *franchise* - concessione, licenza - *Konzession, Lizenz*
concessione urbanistica sotto condizione, vincolata - Genehmigung in Verbindung mit Auflagen - *permiso bajo determinadas condiciones* - permis de construire sous conditions - *conditional use permission*
concession, licence - franchise - *concessione, licenza* - Konzession, Lizenz - *concesión, licencia, franquicia*
concessione, licenza - Konzession, Lizenz - *concesión, licencia, franquicia* - concession, licence - *franchise*
concimazione - Bodendüngung - *fertilización* - fertilisation, utilisation d'engrais - *fertilization*
concordanza di opinioni - Meinung, übereinstimmende - *conformidad* - consensus - *agreement*
concorso - Wettbewerb - *concurso* - concours - *competition*
concours - competition - *concorso* - Wettbewerb - *concurso*
concrete bollard - paracarro - *Sperrpfosten* - guardacantón, guardabarros - *borne*
concurso - concours - *competition* - concorso - *Wettbewerb*
condensación - condensation - *condensation* - condensazione - *Kondensation*
condensation - condensation - *condensazione* - Kondensation - *condensación*
condensation - condensazione - *Kondensation* - condensación - *condensation*
condensazione - Kondensation - *condensación* - condensation - *condensation*
condición - condition - *condition, term* - condizione - *Bedingung*
condición pre-requisito - présupposition, condition - *preconditioning, premise, prerequisite* - presupposto - *Voraussetzung*
condiciones de habitabilidad - conditions de logement - *housing conditions* - condizioni abitative - *Wohnverhältnisse*
condiciones aceptables - conditions acceptables - *acceptable conditions* - condizioni accettabili - *Verhältnisse, annehmbare*
condiciones ambientales - conditions de l'environnement - *environmental conditions* - condizioni ambientali - *Umweltbedingungen*
condiciones de vida - conditions de vie - *living conditions* - condizioni di vita - *Lebensbedingungen*
condiciones laborales - conditions de travail - *working conditions* - condizioni lavorative - *Arbeitsbedingungen*
condition - condition, term - *condizione* - Bedingung - *condición*
condition, term - condizione - *Bedingung* - condición - *condition*
conditional use permission - concessione urbanistica sotto condizione, vincolata - *Genehmigung in Verbindung mit Auflagen* - permiso bajo determinadas condiciones - *permis de construire sous conditions*
conditions acceptables - acceptable conditions - *condizioni accettabili* - Verhältnisse, annehmbare - *condiciones aceptables*
conditions de l'environnement - environmental conditions - *condizioni ambientali* - Umweltbedingungen - *condiciones ambientales*
conditions de logement - housing conditions - *condizioni abitative* - Wohnverhältnisse - *condiciones de habitabilidad*
conditions de travail - working conditions - *condizioni lavorative* - Arbeitsbedingungen - *condiciones laborales*
conditions de vie - living conditions - *condizioni di vita* - Lebensbedingungen - *condiciones de vida*
conditions of bid - capitolato d'appalto - *Submissionsbedingungen* - especificaciones - *cahier des charges*

condizione - Bedingung - *condición* - condition - *condition, term*
condizioni abitative - Wohnverhältnisse - *condiciones de habitabilidad* - conditions de logement - *housing conditions*
condizioni accettabili - Verhältnisse, annehmbare - *condiciones aceptables* - conditions acceptables - *acceptable conditions*
condizioni ambientali - Umweltbedingungen - *condiciones ambientales* - conditions de l'environnement - *environmental conditions*
condizioni di vita - Lebensbedingungen - *condiciones de vida* - conditions de vie - *living conditions*
condizioni lavorative - Arbeitsbedingungen - *condiciones laborales* - conditions de travail - *working conditions*
condono, dispensa - Erlaß - *remisión* - remise - *remission*
condotta d'acqua - Wasserleitung - *conducto del agua, cañerìa* - conduite d'eau - *water line*
conducteur d'une voiture - car driver - *automobilista* - Autofahrer - *conductor*
conducto del agua, cañerìa - conduite d'eau - *water line* - condotta d'acqua - *Wasserleitung*
conductor - conducteur d'une voiture - *car driver* - automobilista - *Autofahrer*
conduite d'eau - water line - *condotta d'acqua* - Wasserleitung - *conducto del agua, cañerìa*
conexión - raccordement, branchement - *connection, hook-up* - allacciamento - *Anschluß*
conferimento dell'incarico - Auftragserteilung - *dar encargo* - passation de commande, ordre - *bid award*
configuration du terrain - topography - *orografia* - Geländeform - *topografia*
confinante - abgrenzend - *contìguo, vecino, limìtrofe* - avoisinant, limitrophe - *contiguous, bordering*
confini amministrativi di una città - Verwaltungsgrenzen einer Stadt - *lìmites administrativos de una ciudad* - limites administratives d'une ville - *administrative boundaries of a town*
confirmation, authorisation - omologazione, conferma - *Bestätigung* - homologación, confirmación - *homologation, confirmation*
confiscación - confiscation, saisie - *confiscation, requisition, seizure* - requisizione, sequestro - *Beschlagnahme*
confiscation, requisition, seizure - requisizione, sequestro - *Beschlagnahme* - confiscación - *confiscation, saisie*
confiscation, saisie - confiscation, requisition, seizure - *requisizione, sequestro* - Beschlagnahme - *confiscación*
conflict of aims - obiettivi in conflitto - *Zielkonflikt* - objectivos en conflicto - *conflit d'objectifs*
conflicto - conflit - *strife, conflict* - conflittualità - *Streitigkeit*
conflit - strife, conflict - *conflittualità* - Streitigkeit - *conflicto*
conflit d'objectifs - conflict of aims - *obiettivi in conflitto* - Zielkonflikt - *objectivos en conflicto*
conflittualità - Streitigkeit - *conflicto* - conflit - *strife, conflict*
conforme, adecuado - approprié - *suitable* - adatto - *geeignet*
conformidad - consensus - *agreement* - concordanza di opinioni - *Meinung, übereinstimmende*
congés - holidays, vacation - *ferie, vacanze* - Ferien, Urlaub - *vacaciones*
congiuntura - Konjunktur - *coyuntura* - conjoncture - *economic situation*
conjoncture - economic situation - *congiuntura* - Konjunktur - *coyuntura*
conjunto de medidas - paquet de mesures - *package of policies* - insieme di provvedimenti - *Maßnahmenbündel*
connaissement - bill of loading - *polizza di carico* - Konnossement, Frachtbrief - *póliza de carga*
connection, hook-up - allacciamento - *Anschluß* - conexión - *raccordement, branchement*
connstruction d'habitations en coopérative - co-operative housing - *edilizia cooperativa* - Genossenschafts- wohnungsbau - *edificación cooperativa*
consecuencia, repercusión - conséquence, répercussion - *spillover* - ripercussione - *Folge, Konsequenz*
conseil d'administration - board of directors - *consiglio d'amministrazione* - Verwaltungsrat - *consejo de administración*
conseil de quartier - neighbourhood council - *consiglio di quartiere* - Stadtteilrat - *asociación de vecinos, junta de vecinos*
conseil de surveillance, d'administration - supervisory board, board of trustees - *collegio dei sindaci, consiglio d'amministrazione* -

Aufsichtsrat - *consejo de vigilancia, de administración*
conseil municipal - town, district council - *consiglio comunale* - Gemeinderat - *junta municipal*
conseil régional - regional council - *consiglio regionale* - Regionalrat - *consejo regional*
conseiller juridique - legal adviser - *consulente legale* - Rechtsberater - *jurisconsulto, abogado*
conseiller municipal - town councillor - *consigliere municipale* - Stadtverordneter, Stadtrat - *consejero municipal, concejal*
consejero municipal, concejal - conseiller municipal - *town councillor* - consigliere municipale - *Stadtverordneter, Stadtrat*
consejo de administración - conseil d'administration - *board of directors* - consiglio d'amministrazione - *Verwaltungsrat*
consejo de vigilancia, de administración - conseil de surveillance, d'administration - *supervisory board, board of trustees* - collegio dei sindaci, consiglio d'amministrazione - *Aufsichtsrat*
consejo regional - conseil régional - *regional council* - consiglio regionale - *Regionalrat*
consensus - agreement - *concordanza d'opinioni* - Meinung, übereinstimmende - *conformidad*
consent, approval - adozione - *Zustimmung* - adopción - *adoption (d'un projet)*
conséquence, répercussion - spillover - *ripercussione* - Folge, Konsequenz - *consecuencia, repercusión*
conservación de monumentos - conservation des monuments - *historic preservation* - protezione dei monumenti - *Denkmalschutz*
conservar un área como complejo, como un todo - conserver une zone dans son ensemble - *conserve an area as a whole (to)* - conservare un'area come complesso - *Ensemble, einen Bereich als E. erhalten*
conservare un'area come complesso - Ensemble, einen Bereich als E. erhalten - *conservar un área como complejo, como un todo* - conserver une zone dans son ensemble - *conserve an area as a whole (to)*
conservation des monuments - historic preservation - *protezione dei monumenti* - Denkmalschutz - *conservación de monumentos*
conservation plan - piano di conservazione - *Erhaltungsplan* - plan de conservación - *plan de protection*
conservazione del paesaggio - Landschaftspflege, Landschaftsschutz - *protección del paisaje* - protection du paysage - *landscape conservation*
conserve an area as a whole (to) - conservare un'area come complesso - *Ensemble, einen Bereich als E. erhalten* - conservar un área como complejo, como un todo - *conserver une zone dans son ensemble*
conserver une zone dans son ensemble - conserve an area as a whole (to) - *conservare un'area come complesso* - Ensemble, einen Bereich als E. erhalten - *conservar un área como complejo, como un todo*
consigliere municipale - Stadtverordneter, Stadtrat - *consejero municipal, concejal* - conseiller municipal - *town councillor*
consiglio d'amministrazione - Verwaltungsrat - *consejo de administración* - conseil d'administration - *board of directors*
consiglio comunale - Gemeinderat - *junta municipal* - conseil municipal - *town, district council*
consiglio di quartiere - Stadtteilrat - *asociación de vecinos, junta de vecinos* - conseil de quartier - *neighbourhood council*
consiglio regionale - Regionalrat - *consejo regional* - conseil régional - *regional council*
consommation - consumption - *consumo* - Verbrauch - *consumo, gasto*
consorcio de desarrollo agrícola - syndicat pour la bonification - *agricultural development association* - consorzio di bonifica - *Meliorationsverband*
consorcio - association, fédération - *association* - consorzio - *Verband*
consorcio polivalente - Syndicat Intercommunal à Vocations Multiples (S.I.V.O.M.) - *association of municipalities for the provision of several services* - consorzio polivalente - *Zweckverband, interkommunaler*
consorzio - Verband - *consorcio* - association, fédération - *association*
consorzio di bonifica - Meliorationsverband - *consorcio de desarrollo agrícola* - syndicat pour la bonification - *agricultural development association*
consorzio polivalente - Zweckverband, interkommunaler - *consorcio polivalente* - Syndicat Intercommunal à Vocations Multiples (S.I.V.O.M.) - *association of municipal-ities*

for the provision of several services
constant, continuous - stazionario - *beständig* - estacionario, constante - *stationnaire, constant*
constituant Kreis - autonomous town - *formante distretto* - kreisfrei - *autónoma del distrito*
constituency - circoscrizione elettorale - *Wahlbezirk* - distrito electoral, circunscripción electoral - *circonscription électorale*
constitution, état - state, condition - *stato, condizione* - Beschaffenheit - *estado, condicion*
construcción, edificación - construction, édification - *construction, building-up* - costruzione, edificazione - *Aufbau*
construcciones aisladas, dispersas - urbanisation dispersée, mitage - *scattered settlement* - insediamento sparso - *Streusiedlung*
construction, building-up - costruzione, edificazione - *Aufbau* - construcción, edificación - *construction, édification*
construction, édification - construction, building-up - *costruzione, edificazione* - Aufbau - *construcción, edificación*
construction en bandes, développement linéaire - linear development, strip - *urbanizzazione a nastro, sviluppo lineare* - Bandentwicklung, bandartige Bebauung - *desarollo lineal*
construction industry - edilizia - *Bauwirtschaft* - industria de la construcción - *industrie du bâtiment*
construction sauvage - illegal building - *abuso edilizio* - Schwarzbau - *costrucción ilegal*
construction time - durata del cantiere - *Bauzeit* - duración de la construcción - *durée des travaux*
construction work - attività costruttiva - *Baumaßnahmen* - actividad constructiva - *opérations de construction*
consulente - Berater - *consultor, asesor* - expert, conseiller - *consultant, adviser*
consulente legale - Rechtsberater - *jurisconsulto, abogado* - conseiller juridique - *legal adviser*
consulente urbanistico - Stadtplaner, beratender - *consultor urbanìstico* - urbaniste conseil - *town planning consultant*
consultant, adviser - consulente - *Berater* - consultor, asesor - *expert, conseiller*
consultor urbanìstico - urbaniste conseil - *town planning consultant* - consulente urbanistico - *Stadtplaner, beratender*
consultorio, servicio de consulta - service de consultation - *counselling, advisory service* - servizio di consulenza - *Beratungdienst*
consultor, asesor - expert, conseiller - *consultant, adviser* - consulente - *Berater*
consumer goods - beni di consumo - *Verbrauchsgüter* - bienes de consumo - *biens de consommation*
consumo - Verbrauch - *consumo, gasto* - consommation - *consumption*
consumo, gasto - consommation - *consumption* - consumo - *Verbrauch*
consumption pattern - struttura dei consumi - *Konsumgewohnheiten* - estructura de consumos - *structure de consommation*
contabilidad pública - comptabilité administrative - *public accounts* - contabilità pubblica - *Verwaltungsbuchführung*
contabilità pubblica - Verwaltungsbuchführung - *contabilidad pública* - comptabilité administrative - *public accounts*
contaminación - contamination - *contamination* - contaminazione - *Verseuchung*
contaminación del agua - pollution de l'eau - *water pollution* - inquinamento delle acque - *Wasserverschmutzung*
contaminación del litoral - pollution des côtes - *coastal pollution* - inquinamento del litorale - *Küstenverschmutzung*
contaminador - polluant - *polluting* - inquinante - *umweltbelastend*
contamination - contamination - *contaminazione* - Verseuchung - *contaminación*
contamination - contaminazione - *Verseuchung* - contaminación - *contamination*
contamination et frais dus aux usages précédents - burden of contaminated soil - *oneri da usi precedenti* - Altlasten - *deterioro a causa de usos precedentes*
contaminazione - Verseuchung - *contaminación* - contamination - *contamination*
contenedores impermeables, containers impermeables - fûts étanches - *waterproof containers* - contenitori impermeabili - *Gefäße, wasserdichte*
contenitori impermeabili - Gefäße, wasserdichte - *contenedores impermeables, containers impermeables* - fûts étanches - *waterproof containers*
contiguous, bordering - confinante - *abgrenzend* - contìguo, vecino, limìtrofe - *avoisinant, limitrophe*
contìguo, vecino, limìtrofe - avoisinant, limi-

trophe - *contiguous, bordering* - confinante - *abgrenzend*
continent - mainland - *terraferma* - Festland - *tierra firme, continente*
continental shelf - piattaforma continentale - *Kontinentalsockel* - plataforma continental - *plateau continental*
contorno - Umriß - *contorno, perfil* - contour - *outline*
contorno, perfil - contour - *outline* - contorno - *Umriß*
contour - outline - *contorno* - Umriß - *contorno, perfil*
contour map - carta topografica - *Karte, topographische* - mapa topográfico - *carte topographique*
contracción - rétrécissement - *shrinkage* - contrazione - *Schrumpfung*
contract, agreement - contratto - *Vertrag* - contrato - *contrat*
contrat - contract, agreement - *contratto* - Vertrag - *contrato*
contrat de location, bail - rent contract, lease - *contratto di locazione* - Mietvertrag - *contrato de arriendo*
contrat d'entreprise, marché - building contract - *contratto di costruzione* - Bauvertrag - *contrato de edificación*
contrato - contrat - *contract, agreement* - contratto - *Vertrag*
contrato de arriendo - contrat de location, bail - *rent contract, lease* - contratto di locazione - *Mietvertrag*
contrato de edificación - contrat d'entreprise, marché - *building contract* - contratto di costruzione - *Bauvertrag*
contrato enfitéutico - bail emphytéotique - *hereditary tenancy* - contratto enfiteutico - *Erbpachtvertrag*
contratto - Vertrag - *contrato* - contrat - *contract, agreement*
contratto di costruzione - Bauvertrag - *contrato de edificación* - contrat d'entreprise, marché - *building contract*
contratto di locazione - Mietvertrag - *contrato de arriendo* - contrat de location, bail - *rent contract, lease*
contratto enfiteutico - Erbpachtvertrag - *contrato enfitéutico* - bail emphytéotique - *hereditary tenancy*
contravention, amende - fine - *contravvenzione, multa* - Geldstrafe - *multa*

contravvenzione, multa - Geldstrafe - *multa* - contravention, amende - *fine*
contrazione - Schrumpfung - *contracción* - rétrécissement - *shrinkage*
contrazione delle vendite - Umsatzrückgang - *disminución, decrecimiento de ventas* - baisse des ventes - *reduction in sales*
contremaitre - foreman - *caposquadra, capomastro* - Vorarbeiter, Polier - *jefe de obras, maestro mayor*
contribuable - tax payer - *contribuente* - Steuerzahler - *contribuyente*
contribución, aporte - contribution - *contribution, cotisation* - contributo - *Beitrag*
contribuente - Steuerzahler - *contribuyente* - contribuable - *tax payer*
contributi per l'edilizia - Wohnungsbausubvention - *subsidio de la vivienda* - subvention à l'habitat, aide à la pierre - *building subsidy, grant*
contribution - contribution, cotisation - *contributo* - Beitrag - *contribución, aporte*
contribution, cotisation - contributo - *Beitrag* - contribución, aporte - *contribution*
contributions to the national insurance - contributi, oneri sociali - *Sozialversicherungs- beiträge* - cotizaciones de seguridad social - *cotisations de sécurité sociale*
contributi, oneri sociali - Sozialversicherungsbeiträge - *cotizaciones de seguridad social* - cotisations de sécurité sociale - *contributions to the national insurance*
contributo - Beitrag - *contribución, aporte* - contribution - *contribution, cotisation*
contribuyente - contribuable - *tax payer* - contribuente - *Steuerzahler*
control aduanero - contrôle douanier - *customs control* - controllo doganale - *Zollkontrolle*
control de la actuación - contrôle de la mise en oeuvre - *monitoring* - controllo sull'attuazione - *Implementierungskontrolle*
control de los accesos públicos - contrôle de l'accès public - *control of public access* - controllo dell'accesso pubblico - *Überwachung des Publikumverkehrs*
control de natalidad, planificación familiar - régulation des nassainces, planning familial - *birth control, family planning* - controllo delle nascite, pianificazione familiare - *Geburtenkontrolle, Familienplanung*
control of public access - controllo dell'accesso pubblico - *Überwachung des Publikumver-*

kehrs - control de los accesos públicos - *contrôle de l'accès public*
control sobre los alquileres - loyer contrôlé - *rent control* - equo canone, controllo sui fitti - *Mietpreiskontrolle*
controlado por el Estado - contrôlé par l'Etat - *state-planned* - controllato dallo Stato - *staatlich gelenkt*
contrôle de la mise en oeuvre - monitoring - *controllo sull'attuazione* - Implementierungskontrolle - *control de la actuación*
contrôle de l'accès public - control of public access - *controllo dell'accesso pubblico* - Überwachung des Publikumverkehrs - *control de los accesos públicos*
contrôle des comptes par l'autorité de tutelle - district audit - *revisione dei conti da parte dell'autorità tutelare* - Rechnungsprüfung durch die Aufsichtsbehörde - *revision de cuentas por la autoridad tutelar*
contrôle douanier - customs control - *controllo doganale* - Zollkontrolle - *control aduanero*
contrôlé par l'Etat - state-planned - *controllato dallo Stato* - staatlich gelenkt - *controlado por el Estado*
controllato dallo Stato - staatlich gelenkt - *controlado por el Estado* - contrôlé par l'Etat - *state-planned*
controllo sull'attuazione - Implementierungskontrolle - *control de la actuación* - contrôle de la mise en oeuvre - *monitoring*
controllo delle nascite, pianificazione familiare - Geburtenkontrolle, Familienplanung - *control de natalidad, planificación familiar* - régulation des nassainces, planning familial - *birth control, family planning*
controllo dell'accesso pubblico - Überwachung des Publikumverkehrs - *control de los accesos públicos* - contrôle de l'accès public - *control of public access*
controllo doganale - Zollkontrolle - *control aduanero* - contrôle douanier - *customs control*
controversia, pleito - différend - *dispute* - vertenza - *Streit*
conurbación - conurbation, agglomeration - *conurbation* - conurbazione - *Ballungsraum, Ballungszone*
conurbation - conurbazione - *Ballungsraum, Ballungszone* - conurbación - *conurbation, agglomération*
conurbation, agglomération - conurbation - *conurbazione* - Ballungsraum, Ballungszone - *conurbación*
conurbazione - Ballungsraum, Ballungszone - *conurbación* - conurbation - *conurbation*
convegno - Tagung - *convenio* - colloque - *meeting*
convenio - colloque - *meeting* - convegno - *Tagung*
conversion, transformation - trasformazione, riconversione - *Umbau* - transformación, remodelación - *transformation*
converted flat - appartamento ristrutturato - *Wohnung, umgebaute* - piso transformado, reformado - *appartement transformé*
conveyor belt - catena di montaggio - *Fließband* - cinta transportadora - *chaîne de montage*
cooperación - coopération - *co-operation* - cooperazione - *Zusammenarbeit*
coopération - co-operation - *cooperazione* - Zusammenarbeit - *cooperación*
cooperazione - Zusammenarbeit - *cooperación* - coopération - *co-operation*
coordinación - harmonisation - *coordination* - coordinamento - *Abstimmung*
coordinamento - Abstimmung - *coordinación* - harmonisation - *coordination*
coordination - coordinamento - *Abstimmung* - coordinación - *harmonisation*
copertura erbosa - Grasbewuchs - *revestimiento herboso* - couverture herbageuse - *grass cover*
copia de planos - bleu - *blue print* - copia eliografica - *Lichtpause*
copia eliografica - Lichtpause - *copia de planos* - bleu - *blue print*
coppia sposata - Ehepaar - *matrimonio* - couple marié - *married couple*
copropriedad - copropriété - *joint ownership* - comproprietà, condominio - *Mitbesitz*
copropriété - joint ownership - *comproprietà, condominio* - Mitbesitz - *copropriedad*
copse - boschetto - *Wäldchen* - bosquecillo - *bosquet*
cordolo - Bordschwelle - *solera* - bordure - *kerb, curb*
cordon line, boundary - perimetro - *Abgrenzung* - perìmetro - *ligne de cordon, delimitation*
core-city, central city - città perno - *Kernstadt* - ciudad pivote, ciudad núcleo - *ville-pivot*
corner house - casa d'angolo - *Eckhaus* - casa que hace esquina, casa-esquina - *maison en coin*

cornerstone - pietra angolare - *Eckpfeiler* - piedra angular - *pilier d'angle*
corporación - corps constitué - *corporation* - corporazione - *Körperschaft*
corporation - corporazione - *Körperschaft* - corporación - *corps constitué*
corporazione - Körperschaft - *corporación* - corps constitué - *corporation*
corps constitué - corporation - *corporazione* - Körperschaft - *corporación*
correction - rettifica - *Berichtigung* - rectificación - *rectification*
corredor - courtier - *broker* - mediatore - *Makler*
corrente - Strom - *corriente* - courant - *stream*
correspondance des trains - train connection - *coincidenza dei treni* - Zuganschluß - *correspondencia de trenes*
correspondant, conforme - corresponding - *relativo, corrispondente* - entsprechend - *correspondente*
correspondencia de trenes - correspondance des trains - *train connection* - coincidenza dei treni - *Zuganschluß*
correspondente - correspondant, conforme - *corresponding* - relativo, corrispondente - *entsprechend*
corresponding - relativo, corrispondente - *entsprechend* - correspondente - *correspondant, conforme*
corriente - courant - *stream* - corrente - *Strom*
corse su strada - Straßenrennen - *carreras en carretera* - courses sur route - *road race*
corsia di accelerazione - Beschleunigungspur - *via de aceleración* - voie d'accélération - *acceleration lane*
corsia di decelerazione - Verzögerungsspur - *vìa de desaceleración* - voie de décélération - *slowing-down, deceleration lane*
corsia di emergenza - Haltespur für Notfälle - *via de emergencia* - bande d'arrêt d'urgence - *emergency lane, shoulder*
corsia di sorpasso - Überholspur - *via de adelantamiento* - voie de dépassement - *overtaking lane, passing lane*
corsia esterna - Fahrspur, äußere - *via exterior* - voie extérieure - *outer lane*
corsia per veicoli lenti - Kriechspur - *vìa de baja velocidad* - voie lente - *slow lane*
corso d'acqua navigabile - Wasserstraße - *curso de agua navegable* - voie d'eau navigable - *waterway*

corte interna - Hinterhof - *patio posterior* - cour intérieure - *backyard*
cosecha - récolte - *crop, harvest* - raccolta - *Ernte*
costi conseguenti - Folgelasten - *costos derivados* - frais dérivés - *follow-up costs*
costi di costruzione - Baukosten - *costos de construcción,* - coûts de construction - *building costs*
costi di registrazione - Eintragungsgebühr - *derechos de inscripción* - droit d'enregistrement - *filing fee*
costi iniziali - Anlaufkosten - *costos de partida, de puesta in marcha* - frais de démarrage - *launching costs*
costly, lavish - dispendioso - *aufwendig* - costoso, dispendioso - *coûteux*
costos de construcción, - coûts de construction - *building costs* - costi di costruzione - *Baukosten*
costos de partida, de puesta in marcha - frais de démarrage - *launching costs* - costi iniziali - *Anlaufkosten*
costos derivados - frais dérivés - *follow-up costs* - costi conseguenti - *Folgelasten*
costoso, dispendioso - coûteux - *costly, lavish* - dispendioso - *aufwendig*
costos, gastos suplementarios - frais supplémentaires - *additional costs* - spese aggiuntive - *Mehrkosten*
costrucción ilegal - construction sauvage - *illegal building* - abuso edilizio - *Schwarzbau*
costruzione, edificazione - Aufbau - *construcción, edificación* - construction, édification - *construction, building-up*
cost-benefit analysis - analisi costo-profitto - *Kosten-Nutzenanalyse* - análisis costo-ganancia - *analyse coût-bénéfice*
côté de la route - road boundary, street line - *bordo della strada* - Straßenbegrenzungslinie - *margen de la carretera*
côteau - hillside - *fianco di una collina* - Hügelabhang - *laderas de una colina*
cotisation de riveraineté - front-foot charge - *quote vicinali* - Anliegerbeitrag - *gastos vecinales*
cotisations de sécurité sociale - contributions to the national insurance - *contributi, oneri sociali* - Sozialversicherungs- beiträge - *cotizaciones de seguridad social*
cotizaciones de seguridad social - cotisations de sécurité sociale - *contributions to the national*

insurance - contributi, oneri sociali - *Sozialversicherungs- beiträge*
coude d'un fleuve - bend in a river - *ansa di un fiume* - Flußschleife - *recodo de un rìo*
coulée de boue - mud flow, mud glacier - *colata di fango* - Schlammlawine - *colada de barro*
coulée de verdure - green wedge - *striscia di verde* - Grünzug - *franja de jardìn*
coulisse - curtain, wing - *quinta, cortina* - Kulisse - *bastidor, cortina*
council tenancy - edilizia pubblica, popolare - *Sozialwohnungsbau* - vivenda social - *habitations à loyer modéré (H.L.M.)*
council, board, commission - giunta, commissione - *Ausschuß, Kommission* - junta, comisión - *commission*
council/public housing programme - Piano Edilizia Economica e Popolare (PEEP) - *Programm des sozialen Wohnungsbaus* - Plan de viviendas sociales - *programme d'habitat social*
counselling, advisory service - servizio di consulenza - *Beratungdienst* - consultorio, servicio de consulta - *service de consultation*
country of destination - paese di destinazione - *Bestimmungsland* - paìs de destino - *pays de destination*
country of origin - paese d'origine - *Heimatland* - paìs de origen - *pays d'origine*
coup de vent - gust - *raffica* - Windstoß - *ráfaga, golpe de viento*
coupe - section - *sezione* - Schnitt - *secciones*
coupe d'une rue - section of road - *sezione stradale* - Straßenabschnitt - *sección de una calle*
couple marié - married couple - *coppia sposata* - Ehepaar - *matrimonio*
coupon, stub, counterfoil - tagliando, cedola - *Abschnitt, Schein* - cupón, talón - *coupon, talon*
coupon, talon - coupon, stub, counterfoil - *tagliando, cedola* - Abschnitt, Schein - *cupón, talón*
cour intérieure - backyard - *corte interna* - Hinterhof - *patio posterior*
courant - stream - *corrente* - Strom - *corriente*
courbe - bend - *curva* - Kurve - *recodo, curva*
courbe de la population - population curve - *curva della popolazione* - Bevölkerungskurve - *curva demografica*
courbe de raccordement - transition, easement curve - *curva di raccordo* - Übergangsbogen -

bucle de enlace
courée, cour intérieure - interior courtyard - *cavedio* - Innenhof - *patio interior*
couronne suburbaine - suburban ring - *anello suburbano* - Ring von Vororten - *cinturón periférico*
cours du change - rate of exchange - *tasso di cambio* - Wechselkurs - *curso de cambio*
courses sur route - road race - *corse su strada* - Straßenrennen - *carreras en carretera*
coursive - access balcony - *ballatoio* - Laubengang - *porche*
courtier - broker - *mediatore* - Makler - *corredor*
coûteux - costly, lavish - *dispendioso* - aufwendig - *costoso, dispendioso*
coûts de construction - building costs - *costi di costruzione* - Baukosten - *costos de construcción,*
couverture herbageuse - grass cover - *copertura erbosa* - Grasbewuchs - *revestimiento herboso*
covered street - portico - *Laubenstraße, Arkade* - pórtico - *trottoir couvert*
coyuntura - conjoncture - *economic situation* - congiuntura - *Konjunktur*
co-operation - cooperazione - *Zusammenarbeit* - cooperación - *coopération*
co-operative housing - edilizia cooperativa - *Genossenschafts- wohnungsbau* - edificación cooperativa - *connstruction d'habitations en coopérative*
crash - crollo - *Krach, Sturz* - fracaso, ruina - *débâcle financière, effondrement*
crash barrier - guardrail - *Leitplanke* - barrera de protección - *glissière*
creación de puestos de trabajo - création d'emplois - *job creation* - creazione di posti di lavoro - *Arbeitsbeschaffung*
création d'emplois - job creation - *creazione di posti di lavoro* - Arbeitsbeschaffung - *creación de puestos de trabajo*
creazione di posti di lavoro - Arbeitsbeschaffung - *creación de puestos de trabajo* - création d'emplois - *job creation*
crèche, garderie d'enfants - day nursery - *asilo nido* - Kinderkrippe - *jardìn de infancia, guarderia*
crecimiento axial - croissance axiale - *axial growth* - sviluppo assiale - *Wachstum, achsiales*
crecimiento negativo - croissance négative -

negative growth - crescita negativa - *Minuswachstum*

credito agevolato - Förderungsdarlehen, günstiges - *crédito facilitado* - prêt bonifié - *attractive loan*

crédito facilitado - prêt bonifié - *attractive loan* - credito agevolato - *Förderungsdarlehen, günstiges*

crédito personal para la construcción - aide personnalisée au logement - *housing allowance* - aiuto personalizzato per l'edilizia - *Subjektförderung (Wohnen)*

creek, brook - ruscello - *Bach* - arroyo - *ruisseau*

crescimiento urbano en forma de mancha de aceite - croissance urbaine en tâche d'huile - *urban sprawl* - crescita urbana a macchia d'olio - *Siedlungsbrei*

crescita negativa - Minuswachstum - *crecimiento negativo* - croissance négative - *negative growth*

crescita urbana a macchia d'olio - Siedlungsbrei - *crescimiento urbano en forma de mancha de aceite* - croissance urbaine en tâche d'huile - *urban sprawl*

crescita, incremento - Vermehrung, Wachstum - *incremento* - accroissement - *increase, growth*

cresta - arête, crête - *crest, ridge* - cresta, colmo - *Bergkamm*

cresta, colmo - Bergkamm - *cresta* - arête, crête - *crest, ridge*

crest, ridge - cresta, colmo - *Bergkamm* - cresta - *arête, crête*

creux - hollow - *cavità* - Vertiefung - *cavidad*

criada, sirvienta - bonne, aide ménagère - *household helper* - domestica - *Hausgehilfin*

crise du logement - housing crisis - *crisi edilizia* - Wohnungsbaukrise - *crisis de la vivienda*

crise économique - economic crisis - *crisi economica* - Wirtschaftskrise - *crisis económica*

crisi economica - Wirtschaftskrise - *crisis económica* - crise économique - *economic crisis*

crisi edilizia - Wohnungsbaukrise - *crisis de la vivienda* - crise du logement - *housing crisis*

crisis de la vivienda - crise du logement - *housing crisis* - crisi edilizia - *Wohnungsbaukrise*

crisis económica - crise économique - *economic crisis* - crisi economica - *Wirtschaftskrise*

critères de bien-être - welfare criteria - *criteri di benessere* - Wohlstandskriterien - *criterios de bienestar*

criteri di benessere - Wohlstandskriterien - *criterios de bienestar* - critères de bien-être - *welfare criteria*

criterios de bienestar - critères de bien-être - *welfare criteria* - criteri di benessere - *Wohlstandskriterien*

critical density - densità critica - *Dichte, kritische* - densidad critica - *densité critique*

croisement en trèfle - clover-leaf interchange - *quadrifoglio* - Kleeblattkreuz - *trébol de cuatro hojas*

croissance axiale - axial growth - *sviluppo assiale* - Wachstum, achsiales - *crecimiento axial*

croissance négative - negative growth - *crescita negativa* - Minuswachstum - *crecimiento negativo*

croissance urbaine en tâche d'huile - urban sprawl - *crescita urbana a macchia d'olio* - Siedlungsbrei - *crescimiento urbano en forma de mancha de aceite*

crollo - Krach, Sturz - *fracaso, ruina* - débâcle financière, effondrement - *crash*

crop, harvest - raccolta - *Ernte* - cosecha - *récolte*

crop farm - fattoria ad arativo - *Ackerbaubetrieb* - explotación agrìcola, finca - *ferme à cultures arables*

crop rotation - rotazione delle colture - *Fruchtwechsel* - rotación agraria - *assolement*

cross-road - quadrivio, crocevia - *Kreuzung, rechtwinklige* - encrucijada - *carrefour en croix*

cruce - carrefour - *intersection, crossing* - incrocio - *Kreuzung*

crue - flood - *inondazione* - Überschwemmung - *inundación*

cuadro, marco - cadre - *framework* - quadro - *Rahmen*

cuartel de bomberos - caserne de pompiers - *fire station* - caserma dei pompieri - *Feuerwache*

cuartel de policìa - gendarmerie - *police station* - stazione di polizia - *Polizeiwache*

cuarto, habitación, pieza - salle, piéce - *room, parlor* - stanza - *Stube*

cuarto de juego - salle de jeux - *playroom, games room* - stanza da gioco - *Spielzimmer*

cuarto de trabajo - local de travail, atelier, bureau - *study* - stanza di lavoro - *Arbeits-*

zimmer
cuenca hidrográfica - bassin versant - *protected water recharge area* - bacino idrografico - *Wassereinzugsgebiet*
cultivar - cultiver - *grow (to)* - coltivare - *anbauen*
cultivated land, man-made landscape - paesaggio trasformato dall'intervento dell'uomo - *Kulturlandschaft* - paisaje transformado por el hombre - *paysage artificiel*
cultivation in greenhouses - coltivazione in serra - *Treibhauskultur* - cultivo en invernadero - *culture en serre*
cultiver - grow (to) - *coltivare* - anbauen - *cultivar*
cultivo de primicias - culture des primeurs - *growing of early vegetables* - coltura di primizie - *Frühgemüseanbau*
cultivo en bandas - culture en bandes - *strip cultivation* - coltivazione a fasce - *Bewirtschaftung in schmalen Landstreifen*
cultivo en invernadero - culture en serre - *cultivation in greenhouses* - coltivazione in serra - *Treibhauskultur*
cultivo intensivo - culture intensive - *intensive farming, agriculture* - coltivazione intensiva - *Bodenbewirtschaftung, intensive*
cultural facilities - attrezzature culturali - *Kultureinrichtungen* - instalaciones culturales equipamiento cultural - *équipements culturels*
culture des primeurs - growing of early vegetables - *coltura di primizie* - Frühgemüseanbau - *cultivo de primicias*
culture en bandes - strip cultivation - *coltivazione a fasce* - Bewirtschaftung in schmalen Landstreifen - *cultivo en bandas*
culture en serre - cultivation in greenhouses - *coltivazione in serra* - Treibhauskultur - *cultivo en invernadero*
culture intensive - intensive farming, agriculture - *coltivazione intensiva* - Bodenbewirtschaftung, intensive - *cultivo intensivo*
cumbre de una colina - sommet d'une colline - *hilltop* - sommità di una collina - *Hügelkuppe*
cupón, talón - coupon, talon - *coupon, stub, counterfoil* - tagliando, cedola - *Abschnitt, Schein*

curiosité naturelle - natural monument - *località di particolare interesse naturale* - Naturdenkmal - *belleza natural*
curiosités - places of interest - *posti interessanti* - Sehenswürdigkeiten - *lugares interesantes, sitios de valor artistico*
currency - moneta - *Währung* - moneda - *monnaie*
current expenses - spese correnti - *Ausgaben, laufende* - gastos corrientes - *dépenses courantes*
curso de agua navegable - voie d'eau navigable - *waterway* - corso d'acqua navigabile - *Wasserstraße*
curso de cambio - cours du change - *rate of exchange* - tasso di cambio - *Wechselkurs*
curtain, wing - quinta, cortina - *Kulisse* - bastidor, cortina - *coulisse*
curva - Kurve - *recodo, curva* - courbe - *bend*
curva angosta - virage brusque - *sharp bend* - curva stretta - *Kurve, scharfe*
curva de salida - virage de sortie - *exit curve* - curva di uscita - *Ausfahrtskurve*
curva della popolazione - Bevölkerungskurve - *curva demografica* - courbe de la population - *population curve*
curva demografica - courbe de la population - *population curve* - curva della popolazione - *Bevölkerungskurve*
curva di raccordo - Übergangsbogen - *bucle de enlace* - courbe de raccordement - *transition, easement curve*
curva di uscita - Ausfahrtskurve - *curva de salida* - virage de sortie - *exit curve*
curva stretta - Kurve, scharfe - *curva angosta* - virage brusque - *sharp bend*
curvas - tournants - *bends, curves* - tornanti - *Biegungen*
custodito - beaufsichtigt - *vigilado* - surveillé - *supervised*
customized - su commissione, fatto apposta - *im Auftrag, kundenspezifisch* - por encargo - sur commande, éxprès
customs control - controllo doganale - *Zollkontrolle* - control aduanero - *contrôle douanier*
cut, drop, decline, withdrawl - calo - *Abnahme* - baja, mengua, pérdida - *baisse*

D

Dachraum, Mansarde - buhardilla, mansarda - *mansarde* - attic room - *sottotetto*
dallage, pavé - pavement - *pavimentazione a selciato* - Pflaster - *empedrado, adoquinado*
dalle piétonnière - pedestrian level - *piastra pedonale* - Fußgängerebene - *plataforma para peatones nivel peatonal*
dam - barriera - *Damm* - barrera - *barrière*
damage - danno - *Schaden* - daño, perjuicio - *dommage*
Damm - barrera - *barrière* - dam - *barriera*
danger zone - zona pericolosa - *Gefahren-, Sperrzone* - zona peligrosa - *zone dangereuse*
danneggiamento urbanistico - Planungsschaden - *deterioro urbanístico* - dommages de la planification - *planning damage*
danni da rumore - Lärmbelästigung - *daños de ruido, rumor molesto* - nuisances phoniques - *noise nuisance*
danno - Schaden - *daño, perjuicio* - dommage - *damage*
daño, perjuicio - dommage - *damage* - danno - *Schaden*
daños de ruido, rumor molesto - nuisances phoniques - *noise nuisance* - danni da rumore - *Lärmbelästigung*
daños provocados por trabajos en minas - subsidence - *mining damage* - subsidenza - *Bergschaden*
dar encargo - passation de commande, ordre - *bid award* - conferimento dell'incarico - *Auftragserteilung*
dar una vuelta, dar un paseo - promener, se - *go for a walk (to)* - fare una passeggiata - *spazierengehen*
Darlehensbewilligung - aprobación de préstamos - *approbation des emprunts* - loan approval - *approvazione di prestiti*
Darlehen, mittelfristiges (für Bodenkäufe) - préstamo a mediano plazo para la adquisición de terrenos - *prêt-relais pour réserves foncières* - medium term loan for land purchase - *prestito a medio termine per acquisizioni di terreno*
Darstellung - representación - *représentation* - description, account - *rappresentazione*
data bank - banca dati - *Datenbank* - banco de datos - *banque de données*
data di nascita - Geburtsdatum - *fecha de nacimiento* - date de naissance - *date of birth*
date de naissance - date of birth - *data di nascita* - Geburtsdatum - *fecha de nacimiento*
date fixée - qualifying date, deadline - *giorno fissato* - Stichtag - *fecha tope, plazo*
date of birth - data di nascita - *Geburtsdatum* - fecha de nacimiento - *date de naissance*
Datei - fichero - *fichier* - file - *schedario*
Datenbank - banco de datos - *banque de données* - data bank - *banca dati*
Datenverarbeitungsanlage - ordenador, computadora - *ordinateur* - computer - *elaboratore, computer*
dati del censimento - Zählungsdaten - *datos del censo* - données du recensement - *census data*
dati di base - Grunddaten - *datos básicos* - données de base - *basic data*
dati strutturali - Strukturdaten - *datos estructurales* - données structurelles - *structural data*
datore di lavoro - Arbeitgeber - *jefe, principal de la fábrica* - employeur - *employer, boss*
datos básicos - données de base - *basic data* -

dati di base - *Grunddaten*
datos del censo - données du recensement - *census data* - dati del censimento - *Zählungsdaten*
datos estructurales - données structurelles - *structural data* - dati strutturali - *Strukturdaten*
day nursery - asilo nido - *Kinderkrippe* - jardìn de infancia, guardería - *crèche, garderie d'enfants*
day-to-day variation factor - variazione giornaliera - *Veränderungsfaktor, täglicher* - tasa de variación diaria - *taux de variation journalière*
dazio, dogana - Zoll - *aduana* - douane, péage - *duty, customs*
de calidad inferior - de qualité inférieure - *sub-standard* - sottostandard - *minderwertig*
de qualité inférieure - sub-standard - *sottostandard* - minderwertig - *de calidad inferior*
de varias plantas - à plusieurs étages - *multi-story* - multipiano - *mehrgeschossig*
deadline, term - termine, limite - *Termin. Frist* - plazo - *terme, delai*
dealer - negoziante - *Händler* - negociante - *négociant*
death rate - tasso di mortalità - *Sterberate* - tasa de mortalidad - *taux de mortalité*
débâcle financière, effondrement - crash - *crollo* - Krach, Sturz - *fracaso, ruina*
debajo de la media - en dessous de la moyenne - *below average* - al di sotto della media - *unter dem Durchschnitt*
debito - Schuld, Verbindlichkeit - *deuda* - dette - *debt, liability*
debito pubblico - Staatsverschuldung - *deuda pública* - endettement de l'État, dette publique - *national debt, public debt*
déboisement - felling of trees, lumbering - *disboscamento* - Abholzung - *desforestación*
débordement - overflowing - *straripamento* - Übertreten (Wasser) - *desborde, desbordamiento*
debt, liability - debito - *Schuld, Verbindlichkeit* - deuda - *dette*
decadimento radioattivo - Zerfall, radioaktiver - *descomposición radioactiva* - décomposition radioactive - *radioactive decay*
decentralisation - decentramento - *Dezentralisierung* - descentralización - *décentralisation, déconcentration*
décentralisation, déconcentration - decentralisation - *decentramento* - Dezentralisierung - *descentralización*
decentramento - Dezentralisierung - *descentralización* - décentralisation, déconcentration - *decentralisation*
décharge - disposal site - *scarico dei rifiuti* - Deponie - *depósito de escombros*
décharge de déchets en mer - dumping of refuse at sea - *smaltimento dei rifiuti nel mare* - Versenkung von Müll ins Meer - *depósito de residuos en el mar*
déchets nocifs - noxious waste - *rifiuti nocivi* - Abfälle, schädliche - *residuos nocivos*
déchets solides - solid waste - *rifiuti solidi* - Abfallstoffe, feste - *residuos sólidos*
déchets spéciaux - non-degradable, pollutive waste - *rifiuti non biodegradabili* - Sondermüll - *residuos no-biodegradables*
décideurs - in command - *decisori* - Entscheidungsträger - *persona, organismo con capacidad de decisión*
decision - decisione - *Entscheidung* - decisión - *décision*
decisión - décision - *decision* - decisione - *Entscheidung*
décision - decision - *decisione* - Entscheidung - *decisión*
decision level - livello decisionale - *Entscheidungsebene* - nivel de decisión - *niveau décisionnel*
decision tree - albero decisionale - *Entscheidungsbaum* - árbol de decisión - *arbre de décision*
decisione - Entscheidung - *decisión* - décision - *decision*
decision-making process - processo decisionale - *Entscheidungsablauf* - proceso de decisión - *procèssus de décision*
decisión, elección colectiva - choix collectif - *collective choice* - scelta collettiva - *Entscheidung, kollektive*
decisori - Entscheidungsträger - *persona, organismo con capacidad de decisión* - décideurs - *in command*
declaración de utilidad pública - déclaration d'utilité publique - *public interest statement* - dichiarazione di pubblica utilità - *Erklärung über das öffentliche Interesse*
déclaration d'utilité publique - public interest statement - *dichiarazione di pubblica utilità* - Erklärung über das öffentliche Interesse - *declaración de utilidad pública*

décomposition radioactive - radioactive decay - *decadimento radioattivo* - Zerfall, radioaktiver - *descomposición radioactiva*
decongest (to) - decongestionare - *entflechten* - descongestionar - *décongestioner*
décongestion de la circulation - reduction of traffic congestion - *decongestionamento del traffico* - Verkehrsentlastung - *decongestión del tráfico*
decongestión del tráfico - décongestion de la circulation - *reduction of traffic congestion* - decongestionamento del traffico - *Verkehrsentlastung*
decongestionamento del traffico - Verkehrsentlastung - *decongestión del tráfico* - décongestion de la circulation - *reduction of traffic congestion*
decongestionare - entflechten - *descongestionar* - décongestioner - *decongest (to)*
decongestionato, a bassa densità - aufgelockert - *descongestionado, espaciado* - aéré, dégagé - *widely spaced, low density*
décongestioner - decongest (to) - *decongestionare* - entflechten - *descongestionar*
décourager - deter (to) - *scoraggiare* - abschrecken - *desanimar*
décourager - disincentive (to) - *disincentivare, scoraggiare* - entmutigen - *desalentar, desanimar*
decrease, decline - recessione - *Rezession* - retroceso, recesión - *récession, recul*
decrecimiento natural de la población - diminution naturelle de la population - *natural population decrease* - decremento naturale della popolazione - *Sterbeüberschuss*
decree, writ - decreto - *Verordnung, Erlaß* - decreto, edicto - *décret*
decremento naturale della popolazione - Sterbeüberschuss - *decrecimiento natural de la población* - diminution naturelle de la population - *natural population decrease*
decrepito - veraltet - *décrépito, obsoleto* - obsolète - *obsolete*
decrépito, obsoleto - obsolète - *obsolete* - decrepito - *veraltet*
décret - decree, writ - *decreto* - Verordnung, Erlaß - *decreto, edicto*
décret-loi - executive order, statutary regulation - *decreto legge* - Verordnung, gesetzliche - *decreto-ley*
décret pour la protection du paysage - regulation for landscape protection - *vincolo paesistico* - Landschaftsschutz- verordnung - *decreto para la protección del paisaje*
decreto - Verordnung, Erlaß - *decreto, edicto* - décret - *decree, writ*
decreto, edicto - décret - *decree, writ* - decreto - *Verordnung, Erlaß*
decreto legge - Verordnung, gesetzliche - *decreto-ley* - décret-loi - *executive order, statutary regulation*
decreto-ley - décret-loi - *executive order, statutary regulation* - decreto legge - *Verordnung, gesetzliche*
decreto para la protección del paisaje - décret pour la protection du paysage - *regulation for landscape protection* - vincolo paesistico - *Landschaftsschutz- verordnung*
dedicación total - plein emploi - *full employment* - pieno impiego - *Vollbeschäftigung*
dédommagement, indemnité - compensation, indemnity - *indennizzo, indennità* - Entschädigung - *resarcimiento, indemnización*
deed of conveyance - atto di cessione - *Überschreibungsurkunde* - acta de cesión - *acte de cession*
deep - profondo - *tief* - profundo - *profond*
déficit, carencia - manque - *lack* - carenza - *Defizit, Mangel*
deficit, loss - passivo - *Verlust* - pasivo, déficit - *passif, perte*
definición de factores destacados - définition de facteurs significatifs - *definition of relevant factors* - definizione dei fattori rilevanti - *Bestimmung relevanter Faktoren*
definire la destinazione delle aree - Flächennutzung festlegen - *fijar el uso del suelo* - déterminer l'utilisation des surfaces - *zone (to)*
definition of relevant factors - definizione dei fattori rilevanti - *Bestimmung relevanter Faktoren* - definición de factores destacados - *définition de facteurs significatifs*
définition de facteurs significatifs - definition of relevant factors - *definizione dei fattori rilevanti* - Bestimmung relevanter Faktoren - *definición de factores destacados*
definizione dei fattori rilevanti - Bestimmung relevanter Faktoren - *definición de factores destacados* - définition de facteurs significatifs - *definition of relevant factors*
Defizit, Mangel - déficit, carencia - *manque* - lack - *carenza*
deflusso per gravità - Fließen mit natürlichem Gefälle - *reflujo por gravedad* - écoulement

par gravité - *gravity flow*
deformación causada por el hielo - soulèvement par le gel - *frost, heavethaw* - rigonfiamento per il gelo - *Frostaufbruch*
degradable - biodégradable - *biodegradable* - biodegradabile - *abbaubar, biologisch*
degradación del entorno natural - dégradation de l'environnement - *degradation of the environment* - degrado dell'ambiente naturale - *Belastung der Umwelt*
degradation of the environment - degrado dell'ambiente naturale - *Belastung der Umwelt* - degradación del entorno natural - *dégradation de l'environnement*
dégradation de l'environnement - degradation of the environment - *degrado dell'ambiente naturale* - Belastung der Umwelt - *degradación del entorno natural*
dégradation du paysage - blot, scarring of the landscape - *deturpamento del paesaggio* - Verunstaltung der Landschaft - *destrucción del paisaje*
degradazione da calore - Belastung, thermische - *polución térmica* - pollution thermique - *thermal pollution*
degrado dell'ambiente naturale - Belastung der Umwelt - *degradación del entorno natural* - dégradation de l'environnement - *degradation of the environment*
degré d'humidité - degree of humidity - *percentuale di umidità* - Feuchtigkeitsgrad - *porcentaje de humedad*
degré d'urbanisation - degree of urbanization - *grado di urbanizzazione* - Ausmaß der Verstädterung - *grado de urbanización*
degree of humidity - percentuale di umidità - *Feuchtigkeitsgrad* - porcentaje de humedad - *degré d'humidité*
degree of public support - livello del finanziamento pubblico - *Grad der öffentlichen Unterstützung* - grado de financiación pública, grado de cobertura financiera - *niveau de l'aide publique*
degree of salinity - tenore salino - *Grad des Salzgehalts* - grado de salinidad - *teneur de sel, salinité*
degree of urbanization - grado di urbanizzazione - *Ausmaß der Verstädterung* - grado de urbanización - *degré d'urbanisation*
Degressionsgewinne - economìa de escala - *économie d'échelle* - scale economy - *economia di scala*

Deich - dique - *digue* - dike - *diga*
delay - mora - *Verzug* - demora, retraso - *demeure, retard*
delega, procura - Vollmacht - *poder legal* - plein pouvoir, procuration - *procuration, proxy, power of attorney*
delegación - délégation - *delegation* - delegazione - *Abordnung*
delegation - delegazione - *Abordnung* - delegación - *délégation*
délégation - delegation - *delegazione* - Abordnung - *delegación*
delegazione - Abordnung - *delegación* - délégation - *delegation*
delibera - Beschluß - *deliberación* - délibération - *resolution, decision*
deliberación - délibération - *resolution, decision* - delibera - *Beschluß*
délibération - resolution, decision - *delibera* - Beschluß - *deliberación*
delivery - fornitura, approvvigionamento - *Lieferung* - aprovisionamento, abastecimiento - *livraison, approvisionnement*
delivery van - furgone - *Lieferwagen* - furgón - *fourgon*
demand - domanda - *Nachfrage* - demanda - *demande*
demand for goods and services - domanda di beni e servizi - *Nachfrage nach Waren und Dienstleistungen* - demanda de bienes y servicios - *demande en produits et services*
demanda - demande - *demand* - domanda - *Nachfrage*
demanda de bienes y servicios - demande en produits et services - *demand for goods and services* - domanda di beni e servizi - *Nachfrage nach Waren und Dienstleistungen*
demanda futura - demande future - *future demand* - domanda futura - *künftige Frage*
demande - demand - *domanda* - Nachfrage - *demanda*
demande de permis de construire - building permit application - *domanda di concessione edilizia* - Bauantrag - *solicitud de permiso de construcción*
demande en produits et services - demand for goods and services - *domanda di beni e servizi* - Nachfrage nach Waren und Dienstleistungen - *demanda de bienes y servicios*
demande future - future demand - *domanda futura* - künftige Frage - *demanda futura*
demand, requirement - fabbisogno - *Bedarf* -

necesidad - *besoin*
demanio pubblico - Domäne, Staatsgüter - *bienes del Estado, propiedad del Estado* - domaine d'état - *government property*
démarche - approach, start - *impostazione* - Ansatz - *enfoque*
déménagement - move - *trasloco* - Umzug - *mudanza*
demeure, retard - delay - *mora* - Verzug - *demora, retraso*
demoler - *démolir* - demolish (to) - demolire - abbrechen
démolir - demolish (to) - *demolire* - abbrechen - *demoler*
demolire - abbrechen - *demoler* - démolir - *demolish (to)*
demolish (to) - demolire - *abbrechen* - demoler - *démolir*
demolition order - ordine di demolizione - *Abbruchverfügung* - orden de demolición - *ordre de démolition*
démontage - dismantling - *smontaggio* - Abbau - *desguace*
demora, retraso - demeure, retard - *delay* - mora - *Verzug*
denivelé - grade-separeted - *su più livelli* - niveaufrei - *a varios niveles*
dénivellation, décalage - difference in elevation - *dislivello* - Höhenunterschied - *desnivel, diferencia de altura*
Denkmalschutz - conservación de monumentos - *conservation des monuments* - historic preservation - *protezione dei monumenti*
Denkmalschutzverordnung - ordenanza para la conservación de monumentos históricos - *prescriptions pour la conservation des monuments historiques* - historic preservation regulations - *vincolo della sovrintendenza*
dénoncer, porter plainte - denounce (to), report (to) - *denunciare* - anzeigen - *denunciar*
denounce (to), report (to) - denunciare - *anzeigen* - denunciar - *dénoncer, porter plainte*
dense crowd - folla compatta - *Gewühl, dichtes* - multitud compacta - *foule compacte*
densidad de la edificación - densité de construction - *building intensity* - densità edilizia - *Bebauungsdichte*
densidad critica - densité critique - *critical density* - densità critica - *Dichte, kritische*
densidad de urbanización - densité de développement - *density of development* - densità dell'urbanizzazione - *Wachstumsdichte*

densidad residencial - densité résidentielle - *residential density* - densità residenziale - *Wohndichte*
densificación - densification - *process of becoming denser* - densificazione - *Verdichtung*
densification - process of becoming denser - *densificazione* - Verdichtung - *densificación*
densificazione - Verdichtung - *densificación* - densification - *process of becoming denser*
densità dell'urbanizzazione - Wachstumsdichte - *densidad de urbanización* - densité de développement - *density of development*
densità critica - Dichte, kritische - *densidad critica* - densité critique - *critical density*
densità edilizia - Bebauungsdichte - *densidad de la edificación* - densité de construction - *building intensity*
densità residenziale - Wohndichte - *densidad residencial* - densité résidentielle - *residential density*
densité critique - critical density - *densità critica* - Dichte, kritische - *densidad critica*
densité de construction - building intensity - *densità edilizia* - Bebauungsdichte - *densidad de la edificación*
densité de développement - density of development - *densità dell'urbanizzazione* - Wachstumsdichte - *densidad de urbanización*
densité par pièce - room occupancy - *indice di affollamento* - Raumbelegung - *indice de capacidad*
densité résidentielle - residential density - *densità residenziale* - Wohndichte - *densidad residencial*
density of development - densità dell'urbanizzazione - *Wachstumsdichte* - densidad de urbanización - *densité de développement*
density standards - norme sulla densità - *Dichterichtwerte* - normas de densidad - *prescriptions sur la densité*
denunciar - dénoncer, porter plainte - *denounce (to), report (to)* - denunciare - *anzeigen*
denunciare - anzeigen - *denunciar* - dénoncer, porter plainte - *denounce (to), report (to)*
departamento - département, service - *department* - reparto - *Abteilung*
departamento de obras, departamento de construcciones - service des bâtiments - *city architect's office, building surveyor's office* - assessorato all'edilizia - *Hochbauamt*
département, service - department - *reparto* -

Abteilung - *departamento*
department - reparto - *Abteilung* - departamento - *département, service*
dependent variable - variabile dipendente - *Variable, abhänginge* - variable dependiente - *variable dépendante*
dépenser - spend (to) - *spendere* - ausgeben - *gastar*
dépenses courantes - current expenses - *spese correnti* - Ausgaben, laufende - *gastos corrientes*
dépenses de fonctionnement - operation expenditures, operating costs - *spese d'esercizio* - Betriebsausgaben - *gastos empresariales*
dépenses d'entretien - maintenance costs - *spese di manutenzione* - Instandhaltungskosten - *gastos de mantenimiento*
dépenses d'investissement - capital expenditure - *spese d'equipaggiamento* - Kapitalaufwendung - *gastos de inversión*
dépenses pour les loisirs - spendings on leisure - *spese per il tempo libero* - Ausgaben für Freizeitgestaltung - *gastos para esparcimiento*
dépenses publiques - public expenditure - *spesa pubblica* - Ausgaben, öffentliche - *gastos públicos*
dépeuplement - depopulation - *spopolamento* - Entvölkerung - *despoblamiento*
déplacement pour le travail - work trip - *spostamento per lavoro* - Fahrt im Berufsverkehr - *desplazamiento por trabajo*
déplacement depuis le domicile - home-based trip - *spostamento da casa* - Fahrt von der Wohnung - *desplazamiento de la casa*
déplacement - displacement, relocation - *spostamento* - Verlagerung - *desplazamiento*
déplacement captif - captive trip - *spostamento obbligato* - Fahrt möglich durch nur ein Verkehrsmittel - *desplazamiento obligatorio*
depletion of stocks - esaurimento delle scorte - *Erschöpfung des Bestands* - agotamiento de existencias - *épuisement des stocks*
déploiement, étalement - sprawl, dispersal - *sparpagliamento* - Ausbreitung - *dispersión*
Deponie - depósito de escombros - *décharge* - disposal site - *scarico dei rifiuti*
depopulation - spopolamento - *Entvölkerung* - despoblamiento - *dépeuplement*
depopulation of rural areas - esodo rurale - *Landflucht* - éxodo rural - *exode rural*
deposit - caparra - *Anzahlung* - fianza, entrada - *arrhes*
deposito alluvionale - Flußablagerung - *depósito aluvial* - dépôts d'alluvions - *alluvial deposit*
depósito aluvial - dépôts d'alluvions - *alluvial deposit* - deposito alluvionale - *Flußablagerung*
depósito de escombros - décharge - *disposal site* - scarico dei rifiuti - *Deponie*
depósito de residuos en el mar - décharge de déchets en mer - *dumping of refuse at sea* - smaltimento dei rifiuti nel mare - *Versenkung von Müll ins Meer*
deposito, almacén - entrepôt - *warehouse* - magazzino - *Lagerhaus*
dépôts d'alluvions - alluvial deposit - *deposito alluvionale* - Flußablagerung - *depósito aluvial*
depreciación del terreno - dépréciation foncière - *depreciation of land values* - deprezzamento del terreno - *Bodenabschreibung*
depreciation - ammortamento, detrazione - *Abschreibung* - amortización - *amortissement, défalcation*
depreciation of land values - deprezzamento del terreno - *Bodenabschreibung* - depreciación del terreno - *dépréciation foncière*
dépréciation foncière - depreciation of land values - *deprezzamento del terreno* - Bodenabschreibung - *depreciación del terreno*
dépréciation, dévaluation - devaluation - *svalutazione* - Abwertung - *devalutación*
deprezzamento del terreno - Bodenabschreibung - *depreciación del terreno* - dépréciation foncière - *depreciation of land values*
depth - profondità - *Tiefe* - profundidad - *profondeur*
deputato, delegato - Abgeordneter - *diputado* - député, délégué - *representative*
député, délégué - representative - *deputato, delegato* - Abgeordneter - *diputado*
derecho consuetudinario - droit coutumier - *common law* - diritto consuetudinario - *Gewohnheitsrecht*
derecho de alojamiento - droit à un logement - *right to shelter* - diritto a un tetto - *Recht auf ein Obdach*
derecho de arriendo, derecho de alquiler - droit de location - *rent legislation* - diritto di locazione - *Mietrecht*
derecho de prelación - droit de préemption - *right of pre-emption* - diritto di prelazione -

Vorkaufsrecht
derecho de propriedad - droit de propriété - *property right* - diritto di proprietà - *Eigentumsrecht*
derecho de superficie - droit héréditaire de superficie - *building lease* - diritto di superficie - *Erbbaurecht*
derecho del suelo - droit foncier - *land law* - diritto fondiario - *Bodenrecht*
derecho urbanìstico - droit de l'urbanisme - *planning law* - diritto urbanistico - *Städtebaurecht*
derechos de inscripción - droit d'enregistrement - *filing fee* - costi di registrazione - *Eintragungsgebühr*
derechos de minas - droits miniers - *mineral rights* - diritti minerari - *Recht zur Gewinnung von Bodenschätzen*
derechos de uso establecidos - droits d'utilisation établis - *established rights of use* - diritti d'uso stabiliti - *Nutzungsrechte, festgesetzte*
derechos de utilización del agua - droits de l'utilisation de l'eau - *riparian rights* - diritti d'utilizzazione dell'acqua - *Wassernutzungsrecht*
derelict land, fallow - terreno dismesso, abbandonato - *Brachland* - terrenos baldìos, barbecho - *friche*
deroga - Ausnahmegenehmigung - *derogación* - dérogation - *exemption, variance*
derogación - dérogation - *exemption, variance* - deroga - *Ausnahmegenehmigung*
dérogation - exemption, variance - *deroga* - Ausnahmegenehmigung - *derogación*
dérogatoire - non-conforming - *non conforme* - vom Plan abweichend - *no conforme*
déroulement du travail - sequence of operations - *sequenza operativa, svolgimento del lavoro* - Arbeitsablauf - *organización del trabajo*
derrumbamiento, desprendimiento del terreno - glissement de terrain - *landslide* - frana - *Erdrutsch*
désaffectation d'un tronçon ferroviaire - railway abandonment - *soppressione di una tratta ferroviaria* - Stillegung einer Bahnstrecke - *cierre de un ramal ferroviario*
desagregación estadìstica - désagrégation statistique - *statistical breakdown* - disaggregazione statistica - *Aufteilung, statistische*
désagrégation statistique - statistical breakdown - *disaggregazione statistica* - Aufteilung, statistische - *desagregación estadìstica*
desagüe, canalización - évacuation des eaux résiduaires - *drainage* - evacuazione acque luride - *Entwässerung*
desagüe, saneamiento - assèchement, drainage - *draining* - prosciugamento, drenaggio - *Trockenlegung*
desalentar, desanimar - décourager - *disincentive (to)* - disincentivare, scoraggiare - *entmutigen*
desalquilado, no ocupado - vide, non occupé - *unoccupied, vacant* - sfitto, non occupato - *leerstehend*
desanimar - décourager - *deter (to)* - scoraggiare - *abschrecken*
desarollar - développer - *develop (to)* - sviluppare - *entwickeln*
desarollo lineal - construction en bandes, développement linéaire - *linear development, strip* - urbanizzazione a nastro, sviluppo lineare - *Bandentwicklung, bandartige Bebauung*
desarollo que implica una elevación del nivel social - rehaussement du standing du quartier - *gentryfication* - innalzamento del ceto dei residenti - *Entwicklung zur feinen Wohngegend*
desarollo urbano - développement urbain - *urban development* - sviluppo urbano - *Stadtentwicklung*
désavantage - disadvantage - *svantaggio* - Nachteil - *desventaja*
desborde, desbordamiento - débordement - *overflowing* - straripamento - *Übertreten (Wasser)*
descentralización - décentralisation, déconcentration - *decentralisation* - decentramento - *Dezentralisierung*
descomposición radioactiva - décomposition radioactive - *radioactive decay* - decadimento radioattivo - *Zerfall, radioaktiver*
descongestionado, espaciado - aéré, dégagé - *widely spaced, low density* - decongestionato, a bassa densità - *aufgelockert*
descongestionar - décongestioner - *decongest (to)* - decongestionare - *entflechten*
description, account - rappresentazione - *Darstellung* - representación - *représentation*
desembocadura del rìo - embouchure - *river mouth* - foce - *Flußmündung*
desequilibrado - déséquilibré - *unbalanced* - disequilibrato - *ungleichgewichtig*

déséquilibré - unbalanced - *disequilibrato* - ungleichgewichtig - *desequilibrado*
desforestación - déboisement - *felling of trees, lumbering* - disboscamento - *Abholzung*
desguace - démontage - *dismantling* - smontaggio - *Abbau*
designated areas for integrated development - zone di intervento integrato - *Zone für konzertierte Entwicklung* - zonas de intervención integrada - *Zone d'Aménagement Concerté*
desigualdad de rentas - disparité des revenus - *income disparity* - disparità di entrate - *Einkommensgefälle*
desmonte recorte - route en déblai, tranchée - *road in a cut* - strada in trincea - *Straße im Einschnitt*
desnivel, diferencia de altura - dénivellation, décalage - *difference in elevation* - dislivello - *Höhenunterschied*
despedida, despido - dispersion, diffusion - *dispersal, spread* - dispersione, diffusione - *Streuung*
despedir, dar de baja - donner congé - *evict (to), give notice (to)* - sfrattare - *kündigen*
despegue, recuperación - reprise - *upwising, recovery* - ripresa - *Aufschwung*
desperdicio de recursos naturales - gaspillage des resources naturelles - *wastage of natural resources* - spreco delle risorse naturali - *Vergeudung der natürlichen Ressourcen*
desplazamiento - déplacement - *displacement, relocation* - spostamento - *Verlagerung*
desplazamiento, mudanza - transfer, réétablissement - *resettlement* - trasferimento - *Umsiedlung*
desplazamiento de la casa - déplacement depuis le domicile - *home-based trip* - spostamento da casa - *Fahrt von der Wohnung*
desplazamiento obligatorio - déplacement captif - *captive trip* - spostamento obbligato - *Fahrt möglich durch nur ein Verkehrsmittel*
desplazamiento por trabajo - déplacement pour le travail - *work trip* - spostamento per lavoro - *Fahrt im Berufsverkehr*
despoblamiento - dépeuplement - *depopulation* - spopolamento - *Entvölkerung*
dessin architectural - architectural design - *progettazione architettonica* - Gestaltung, architektonische - *diseño arquitectónico*
destination reservée - special land use - *destinazioni speciali* - Sondernutzung - *usos especiales*

destinazione prevista - Bodennutzung, vorgeschlagene - *propuesta de utilización del suelo* - utilisation proposée du sol - *proposed land use*
destinazioni speciali - Sondernutzung - *usos especiales* - destination reservée - *special land use*
destripamiento, excavación - éventrement, percement - *breaking thorough, piercing* - sventramento - *Durchbruch*
destrucción del paisaje - dégradation du paysage - *blot, scarring of the landscape* - deturpamento del paesaggio - *Verunstaltung der Landschaft*
destruction of the landscape - compromissione del paesaggio - *Zersiedlung der Landschaft* - paisaje alterado - *mitage*
desventaja - désavantage - *disadvantage* - svantaggio - *Nachteil*
desviación de una tendencia general - écart par rapport à la tendance générale - *deviation from a general trend* - scarto da una tendenza generale - *Abweichung vom allgemeinen Trend*
desvìo - déviation, détournement - *by-pass, diversion* - deviazione - *Umleitung*
detached houses - villini - *Bauweise, offene* - chalets, construcción abierta - *habitat pavillonaire*
détaillant - tradesman, shopkeeper - *esercente* - Kleinkaufmann - *tendero*
détente - detente, easing - *distensione* - Entspannung - *distensión*
detente, easing - distensione - *Entspannung* - distensión - *détente*
deter (to) - scoraggiare - *abschrecken* - desanimar - *décourager*
deterioro a causa de usos precedentes - contamination et frais dus aux usages précédents - *burden of contaminated soil* - oneri da usi precedenti - *Altlasten*
deterioro urbanìstico - dommages de la planification - *planning damage* - danneggiamento urbanistico - *Planungsschaden*
determinación de objectivos - détermination de l'objectif - *determination of objectives* - determinazione degli obiettivi - *Zielbestimmung*
determination of objectives - determinazione degli obiettivi - *Zielbestimmung* - determinación de objectivos - *détermination de l'objectif*

détermination de l'objectif - determination of objectives - *determinazione degli obiettivi* - Zielbestimmung - *determinación de objectivos*

determinazione degli obiettivi - Zielbestimmung - *determinación de objectivos* - détermination de l'objectif - *determination of objectives*

déterminer l'utilisation des surfaces - zone (to) - *definire la destinazione delle aree* - Flächennutzung festlegen - *fijar el uso del suelo*

détritus, déchets, ordures - refuse, trash, garbage - *immondizia* - Abfälle - *residuos, basuras*

détroit - strait - *stretto marino* - Meerenge - *estrecho*

dette - debt, liability - *debito* - Schuld, Verbindlichkeit - *deuda*

deturpamento del paesaggio - Verunstaltung der Landschaft - *destrucción del paisaje* - dégradation du paysage - *blot, scarring of the landscape*

deuda - dette - *debt, liability* - debito - *Schuld, Verbindlichkeit*

deuda pública - endettement de l'État, dette publique - *national debt, public debt* - debito pubblico - *Staatsverschuldung*

devaluation - svalutazione - *Abwertung* - devalutación - *dépréciation, dévaluation*

devalutación - dépréciation, dévaluation - *devaluation* - svalutazione - *Abwertung*

develop (to) - sviluppare - *entwickeln* - desarollar - *développer*

developable land - terreno edificabile - *Land, baureifes* - terreno edificable - *terrain constructible*

developing country - paese in via di sviluppo - *Entwicklungsland* - pais en vìas de desarrollo - *pays en voie de développement*

development operations - opere di urbanizzazione - *Erschließungsarbeiten* - obras de urbanización - *opérations d'équipement, voirie, réseaux diverses (VRD)*

development plan, expansion scheme - piano di espansione - *Entwicklungsplan* - plan de crecimiento, plan de expansion - *plan de développement*

development potential - potenziale di sviluppo - *Entwicklungspotential* - potencial de desarrollo - *capacité de développement*

développement urbain - urban development - *sviluppo urbano* - Stadtentwicklung - *desarrollo urbano*

développer - develop (to) - *sviluppare* - entwikkeln - *desarollar*

déversoir, écluse - spillway, canal lock - *sfioratore, chiusa* - Schleuse - *esclusa*

deviation from a general trend - scarto da una tendenza generale - *Abweichung vom allgemeinen Trend* - desviación de una tendencia general - *écart par rapport à la tendance générale*

déviation, détournement - by-pass, diversion - *deviazione* - Umleitung - *desvìo*

deviazione - Umleitung - *desvìo* - déviation, détournement - *by-pass, diversion*

devis - budget estimate - *preventivo* - Kostenvoranschlag - *presupuesto*

devis descriptif - rough estimate - *capitolato* - Grobberechnung - *cálculo a grandes lìneas cálculo estimativo*

devis estimatif - estimate of costs - *estimo, preventivo* - Kostenschätzung - *estimación de costos*

devoir, tâche - task, assignement - *compito, incarico* - Aufgabe - *tarea, deber*

dew - rugiada - *Tau* - rocìo - *rosée*

Dezentralisierung - descentralización - *décentralisation, déconcentration* - decentralisation - *decentramento*

Dezernent - jefe de servicio - *chef de service* - head of an administrative department - *direttore di un ufficio*

di pari passo - parallel zu - *paralelo a, paralelo con* - qui va de pair avec - *parallel to*

dìa feriado, dìa festivo - jour férié - *public holiday* - giorno festivo - *Feiertag*

dìa laborable - jour ouvrable - *week day, working day* - giorno feriale - *Werktag, Arbeitstag*

diagonal parking - parcheggio in diagonale - *Schrägparken* - aparcamiento en diagonal - *stationnement en oblique*

diagramas illustrativos de la propuesta - schémas montrant les propositions - *drawings showing the proposal* - elaborati grafici illustranti la proposta - *Zeichnungen, das Vorhaben darstellend*

dichiarazione di pubblica utilità - Erklärung über das öffentliche Interesse - *declaración de utilidad pública* - déclaration d'utilité publique - *public interest statement*

Dichte, kritische - densidad crìtica - *densité critique* - critical density - *densità critica*

Dichterichtwerte - normas de densidad - *pres-*

criptions sur la densité - density standards - *norme sulla densità*
Diebstahl - robo - *vol* - theft - *furto*
Dienstleistung - prestación de servicio - *prestation de service* - service - *servizio, prestazione*
Dienstleistungszentrum - centro de servicios - *centre de services* - service centre - *centro di servizio*
dienstorientiert - orientado al uso - *visant les usagers* - service-oriented - *orientato all'utenza*
diferencias salariales - différences salariales - *wage differentials* - differenze salariali - Lohngefälle
difesa del suolo - Bodenschutz - *protección del suelo* - protection des sols - *soil protection*
différence économique - economic disparity - *divario economico* - Gefälle, wirtschäftliches - *divergencia, disparidad económica*
difference in elevation - dislivello - *Höhenunterschied* - desnivel, diferencia de altura - *dénivellation, décalage*
différences salariales - wage differentials - *differenze salariali* - Lohngefälle - *diferencias salariales*
différend - dispute - *vertenza* - Streit - *controversia, pleito*
differenze salariali - Lohngefälle - *diferencias salariales* - différences salariales - *wage differentials*
diga - Deich - *dique* - digue - *dike*
digue - dike - *diga* - Deich - *dique*
dike - diga - *Deich* - dique - *digue*
dilapidated - cadente - *baufällig* - en ruina - *en ruine*
dimensión de la marea - ampleur de la marée, marnage - *tidal range* - escursione della marea - *Tidenhub*
dimensión de la vivienda - taille du logement - *size of dwelling* - dimensione dell'alloggio - *Wohnungsgröße*
dimensión del núcleo familiar - dimension du ménage - *household size* - dimensione del nucleo familiare - *Haushaltsgröße*
dimension du ménage - household size - *dimensione del nucleo familiare* - Haushaltsgröße - *dimensión del núcleo familiar*
dimension (to) - dimensionare - *dimensionieren* - medir - *dimensionner*
dimensionare - dimensionieren - *medir* - dimensionner - *dimension (to)*
dimensione del nucleo familiare - Haushaltsgröße - *dimensión del núcleo familiar* - dimension du ménage - *household size*
dimensione dell'alloggio - Wohnungsgröße - *dimensión de la vivienda* - taille du logement - *size of dwelling*
dimensionieren - medir - *dimensionner* - dimension (to) - *dimensionare*
dimensionner - dimension (to) - *dimensionare* - dimensionieren - *medir*
diminution - reduction - *diminuzione* - Verminderung - *disminución, decremento, decrecimiento*
diminution du coût de production - reduction in the cost of production - *riduzione dei costi di produzione* - Verringerung der Produktionskosten - *reducción de costes de producción*
diminution naturelle de la population - natural population decrease - *decremento naturale della popolazione* - Sterbeüberschuss - *decrecimiento natural de la población*
diminuzione - Verminderung - *disminución, decremento, decrecimiento* - diminution - *reduction*
diminuzione dei prezzi - Preisermäßigung - *baja, disminución de precios* - baisse des prix - *price reduction*
dintorni - Umgebung - *entorno, alrededores* - alentours, environs - *surroundings, vicinity*
dipendente, salariato - Arbeitnehmer - *empleado, subordinado, subalterno* - salarié - *employee*
diputado - député, délégué - *representative* - deputato, delegato - *Abgeordneter*
dique - digue - *dike* - diga - *Deich*
dique de un río - levée d'un fleuve - *river embankment* - argine lungo un fiume - *Hochwasserdamm*
dique escarpado - talus raide - *steep bank* - argine ripido - *Steilufer*
dirección - direction - *management* - direzione - *Betriebsleitung*
dirección de los movimientos migratorios - sens des mouvements migratoires - *direction of migration* - direzione dei movimenti migratori - *Wanderungsrichtung*
dirección de obras municipales - service d'urbanisme - *building inspection authorities* - ufficio edilizia - *Bauordnungsamt*
direction - management - *direzione* - Bertriebsleistung - *dirección*
direction de l'equipement - building inspection

authorities - *ufficio edilizia* - Bauordnungsamt - *dirección de obras municipales*
direction of migration - direzione dei movimenti migratori - *Wanderungsrichtung* - dirección de los movimientos migratorios - sens des mouvements migratoires
directiva, lìnea de conducta - directive, ligne directrice - *directive, guide line* - direttiva, indirizzo - Richtlinie, Vorschrift
directive, ligne directrice - directive, guide line - *direttiva, indirizzo* - Richtlinie, Vorschrift - directiva, lìnea de conducta
directive, guide line - direttiva, indirizzo - *Richtlinie, Vorschrift* - directiva, lìnea de conducta - directive, ligne directrice
direttiva, indirizzo - Richtlinie, Vorschrift - *directiva, lìnea de conducta* - directive, ligne directrice - directive, guide line
direttore di un ufficio - Dezernent - *jefe de servicio* - chef de service - head of an administrative department
direzione - Betriebsleitung - *dirección* - direction - management
direzione dei movimenti migratori - Wanderungsrichtung - *dirección de los movimientos migratorios* - sens des mouvements migratoires - direction of migration
diriger - manage (to), lead (to), steer (to) - *dirigere* - leiten, steuern - dirigir
dirigere - leiten, steuern - *dirigir* - diriger - manage (to), lead (to), steer (to)
dirigir - diriger - *manage (to), lead (to), steer (to)* - dirigere - leiten, steuern
diritti, canone, tariffa - Gebühr - *tasa, derechos* - droits, taxe - fee, charge
diritti d'uso stabiliti - Nutzungsrechte, festgesetzte - *derechos de uso establecidos* - droits d'utilisation établis - established rights of use
diritti d'utilizzazione dell'acqua - Wassernutzungsrecht - *derechos de utilización del agua* - droits de l'utilisation de l'eau - riparian rights
diritti minerari - Recht zur Gewinnung von Bodenschätzen - *derechos de minas* - droits miniers - mineral rights
diritto a un tetto - Recht auf ein Obdach - *derecho de alojamiento* - droit à un logement - right to shelter
diritto consuetudinario - Gewohnheitsrecht - *derecho consuetudinario* - droit coutumier - common law
diritto di locazione - Mietrecht - *derecho de arriendo, derecho de alquiler* - droit de location - rent legislation
diritto di prelazione - Vorkaufsrecht - *derecho de prelación* - droit de préemption - right of pre-emption
diritto di proprietà - Eigentumsrecht - *derecho de propriedad* - droit de propriété - property right
diritto di superficie - Erbbaurecht - *derecho de superficie* - droit héréditaire de superficie - building lease
diritto fondiario - Bodenrecht - *derecho del suelo* - droit foncier - land law
diritto urbanistico - Städtebaurecht - *derecho urbanìstico* - droit de l'urbanisme - planning law
disabled persons, handicappers - invalidi - *Behinderte* - inválidos, minus validos - infirmes, handicapés
disadvantage - svantaggio - *Nachteil* - desventaja - désavantage
disaggregazione statistica - Aufteilung, statistische - *desagregación estadìstica* - désagrégation statistique - statistical breakdown
disboscamento - Abholzung - *desforestación* - déboisement - felling of trees, lumbering
discarica - Bergehalde - *vertedero* - terril - slagheap
disco horario - disque de stationnement - *parking disc* - disco orario - Parkscheibe
disco orario - Parkscheibe - *disco horario* - disque de stationnement - parking disc
disegni costruttivi - Konstruktionszeichnungen - *planos de ejecución, dibujos de construcción* - plans d'exécution - working drawings
diseño arquitectónico - dessin architectural - *architectural design* - progettazione architettonica - Gestaltung, architektonische
disequilibrato - ungleichgewichtig - *desequilibrado* - déséquilibré - unbalanced
disincentivare, scoraggiare - entmutigen - *desalentar, desanimar* - décourager - disincentive (to)
disincentive (to) - disincentivare, scoraggiare - *entmutigen* - desalentar, desanimar - décourager
dislivello - Höhenunterschied - *desnivel, diferencia de altura* - dénivellation, décalage - difference in elevation
dismantling - smontaggio - *Abbau* - desguace - démontage
disminución, decremento, decrecimiento - di-

minution - *reduction* - diminuzione - *Verminderung*
disminución, decrecimiento de ventas - baisse des ventes - *reduction in sales* - contrazione delle vendite - *Umsatzrückgang*
dismissal - licenziamento - *Entlassung* - licenciamento, baja, despido - *licenciement*
disoccupato - Arbeitsloser - *sin empleo, desocupado* - chômeur - *unemployed, jobless*
disoccupazione - Arbeitslosigkeit - *paro* - chômage - *unemployment*
disparità di entrate - Einkommensgefälle - *desigualdad de rentas* - disparité des revenus - *income disparity*
disparité des revenus - income disparity - *disparità di entrate* - Einkommensgefälle - *desigualdad de rentas*
dispendioso - aufwendig - *costoso, dispendioso* - coûteux - *costly, lavish*
dispersal, spread - dispersione, diffusione - *Streuung* - despedida, despido - *dispersion, diffusion*
dispersión - déploiement, étalement - *sprawl, dispersal* - sparpagliamento - *Ausbreitung*
dispersione, diffusione - Streuung - *despedida, despido* - dispersion, diffusion - *dispersal, spread*
dispersion, diffusion - dispersal, spread - *dispersione, diffusione* - Streuung - *despedida, despido*
displacement, relocation - spostamento - *Verlagerung* - desplazamiento - *déplacement*
disponibile - verfügbar - *disponible* - disponible, prêt - *available, disposable*
disponible - disponible, prêt - *available, disposable* - disponibile - *verfügbar*
disponible, prêt - available, disposable - *disponibile* - verfügbar - *disponible*
disposal site - scarico dei rifiuti - *Deponie* - depósito de escombros - *décharge*
disposizione informale - Planung, zwanglose - *planificación informal* - planification non réglementée - *laissez faire planning*
dispute - vertenza - *Streit* - controversia, pleito - *différend*
disque de stationnement - parking disc - *disco orario* - Parkscheibe - *disco horario*
distance - distanza - *Entfernung* - distancia - *distance, espacement*
distance, espacement - distance - *distanza* - Entfernung - *distancia*
distance de migration journalière - travel to work distance - *distanza pendolare* - Pendelentfernung - *distancia entre lugar de trabajo y residencia*
distancia - distance, espacement - *distance* - distanza - *Entfernung*
distancia entre lugar de trabajo y residencia - distance de migration journalière - *travel to work distance* - distanza pendolare - *Pendelentfernung*
distante, fuori mano - entlegen - *alejado, periférico, remoto* - éloigné, écarté - *peripheral*
distanza - Entfernung - *distancia* - distance, espacement - *distance*
distanza pendolare - Pendelentfernung - *distancia entre lugar de trabajo y residencia* - distance de migration journalière - *travel to work distance*
distensión - détente - *detente, easing* - distensione - *Entspannung*
distensione - Entspannung - *distensión* - détente - *detente, easing*
distretto - Bezirk - *distrito* - district, arrondissement - *district*
distribución de la mano de obra según las ocupaciones - répartition par branches d'activités - *labour force composition* - ripartizione secondo le occupazioni - *Gliederung, berufsmäßige*
distribution de l'eau - water supply - *erogazione dell'acqua* - Wasserversorgung - *abastecimiento de agua*
distribuzione a pioggia - Gießkannenprinzip - *rociado* - saupoudrage - *evenly spread*
distribuzione per età e sesso - Alters- und Geschlechtsstruktur - *clasificación según edades y sexos* - structure par âge et par sexe - *age-sex distribution*
district - distretto - *Bezirk* - distrito - *district, arrondissement*
district, arrondissement - district - *distretto* - Bezirk - *distrito*
district audit - revisione dei conti da parte dell'autorità tutelare - *Rechnungsprüfung durch die Aufsichtsbehörde* - revision de cuentas por la autoridad tutelar - *contrôle des comptes par l'autorité de tutelle*
district de recensement, unité statistique - census district, statistical area - *sezione di censimento, circoscrizione statistica* - Zählbezirk, statistischer Bezirk - *distrito de censo*
district heating - teleriscaldamento - *Fernheizung* - calefacción urbana - *chauffage urbain*

distrito - district, arrondissement - *district* - distretto - *Bezirk*
distrito administrativo - circonscription administrative - *administrative unit* - circoscrizione amministrativa - *Verwaltungsbezirk*
distrito de censo - district de recensement, unité statistique - *census district, statistical area* - sezione di censimento, circoscrizione statistica - *Zählbezirk, statistischer Bezirk*
distrito electoral, circunscripción electoral - circonscription électorale - *constituency* - circoscrizione elettorale - *Wahlbezirk*
ditch, moat - fossato - *Graben* - foso - *fossé*
ditta - Firma - *casa, firma* - firme - *company*
divario economico - Gefälle, wirtschäftliches - *divergencia, disparidad económica* - différence économique - *economic disparity*
divergencia, disparidad económica - différence économique - *economic disparity* - divario economico - *Gefälle, wirtschäftliches*
diversidad, variedad - multiplicité - *diversity* - varietà - *Vielfalt*
diversity - varietà - *Vielfalt* - diversidad, variedad - *multiplicité*
divieto di parcheggio - Parken verboten - *prohibido aparcar, estacionamiento prohibido* - stationnement interdit - *no parking*
divieto d'accesso - Eintritt verboten - *acceso prohibido* - accès interdit - *no entry, do not enter*
divieto d'uso - Nutzungsverbot - *prohibición de cortar* - interdiction d'utilisation - *prohibition of use*
división - scission, division - *split, cleavage* - divisione, spaccatura - *Spaltung*
división del trabajo - division du travail - *division of labour* - divisione del lavoro - *Arbeitsteilung*
division du travail - division of labour - *divisione del lavoro* - Arbeitsteilung - *división del trabajo*
division of labour - divisione del lavoro - *Arbeitsteilung* - división del trabajo - *division du travail*
division of market shares - ripartizione del mercato - *Aufteilung des Markts* - reparto del mercado - *répartition du marché*
divisione del lavoro - Arbeitsteilung - *división del trabajo* - division du travail - *division of labour*
divisione, spaccatura - Spaltung - *división* - scission, division - *split, cleavage*

divorcé - divorced - *divorziato* - geschieden - *divorciado*
divorced - divorziato - *geschieden* - divorciado - *divorcé*
divorciado - divorcé - *divorced* - divorziato - *geschieden*
divorziato - geschieden - *divorciado* - divorcé - *divorced*
domaine - estate, property - *tenuta* - Landgut - *propriedad rural, finca agrícola,*
domaine d'état - government property - *demanio pubblico* - Domäne, Staatsgüter - *bienes del Estado, propiedad del Estado*
domanda - Nachfrage - *demanda* - demande - *demand*
domanda di beni e servizi - Nachfrage nach Waren und Dienstleistungen - *demanda de bienes y servicios* - demande en produits et services - *demand for goods and services*
domanda di concessione edilizia - Bauantrag - *solicitud de permiso de construcción* - demande de permis de construire - *building permit application*
domanda futura - künftige Frage - *demanda futura* - demande future - *future demand*
domanda pregressa - Nachholbedarf - *neesidades a cubrir, demanda acumulada* - besoin à couvrir - *accumulated demand*
Domäne, Staatsgüter - bienes del Estado, propiedad del Estado - *domaine d'état* - government property - *demanio pubblico*
domestica - Hausgehilfin - *criada, sirvienta* - bonne, aide ménagère - *household helper*
domicile - residence - *domicilio, residenza* - Wohnsitz - *domicilio, residencia*
domicilio, residencia - domicile - *residence* - domicilio, residenza - *Wohnsitz*
domicilio, residenza - Wohnsitz - *domicilio, residencia* - domicile - *residence*
dommage - damage - *danno* - Schaden - *daño, perjuicio*
dommages de la planification - planning damage - *danneggiamento urbanistico* - Planungsschaden - *deterioro urbanìstico*
donna delle pulizie - Putzfrau - *mujer de la limpieza* - femme de ménage - *cleaning woman*
données de base - basic data - *dati di base* - Grunddaten - *datos básicos*
données du recensement - census data - *dati del censimento* - Zählungsdaten - *datos del censo*
données structurelles - structural data - *dati*

strutturali - Strukturdaten - *datos estructurales*
donner congé - evict (to), give notice (to) - *sfrattare* - kündigen - *despedir, dar de baja*
door-to-door - porta a porta - *von Haus zu Haus* - puerta a puerta - *porte à porte*
Doppelhaus - casa pareada - *maison jumelée* - semi-detached house - *casa abbinata*
dormitory town, bedroom community - città dormitorio - *Schlafstadt* - ciudad dormitorio - *ville dortoir*
dos d'âne dans la chaussée - humps in the roadway - *gobbe di rallentamento sulla strada* - Schwelle in der Fahrbahn - *montìculos o gibosidades de disminución de la velocidad*
dossier - paper, file - *pratica, dossier* - Akte, Sache - *dossier, carpeta, acta*
dossier, carpeta, acta - dossier - *paper, file* - pratica, dossier - *Akte, Sache*
dotación, equipamiento - équipement, dotation - *equipment, outfit* - dotazione - *Ausstattung*
dotation en équipement - existing level of infrastructure - *dotazione di attrezzature* - Ausstattung, infrastrukturelle - *equipamiento existente*
dotazione - Ausstattung - *dotación, equipamiento* - équipement, dotation - *equipment, outfit*
dotazione di attrezzature - Ausstattung, infrastrukturelle - *equipamiento existente* - dotation en équipement - *existing level of infrastructure*
douane, péage - duty, customs - *dazio, dogana* - Zoll - *aduana*
draft - stesura - *Aufsetzen (eines Textes)* - redacción - *rédaction*
draft designs, sketches - tavole di progetto - *Entwurfszeichnungen* - láminas de dibujo, dibujos del proyecto - *planches de projet*
drag lift - sciovia, skilift - *Schlepplift* - telesquì - *téléski*
dragar - draguer - *dredge* - dragare - *ausbaggern*
dragare - ausbaggern - *dragar* - draguer - *dredge*
draguer - dredge - *dragare* - ausbaggern - *dragar*
drainage - evacuazione acque luride - *Entwässerung* - desagüe, canalización - *évacuation des eaux résiduaires*
drainage system, sewer network - rete fognaria - *Abwassernetz* - sistema de drenaje, red de desagüe - *réseau des eaux usées*
draining - prosciugamento, drenaggio - *Trokkenlegung* - desagüe, saneamiento - *assèchement, drainage*
draught - pescaggio - *Tiefgang* - calado - *tirant d'eau*
drawings showing the proposal - elaborati grafici illustranti la proposta - *Zeichnungen, das Vorhaben darstellend* - diagramas illustrativos de la propuesta - *schémas montrant les propositions*
dredge - dragare - *ausbaggern* - dragar - *draguer*
drinking fountain - fontanella, punto acqua - *Laufbrunnen* - fuente cilla - *borne-fontaine*
Drittmittel - fondos de terceros - *moyens des tiers* - third-party funds - *fondi di terzi*
dritto - gerade - *recto, derecho* - droit - *straight*
driveway, ramp approach - rampa d'accesso - *Auffahrt* - rampa de acceso - *rampe d'accès*
droit - straight - *dritto* - gerade - *recto, derecho*
droit à un logement - right to shelter - *diritto a un tetto* - Recht auf ein Obdach - *derecho de alojamiento*
droit coutumier - common law - *diritto consuetudinario* - Gewohnheitsrecht - *derecho consuetudinario*
droit d'enregistrement - filing fee - *costi di registrazione* - Eintragungsgebühr - *derechos de inscripción*
droit de location - rent legislation - *diritto di locazione* - Mietrecht - *derecho de arriendo, derecho de alquiler*
droit de l'urbanisme - planning law - *diritto urbanistico* - Städtebaurecht - *derecho urbanìstico*
droit de préemption - right of pre-emption - *diritto di prelazione* - Vorkaufsrecht - *derecho de prelación*
droit de propriété - property right - *diritto di proprietà* - Eigentumsrecht - *derecho de propriedad*
droit foncier - land law - *diritto fondiario* - Bodenrecht - *derecho del suelo*
droit héréditaire de superficie - building lease - *diritto di superficie* - Erbbaurecht - *derecho de superficie*
droits, taxe - fee, charge - *diritti, canone, tariffa* - Gebühr - *tasa, derechos*
droits de concession d'un permis de construire - building permit fee - *oneri di urbanizzazio-*

ne - Baugenehmigungsgebühr - *impuesto sobre la construcción*
droits de l'utilisation de l'eau - riparian rights - *diritti d'utilizzazione dell'acqua* - Wassernutzungsrecht - *derechos de utilización del agua*
droits d'utilisation établis - established rights of use - *diritti d'uso stabiliti* - Nutzungsrechte, festgesetzte - *derechos de uso establecidos*
droits miniers - mineral rights - *diritti minerari* - Recht zur Gewinnung von Bodenschätzen - *derechos de minas*
dry - asciutto - *trocken* - seco - *sec*
due date - scadenza - *Fälligkeit* - vencimiento - *échéance*
dumping of refuse at sea - smaltimento dei rifiuti nel mare - *Versenkung von Müll ins Meer* - depósito de residuos en el mar - *décharge de déchets en mer*
Dung, Mist - estiércol - *fumier* - manure - *letame*
dur - hard - *duro, robusto* - hart - *duro*
duración de la construcción - durée des travaux - *construction time* - durata del cantiere - *Bauzeit*
duración de la estancia - durée du séjour - *length of stay* - durata del soggiorno - *Aufenthaltsdauer*
durata del cantiere - Bauzeit - *duración de la construcción* - durée des travaux - *construction time*
durata del soggiorno - Aufenthaltsdauer - *duración de la estancia* - durée du séjour - *length of stay*
durata dello spostamento per lavoro - Fahrzeit zur Arbeitsstätte - *tiempo de viaje por motivos de trabajo* - temps de déplacement pour aller au travail - *journey to work travel time*
durch Schnee abgeschnitten sein - estar bloqueado por la nieve - *être bloqué par la neige* - be snow-bound (to) - *essere bloccato dalla neve*
Durchbruch - destripamiento, excavación - *éventrement, percement* - breaking thorough, piercing - *sventramento*

Durchfahrt - pasaje - *traversée* - passage through - *attraversamento*
Durchführbarkeitsstudie, Machbarkeitsstudie - estudio de factibilidad - *étude de faisabilité* - feasibility study - *studio di fattibilità*
Durchführung, Ausführung - ejecución, poner en obra - *exécution*, - execution, realization - *esecuzione, gestione*
Durchführungsplan - plan de ejecución, plan ejecutivo - *plan d'exécution* - implementation plan - *piano esecutivo, attuativo*
Durchgangsstraße - vìa de transito - *route de transit* - thoroughfare - *strada di transito*
Durchgangsverkehr - tránsito transversal - *circulation de transit* - through traffic - *traffico di attraversamento*
Durchschnitt - término medio - *moyenne* - average - *media*
Durchschnittsalter - edad media - *âge moyen* - average age - *età media*
durée des travaux - construction time - *durata del cantiere* - Bauzeit - *duración de la construcción*
durée du séjour - length of stay - *durata del soggiorno* - Aufenthaltsdauer - *duración de la estancia*
duro, robusto - dur - *hard* - duro - *hart*
duro - hart - *duro, robusto* - dur - *hard*
Düsenflugzeug - avión a reacción - *avion à réaction* - jet - *aereo a reazione*
dust filter - impianto filtrante - *Entstaubungsanlage* - instalación de filtrado - *installation de filtrage*
duty to give information - obbligo di comunicazione - *Auskunftspflicht* - obligación de comunicación - *obligation de publicité*
duty, customs - dazio, dogana - *Zoll* - aduana - *douane, péage*
duty, fee - tributo - *Abgabe* - tarifa, impuesto - *imposition*
dwelling, home - abitazione - *Wohnung, Wohneinheit* - vivienda - *logement*
dwelling unit - unità abitativa - *Wohnungseinheit* - unidad residencial - *unité résidentielle*

E

early retirement - pensionamento anticipato - *Eintritt, vorzeitiger ins Rentealter* - jubilación adelantada, anticipada - *abaissement de l'âge de la retraite*
earn (to) - guadagnare - *verdienen* - ganar, percibir - *gagner*
earthquake - terremoto - *Erdbeben* - terremoto - *tremblement de terre*
earthquake-proof - antisismico - *erdbebensicher* - asìsmico - *résistant aux séismes*
easement - servitù fondiaria - *Grunddienstbarkeit* - servidumbre - *servitude foncière*
eau courante - running water - *acqua corrente* - fließendes Wasser - *agua corriente*
eau douce - fresh water - *acqua dolce* - Süßwasser - *agua dulce*
eau potable - potable water - *acqua potabile* - Trinkwasser - *agua potable*
eau salée, de mer - salt water - *acqua salata, di mare* - Salzwasser - *agua salada, de mar*
eaux de surface - surface water - *acque di superficie* - Oberflächenwasser - *aguas superficiales*
eaux territoriales - territorial waters - *acque territoriali* - Hoheitsgewässer - *aguas territoriales*
eaux usées - waste water, sewage - *acque reflue, luride* - Abwasser - *aguas residuales*
ebb - bassa marea - *Ebbe* - marea baja - *marée basse*
Ebbe - marea baja - *marée basse* - ebb - *bassa marea*
écart par rapport à la tendance générale - deviation from a general trend - *scarto da una tendenza generale* - Abweichung vom allgemeinen Trend - *desviación de una tendencia general*
écartement - gauge - *scartamento* - Spurweite (Eisenbahn) - *ancho del carril*
eccedenza delle nascite sui decessi - Geburtenüberschuß - *exceso de nacimientos con respeto a fallecimientos* - excédent des naissances sur les décès - *excess of births over deaths*
eccezione - Ausnahme - *excepción* - exception, objection (leg.) - *exception*
échange - exchange - *scambio* - Austausch - *cambio*
échange de terrain - exchange of land - *permuta fondiaria* - Grundstückstausch - *permuta de terrenos*
échangeur d'autoroute - motorway interchange - *svincolo autostradale* - Autobahnknotenpunkt - *nudo autoviario*
échantillon, spécimen - specimen - *campione* - Probe, Muster - *muestra*
échéance - due date - *scadenza* - Fälligkeit - *vencimiento*
échelle d'intervention - policy level - *scala d'intervento* - Maßnahmenebene - *escala de intervención*
échelonnement - staggering - *scaglionamento* - Staffelung - *escalonamiento*
Eckhaus - casa que hace esquina, casa-esquina - *maison en coin* - corner house - *casa d'angolo*
Eckpfeiler - piedra angular - *pilier d'angle* - cornerstone - *pietra angolare*
éclairage public - street lighting - *illuminazione pubblica* - Beleuchtung, städtische - *iluminación pública*
école primaire - primary school - *scuola elementare* - Grundschule - *escuela primaria*

ecologìa - Ökologie - *ecologia* - écologie - *ecology*

ecologia - écologie - *ecology* - ecologìa - *Ökologie*

ecological unit - unità ambientale - *Einheit, ökologische* - unidad ecológica - *unité écologique*

écologie - ecology - *ecologia* - Ökologie - *ecologìa*

ecólogista - écologiste - *environmentalist* - ecologo - *Umweltschützer*

écologiste - environmentalist - *ecologo* - Umweltschützer - *ecólogista*

ecologo - Umweltschützer - *ecólogista* - écologiste - *environmentalist*

ecology - ecologia - *Ökologie* - ecologìa - *écologie*

economia - Wirtschaft - *economìa* - économie - *economy*

economìa - économie - *economy* - economia - *Wirtschaft*

economìa competidora - économie compétitive - *competitive economy* - economia concorrenziale - *Wettbewerbswirtschaft*

economia concorrenziale - Wettbewerbswirtschaft - *economìa competidora* - économie compétitive - *competitive economy*

economìa de escala - économie d'échelle - *scale economy* - economia di scala - *Degressionsgewinne*

economìa de mercado - économie de marché - *market economy* - economia di mercato - *Marktwirtschaft*

economia di mercato - Marktwirtschaft - *economìa de mercado* - économie de marché - *market economy*

economia di scala - Degressionsgewinne - *economìa de escala* - économie d'échelle - *scale economy*

economia mista - Wirtschaft, gemischte - *economìa mixta* - économie mixte - *mixed economy*

economìa mixta - économie mixte - *mixed economy* - economia mista - *Wirtschaft, gemischte*

economia pianificata - Planwirtschaft - *economìa planeada* - économie planifiée - *planned economy*

economìa planeada - économie planifiée - *planned economy* - economia pianificata - *Planwirtschaft*

economia politica - Volkswirtschaft - *economia politica* - économie politique - *economics*

economia polìtica - économie politique - *economics* - economia politica - *Volkswirtschaft*

economìas externas - économies externes - *external economies* - economie esterne - *Agglomerationsvorteile*

economic crisis - crisi economica - *Wirtschaftskrise* - crisis económica - *crise économique*

economic disparity - divario economico - *Gefälle, wirtschäftliches* - divergencia, disparidad económica - *différence économique*

economic situation - congiuntura - *Konjunktur* - coyuntura - *conjoncture*

economic system - sistema economico - *Wirtschaftssystem* - sistema económico - *système économique*

economics - economia politica - *Volkswirtschaft* - economia polìtica - *économie politique*

économie - economy - *economia* - Wirtschaft - *economìa*

économie compétitive - competitive economy - *economia concorrenziale* - Wettbewerbswirtschaft - *economìa competidora*

économie de marché - market economy - *economia di mercato* - Marktwirtschaft - *economìa de mercado*

économie d'échelle - scale economy - *economia di scala* - Degressionsgewinne - *economìa de escala*

economie esterne - Agglomerationsvorteile - *economìas externas* - économies externes - *external economies*

économie mixte - mixed economy - *economia mista* - Wirtschaft, gemischte - *economìa mixta*

économie planifiée - planned economy - *economia pianificata* - Planwirtschaft - *economìa planeada*

économie politique - economics - *economia polìtica* - Volkswirtschaft - *economia politica*

économies externes - external economies - *economie esterne* - Agglomerationsvorteile - *economìas externas*

economy - economia - *Wirtschaft* - economìa - *économie*

ecosfera - écosphère - *ecosphere* - ecosfera - *Ökosphäre*

ecosfera - Ökosphäre - *ecosfera* - écosphère - *ecosphere*

ecosistema - écosystème - *ecosystem* - ecosiste-

ma - *Ökosystem*
ecosistema - Ökosystem - *ecosistema* - écosystème - *ecosystem*
ecosphere - ecosfera - *Ökosphäre* - ecosfera - *écosphère*
écosphère - ecosphere - *ecosfera* - Ökosphäre - *ecosfera*
ecosystem - ecosistema - *Ökosystem* - ecosistema - *écosystème*
écosystème - ecosystem - *ecosistema* - Ökosystem - *ecosistema*
écoulement par gravité - gravity flow - *deflusso per gravità* - Fließen mit natürlichem Gefälle - *reflujo por gravedad*
écran anti-éblouissant - anti-glare screening - *schermo anti-abbagliante* - Blendschutz- einrichtungen - *filtro anti-reflectante*
écran contre le bruit - noise screening - *schermo anti-rumore* - Lärmabschirmung - *pantalla contra-ruido*
ecuación matemática - équation mathématique - *mathematical equation* - equazione matematica - *Gleichung, mathematische*
edad de jubilación - âge de retraite - *retirement age* - età della pensione - *Pensionierungsalter*
edad de matrimonio - âge au mariage - *age of marriage* - età al matrimonio - *Heiratsalter*
edad media - âge moyen - *average age* - età media - *Durchschnittsalter*
edificación cooperativa - connstruction d'habitations en coopérative - *co-operative housing* - edilizia cooperativa - *Genossenschaftswohnungsbau*
edificación intersticial - remplissage de dents résiduelles - *filling of vacant space* - edilizia interstiziale - *Auffüllen von Baulücken*
edifici a torre - Punkthäuser - *torres* - bâtiments-tours - *high rise tower*
edificio ad uso agricolo - Wirtschaftsgebäude - *edificio para uso agricolo* - bâtiment d'exploitation agricole - *farm building*
edificio para uso agricolo - bâtiment d'exploitation agricole - *farm building* - edificio ad uso agricolo - *Wirtschaftsgebäude*
edificio, construcción - bâtiment - *building* - edificio, fabbricato - *Gebäude*
edificio, fabbricato - Gebäude - *edificio, construcción* - bâtiment - *building*
edilizia - Bauwirtschaft - *industria de la construcción* - industrie du bâtiment - *construction industry*
edilizia cooperativa - Genossenschafts- wohnungsbau - *edificación cooperativa* - connstruction d'habitations en coopérative - *co-operative housing*
edilizia interstiziale - Auffüllen von Baulücken - *edificación intersticial* - remplissage de dents résiduelles - *filling of vacant space*
edilizia pubblica, popolare - Sozialwohnungsbau - *vivenda social* - habitations à loyer modéré (H.L.M.) - *council tenancy*
educación de los hijos - éducation des enfants - *bringing-up of children* - educazione dei figli - *Kindererziehung*
éducation des enfants - bringing-up of children - *educazione dei figli* - Kindererziehung - *educación de los hijos*
éducation primaire - primary education - *educazione primaria* - Primärerziehung - *enseñanza primaria*
educational facilities - attrezzature scolastiche - *Einrichtungen für schulische Zwecke* - instalaciones escolares equipamiento escolar - *équipement scolaire*
educazione dei figli - Kindererziehung - *educación de los hijos* - éducation des enfants - *bringing-up of children*
educazione primaria - Primärerziehung - *enseñanza primaria* - éducation primaire - *primary education*
efecto, impacto - effet, impact - *outcome, impact* - effetto, impatto - *Auswirkung*
efecto consecuencial, efecto de arrastre - effet d'entraînement - *spin-off, side effect* - effetto trascinamento - *Folgewirkungen*
efecto multiplicador - effet multiplicateur - *multiplier effect* - effetto moltiplicatore - *Multiplikatoreffekt*
efecto secundario - effet secondaire - *spin-off effect* - effetto secondario - *Nebenwirkung*
efecto visual total - effet visuel global - *total visual effect* - effetto visuale complessivo - *Wirkung des Gesamtbildes*
efectos de radiación - effets de radiation - *exposure to radiation* - compromissione da radiazioni - *Strahlenbelastung*
effectiveness - efficacia - *Wirksamkeit* - eficacia - *efficacité*
effet d'entraînement - spin-off, side effect - *effetto trascinamento* - Folgewirkungen - *efecto consecuencial, efecto de arrastre*
effet multiplicateur - multiplier effect - *effetto moltiplicatore* - Multiplikatoreffekt - *efecto multiplicador*

effet secondaire - spin-off effect - *effetto secondario* - Nebenwirkung - *efecto secundario*
effet visuel global - total visual effect - *effetto visuale complessivo* - Wirkung des Gesamtbildes - *efecto visual total*
effets de radiation - exposure to radiation - *compromissione da radiazioni* - Strahlenbelastung - *efectos de radiación*
effetto moltiplicatore - Multiplikatoreffekt - *efecto multiplicador* - effet multiplicateur - *multiplier effect*
effetto secondario - Nebenwirkung - *efecto secundario* - effet secondaire - *spin-off effect*
effetto trascinamento - Folgewirkungen - *efecto consecuencial, efecto de arrastre* - effet d'entraînement - *spin-off, side effect*
effetto visuale complessivo - Wirkung des Gesamtbildes - *efecto visual total* - effet visuel global - *total visual effect*
effetto, impatto - Auswirkung - *efecto, impacto* - effet, impact - *outcome, impact*
effet, impact - outcome, impact - *effetto, impatto* - Auswirkung - *efecto, impacto*
efficacia - Wirksamkeit - *eficacia* - efficacité - *effectiveness*
efficacité - effectiveness - *efficacia* - Wirksamkeit - *eficacia*
effort - effort, stress - *sforzo* - Anstrengung - *esfuerzo*
effort, stress - sforzo - *Anstrengung* - esfuerzo - *effort*
effort personnel - self-help - *iniziativa personale* - Selbsthilfe - *auto-ayuda, iniciativa personal*
eficacia - efficacité - *effectiveness* - efficacia - *Wirksamkeit*
Ehepaar - matrimonio - *couple marié* - married couple - *coppia sposata*
Eheschließungsziffer - coeficiente de matrimonios, tasa de matrimonios - *taux de mariage* - marriage rate - *quoziente di nuzialità*
Eigenfinanzierung - autofinanciamiento - *autofinancement* - self-financing - *autofinanziamento*
Eigenmittel - fondos proprios - *fonds propres* - equity finance - *fondi propri*
Eigenschaften - caracterìsticas - *caractéristiques* - characteristics - *caratteristiche*
Eigentum, Besitz - propriedad - *propriété* - property - *proprietà*
Eigentum, persönliches - bien personal - *bien personnel* - personal property - *bene personale*
Eigentümer, Besitzer - proprietario - *propriétaire* - owner - *proprietario*
Eigentümerplan, Grundstücksplan - mapa/plano de propriedad - *plan de propriété* - ownership map - *mappa catastale*
Eigentumsförderung - polìtica de acceso a la propriedad - *politique d'accession à la propriété* - home-ownership promotion - *politica d'accesso alla proprietà*
Eigentumsrecht - derecho de propriedad - *droit de propriété* - property right - *diritto di proprietà*
Eigentumsverhältnisse - estructura de la propriedad - *structure de la proprieté* - ownership structure - *struttura proprietaria*
Eignung - aptitud, idoneidad - *aptitude, qualification* - turn, bent, idoneity - *attitudine, idoneità*
Einbahnstraße - sentido único, sentido obligatorio - *à sens unique* - one-way street - *senso unico*
Eindringen - intrusión - *intrusion* - intrusion - *intrusione*
Einfahrt für Fahrzeuge - acceso de vehìculos - *accès aux véhicules* - vehicular access - *accesso veicolare*
Einfamilienhaus - casa unifamiliar - *maison individuelle* - single family house - *casa unifamiliare*
Einflugschneise - ruta de acercamiento a un aeropuerto - *route d'approche vers un aéroport* - landing pattern - *rotta d'avvicinamento ad un aeroporto*
Einfluß - influjo, influencia - *influence* - influence - *influsso*
Einflußsphäre - esfera de influencia - *sphère d'influence* - sphere of influence - *sfera d'influenza*
Einfügung - inserción - *insertion, introduction* - fitting, insertion - *inserimento*
Eingriff - intervención - *intervention* - intervention - *intervento*
Einhaltung der Vorschriften überwachen - hacer respetar las normas - *faire respecter les règlements* - enforce the regulations (to) - *far rispettare i regolamenti*
Einheit - unidad - *unité* - unit - *unità*
Einheit, ökologische - unidad ecológica - *unité écologique* - ecological unit - *unità ambientale*
Einkommen, Ertrag - ingresos - *revenu* - in-

come, revenue - *reddito*
Einkommen der Gemeinden - ingresos municipales - *ressources des collectivités locales* - local government revenue - *entrate dei comuni*
Einkommensgefälle - desigualidad de rentas - *disparité des revenus* - income disparity - *disparità di entrate*
Einkommensteuer - impuesto sobre la renta - *impôt sur le revenu* - income tax - *tassa sul reddito*
Einnahme - ingreso - *recette* - revenue - *introito*
Einpersonenhaushalt - núcleo unipersonal - *foyer d'une personne* - single-person household - *nucleo unipersonale*
einreichen - presentar - *présenter, déposer* - file (to) - *presentare, depositare*
Einrichtung - ajuar, mobiliario - *ameublement* - furniture - *arredamento*
Einrichtungen, öffentliche - servicios públicos - *services collectifs* - public facilities - *servizi pubblici*
Einrichtungen des Gesundheitswesens - instalaciones sanitarias, equipamiento sanitario - *équipements sanitaires* - health care facilities - *attrezzature sanitarie*
Einrichtungen für schulische Zwecke - instalaciones escolares, equipamiento escolar - *équipement scolaire* - educational facilities - *attrezzature scolastiche*
Einrichtungen für den Fremdenverkehr - instalaciones turìsticas, equipamiento turistico - *équipements touristiques* - tourist facilities - *attrezzature turistiche*
Einschienenbahn - monorriel, monovìa - *monorail* - monorail - *monorotaia*
Einschlag - impacto - *impact, répercussion* - impact - *impatto*
einschließen - incluìr - *inclure* - include (to) - *includere*
einstrahlend, eintretend - en entrada - *entrant* - incoming - *in entrata*
Eintragung - registro - *inscription, enregistrement* - registration - *registrazione, iscrizione*
Eintragungsgebühr - derechos de inscripción - *droit d'enregistrement* - filing fee - *costi di registrazione*
Eintritt verboten - acceso prohibido - *accès interdit* - no entry, do not enter - *divieto d'accesso*
Eintritt, vorzeitiger ins Rentealter - jubilación adelantada, anticipada - *abaissement de l'âge de la retraite* - early retirement - *pensionamento anticipato*
Einverleibung, Eingemeindung - anexión, incorporación - *incorporation* - incorporation, annexation - *annessione, incorporazione*
Einwanderer - inmigrado - *immigré* - immigrant - *immigrato*
Einwohner, Bewohner - habitante - *habitant* - inhabitant, resident - *abitante, residente*
Einzahlung, jährliche - pago anual - *versement annuel* - annual installment - *versamento annuale*
Einzelfirma - proprietario único - *en nom personnel* - sole proprietorship - *proprietario unico*
Einzelhandel - comercio al por menor - *commerce de détail* - retail trade - *commercio al dettaglio*
Einzelhandelssteuer - impuesto sobre la venta al por menor - *impôt sur les ventes au détail* - retail tax, sales tax - *imposta sulle vendite al dettaglio*
Einzugsbereich - zona de influencia - *zone d'influence* - catchment area, shed - *bacino d'attrazione*
Einzugsgebiet - área de atracción - *aire d'attraction* - city region, urban region - *area di gravitazione*
Eisenbahn - ferrocarril - *chemin de fer* - railway, railroad - *ferrovia*
Eisenbahnelektrifizierung - electrificación ferroviaria - *électrification ferroviaire* - railway electrification - *elettrificazione ferroviaria*
Eisenbahngleis - andén, ferrovia - *voie ferrée* - railway track - *binario, strada ferrata,*
Eisenbahnknotenpunkt - nudo ferroviario - *centre ferroviaire* - important railway junction - *nodo ferroviario*
Eisenbahntransport - transporte ferroviario - *transport ferroviaire* - rail transport - *trasporto ferroviario*
eje - axe - *trunk, axis, shaft* - asse - *Achse*
eje principal, secundario - axe principal, secondaire - *main, secondary axis* - asse principale, secondario - *Hauptachse, Nebenachse*
ejecución, poner en obra - exécution, - *execution, realization* - esecuzione, gestione - *Durchführung, Ausführung*
ejemplo, modelo - exemple, modèle - *example, model* - esempio, modello - *Vorbild*
elaboración - élaboration - *elaboration, drawing-up* - elaborazione - *Ausarbeitung*

elaborati grafici illustranti la proposta - Zeichnungen, das Vorhaben darstellend - *diagramas illustrativos de la propuesta* - schémas montrant les propositions - *drawings showing the proposal*
élaboration - elaboration, drawing-up - *elaborazione* - Ausarbeitung - *elaboración*
elaboration, drawing-up - elaborazione - *Ausarbeitung* - elaboración - *élaboration*
elaboratore,computer - Datenverarbeitungsanlage - *ordenador, computadora* - ordinateur - *computer*
elaborazione - Ausarbeitung - *elaboración* - élaboration - *elaboration, drawing-up*
elaborazione elettronica - Elektronische Datenverarbeitung (EDV) - *tratamiento de la información, computación* - traitement informatique - *electronic data processing (EDP)*
elderly people - anziani - *Ältere* - ancianos, personas mayores - *personnes âgées*
elección del trazado - choix du tracé - *choice of route* - scelta del tracciato - *Wahl der Trasse*
elección del lugar - choix de l'emplacement - *locational choice* - scelta localizzativa - *Standortwahl*
electricity network - rete elettrica - *Stromnetz* - red eléctrica - *réseau de distribution de l'électricité*
electrificación ferroviaria - électrification ferroviaire - *railway electrification* - elettrificazione ferroviaria - *Eisenbahnelektrifizierung*
électrification ferroviaire - railway electrification - *elettrificazione ferroviaria* - Eisenbahnelektrifizierung - *electrificación ferroviaria*
electronic data processing (EDP) - elaborazione elettronica - *Elektronische Datenverarbeitung (EDV)* - tratamiento de la información, computación - *traitement informatique*
Elektronische Datenverarbeitung (EDV) - tratamiento de la información, computación - *traitement informatique* - electronic data processing (EDP) - *elaborazione elettronica*
Elendsviertel - barrio pobre, chabola, favela - *bidonville* - shanty town, slum area - *quartiere povero, baraccopoli*
Elendswohnung - casucho - *taudis* - slum - *tugurio*
elettrificazione ferroviaria - Eisenbahnelektrifizierung - *electrificación ferroviaria* - électrification ferroviaire - *railway electrification*
elevación, fachada, alzado - façade - *elevation,*

view - prospetto - *Ansicht, Aufriß*
elevation, view - prospetto - *Ansicht, Aufriß* - elevación, fachada, alzado - *façade*
élevé, haut - high - *alto, elevato* - hoch - *alto*
elicottero - Hubschrauber - *helicóptero* - hélicoptère - *helicopter*
eligible - avente diritto, autorizzato - *berechtigt* - autorizado, titular - *ayant droit, titulaire*
eliminar - éliminer - *eliminate (to), remove (to)* - eliminare - *beseitigen*
eliminare - beseitigen - *eliminar* - éliminer - *eliminate (to), remove (to)*
eliminate (to), remove (to) - eliminare - *beseitigen* - eliminar - *éliminer*
éliminer - eliminate (to), remove (to) - *eliminare* - beseitigen - *eliminar*
eliporto - Hubschrauberlandeplatz - *helipuerto* - héliport - *heliport*
éloigné, écarté - peripheral - *distante, fuori mano* - entlegen - *alejado, periférico, remoto*
Eltern - padres - *parents* - parents - *genitori*
embalaje sin retorno - emballage à jeter - *throw-away pack* - imballaggio senza resa, a perdere - *Wegwerfpackung*
emballage à jeter - throw-away pack - *imballaggio senza resa, a perdere* - Wegwerfpakkung - *embalaje sin retorno*
embargo - saisie - *seizure, distraint* - pignoramento - *Pfändung*
embotellamiento - embouteillage, bouchon - *traffic bottleneck, jam* - ingorgo, coda - *Verkehrsstau, Verkehrsstockung*
embotellamiento, estrangulamiento - goulet d'étranglement - *bottleneck* - strozzatura - *Engpass*
embouchure - river mouth - *foce* - Flußmündung - *desembocadura del río*
embouteillage, bouchon - traffic bottleneck, jam - *ingorgo, coda* - Verkehrsstau, Verkehrsstockung - *embotellamiento*
embranchement - junction - *bivio* - Abzweigung - *ramificación*
emendamento - Änderung (rechtlich) - *enmienda* - amendement, modification - *amendment*
emergency exit - uscita di sicurezza - *Notausgang* - salida de emergencia - *sortie de secours*
emergency lane, shoulder - corsia di emergenza - *Haltespur für Notfälle* - vía de emergencia - *bande d'arrêt d'urgence*
emigración - émigration - *emigration* - emigrazione - *Auswanderung, Emigration*

emigrant labour - lavoratore immigrato - *Gastarbeiter* - trabajador inmigrado - *travailleur immigré*
emigration - emigrazione - *Auswanderung, Emigration* - emigración - *émigration*
émigration - emigration - *emigrazione* - Auswanderung, Emigration - *emigración*
emigrazione - Auswanderung, Emigration - *emigración* - émigration - *emigration*
emissions register - registro delle emissioni - *Emissionskataster* - registro de emisiones - *réseau de contrôle de la pollution aérienne*
Emissionsgrenzwert - nivel máximo permisible de emisión - *niveau maximum d'émission* - maximum permissible level of permissions - *massimo ammissibile d'emissione*
Emissionskataster - registro de emisiones - *réseau de contrôle de la pollution aérienne* - emissions register - *registro delle emissioni*
empedrado, adoquinado - dallage, pavé - *pavement* - pavimentazione a selciato - *Pflaster*
Empfehlung - recomendación - *recommandation* - recommandation - *raccomandazione*
empiétement - encroachment - *occupazione abusiva* - Übergriff - *empleo abusivo, abuso*
emplacement préféré - preferred location - *localizzazione preferita* - Lage, bevorzugte - *colocación preferida, localización preferida*
emplazamiento principal, emplazmiento clave - zone majeure d'implantation - *key settlement area* - insediamento chiave - *Siedlungsschwerpunkt*
empleado - employé - *employee, clerk* - impiegato - *Angestellter*
empleado estatal, funcionario - employé de l'Etat, functionaire de l'Etat - *civil servant* - statale (impiegato) - *Stadtsbeamter*
empleado, subordinado, subalterno - salarié - *employee* - dipendente, salariato - *Arbeitnehmer*
emplear - employer - *employ (to)* - impiegare - *anstellen*
empleo - emploi - *employment* - impiego, occupazione - *Beschäftigung*
empleo abusivo, abuso - empiétement - *encroachment* - occupazione abusiva - *Übergriff*
emploi - employment - *impiego, occupazione* - Beschäftigung - *empleo*
employ (to) - impiegare - *anstellen* - emplear - *employer*
employé - employee, clerk - *impiegato* - Angestellter - *empleado*
employé de l'Etat, functionaire de l'Etat - civil servant - *statale (impiegato)* - Stadtsbeamter - *empleado estatal, funcionario*
employed - attivo, occupato - *erwerbstätig* - activo, ocupado - *actif*
employee - dipendente, salariato - *Arbeitnehmer* - empleado, subordinado, subalterno - *salarié*
employees representation in management, codetermination - cogestione - *Mitbestimmung* - cogestión - *cogestion*
employee, clerk - impiegato - *Angestellter* - empleado - *employé*
employer - employ (to) - *impiegare* - anstellen - *emplear*
employer boss - datore di lavoro - *Arbeitgeber* - jefe, principal de la fábrica - *employeur*
employeur - employer, boss - *datore di lavoro* - Arbeitgeber - *jefe, principal de la fábrica*
employment - impiego, occupazione - *Beschäftigung* - empleo - *emploi*
employment opportunities - offerte di lavoro - *Beschäftigungs- möglichkeiten* - ofertas de trabajo - *possibilités d'emploi*
empresa - entreprise - *enterprise, plant* - impresa - *Unternehmen*
empresa, casa - entreprise, exploitation - *firm* - azienda, esercizio - *Betrieb*
empresario - entrepreneur - *entrepreneur, contractor* - imprenditore - *Unternehmer*
empty site, vacant lot - buchi, interstizi - *Baulücke* - huecos - *trou, dent*
en âge de travailler - working-age - *in età lavorativa* - arbeitsfähig - *en edad de trabajar*
en bandas, lineal - rubané - *ribboned* - a fascia - *bandförmig*
en bon état - in good condition - *in buono stato* - Zustand, in gutem - *en buenas condiciones, bien conservado*
en buenas condiciones, bien conservado - en bon état - *in good condition* - in buono stato - *Zustand, in gutem*
en cohabitación - en cohabitation - *joint occupated* - in coabitazione - *mehrfach belegt*
en cohabitation - joint occupated - *in coabitazione* - mehrfach belegt - *en cohabitación*
en colinas - valloné - *hilly* - collinoso - *hügelig*
en dessous de la moyenne - below average - *al di sotto della media* - unter dem Durchschnitt - *debajo de la media*
en edad de trabajar - en âge de travailler -

working-age - in età lavorativa - *arbeitsfähig*
en entrada - entrant - *incoming* - in entrata - *einstrahlend, eintretend*
en función de la superficie - relatif à la surface - *related to the size of an area* - in funzione della superficie - *flächenbezogen*
en función del, relativo al ambiente - lié à l'environnement - *area related, site-specific* - in funzione dell'ambiente - *umweltbezogen*
en marcha - en marche - *under way* - in moto - *in Gang*
en marche - under way - *in moto* - in Gang - *en marcha*
en nom personnel - sole proprietorship - *proprietario unico* - Einzelfirma - *proprietario único*
en prescription - statute-barred - *in prescrizione* - verjährt - *prescripto*
en ruina - en ruine - *dilapidated* - cadente - *baufällig*
en ruine - dilapidated - *cadente* - baufällig - *en ruina*
en salida - sortant - *outgoing* - in uscita - *herausgehend, ausstrahlend*
en terreno - sur place - *on the spot* - sul posto - *vor Ort*
en vigor - en vigueur - *in force* - in vigore - *in Kraft*
en vigueur - in force - *in vigore* - in Kraft - *en vigor*
en voladizo - porte-à-faux - *cantilever* - sbalzo - *Ausleger, Vorsprung*
encadrement des prix - price-fixing - *fissazione dei prezzi* - Preisbindung - *fijación de precios*
encarecimiento, subida de precios - augmentation - *markup* - rincaro - *Verteuerung*
encargar, encomendar - charger - *make responsible for (to)* - incaricare - *beauftragen*
enceinte d'une ville - city wall - *mura della città* - Stadtmauer - *muralla de la ciudad*
enclousure wall - muro di cinta - *Umfassungsmauer* - muro circundante - *mur d'enceinte*
encroachment - occupazione abusiva - *Übergriff* - empleo abusivo, abuso - *empiétement*
encrucijada - carrefour en croix - *cross-road* - quadrivio, crocevia - *Kreuzung, rechtwinklige*
encuesta - sondage, enquête - *inquiry, opinion poll* - sondaggio, inchiesta - *Umfrage*
encuesta administrativa - enquête publique - *public enquiry* - inchiesta amministrativa - *Untersuchung, öffentliche*

encuesta de habitabilidad - enquête d'insalubrité - *Public Health Administration survey before slum clearance* - verifica dell'abitabilità - *Untersuchung über ungesunde Wohnbedingungen*
end house - casa in testata - *Endhaus* - casa terminal - *maison en bout de rangée*
Endbahnhof - estación terminal - *terminus* - terminal - *stazione terminale*
endettement - indebtedness, debit - *indebitamento* - Verschuldung - *endeudamiento*
endettement de l'État, dette publique - national debt, public debt - *debito pubblico* - Staatsverschuldung - *deuda pública*
endeudamiento - endettement - *indebtedness, debit* - indebitamento - *Verschuldung*
Endhaus - casa terminal - *maison en bout de rangée* - end house - *casa in testata*
Endzweck - finalidades objectivos - *objectif final* - final goal - *obiettivo finale*
Energieressourcen - recursos energéticos - *ressources d'énergie* - energy resources - *risorse energetiche*
energy resources - risorse energetiche - *Energieressourcen* - recursos energéticos - *ressources d'énergie*
enfant - child - *bambino* - Kind - *niño*
enfoque - démarche - *approach, start* - impostazione - *Ansatz*
enforce the regulations (to) - far rispettare i regolamenti - *Einhaltung der Vorschriften überwachen* - hacer respetar las normas - *faire respecter les règlements*
eng - estrecho, angosto - *étroit* - narrow - *stretto*
Engpass - embotellamiento, estrangulamiento - *goulet d'étranglement* - bottleneck - *strozzatura*
enlace de carreteras - liaison routière - *road link* - collegamento stradale - *Straßenverbindung*
enmienda - amendement, modifications - *amendment* - emendamento - *Änderung (rechtlich)*
enquête d'insalubrité - Public Health Administration survey before slum clearance - *verifica dell'abitabilità* - Untersuchung über ungesunde Wohnbedingungen - *encuesta de habitabilidad*
enquête publique - public enquiry - *inchiesta amministrativa* - Untersuchung, öffentliche - *encuesta administrativa*
ensanche - agrandissement - *extension* - am-

pliamento - *Erweiterung*
ensemble de montagnes - group of mountains - *gruppo montuoso* - Gebirgsgruppe - *grupo de montañas*
Ensemblewert - valor de conjunto - *valeur d'ensemble* - value of an architectural setting as a whole - *valore d'insieme*
Ensemble, einen Bereich als E. erhalten - conservar un área como complejo, como un todo - *conserver une zone dans son ensemble* - conserve an area as a whole (to) - *conservare un'area come complesso*
enseñanza primaria - éducation primaire - primary education - educazione primaria - *Primärerziehung*
ensoleillement - exposure to sunlight - *soleggiamento* - Besonnung - *soleamento, asoleamiento*
entailed estate - proprietà inalienabile - *Erbgut, unveräußerliches* - propriedad inalienable - *propriété inaliénable*
ente competente per l'urbanistica - Planungsbehörde - *autoridad urbanistica* - autorité chargée de la planification - *planning authority*
ente local - collectivité locale - *local corporate body* - ente locale - *Körperschaft, kommunale*
ente locale - Körperschaft, kommunale - *ente local* - collectivité locale - *local corporate body*
enteignen - expropriar - *exproprier* - expropriate (to), comdemn (to) - *espropriare*
Enteignung - expropriación - *expropriation* - compulsory purchase, condemnation - *esproprio*
Enteignungswert - valor de expropriación - *valeur d'expropriation* - compulsory purchase value - *valore d'esproprio*
enterprise, plant - impresa - *Unternehmen* - empresa - *entreprise*
Entfernung - distancia - *distance, espacement* - distance - *distanza*
Entfernungsgleichheit - equidistancia - *équidistance* - equidistance - *equidistanza*
entflechten - descongestionar - *décongestioner* - decongest (to) - *decongestionare*
Entlassung - licenciamento, baja, despido - *licenciement* - dismissal - *licenziamento*
Entlastung - aligeramiento, descarga - *soulagement, décharge* - relief - *alleggerimento, sgravio*

Entlastungsstadt - ciudad-dormitorio - *ville de décharge* - overspill, relief town - *città dormitorio*
entlegen - alejado, periférico, remoto - *éloigné, écarté* - peripheral - *distante, fuori mano*
Entlüftung - ventilación - *aération, ventilation* - airing, ventilation - *ventilazione*
entmutigen - desalentar, desanimar - *décourager* - disincentive (to) - *disincentivare, scoraggiare*
entorno, alrededores - alentours, environs - *surroundings, vicinity* - dintorni - *Umgebung*
entorno natural virgen - site naturel préservé - *virgin landscape* - sito naturale vergine - *Landschaft, unberührte*
entorno residencial - environnement résidentiel - *living environment* - intorno residenziale - *Wohnumfeld*
entrant - incoming - *in entrata* - einstrahlend, eintretend - *en entrada*
entrate dei comuni - Einkommen der Gemeinden - *ingresos municipales* - ressources des collectivités locales - *local government revenue*
entrate pubbliche - Staatseinnahme - *rentas de Estado, rentas públicas* - recettes de l'Etat - *public revenues*
entraves bureaucratiques - red tape, bureaucratic impediments - *impedimenti burocratici* Hemmnisse, bürokratische - *trabas burocraticas, impedimentos burocraticos*
entrave, obstacle - obstacle - *ostacolo* - Hindernis - *obstáculo*
entre deux âges, âge moyen - middle age - *mezza età* - Alter, mittleres - *madurez*
entrelacement - interlacement - *intreccio* - Verflechtung - *interconnección*
entrepôt - warehouse - *magazzino* - Lagerhaus - *deposito, almacén*
entrepreneur - entrepreneur, contractor - *imprenditore* - Unternehmer - *empresario*
entrepreneur, contractor - imprenditore - *Unternehmer* - empresario - *entrepreneur*
entreprise - enterprise, plant - *impresa* - Unternehmen - *empresa*
entreprise, exploitation - firm - *azienda, esercizio* - Betrieb - *empresa, casa*
entretien - maintenance - *manutenzione* - Instandhaltung, Wartung - *mantenimiento*
Entschädigung - resarcimiento, indemnización - *dédommagement, indemnité* - compen-

sation, indemnity - *indennizzo, indennità*
Entscheidung - decisión - *décision* - decision - *decisione*
Entscheidungsablauf - proceso de decisión - *procèssus de décision* - decision-making process - *processo decisionale*
Entscheidungsbaum - árbol de decisión - *arbre de décision* - decision tree - *albero decisionale*
Entscheidungsebene - nivel de decisión - *niveau décisionnel* - decision level - *livello decisionale*
Entscheidungsträger - persona, organismo con capacidad de decisión - *décideurs* - in command - *decisori*
Entscheidung, kollektive - decisión, elección colectiva - *choix collectif* - collective choice - *scelta collettiva*
Entsorgung - tratamiento de residuos - *traitement des ordures* - waste disposal - *trattamento dei rifiuti*
Entspannung - distensión - *détente* - detente, easing - *distensione*
entsprechend - correspondente - *correspondant, conforme* - corresponding - *relativo, corrispondente*
Entstaubungsanlage - instalación de filtrado - *installation de filtrage* - dust filter - *impianto filtrante*
Entvölkerung - despoblamiento - *dépeuplement* - depopulation - *spopolamento*
Entwässerung - desagüe, canalización - *évacuation des eaux résiduaires* - drainage - *evacuazione acque luride*
Entweichen von Radioaktivität - fuga radioactiva - *fuite radioactive* - leak of radioactivity - *fuga radioattiva*
entwickeln - desarollar - *développer* - develop (to) - *sviluppare*
Entwicklung zur feinen Wohngegend - desarollo que implica una elevación del nivel social - *rehaussement du standing du quartier* - gentryfication - *innalzamento del ceto dei residenti*
Entwicklungsland - paìs en vìas de desarrollo - *pays en voie de développement* - developing country - *paese in via di sviluppo*
Entwicklungsplan - plan de crecimiento, plan de expansion - *plan de développement* - development plan, expansion scheme - *piano di espansione*
Entwicklungspotential - potencial de desarrollo - *capacité de développement* - development potential - *potenziale di sviluppo*
Entwurf - proyecto - *projet* - project, draft, outline - *progetto*
Entwurfszeichnungen - láminas de dibujo, dibujos del proyecto - *planches de projet* - draft designs, sketches - *tavole di progetto*
envasement - siltation - *insabbiamento* - Verschlammung - *estancamiento*
envejecimiento - vieillissement - *overageing* - invecchiamento - *Überalterung*
environment - ambiente - *Umwelt* - medio ambiente - *environnement, milieu, ambiance*
environment plan - piano ambientale - *Umweltplan* - plan ambiental - *schéma d'environnement, plan vert*
environmental awareness - presa di coscienza dei valori ambientali - *Umweltbewußtsein* - toma de conciencia de los valores ambientales - *prise de conscience de l'environnement*
environmental conditions - condizioni ambientali - *Umweltbedingungen* - condiciones ambientales - *conditions de l'environnement*
environmental impact statement, assessment - valutazione dell'impatto ambientale - *Umweltverträglichkeits- prüfung* - estudio del impacto ambiental - *étude d'impact*
environmental protection - protezione ambientale - *Umweltschutz* - protección del medio ambiente - *protection de l'environnement*
environmental quality - qualità dell'ambiente - *Umweltqualität* - calidad del ambiente - *qualité de l'environnement*
environmental values - valori ambientali - *Umweltwerte* - valores ambientales - *valeurs de l'environnement*
environmentalist - ecologo - *Umweltschützer* - ecólogista - *écologiste*
environmentally damaging - nocivo all'ambiente - *umweltschädigend* - perjudicial al medio ambiente - *nuisible à l'environnement*
environnement, milieu, ambiance - environment - *ambiente* - Umwelt - *medio ambiente*
environnement résidentiel - living environment - *intorno residenziale* - Wohnumfeld - *entorno residencial*
environs - paraggi - *Gegend* - comarca, paraje, alrededores - *parages*
épargne - savings - *risparmio* - Spargusthaben - *ahorro*
épi, éperon, brise-lames - breakwater - *pennello, frangiflutti* - Wellenbrecher - *rompeolas*
épuisement des stocks - depletion of stocks -

esaurimento delle scorte - Erschöpfung des Bestands - *agotamiento de existencias*
equalisation, balance - perequazione - *Ausgleichung, gleichmäßige Verteilung* - reparto por igual, equilibrado - *peréquation*
équation mathématique - mathematical equation - *equazione matematica* - Gleichung, mathematische - *ecuación matemática*
equazione matematica - Gleichung, mathematische - *ecuación matemática* - équation mathématique - *mathematical equation*
equidistance - equidistanza - *Entfernungsgleichheit* - equidistancia - *équidistance*
équidistance - equidistance - *equidistanza* - Entfernungsgleichheit - *equidistancia*
equidistancia - équidistance - *equidistance* - equidistanza - *Entfernungsgleichheit*
equidistanza - Entfernungsgleichheit - *equidistancia* - équidistance - *equidistance*
equilibrado - balancé, équilibré - *balanced* - bilanciato, equilibrato - *ausgewogen*
équilibre - balance, equilibrium - *equilibrio* - Gleichgewicht - *equilibrio, balance*
equilibrio - Gleichgewicht - *equilibrio, balance* - équilibre - *balance, equilibrium*
equilibrio, balance - équilibre - *balance, equilibrium* - equilibrio - *Gleichgewicht*
equipamiento existente - dotation en équipement - *existing level of infrastructure* - dotazione di attrezzature - *Ausstattung, infrastrukturelle*
equipamientos auxiliares - équipements auxiliaires - *ancillary facilities* - servizi sussidiari - *Folgeeinrichtungen*
équipe - team - *squadra* - Mannschaft - *equipo*
équipé - serviced - *urbanizzato* - erschlossen - *urbanizado*
équipement, dotation - equipment, outfit - *dotazione* - Ausstattung - *dotación, equipamiento*
équipement scolaire - educational facilities - *attrezzature scolastiche* - Einrichtungen für schulische Zwecke - *instalaciones escolares, equipamiento escolar*
équipements auxiliaires - ancillary facilities - *servizi sussidiari* - Folgeeinrichtungen - *equipamientos auxiliares*
équipements commerciaux - commercial facilities - *attrezzature commerciali* - Handelseinrichtungen - *instalaciones comerciales, equipamiento comercial*
équipements culturels - cultural facilities - *attrezzature culturali* - Kultureinrichtungen - *instalaciones culturales, equipamiento cultural*
équipements pour l'éducation physique - sport facilities - *attrezzature per l'educazione fisica* - Sporteinrichtungen - *instalaciones deportivas, equipamiento deportivo*
équipements sanitaires - health care facilities - *attrezzature sanitarie* - Einrichtungen des Gesundheitswesens - *instalaciones sanitarias, equipamiento sanitario*
équipements sociaux - social services facilities - *attrezzature sociali* - Sozialeinrichtungen - *instalaciones sociales, equipamiento social*
équipements touristiques - tourist facilities - *attrezzature turistiche* - Einrichtungen für den Fremdenverkehr - *instalaciones turìsticas, equipamiento turistico*
equipment, outfit - dotazione - *Ausstattung* - dotación, equipamiento - *équipement, dotation*
equipo - équipe - *team* - squadra - *Mannschaft*
equity finance - fondi propri - *Eigenmittel* - fondos proprios - *fonds propres*
equo canone, controllo sui fitti - Mietpreiskontrolle - *control sobre los alquileres* - loyer contrôlé - *rent control*
Erbbaurecht - derecho de superficie - *droit héréditaire de superficie* - building lease - *diritto di superficie*
erbe infestanti - Unkrautbewuchs - *malas hierbas* - mauvaises herbes - *weeds*
Erbgut, unveräußerliches - propiedad inalienable - *propriété inaliénable* - entailed estate - *proprietà inalienabile*
Erbpachtvertrag - contrato enfitéutico - *bail emphytéotique* - hereditary tenancy - *contratto enfiteutico*
Erdbeben - terremoto - *tremblement de terre* - earthquake - *terremoto*
erdbebensicher - asìsmico - *résistant aux séismes* - earthquake-proof - *antisismico*
Erdrutsch - derrumbamiento, desprendimiento del terreno - *glissement de terrain* - landslide - *frana*
Erdwall - terraplén - *talus de protection* - berm, bank of earth - *banchina di terra*
erhaltenswert - merecedor de conservación - *méritant la conservation* - worthy of preservation - *meritevole di conservazione*
Erhaltungsplan - plan de conservación - *plan de protection* - conservation plan - *piano di*

conservazione
Erholung - recreo - *récréation* - recreation - *ricreazione*
Erholungsgebiet - área para el tiempo libre, área de recreación - *zone de loisirs* - leisure area, recreation - *area per il tempo libero*
Erklärung über das öffentliche Interesse - declaración de utilidad pública - *déclaration d'utilité publique* - public interest statement - *dichiarazione di pubblica utilità*
Erlaubnis - permiso - *permis* - permit, licence - *permesso*
Erlaß - remisión - *remise* - remission - *condono, dispensa*
Ernennung - nombramiento - *nomination* - appointment to - *nomina*
Erneuerung - renovación - *rénovation* - renewal - *rinnovo*
Erneuerungsgebiet - área de rehabilitación urbana - *zone de rénovation* - urban renewal area - *area di rinnovo urbano*
Erneuerung, behutsame - renovación cuidadosa - *rénovation prudente* - sensitive, careful renewal - *restauro leggero*
Ernte - cosecha - *récolte* - crop, harvest - *raccolta*
erogazione dell'acqua - Wasserversorgung - *abastecimiento de agua* - distribution de l'eau - *water supply*
erosión de la costa - érosion de la côte - *shoreline erosion* - erosione della costa - *Küstenerosion*
érosion de la côte - shoreline erosion - *erosione della costa* - Küstenerosion - *erosión de la costa*
erosión del suelo - érosion du sol - *soil erosion* - erosione del suolo - *Bodenerosion*
érosion du sol - soil erosion - *erosione del suolo* - Bodenerosion - *erosión del suelo*
érosion par le vent - wind erosion - *erosione eolica* - Winderosion - *erosión por el viento*
erosión por el viento - érosion par le vent - *wind erosion* - erosione eolica - *Winderosion*
erosione del suolo - Bodenerosion - *erosión del suelo* - érosion du sol - *soil erosion*
erosione della costa - Küstenerosion - *erosión de la costa* - érosion de la côte - *shoreline erosion*
erosione eolica - Winderosion - *erosión por el viento* - érosion par le vent - *wind erosion*
erreur de planification - planning error - *errori di piano* - Fehlplanung - *errores de planificación*
errores de planificación - erreur de planification - *planning error* - errori di piano - *Fehlplanung*
errori di piano - Fehlplanung - *errores de planificación* - erreur de planification - *planning error*
Ersatzrate, jährliche - tasa de reemplazo anual - *taux annuel de remplacement* - annual rate of replacement - *tasso di rimpiazzo annuo*
Erschließung - trabajos de urbanización - *urbanisation, mise en valeur* - pre-treatment, development, open-up - *collegamento, urbanizzazione*
Erschließungsarbeiten - obras de urbanización - *opérations d'équipement, voirie, réseaux diverses (VRD)* - development operations - *opere di urbanizzazione*
Erschließungs- genehmigung - permiso urbanistico - *autorisation de créer la viabilisation* - planning permission for development - *permesso urbanistico*
erschlossen - urbanizado - *équipé* - serviced - *urbanizzato*
Erschöpfung des Bestands - agotamiento de existencias - *épuisement des stocks* - depletion of stocks - *esaurimento delle scorte*
Erschütterung - vibración - *vibration* - vibration, quiver - *vibrazione*
ersetzen - reemplazar - *remplacer* - replace (to) - *sostituire*
Ertrag je Kopf - producción por habitante - *production par habitant* - pro capita output - *produzione per abitante*
Erwachsene - adulto, crecido - *adulte* - adult - *adulto*
Erweiterung - ensanche - *agrandissement* - extension - *ampliamento*
Erwerbspersonen - población activa - *population active* - working population - *popolazione attiva*
erwerbstätig - activo, ocupado - *actif* - employed - *attivo, occupato*
Erzeugnis - producto - *produit* - product - *prodotto*
esaminare, periziare - begutanchten - *realizar un peritaje* - expertiser - *screen (to), assess (to)*
esaurimento delle scorte - Erschöpfung des Bestands - *agotamiento de existencias* - épuisement des stocks - *depletion of stocks*
escala de intervención - échelle d'intervention -

policy level - scala d'intervento - *Maßnahmenebene*
escalator - scala mobile - *Rolltreppe* - escalera mecánica - *escalier roulant*
escalera mecánica - escalier roulant - *escalator* - scala mobile - *Rolltreppe*
escalier roulant - escalator - *scala mobile* - Rolltreppe - *escalera mecánica*
escalonamiento - échelonnement - *staggering* - scaglionamento - *Staffelung*
escarcha - givre - *hoar-frost* - brina - *Reif*
escenarios, perspectivas - prospective, scénario - *scenario* - prospettiva, scenario - *Szenarium*
esclusa - déversoir, écluse - *spillway, canal lock* - sfioratore, chiusa - *Schleuse*
esclusione del pubblico - Ausschluß der Öffentlichkeit - *exclusión total del publico* - interdiction au public - *exclusion of the public*
escuela primaria - école primaire - *primary school* - scuola elementare - *Grundschule*
escursione della marea - Tidenhub - *dimensión de la marea* - ampleur de la marée, marnage - *tidal range*
escursione termica - Temperaturschwankung - *fluctuación térmica* - fluctuation de température - *temperature range*
esecuzione, gestione - Durchführung, Ausführung - *ejecución, poner en obra* - exécution, - *execution, realization*
esempio, modello - Vorbild - *ejemplo, modelo* - exemple, modèle - *example, model*
esentasse, gratuito - gebührenfrei - *gratuito, exento* - exempt de taxe - *toll-free*
esercente - Kleinkaufmann - *tendero* - détaillant - *tradesman, shopkeeper*
esfera de influencia - sphère d'influence - *sphere of influence* - sfera d'influenza - *Einflußsphäre*
esfuerzo - effort - *effort, stress* - sforzo - *Anstrengung*
esigenza, pretesa - Anspruch - *pretensión, exigencia* - prétention, exigence - *claim, pretension*
esodo - Abwanderung - *éxodo* - exode - *out-migration*
esodo rurale - Landflucht - *éxodo rural* - exode rural - *depopulation of rural areas*
espace - space, area - *spazio* - Raum - *espacio*
espace habitable - living area - *spazio abitabile* - Wohnfläche - *espacio habitable*
espace ouvert délimité par des bâtiments - open space enclosed by buildings - *spazio aperto racchiuso da edifici* - Freiraum, von Gebäuden umschlossener - *espacio abierto delimitado por edificios*
espace public - public open space - *spazio aperto, a uso pubblico* - Freiraum, öffentlicher - *espacio público*
espace vert - green area, open space - *area verde* - Grünfläche - *área verde*
espaces pour des équipements publics - land for public facilities - *area per i servizi* - Flächen für Gemeinbedarf - *área de equipamientos publìcos*
espacio - espace - *space, area* - spazio - *Raum*
espacio abierto delimitado por edificios - espace ouvert délimité par des bâtiments - *open space enclosed by buildings* - spazio aperto racchiuso da edifici - *Freiraum, von Gebäuden umschlossener*
espacio habitable - espace habitable - *living area* - spazio abitabile - *Wohnfläche*
espacio lingüístico, región lingüística - région linguistique - *region where a language is spoken* - regione linguistica - *Sprachraum*
espacio público - espace public - *public open space* - spazio aperto, a uso pubblico - *Freiraum, öffentlicher*
espansione radiale - Ausdehnung, radiale - *expansión radial* - expansion radio-centrique - *radial expansion*
espansione urbana - Ausdehnung, städtische - *expansión urbana* - expansion urbaine - *urban growth*
especialización - spécialisation - *specialisation* - specializzazione - *Spezialisierung*
especificación de materiales - spécification des matériaux - *plans and specifications* - requisiti dei materiali - *Baubeschreibung*
especificaciones - cahier des charges - *conditions of bid* - capitolato d'appalto - *Submissionsbedingungen*
especulación del suelo - spéculation foncière - *land speculation* - speculazione fondiaria - *Bodenspekulation*
especulador - spéculateur - *speculator* - speculatore - *Spekulant*
espera - attente - *waiting* - attesa - *Warten*
esperanza de vida - espoir de vie - *life expectancy* - speranza di vita - *Lebenserwartung*
esplosione, crescita tumultuosa - Ansteigen, schnelles - *explosión, aumento rápido* - accroissement rapide, explosion - *sharp in-*

crease
espoir de vie - life expectancy - *speranza di vita* - Lebenserwartung - *esperanza de vida*
espropriare - enteignen - *expropriar* - exproprier - *expropriate (to), comdemn (to)*
esproprio - Enteignung - *expropriación* - expropriation - *compulsory purchase, condemnation*
espulsione - Ausweisung - *expulsión* - expulsion, éjection - *expulsion*
esquema de urbanización - schéma d'urbanisation - *patterns of urbanization* - schema d'urbanizzazione - *Städtebaumodell*
esquema preliminar, bosquejo - schéma préliminaire, esquisse - *preliminary, draft scheme* - progetto preliminare, di massima - *Vorentwurf*
esquisse de projet - sketch proposal - *schizzo* - Vorschlagsskizze - *bosquejo de un plano / de un proyecto*
essere bloccato dalla neve - durch Schnee abgeschnitten sein - *estar bloqueado por la nieve* - être bloqué par la neige - *be snow-bound (to)*
estabilidad - stabilité - *stability* - stabilità - *Festigkeit*
establecimiento de pesca - établissement piscicole - *fish farm* - azienda pescicola - *Fischzuchtanstalt*
establecimiento urbano - établissement urbain - *urban settlement* - insediamento urbano - *Siedlung, städtische*
established rights of use - diritti d'uso stabiliti - *Nutzungsrechte, festgesetzte* - derechos de uso establecidos - *droits d'utilisation établis*
establishment, branch - sede, filiale - *Niederlassung* - filial, sucursal - *antenne, filiale*
estación - gare - *station* - stazione - *Bahnhof*
estación climática, balneario - station climatique - *health resort* - stazione climatica - *Kurort*
estación de bombeo - station de pompage - *waterworks, pumpstation* - stazione di pompaggio - *Wasserwerk, Pumpstation*
estación de caza, temporada de caza - saison de la chasse - *hunting season* - stagione della caccia - *Jagdzeit*
estación de invierno - station de sports d'hiver - *winter sports resort* - stazione di sport invernali - *Wintersportplatz*
estación de servicio, gasolinera - station service - *service station* - stazione di rifornimento - *Tankstelle*

estación piloto - station d'essai - *pilot plant* - impianto pilota - *Versuchsanlage*
estación termal, termas - station thermale - *spa (thermal)* - stazione termale - *Bad (Thermal)*
estación terminal - terminus - *terminal* - stazione terminale - *Endbahnhof*
estacionamento para autobuses - zone d'arrêt pour autobus - *bus bay, stop lane* - piazzola di sosta per autobus - *Bushaltebucht*
estacionamiento - stationnement - *parking* - parcheggio - *Parken*
estacionamiento limitado - stationnement limité - *meter parking* - parcheggio a tempo - *Parken an Parkuhren*
estacionario, constante - stationnaire, constant - *constant, continuous* - stazionario - *beständig*
estadìstica oficial - statistique officielle - *official statistic* - statistica ufficiale - *Statistik, amtliche*
estado, condicion - constitution, état - *state, condition* - stato, condizione - *Beschaffenheit*
estado civil - état matrimonial - *marital status* - stato civile - *Familienstand*
estancamiento - envasement - *siltation* - insabbiamento - *Verschlammung*
estanque - étang - *pond, pool* - stagno - *Teich*
estar bloqueado por la nieve - être bloqué par la neige - *be snow-bound (to)* - essere bloccato dalla neve - *durch Schnee abgeschnitten sein*
estate, fortune, assets - patrimonio, capitale - *Vermögen* - patrimonio, capital - *fortune*
estate, property - tenuta - *Landgut* - propriedad rural, finca agrìcola, - *domaine*
estatuto, reglamento - statut, règlement - *rule, by-law articles* - statuto, regolamento - *Satzung, Geschäftsordnung*
estiércol - fumier - *manure* - letame - *Dung, Mist*
estima, estimación - estimation - *estimate* - stima - *Schätzung*
estimación de costos - devis estimatif - *estimate of costs* - estimo, preventivo - *Kostenschätzung*
estimate of costs - estimo, preventivo - *Kostenschätzung* - estimación de costos - *devis estimatif*
estimate (to) - preventivare - *voranschlagen* - presupuestar, calcular de antemano - *calculer à l'avance*
estimate - stima - *Schätzung* - estima, estima-

ción - *estimation*
estimation - estimate - *stima* - Schätzung - *estima, estimación*
estimo, preventivo - Kostenschätzung - *estimación de costos* - devis estimatif - *estimate of costs*
estimular la economìa - stimuler l'économie - *stimulate the economy (to)* - stimolare l'economia - *Wirtschaft anregen*
estinzione del debito - Schuldentilgung - *liquidación de la deuda* - remboursement de la dette - *redemption of the debt*
estinzione di una specie - Aussterben einer Art - *extinción de una especie* - extinction d'une espèce - *extinction of a species*
estipulación - stipulation - *transaction, conclusion* - stipulazione - *Abschluß*
estrapolazione delle tendenze - Extrapolation von Trends - *extrapolación de tendencias* - extrapolation des tendaces - *extrapolation of trends*
estrategia del inmovilismo - stratégie de l'immobilisme - *sit and wait strategy* - strategia dell'immobilismo - *Nichts-tun-Strategie*
estrategia de inversión - stratégie des investissements - *investment strategy* - strategia di investimento - *Anlagestrategie*
estrecho - détroit - *strait* - stretto marino - *Meerenge*
estrecho, angosto - étroit - *narrow* - stretto - *eng*
estructura - structure - *structure, pattern* - struttura, ossatura - *Gefüge, Struktur*
estructura de consumos - structure de consommation - *consumption pattern* - struttura dei consumi - *Konsumgewohnheiten*
estructura de la propriedad - structure de la proprieté - *ownership structure* - struttura proprietaria - *Eigentumsverhältnisse*
estructura del suelo - structure du sol - *soil structure* - struttura del suolo - *Bodenaufbau*
estructura salarial - structure tarifaire - *rate structure* - struttura tariffaria, salariale - *Tarifstruktur*
estudio de caso - cas d'étude - *case study* - caso studio - *Fallstudie*
estudio de factibilidad - étude de faisabilité - *feasibility study* - studio di fattibilità - *Durchführbarkeitsstudie, Machbarkeitsstudie*
estudio de mercado - étude de marché - *market research* - ricerca di mercato - *Marktuntersuchung*

estudio del impacto ambiental - étude d'impact - *environmental impact statement, assessment* - valutazione dell'impatto ambientale - *Umweltverträglichkeits- prüfung*
estudio, apartamento - studio - *study-bedroom, studio apartment* - monolocale - *Apartment*
età al matrimonio - Heiratsalter - *edad de matrimonio* - âge au mariage - *age of marriage*
età della pensione - Pensionierungsalter - *edad de jubilación* - âge de retraite - *retirement age*
età media - Durchschnittsalter - *edad media* - âge moyen - *average age*
établissement - settlement - *insediamento* - Ansiedlung - *instalación*
établissement piscicole - fish farm - *azienda pescicola* - Fischzuchtanstalt - *establecimiento de pesca*
établissement urbain - urban settlement - *insediamento urbano* - Siedlung, städtische - *establecimiento urbano*
étage - story, floor - *piano* - Stockwerk, Etage - *planta*
étang - pond, pool - *stagno* - Teich - *estanque*
étape du processus - stage in development - *fase di sviluppo* - Stufe der Entwicklung - *fase de desarrollo*
état de choses, situation - state of affairs - *stato di fatto* - Sachlage - *situación*
état matrimonial - marital status - *stato civile* - Familienstand - *estado civil*
être bloqué par la neige - be snow-bound (to) - *essere bloccato dalla neve* - durch Schnee abgeschnitten sein - *estar bloqueado por la nieve*
étroit - narrow - *stretto* - eng - *estrecho, angosto*
étude de faisabilité - feasibility study - *studio di fattibilità* - Durchführbarkeitsstudie, Machbarkeitsstudie - *estudio de factibilidad*
étude de marché - market research - *ricerca di mercato* - Marktuntersuchung - *estudio de mercado*
étude d'impact - environmental impact statement, assessment - *valutazione dell'impatto ambientale* - Umweltverträglichkeits- prüfung - *estudio del impacto ambiental*
évacuation des eaux résiduaires - drainage - *evacuazione acque luride* - Entwässerung - *desagüe, canalización*
evacuazione acque luride - Entwässerung - *desagüe, canalización* - évacuation des eaux

résiduaires - *drainage*
evacuazione dei rifiuti - Abfallbeseitigung, Müllabführ - *servicio de recogida de basuras* - remassage des ordures, évacuation des déchets - *refuse collection, waste disposal*
évacuer - tow away (to) - *rimuovere* - abschleppen - *remover, remolear*
evaluación - évaluation - *evaluation, appraisal* - valutazione - *Bewertung*
évaluation - evaluation, appraisal - *valutazione* - Bewertung - *evaluación*
evaluation, appraisal - valutazione - *Bewertung* - evaluación - *évaluation*
évaluation fiscale des biens - assessment of properties - *valutazione fiscale delle proprietà* - Schätzung, steuerliche Veranlagung - *valoración fiscal del patrimonio*
evaporación - évaporation - *evaporation* - evaporazione - *Verdunstung*
evaporation - evaporazione - *Verdunstung* - evaporación - *évaporation*
évaporation - evaporation - *evaporazione* - Verdunstung - *evaporación*
evaporazione - Verdunstung - *evaporación* - évaporation - *evaporation*
evasión fiscal - évasion fiscale - *tax evasion* - evasione fiscale - *Steuerhinterziehung*
évasion fiscale - tax evasion - *evasione fiscale* - Steuerhinterziehung - *evasión fiscal*
evasione fiscale - Steuerhinterziehung - *evasión fiscal* - évasion fiscale - *tax evasion*
evenly spread - distribuzione a pioggia - *Gießkannenprinzip* - rociado - *saupoudrage*
éventrement, percement - breaking thorough, piercing - *sventramento* - Durchbruch - *destripamiento, excavación*
evict (to), give notice (to) - sfrattare - *kündigen* - despedir, dar de baja - *donner congé*
example, model - esempio, modello - *Vorbild* - ejemplo, modelo - *exemple, modèle*
excédent des naissances sur les décès - excess of births over deaths - *eccedenza delle nascite sui decessi* - Geburtenüberschuß - *exceso de nacimientos con respeto a fallecimientos*
excepción - exception, objection (leg.) - *exception* - eccezione - *Ausnahme*
exception, objection (leg.) - exception - *eccezione* - Ausnahme - *excepción*
exception - eccezione - *Ausnahme* - excepción - *exception, objection (leg.)*
exceso de nacimientos con respeto a fallecimientos - excédent des naissances sur les décès - *excess of births over deaths* - eccedenza delle nascite sui decessi - *Geburtenüberschuß*
excess of births over deaths - eccedenza delle nascite sui decessi - *Geburtenüberschuß* - exceso de nacimientos con respeto a fallecimientos - *excédent des naissances sur les décès*
exchange - scambio - *Austausch* - cambio - *échange*
exchange of land - permuta fondiaria - *Grundstückstausch* - permuta de terrenos - *échange de terrain*
exchange relation - tasso di scambio - *Währungsrelation* - tasa de cambio - *taux du change*
exchange value - valore di scambio - *Tauschwert* - valor de cambio - *valeur d'échange*
exclusion of the public - esclusione del pubblico - *Ausschluß der Öffentlichkeit* - exclusión total del publico - *interdiction au public*
exclusión total del publico - interdiction au public - *exclusion of the public* - esclusione del pubblico - *Ausschluß der Öffentlichkeit*
exécution, - execution, realization - *esecuzione, gestione* - Durchführung, Ausführung - *ejecución, poner en obra*
execution, realization - esecuzione, gestione - *Durchführung, Ausführung* - ejecución, poner en obra - *exécution,*
exécution de projets de construction - execution of building projects - *realizzazione di progetti edilizi* - Ausführung von Bauvorhaben - *realización de proyectos de construcción*
execution of building projects - realizzazione di progetti edilizi - *Ausführung von Bauvorhaben* - realización de proyectos de construcción - *exécution de projets de construction*
executive order, statutory regulation - decreto legge - *Verordnung, gesetzliche* - decreto-ley - *décret-loi*
exemple, modèle - example, model - *esempio, modello* - Vorbild - *ejemplo, modelo*
exempt de taxe - toll-free - *esentasse, gratuito* - gebührenfrei - *gratuito, exento*
exemption, variance - deroga - *Ausnahmegenehmigung* - derogación - *dérogation*
exhaust - gas di scarico - *Abgas* - gas de escape, combustión - *gaz d'échappement*
exhibition hall - sala per esposizioni - *Ausstellungshalle* - sala de esposiciones - *salle d'ex-*

positions
exigence, requête - requirement, demand - *richiesta, domanda* - Anforderung - *exigencia, demanda*
exigencia, demanda - exigence, demande - *requirement, demand* - richiesta, domanda - *Anforderung*
Existenzminimum - nivel de subsistencia - *minimum vital* - subsistence level - *livello di sussistenza*
existing level of infrastructure - dotazione di attrezzature - *Ausstattung, infrastrukturelle* - equipamiento existente - *dotation en équipement*
existing, on hand - attuale, a disposizione - *vorhanden* - actual, disponible - *actuel, disponible*
exit - uscita - *Ausfahrt* - salida - *sortie*
exit curve - curva di uscita - *Ausfahrtskurve* - curva de salida - *virage de sortie*
exode - out-migration - *esodo* - Abwanderung - *éxodo*
exode rural - depopulation of rural areas - *esodo rurale* - Landflucht - *éxodo rural*
éxodo - exode - *out-migration* - esodo - *Abwanderung*
éxodo rural - exode rural - *depopulation of rural areas* - esodo rurale - *Landflucht*
expansion radio-centrique - radial expansion - *espansione radiale* - Ausdehnung, radiale - *expansión radial*
expansión radial - expansion radio-centrique - *radial expansion* - espansione radiale - *Ausdehnung, radiale*
expansion urbaine - urban growth - *espansione urbana* - Ausdehnung, städtische - *expansión urbana*
expansión urbana - expansion urbaine - *urban growth* - espansione urbana - *Ausdehnung, städtische*
expertise - expert's report - *perizia* - Gutachten - *peritaje*
expertiser - screen (to), assess (to) - *esaminare, periziare* - begutachten - *realizar un peritaje*
expert, conseiller - consultant, adviser - *consulente* - Berater - *consultor, asesor*
expert's report - perizia - *Gutachten* - peritaje - *expertise*
exploitation - exploitation, use - *sfruttamento* - Ausnutzung - *explotación*
exploitation, use - sfruttamento - *Ausnutzung* - explotación - *exploitation*

explosión, aumento rápido - accroissement rapide, explosion - *sharp increase* - esplosione, crescita tumultuosa - *Ansteigen, schnelles*
explotación - exploitation - *exploitation, use* - sfruttamento - *Ausnutzung*
explotación agrícola, finca - ferme à cultures arables - *crop farm* - fattoria ad arativo - *Ackerbaubetrieb*
exposure to radiation - compromissione da radiazioni - *Strahlenbelastung* - efectos de radiación - *effets de radiation*
exposure to sunlight - soleggiamento - *Besonnung* - soleamento, asoleamiento - *ensoleillement*
exprès, à dessin - intentionally, wilfully - *intenzionalmente, apposta* - absichtlich - *intencionalmente*
expropiación - expropriation - *compulsory purchase, condemnation* - esproprio - *Enteignung*
expropiar - exproprier - *expropriate (to), comdemn (to)* - espropriare - *enteignen*
expropriate (to), comdemn (to) - espropriare - *enteignen* - expropriar - *exproprier*
expropriation - compulsory purchase, condemnation - *esproprio* - Enteignung - *expropiación*
exproprier - expropriate (to), comdemn (to) - *espropriare* - enteignen - *expropiar*
expulsion - espulsione - *Ausweisung* - expulsión - *expulsion, éjection*
expulsión - expulsion, éjection - *expulsion* - espulsione - *Ausweisung*
expulsion, éjection - expulsion - *espulsione* - Ausweisung - *expulsión*
expulsion légale - legal eviction - *sfratto* - Räumungsbefehl - *expulsión legal, desahucio legal*
expulsión legal, desahucio legal - expulsion légale - *legal eviction* - sfratto - *Räumungsbefehl*
extension - ampliamento - *Erweiterung* - ensanche - *agrandissement*
extension, delay - proroga - *Verlängerung* - prolongación, prórroga, extensión - *prolongement, prorogation, reconduction*
external economies - economie esterne - *Agglomerationsvorteile* - economías externas - *économies externes*
external migration - migrazione esterna - *Außenwanderung* - migración exterior - *migration extérieure*

extinción de una especie - extinction d'une espèce - *extinction of a species* - estinzione di una specie - *Aussterben einer Art*
extinct volcano - vulcano spento - *Vulkan, erloschener* - volcán extinto - *volcan éteint*
extinction d'une espèce - extinction of a species - *estinzione di una specie* - Aussterben einer Art - *extinción de una especie*
extinction of a species - estinzione di una specie - *Aussterben einer Art* - extinción de una especie - *extinction d'une espèce*
extra costs for common services - spese condominiali - *Nebenkosten* - gastos comunes - *charges locatives additionnelles*
extrapolación de tendencias - extrapolation des tendaces - *extrapolation of trends* - estrapolazione delle tendenze - *Extrapolation von Trends*
extrapolation des tendaces - extrapolation of trends - *estrapolazione delle tendenze* - Extrapolation von Trends - *extrapolación de tendencias*
extrapolation of trends - estrapolazione delle tendenze - *Extrapolation von Trends* - extrapolación de tendencias - *extrapolation des tendaces*
Extrapolation von Trends - extrapolación de tendencias - *extrapolation des tendaces* - extrapolation of trends - *estrapolazione delle tendenze*

F

fabbisogno - Bedarf - *necesidad* - besoin - *demand, requirement*
fabbrica - Fabrik - *fábrica* - fabrique, usine - *factory, plant*
fábrica - fabrique, usine - *factory, plant* - fabbrica - *Fabrik*
fabricación - fabrication - *manufacture* - manifattura, fabbricazione - *Herstellung*
fabrication - manufacture - *manifattura, fabbricazione* - Herstellung - *fabricación*
Fabrik - fábrica - *fabrique, usine* - factory, plant - *fabbrica*
fabrique, usine - factory, plant - *fabbrica* - Fabrik - *fábrica*
façade - elevation, view - *prospetto* - Ansicht, Aufriß - *elevación, fachada, alzado*
Facharbeiter - obrero calificado - *ouvrier qualifié* - skilled worker - *personale qualificato, tecnico*
Fachplan - plan sectorial - *plan de secteur* - sectoral plan - *piano settoriale*
facteur de production - production factor - *fattore produttivo* - Produktionsfaktor - *factor de producción*
facteurs principaux d'aménagement - relevant planning factors - *fattori urbanistici rilevanti* - Planungsgegebenheiten, wesentliche - *factores urbanìsticos destacados*
factor de producción - facteur de production - *production factor* - fattore produttivo - *Produktionsfaktor*
factores urbanìsticos destacados - facteurs principaux d'aménagement - *relevant planning factors* - fattori urbanistici rilevanti - *Planungsgegebenheiten, wesentliche*
factory, plant - fabbrica - *Fabrik* - fábrica - *fabrique, usine*
factura - facture - *invoice, bill* - fattura - *Rechnung*
facture - invoice, bill - *fattura* - Rechnung - *factura*
Fähigkeit - talento, abilidad, aptitud - *aptitude, capacité* - skill - *abilità, capacità*
Fahrbahn - carretera, firme - *chaussée* - carriageway, roadway - *carreggiata*
Fähre - transbordador - *bac* - ferry - *traghetto*
Fahrgäste absetzen/aufnehmen - hacer subir y hacer bajar pasajeros - *faire descendre/ faire monter des passagers* - set down (to) / pick up (to) passengers - *scaricare/caricare passeggeri*
Fahrplan - horario - *indicateur* - timetable - *orario*
Fahrrad - bicicleta - *vélo, bicyclette* - bicycle - *bicicletta*
Fahrspur, äußere - via exterior - *voie extérieure* - outer lane - *corsia esterna*
Fahrt - viaje - *voyage* - journey, trip - *viaggio*
Fahrt im Berufsverkehr - desplazamiento por trabajo - *déplacement pour le travail* - work trip - *spostamento per lavoro*
Fahrt möglich durch nur ein Verkehrsmittel - desplazamiento obligatorio - *déplacement captif* - captive trip - *spostamento obbligato*
Fahrt von der Wohnung - desplazamiento de la casa - *déplacement depuis le domicile* - home-based trip - *spostamento da casa*
Fahrtzweck - motivo del deplazamiento - *but du déplacement* - purpose of the trip - *scopo dello spostamento*
Fahrzeit - tiempo de recorrido - *temps de trajet* - travel time - *tempo di percorrenza*

Fahrzeit zur Arbeitsstätte - tiempo de viaje por motivos de trabajo - *temps de déplacement pour aller au travail* - journey to work travel time - *durata dello spostamento per lavoro*
Fahrzeug - vehìculo - *véhicule* - vehicle - *veicolo*
faillite - bankruptcy - *fallimento* - Konkurs, Bankrott - *quiebra, bancarrota*
fair - fiera - *Messe* - feria - *foire, salon*
faire descendre/ faire monter des passagers - set down (to) / pick up (to) passengers - *scaricare/caricare passeggeri* - Fahrgäste absetzen/aufnehmen - *hacer subir y hacer bajar pasajeros*
faire respecter les règlements - enforce the regulations (to) - *far rispettare i regolamenti* - Einhaltung der Vorschriften überwachen - *hacer respetar las normas*
falaise - cliff - *scogliera* - Kliff - *farallón*
Fälligkeit - vencimiento - *échéance* - due date - *scadenza*
fallimento - Konkurs, Bankrott - *quiebra, bancarrota* - faillite - *bankruptcy*
falling rocks - caduta sassi - *Steinschlag* - caìda de piedras - *chute de pierres*
Fallstudie - estudio de caso - *cas d'étude* - case study - *caso studio*
famiglia difficile - Problemfamilie - *familia con problemas* - famille à problèmes - *problem family*
familia compuesta, unidad doméstica - ménage composite - *nuclear family* - nucleo familiare composito - *Haushalt, zusammengesetzer*
familia con problemas - famille à problèmes - *problem family* - famiglia difficile - *Problemfamilie*
Familienstand - estado civil - *état matrimonial* - marital status - *stato civile*
famille à problèmes - problem family - *famiglia difficile* - Problemfamilie - *familia con problemas*
far rispettare i regolamenti - Einhaltung der Vorschriften überwachen - *hacer respetar las normas* - faire respecter les règlements - *enforce the regulations (to)*
farallón - falaise - *cliff* - scogliera - *Kliff*
fare una passeggiata - spazierengehen - *dar una vuelta, dar un paseo* - promener, se - *go for a walk (to)*
farm building - edificio ad uso agricolo - *Wirtschaftsgebäude* - edificio para uso agricolo - *bâtiment d'exploitation agricole*

farm management - gestione agricola - *Hofbewirtschaftung* - gestión agrìcola - *gestion agricole*
farmacia - Apotheke - *farmacia botica* - pharmacie - *chemist's shop, pharmacy*
farmacia, botica - pharmacie - *chemist's shop, pharmacy* - farmacia - *Apotheke*
farmer - agricoltore, contadino - *Bauer* - agricultor, campesino - *paysan, fermier*
farmhouse - casa colonica - *Bauernhaus* - casa de labranza, finca, granja - *ferme*
fascia di rispetto - Abstandsfläche - *zona de preservación, espacio libre* - zone de sauvegarde - *safety zone*
fase de desarrollo - étape du processus - *stage in development* - fase di sviluppo - *Stufe der Entwicklung*
fase di sviluppo - Stufe der Entwicklung - *fase de desarrollo* - étape du processus - *stage in development*
fase inicial - periode de démarrage - *start-up period* - fase iniziale - *Anfangsphase*
fase iniziale - Anfangsphase - *fase inicial* - periode de démarrage - *start-up period*
fashionable street - strada alla moda - *Prachtstraße* - calle de moda - *rue représentative*
fattore produttivo - Produktionsfaktor - *factor de producción* - facteur de production - *production factor*
fattori urbanistici rilevanti - Planungsgegebenheiten, wesentliche - *factores urbanìsticos destacados* - facteurs principaux d'aménagement - *relevant planning factors*
fattoria ad arativo - Ackerbaubetrieb - *explotación agrìcola, finca* - ferme à cultures arables - *crop farm*
fattura - Rechnung - *factura* - facture - *invoice, bill*
fault line - linea di faglia - *Bruchlinie* - lìnea de falla - *ligne de faille*
feasibility study - studio di fattibilità - *Durchführbarkeitsstudie, Machbarkeitsstudie* - estudio de factibilidad - *étude de faisabilité*
fecha de nacimiento - date de naissance - *date of birth* - data di nascita - *Geburtsdatum*
fecha tope, plazo - date fixée - *qualifying date, deadline* - giorno fissato - *Stichtag*
fecondità - Fruchtbarkeit - *fecundidad* - fécondité - *fertility*
fécondité - fertility - *fecondità* - Fruchtbarkeit - *fecundidad*
fecundidad - fécondité - *fertility* - fecondità -

Fruchtbarkeit
federal highway, national motorway - strada statale - *Bundesfernstraße* - carretera estatal, carretera nacional - *route nationale*
fee, charge - diritti, canone, tariffa - *Gebühr* - tasa, derechos - *droits, taxe*
fee, honorarium - parcella - *Honorar* - honorarios - *honoraires*
Fehlergrenze - margen de error - *marge d'erreur* - margin of error - *margine d'errore*
Fehlplanung - errores de planificación - *erreur de planification* - planning error - *errori di piano*
Feiertag - dìa feriado, dìa festivo - *jour férié* - public holiday - *giorno festivo*
felling of trees, lumbering - disboscamento - *Abholzung* - desforestación - *déboisement*
Felsklippe - banco de roca, bajos - *banc de rochers* - reef - *banco di roccia*
femme de ménage - cleaning woman - *donna delle pulizie* - Putzfrau - *mujer de la limpieza*
fence - recinto - *Zaun* - cerca, valla - *clôture*
fenómeno colateral, concomitante - phénomène concomitant - *side phenomenon* - fenomeno concomitante, collaterale - *Begleiterscheinung*
fenomeno concomitante, collaterale - Begleiterscheinung - *fenómeno colateral, concomitante* - phénomène concomitant - *side phenomenon*
feria - foire, salon - *fair* - fiera - *Messe*
ferie, vacanze - Ferien, Urlaub - *vacaciones* - congés - *holidays, vacation*
Ferien, Urlaub - vacaciones - *congés* - holidays, vacation - *ferie, vacanze*
Feriendorf - pueblo de vacaciones - *village de vacances* - holiday village - *villaggio di vacanze*
Ferienhaus - casa de vacaciones - *maison de loisirs* - holiday cottage - *casa di vacanze*
Ferienreisender - veraneante, turista - *vacancier* - vacationer - *turista*
fermata d'autobus - Bushaltstelle - *parada de autobuses* - arrêt d'autobus - *bus stop*
ferme - farmhouse - *casa colonica* - Bauernhaus - *casa de labranza, finca, granja*
ferme à cultures arables - crop farm - *fattoria ad arativo* - Ackerbaubetrieb - *explotación agrìcola, finca*
fermer les routes à la circulation - close (to) the streets to vehicles - *chiudere le strade al traffico* - Straßen vom Verkehr abriegeln - *prohibido circular, prohibida la circulación*
fermeture des rues latérales - closing of side streets - *chiusura delle strade laterali* - Schließung von Nebenstraßen - *cierre de las calles laterales*
Fernheizung - calefacción urbana - *chauffage urbain* - district heating - *teleriscaldamento*
Fernmeldeanlage - instalación de telecomunicación - *installation de télécommunication* - telecommunication set, equipment - *impianto di telecomunicazione*
ferraille, mitraille - scrap - *rottame* - Schrott - *chatarra*
ferrocarril - chemin de fer - *railway, railroad* - ferrovia - *Eisenbahn*
ferrovia - Eisenbahn - *ferrocarril* - chemin de fer - *railway, railroad*
ferry - traghetto - *Fähre* - transbordador - *bac*
Fertigstellung - acabado - *achèvement* - completion - *completamento*
fertilisation, utilisation d'engrais - fertilization - *concimazione* - Bodendüngung - *fertilización*
fertility - fecondità - *Fruchtbarkeit* - fecundidad - *fécondité*
fertility rate - tasso di fecondità - *Fruchtbarkeitsziffer* - tasa de fecundidad - *taux de fécondité*
fertilización - fertilisation, utilisation d'engrais - *fertilization* - concimazione - *Bodendüngung*
fertilization - concimazione - *Bodendüngung* - fertilización - *fertilisation, utilisation d'engrais*
fest - fijo - *fixe* - steady, fixed - *fisso*
Festigkeit - estabilidad - *stabilité* - stability - *stabilità*
Festland - tierra firme, continente - *continent* - mainland - *terraferma*
festlegen - vincular - *bloquer* - tie up (to), lock up (to) - *vincolare*
festsetzen - fijar - *fixer* - fix (to), determine (to) - *fissare*
Feuchtigkeit - humedad - *humidité* - humidity, dampness - *umidità*
Feuchtigkeitsgrad - porcentaje de humedad - *degré d'humidité* - degree of humidity - *percentuale di umidità*
Feuerwache - cuartel de bomberos - *caserne de pompiers* - fire station - *caserma dei pompieri*
Feuerwehr - servicio antiincendio, servicio de bomberos - *service du feu, sapeurs pompiers* -

fire service, fire brigade - *servizio antincendio, vigili dei fuoco*
feuille de recensement - census form - *modulo per il censimento* - Zählbogen - *formulario para el censo*
feux de circulation - traffic lights - *semafori* - Verkehrsampeln - *semáforos*
fiabilidad - fiabilité, sûreté - *reliability* - affidabilità - *Zuverlässigkeit*
fiabilité, sûreté - reliability - *affidabilità* - Zuverlässigkeit - *fiabilidad*
fianc de montagne - mountain side - *versante di una montagna* - Berghang - *ladera de una montaña*
fianco di una collina - Hügelabhang - *laderas de una colina* - côteau - *hillside*
fianza, entrada - arrhes - *deposit* - caparra - *Anzahlung*
ficha - fiche - *index, filing card* - scheda - *Karteikarte*
fiche - index, filing card - *scheda* - Karteikarte - *ficha*
fichero - fichier - *file* - schedario - *Datei*
fichier - file - *schedario* - Datei - *fichero*
field, area - area - *Bereich, Areal* - área - *aire*
fieno - Heu - *heno* - foin - *hay*
fiera - Messe - *feria* - foire, salon - *fair*
fijación de precios - encadrement des prix - *price-fixing* - fissazione dei prezzi - *Preisbindung*
fijar - fixer - *fix (to), determine (to)* - fissare - *festsetzen*
fijar el uso del suelo - déterminer l'utilisation des surfaces - *zone (to)* - definire la destinazione delle aree - *Flächennutzung festlegen*
fijo - fixe - *steady, fixed* - fisso - *fest*
file - schedario - *Datei* - fichero - *fichier*
file (to) - presentare, depositare - *einreichen* - presentar - *présenter, déposer*
fili sospesi dell'alta tensione - Überlandleitung - *lìnea de alta tensión* - ligne de courant de longue distance - *overhead power line*
filial, sucursal - antenne, filiale - *establishment, branch* - sede, filiale - *Niederlassung*
filing fee - costi di registrazione - *Eintragungsgebühr* - derechos de inscripción - *droit d'enregistrement*
filling of vacant space - edilizia interstiziale - *Auffüllen von Baulücken* - edificación intersticial - *remplissage de dents résiduelles*
filtro anti-reflectante - écran anti-éblouissant - *anti-glare screening* - schermo anti-abbagliante - *Blendschutz- einrichtungen*
final goal - obiettivo finale - *Endzweck* - finalidades objectivos - *objectif final*
finalidades objectivos - objectif final - *final goal* - obiettivo finale - *Endzweck*
financement - financing - *finanziamento* - Finanzierung - *financiación*
financiación - financement - *financing* - finanziamento - *Finanzierung*
financial equalisation - perequazione economica - *Finanzausgleich* - compensación financiaria - *peréquation financière*
financing - finanziamento - *Finanzierung* - financiación - *financement*
Finanzamt - hacienda de Rentas Públicas, oficina de impuestos - *perception (municipale)* - Inland Revenue Office, Treasurer - *fisco, ufficio imposte*
Finanzausgleich - compensación financiaria - *peréquation financière* - financial equalisation - *perequazione economica*
finanziamento - Finanzierung - *financiación* - financement - *financing*
Finanzierung - financiación - *financement* - financing - *finanziamento*
finca, propriedad inmobiliaria - propriété foncière - *real property* - proprietà immobiliare - *Grundbesitz*
fine - contravvenzione, multa - *Geldstrafe* - multa - *contravention, amende*
fire service, fire brigade - servizio antincendio, vigili dei fuoco - *Feuerwehr* - servicio antiincendio, servicio de bomberos - *service du feu, sapeurs pompiers*
fire station - caserma dei pompieri - *Feuerwache* - cuartel de bomberos - *caserne de pompiers*
firm - azienda, esercizio - *Betrieb* - empresa, casa - *entreprise, exploitation*
Firma - casa, firma - *firme* - company - *ditta*
firma, casa - firme - *company* - ditta - *Firma*
firmar - signer - *sign (to)* - firmare - *unterschreiben*
firmare - unterschreiben - *firmar* - signer - *sign (to)*
firmatario della domanda - Antragsteller - *solicitante* - requérant, demandeur - *applicant, petitioner*
firme - company - *ditta* - Firma - *casa, firma*
Fischzuchtanstalt - establecimiento de pesca - *établissement piscicole* - fish farm - *azienda pescicola*

fisco, ufficio imposte - Finanzamt - *hacienda de Rentas Públicas, oficina de impuestos* - perception (municipale) - *Inland Revenue Office, Treasurer*
fish farm - azienda pescicola - *Fischzuchtanstalt* - establecimiento de pesca - *établissement piscicole*
fissare - festsetzen - *fijar* - fixer - *fix (to), determine (to)*
fissazione dei prezzi - Preisbindung - *fijación de precios* - encadrement des prix - *price-fixing*
fisso - fest - *fijo* - fixe - *steady, fixed*
fit, adaptation, adjustment - adattamento, adeguamento - *Anpassung* - armonización, adaptación - *adaptation, conformité*
fit (to) roads into their settings - inserire le strade nel loro ambiente - *Straßen in die Umgebung einbinden* - insertar las calles en su ambiente - *intégrer les routes dans leur environnement*
fitting, insertion - inserimento - *Einfügung* - inserción - *insertion, introduction*
fix (to), determine (to) - fissare - *festsetzen* - fijar - *fixer*
fixe - steady, fixed - *fisso* - fest - *fijo*
fixed assets - capitale fisso - *Anlagekapital* - capital fijo - *immobilisations*
fixer - fix (to), determine (to) - *fissare* - festsetzen - *fijar*
flach - llano - *plat* - level, flat - *pianeggiante*
Fläche für öffentliche Nutzung - área para uso publico - *aire publique* - area for public use - *area di uso pubblico*
Flächen für Gemeinbedarf - área de equipamientos publìcos - *espaces pour des équipements publics* - land for public facilities - *area per i servizi*
flächenbezogen - en función de la superficie - *relatif à la surface* - related to the size of an area - *in funzione della superficie*
Flächennutzung festlegen - fijar el uso del suelo - *déterminer l'utilisation des surfaces* - zone (to) - *definire la destinazione delle aree*
Flächennutzungsbestands- karte - plano de uso del suelo - *plan montrant les utilisations actuelles du sol* - plan showing existing land use - *piano degli usi del suolo*
Flächennutzungsplan - Plan general de urbanización, Plan para uso del suelo - *schéma directeur, Plan d'occupation des sols (POS)* - land use plan - *Piano Regolatore Generale (P.R.G.), piano d'uso del suolo*
Flächennutzungs- festlegung - regulación del uso del suelo - *réglements du plan d'occupation des sols* - zoning regulations - *regolamentazione delle prescrizioni di zona*
Flächensanierung - saneamiento, erradiación de barrios insalubres - *assainissement après démolition* - slum clearance - *restauro pesante, con demolizioni*
Fläche, bebaute - superficie edificada - *zone construite* - built-up area - *area edificata*
Fläche, landwirtschaftliche - terreno agricola, tierra de cultivo - *terrain agricole* - agricultural land - *terreno agricolo*
flat - appartamento - *Wohnung* - apartamento, vivienda, piso - *appartement*
fletamiento - affrétement - *charter* - noleggio - *Befrachtung*
Fließband - cinta transportadora - *chaîne de montage* - conveyor belt - *catena di montaggio*
Fließen mit natürlichem Gefälle - reflujo por gravedad - *écoulement par gravité* - gravity flow - *deflusso per gravità*
fließendes Wasser - agua corriente - *eau courante* - running water - *acqua corrente*
flood - inondazione - *Überschwemmung* - inundación - *crue*
floodgates, sluices - chiuse regolatrici - *Wehr* - compuertas, presas - *vanne de régulation*
floor area ratio - coefficiente d'occupazione del suolo, indice di fabbricabilità - *Geschoßflächenzahl* - porcentaje de edificación - *Coefficient d'Occupation des Sols (C.O.S.) indice d'utilisation*
flower tub - vaso da fiori - *Blumenkübel* - maceta - *bac à fleurs*
fluctuation, floating - oscillazione, fluttuazione - *Schwankung* - oscilación, fluctuación - *oscillation, variation*
fluctuación térmica - fluctuation de température - *temperature range* - escursione termica - *Temperaturschwankung*
fluctuation de température - temperature range - *escursione termica* - Temperaturschwankung - *fluctuación térmica*
Flugblatt - volante - *tract* - board sheet - *volantino*
Flughafen - aeropuerto - *aéroport* - airport - *aeroporto*
Flugplatz - campo de aviación - *terrain d'aviation* - airfield - *campo d'aviazione*

flujos de tráfico - flux de la circulation - *traffic flow* - flusso di traffico - *Verkehrsfluß*
Flurbereinigung - modificación de los limites de fincas - *redressement parcellaire* - change of farm property lines - *ricomposizione fondiaria*
flusso di traffico - Verkehrsfluß - *flujos de tráfico* - flux de la circulation - *traffic flow*
Flut - marea alta - *marée haute* - high tide - *alta marea*
flux de la circulation - traffic flow - *flusso di traffico* - Verkehrsfluß - *flujos de tráfico*
Flußablagerung - depósito aluvial - *dépôts d'alluvions* - alluvial deposit - *deposito alluvionale*
Flußbett - cauce, lecho de un rìo - *lit d'un fleuve* - river bed - *letto di un fiume*
Flußgefälle - pendiente de un curso de agua - *pente d'un cours d'eau* - stream gradient of a river - *pendenza di un corso d'acqua*
Flußmündung - desembocadura del rìo - *embouchure* - river mouth - *foce*
Flußschleife - recodo de un rìo - *coude d'un fleuve* - bend in a river - *ansa di un fiume*
Flußufer - orilla de un rìo - *rive d'un fleuve* - river bank - *riva di un fiume*
flyover, overpass - cavalcavia - *Überführung* - paso superior - *pont-route*
focal point - punto focale - *Blickpunkt* - punto focal - *point focal*
crucial point, emphasis - fulcro, punto chiave - *Schwerpunkt* - punto clave - *point essentiel, majeur*
foce - Flußmündung - *desembocadura del rìo* - embouchure - *river mouth*
fodder - foraggio - *Futter* - forraje - *fourrage*
fog - nebbia - *Nebel* - niebla - *brouillard*
fog belt - zona nebbiosa - *Nebelgebiet* - zona de niebla - *zone de brouillard*
foin - hay - *fieno* - Heu - *heno*
foire, salon - fair - *fiera* - Messe - *feria*
Folge, Konsequenz - consecuencia, repercusión - *conséquence, répercussion* - spillover - *ripercussione*
Folgeeinrichtungen - equipamientos auxiliares - *équipements auxiliaires* - ancillary facilities - *servizi sussidiari*
Folgelasten - costos derivados - *frais dérivés* - follow-up costs - *costi conseguenti*
Folgemaßnahmen - medidas consecuentes - *mesures consécutives à* - follow-up, consequent measures - *misure consequenziali*

Folgewirkungen - efecto consecuencial, efecto de arrastre - *effet d'entraînement* - spin-off, side effect - *effetto trascinamento*
folla compatta - Gewühl, dichtes - *multitud compacta* - foule compacte - *dense crowd*
follow-up costs - costi conseguenti - *Folgelasten* - costos derivados - *frais dérivés*
follow-up, consequent measures - misure consequenziali - *Folgemaßnahmen* - medidas consecuentes - *mesures consécutives à*
fonction collective - collective function - *funzione collettiva* - Gemeinschaftsfunktion - *functión colectiva*
fonction prédominante - predominant function - *funzione predominante* - Funktion, vorherrschende - *función predominante*
fonctionnaire - official, civil servant - *funzionario* - Beamter, Funktionär - *funcionario, empleado público*
fonctionnaire municipal - municipal employee - *funzionario municipale* - Gemeindebeamter - *funcionario municipal*
fonction, office - function, office - *mansione, ufficio* - Amt - *oficina pública*
fond de vallée - valley floor - *fondo valle* - Talboden - *fondo de un valle*
Fond d'Aménagement Urbain (FAU) - central government funds for urban improvement - *fondi di ristrutturazione urbana* - Umstrukturierungsfonds - *fondos de restructuración urbana*
fond sous-marin - sea bed - *fondale marino* - Meeresboden - *fondo marino*
fondale marino - Meeresboden - *fondo marino* - fond sous-marin - *sea bed*
fondamenti - Grundsätze - *fundamentos* - fondements - *fundamentals, principles*
fondation - foundation - *fondazione* - Stiftung - *fundación*
fondazione - Stiftung - *fundación* - fondation - *foundation*
fondements - fundamentals, principles - *fondamenti* - Grundsätze - *fundamentos*
fondi di ristrutturazione urbana - Umstrukturierungsfonds - *fondos de restructuración urbana* - Fond d'Aménagement Urbain (FAU) - *central government funds for urban improvement*
fondi di terzi - Drittmittel - *fondos de terceros* - moyens des tiers - *third-party funds*
fondi propri - Eigenmittel - *fondos proprios* - fonds propres - *equity finance*

fondo de un valle - fond de vallée - *valley floor* - fondo valle - *Talboden*
fondo marino - fond sous-marin - *sea bed* - fondale marino - *Meeresboden*
fondo valle - Talboden - *fondo de un valle* - fond de vallée - *valley floor*
fondos de restructuración urbana - Fond d'Aménagement Urbain (FAU) - *central government funds for urban improvement* - fondi di ristrutturazione urbana - *Umstrukturierungsfonds*
fondos de saneamiento - fonds de bonification - *recultivation grant* - sovvenzioni di bonifica - *Rekultivierungs-subventionen*
fondos de terceros - moyens des tiers - *third-party funds* - fondi di terzi - *Drittmittel*
fondos proprios - fonds propres - *equity finance* - fondi propri - *Eigenmittel*
fonds de bonification - recultivation grant - *sovvenzioni di bonifica* - Rekultivierungs-subventionen - *fondos de saneamiento*
fonds propres - equity finance - *fondi propri* - Eigenmittel - *fondos proprios*
fontanella, punto acqua - Laufbrunnen - *fuente cilla* - borne-fontaine - *drinking fountain*
fonte - Quelle - *fuente* - source - *source, well*
fonti di finanziamento - Fördertöpfe - *fuentes de financiamiento* - sources de financement - *furthering sources*
food - nutrimento - *Nahrung* - alimento - *nourriture*
food chain - catena alimentare - *Nahrungskette* - cadena de alimentación - *chaîne alimentaire*
footpath, walkway - passaggio pedonale - *Fußweg* - paso para peatones - *passage piéton*
foraggio - Futter - *forraje* - fourrage - *fodder*
ford - guado - *Furt* - vado - *gué*
Förderantrag - solicitud de subvención - *requête de subventions* - application for grant - *richiesta di aiuti*
Förderer - promotor - *protecteur, promoteur* - sponsor - *promotore, fautore*
Fördergebiet - región de aprovechamiento - *région à aider* - assisted area - *area assistita, depressa*
Fördermittel - subvenciones - *subventions* - subsides - *mezzi finanziari per l'incentivazione*
Fördertöpfe - fuentes de financiamiento - *sources de financement* - furthering sources - *fonti di finanziamento*
Förderungsdarlehen, günstiges - crédito facilitado - *prêt bonifié* - attractive loan - *credito agevolato*
Förderungsobergrenze - subvención máxima - *plafond pour l'attribution d'aide* - ceiling for subsides, upper limit for a grant - *tetto massimo per le sovvenzioni*
Förderungspolitik - polìtica de fomento - *politique d'encouragement* - aid policy - *politica di sostegno*
forecast, estimate - previsione - *Voraussicht* - previsión - *prévision*
foreign sales - vendite all'estero - *Auslandsumsatz* - venta al extrajero - *vente à l'étranger*
foreman - caposquadra, capomastro - *Vorarbeiter, Polier* - jefe de obras, maestro mayor - *contremaitre*
forestación, repoblación forestal - reboisement - *reafforestation* - rimboschimento - *Aufforstung*
foresticultura - Forstwirtschaft - *silvicultura* - sylviculture - *forestry*
forestry - foresticultura - *Forstwirtschaft* - silvicultura - *sylviculture*
forfait - lump sum - *a forfait, tutto compreso* - Pauschale - *global, forfait*
forma - forme - *form, shape* - forma, figura - *Gestalt, Form*
formación, adestramiento - formation - *job training* - addestramento - *Ausbildung*
formante distretto - kreisfrei - *autónoma del distrito* - constituant Kreis - *autonomous town*
formation - job training - *addestramento* - Ausbildung - *formación, adestramiento*
forma, figura - Gestalt, Form - *forma* - forme - *form, shape*
forme - form, shape - *forma, figura* - Gestalt, Form - *forma*
formulaire - formulary - *modulo* - Formular - *formulario*
Formular - formulario - *formulaire* - formulary - *modulo*
formulario - formulaire - *formulary* - modulo - *Formular*
formulario de correos - questionnaire par poste - *postal survey, mail survey* - questionario postale - *Befragung, postalische*
formulario para el censo - feuille de recensement - *census form* - modulo per il censimento - *Zählbogen*
formulary - modulo - *Formular* - formulario - *formulaire*
form, shape - forma, figura - *Gestalt, Form* -

forma - *forme*
fornire - liefern - *abastecer* - fournir - *supply (to)*
fornitore locale - Lieferant, lokaler - *proveedor local, abastecedor local* - fournisseur - *local supplier*
fornitura, approvvigionamento - Lieferung - *aprovisionamiento, abastecimiento* - livraison, approvisionnement - *delivery*
forraje - fourrage - *fodder* - foraggio - *Futter*
Forschung, angewandte - investigación aplicada - *recherche appliquée* - applied research - *ricerca applicata*
Forschung und Entwicklung (F&E) - investigación y desarollo - *recherche et développement (R&D)* - research and development (R&D) - *ricerca e sviluppo (R&S)*
Forstwirtschaft - silvicultura - *sylviculture* - forestry - *foresticultura*
Fortbildung - perfeccionamiento - *perfectionnement* - further education - *perfezionamento*
Fortschritt - progreso - *progrès* - progress - *progresso*
fortune - estate, fortune, assets - *patrimonio, capitale* - Vermögen - *patrimonio, capital*
forza d'attrazione - Anziehungskraft - *fuerza de atracción* - pouvoir d'attraction - *attraction power*
foso - fossé - *ditch, moat* - fossato - *Graben*
foso en torno a la ciudad - fossé de la ville - *town moat* - fossato attorno alla città - *Stadtgraben*
fossato - Graben - *foso* - fossé - *ditch, moat*
fossato attorno alla città - Stadtgraben - *foso en torno a la ciudad* - fossé de la ville - *town moat*
fossé - ditch, moat - *fossato* - Graben - *foso*
fossé de la ville - town moat - *fossato attorno alla città* - Stadtgraben - *foso en torno a la ciudad*
fotografia aerea - Luftbild - *fotografia aérea* - photographie aérienne - *aerial photograph*
fotografía aérea - photographie aérienne - *aerial photograph* - fotografia aerea - *Luftbild*
foule compacte - dense crowd - *folla compatta* - Gewühl, dichtes - *multitud compacta*
foundation - fondazione - *Stiftung* - fundación - *fondation*
fourgon - delivery van - *furgone* - Lieferwagen - *furgón*
fournir - supply (to) - *fornire* - liefern - *abastecer*

fournisseur - local supplier - *fornitore locale* - Lieferant, lokaler - *proveedor local, abastecedor local*
fourniture, ravitaillement - supply, service delivery - *approvvigionamento* - Versorgung - *aprovisionamiento*
fourrage - fodder - *foraggio* - Futter - *forraje*
foyer d'une personne - single-person household - *nucleo unipersonale* - Einpersonenhaushalt - *núcleo unipersonal*
fracaso, ruina - débâcle financière, effondrement - *crash* - crollo - *Krach, Sturz*
fraccionamiento de fincas agrìcolas - fractionnement des domaines agricoles - *fragmentation of agricultural holdings* - frazionamento delle proprietà agricole - *Zersplitterung des landwirtschaftlichen Besitzes*
fractionnement des domaines agricoles - fragmentation of agricultural holdings - *frazionamento delle proprietà agricole* - Zersplitterung des landwirtschaftlichen Besitzes - *fraccionamiento de fincas agrìcolas*
fragmentation of agricultural holdings - frazionamento delle proprietà agricole - *Zersplitterung des landwirtschaftlichen Besitzes* - fraccionamiento de fincas agrìcolas - *fractionnement des domaines agricoles*
frais de démarrage - launching costs - *costi iniziali* - Anlaufkosten - *costos de partida, de puesta in marcha*
frais de publicité - professional outlay, class A deduction - *spese per la produzione del reddito* - Werbungskosten - *gastos de publicidad*
frais dérivés - follow-up costs - *costi conseguenti* - Folgelasten - *costos derivados*
frais supplémentaires - additional costs - *spese aggiuntive* - Mehrkosten - *costos, gastos suplementarios*
framework - quadro - *Rahmen* - cuadro, marco - *cadre*
frana - Erdrutsch - *derrumbamiento, desprendimiento del terreno* - glissement de terrain - *landslide*
franchise - concessione, licenza - *Konzession, Lizenz* - concesión, licencia, franquicia - *concession, licence*
franchissement - trespassing, infringement - *sconfinamento* - Überschreitung - *paso, infracción*
frangia - Rand - *borde, margen* - bord, marge - *fringe*
frangiflutti - Mole, Hafendamm - *molo* - môle,

jetée - *jetty*
franja de jardìn - coulée de verdure - *green wedge* - striscia di verde - *Grünzug*
frazionamento delle proprietà agricole - Zersplitterung des landwirtschaftlichen Besitzes - *fraccionamiento de fincas agrìcolas* - fractionnement des domaines agricoles - *fragmentation of agricultural holdings*
free market - mercato libero - *Markt, freier* - mercado libre - *marché libre*
Freiberufler - profesional - *personne exerçant une profession libérale* - professional, freelance - *libero professionista*
freight train - treno merci - *Güterzug* - tren de mercancìas - *train de marchandises*
Freilichttheater - teatro al aire libre - *théâtre de verdure* - open-air theatre - *teatro all'aperto*
Freiluftmuseum - museo al aire libre - *musée à ciel ouvert* - open-air museum - *museo all'aria aperta*
freiner - check (to), slow down (to) - *frenare* - hemmen - *frenar*
Freiraum - campo libre - *champ libre, main libre* - room for manoeuvre - *campo libero*
Freiraum, öffentlicher - espacio público - *espace public* - public open space - *spazio aperto, a uso pubblico*
Freiraum, von Gebäuden umschlossener - espacio abierto delimitado por edificios - *espace ouvert délimité par des bâtiments* - open space enclosed by buildings - *spazio aperto racchiuso da edifici*
Freizeit - tiempo libre - *loisirs* - leisure time - *tempo libero*
Freizeitanlage - area de recreo - *installation de loisirs* - recreation facilities - *impianti per il tempo libero*
Freizeitgestaltung - tipos de recreo - *types de loisirs* - recreational patterns - *tipi di divertimento*
Freizeitverhalten, Änderungen im - cambios en los comportamientos recreativos - *changements de modes dans les loisirs* - change in recreational behaviour - *mutamenti dei modelli ricreativi*
Fremdenführung - visita turìstica guiada - *visite touristique guidée* - guided tour - *visita turistica guidata*
Fremdenverkehrsgebiet - zona turìstica - *zone touristique* - tourist area - *zona turistica*
Fremdenverkehrsindustrie - industria del turismo - *industrie du tourisme* - tourist industry - *industria del turismo*
Fremdenverkehrszentrum - centro turìstico - *centre de tourisme* - tourist centre - *centro turistico*
frenar - freiner - *check (to), slow down (to)* - frenare - *hemmen*
frenare - hemmen - *frenar* - freiner - *check (to), slow down (to)*
fresh water - acqua dolce - *Süßwasser* - agua dulce - *eau douce*
fresquedal - prairie irriguée - *wetlands* - marcita - *Wiese, feuchte*
friche - derelict land, fallow - *terreno dismesso, abbandonato* - Brachland - *terrenos baldìos, barbecho*
fringe - frangia - *Rand* - borde, margen - *bord, marge*
fringe benefit - vantaggi collaterali, prestazioni accessorie - *Nebenleistung* - prestaciones colaterales - *gratte, prestation accessoire*
fristig (kurz-, mittel-, lang-) - término, plazo (a corto, medio, largo) - *terme (court, moyen, long)* - term (short, medium, long) - *termine (corto, medio, lungo)*
fristlos - sin aviso previo - *sans préavis* - without notice - *senza preavviso, in tronco*
front de magasin - shop front - *fronte commerciale* - Ladenfront - *zona comercial*
front de mer - sea-front - *lungomare* - Seeseite - *paseo marìtimo*
fronte commerciale - Ladenfront - *zona comercial* - front de magasin - *shop front*
frontera, limite - frontière - *border* - frontiera - *Grenze*
frontiera - Grenze - *frontera, limite* - frontière - *border*
frontière - border - *frontiera* - Grenze - *frontera, limite*
front-end assistance - aiuti per nuove iniziative - *Starthilfe* - ayudas para nuevas iniciativas - *aide de démarrage*
front-foot charge - quote vicinali - *Anliegerbeitrag* - gastos vecinales - *cotisation de riveraineté*
frost, heavethaw - rigonfiamento per il gelo - *Frostaufbruch* - deformación causada por el hielo - *soulèvement par le gel*
Frostaufbruch - deformación causada por el hielo - *soulèvement par le gel* - frost, heavethaw - *rigonfiamento per il gelo*
Fruchtbarkeit - fecundidad - *fécondité* - fertility - *fecondità*

Fruchtbarkeitsziffer - tasa de fecundidad - *taux de fécondité* - fertility rate - *tasso di fecondità*
Fruchtwechsel - rotación agraria - *assolement* - crop rotation - *rotazione delle colture*
Frühgemüseanbau - cultivo de primicias - *culture des primeurs* - growing of early vegetables - *coltura di primizie*
fuente - source - *source, well* - fonte - *Quelle*
fuente cilla - borne-fontaine - *drinking fountain* - fontanella, punto acqua - *Laufbrunnen*
fuentes de financiamiento - sources de financement - *furthering sources* - fonti di finanziamento - *Fördertöpfe*
fuera de escala - hors d'échelle - *out of scale* - fuori scala - *maßstabslos*
fuerza de attracción - pouvoir d'attraction - *attraction power* - forza d'attrazione - *Anziehungskraft*
fuga radioactiva - fuite radioactive - *leak of radioactivity* - fuga radioattiva - *Entweichen von Radioaktivität*
fuga radioattiva - Entweichen von Radioaktivität - *fuga radioactiva* - fuite radioactive - *leak of radioactivity*
führen, betreiben - gestionar - *gérer* - manage (to), operate (to) - *gestire*
fuite radioactive - leak of radioactivity - *fuga radioattiva* - Entweichen von Radioaktivität - *fuga radioactiva*
fulcro, punto chiave - Schwerpunkt - *punto clave* - point essentiel, majeur - *focal, crucial point, emphasis*
full board - pensione completa - *Vollpension* - pensión completa - *pension complète*
full employment - pieno impiego - *Vollbeschäftigung* - dedicación total - *plein emploi*
fumée - smoke - *fumi* - Rauch - *humos*
fumi - Rauch - *humos* - fumée - *smoke*
fumier - manure - *letame* - Dung, Mist - *estiércol*
función predominante - fonction prédominante - *predominant function* - funzione predominante - *Funktion, vorherrschende*
funcionario municipal - fonctionnaire municipal - *municipal employee* - funzionario municipale - *Gemeindebeamter*
funcionario, empleado público - fonctionnaire - *official, civil servant* - funzionario - *Beamter, Funktionär*
functión colectiva - fonction collective - *collective function* - funzione collettiva - *Gemeinschaftsfunktion*
function, office - mansione, ufficio - *Amt* - oficina pública - *fonction, office*
functional planning - pianificazione funzionale - *Planung, funktionale* - planificación funcional - *planification fonctionnelle*
fundación - fondation - *foundation* - fondazione - *Stiftung*
fundamentals, principles - fondamenti - *Grundsätze* - fundamentos - *fondements*
fundamentos - fondements - *fundamentals, principles* - fondamenti - *Grundsätze*
Funktion, vorherrschende - función predominante - *fonction prédominante* - predominant function - *funzione predominante*
funzionario - Beamter, Funktionär - *funcionario, empleado público* - fonctionnaire - *official, civil servant*
funzionario municipale - Gemeindebeamter - *funcionario municipal* - fonctionnaire municipal - *municipal employee*
funzione collettiva - Gemeinschaftsfunktion - *function colectiva* - fonction collective - *collective function*
funzione predominante - Funktion, vorherrschende - *función predominante* - fonction prédominante - *predominant function*
fuori scala - maßstabslos - *fuera de escala* - hors d'échelle - *out of scale*
furgón - fourgon - *delivery van* - furgone - *Lieferwagen*
furgone - Lieferwagen - *furgón* - fourgon - *delivery van*
furniture - arredamento - *Einrichtung* - ajuar, mobiliario - *ameublement*
Furt - vado - *gué* - ford - *guado*
further education - perfezionamento - *Fortbildung* - perfeccionamiento - *perfectionnement*
furthering sources - fonti di finanziamento - *Fördertöpfe* - fuentes de financiamiento - *sources de financement*
furto - Diebstahl - *robo* - vol - *theft*
fusion de communes - merger of local authorities - *fusione di comuni* - Zusammenschluß von Kommunen - *fusión de municipios*
fusión de municipios - fusion de communes - *merger of local authorities* - fusione di comuni - *Zusammenschluß von Kommunen*
fusione di comuni - Zusammenschluß von Kommunen - *fusión de municipios* - fusion de communes - *merger of local authorities*
Fußgängerebene - plataforma para peatones

nivel peatonal - *dalle piétonnière* - pedestrian level - *piastra pedonale*
Fußgängerstraße - calle peatonal - *rue piétonnière* - pedestrian street - *strada pedonale*
Fußgängerübergang - sovrapaso de peatones - *pont piétonnier* - pedestrian crossing - *passerella pedonale*
Fußgängerverkehr - tráfico de peatones - *trafic de piétons, trafic piétonnier* - pedestrian traffic - *traffico pedonale*
Fußgängerzone - zona peatonal - *zone piétonnière* - pedestrian precinct, pedestrian area - *zona pedonale*

Fußgängerzone anlegen cerrar al trafico rodado - - *rendre piétonnier* - pedestrianize (to) - *pedonalizzare*
Fußweg - paso para peatones - *passage piéton* - footpath, walkway - *passaggio pedonale*
fûts étanches - waterproof containers - *contenitori impermeabili* - Gefäße, wasserdichte - contenedores impermeables, containers impermeables
Futter - forraje - *fourrage* - fodder - *foraggio*
future demand - domanda futura - *künftige Frage* - demanda futura - *demande future*

G

gagner - earn (to) - *guadagnare* - verdienen - *ganar, percibir*
gain de terrain - gain of land - *guadagno di terreno* - Landgewinn - *ganancia de terreno*
gain of land - guadagno di terreno - *Landgewinn* - ganancia de terreno - *gain de terrain*
galerie marchande, passage - arcade - *galleria con negozi* - Passage - *pasaje comercial*
galleria con negozi - Passage - *pasaje comercial* - galerie marchande, passage - *arcade*
gama de equipamientos - gamme d'équipements - *range of facilities* - gamma di attrezzature - *Umfang der Einrichtungen*
gama, espectro - gamme, éventail - *range* - spettro, gamma - *Palette*
game reserve - riserva di caccia - *Jagdgehege* - vedado de caza, coto - *réserve de chasse*
gamma di attrezzature - Umfang der Einrichtungen - *gama de equipamientos* - gamme d'équipements - *range of facilities*
gamme, éventail - range - *spettro, gamma* - Palette - *gama, espectro*
gamme d'équipements - range of facilities - *gamma di attrezzature* - Umfang der Einrichtungen - *gama de equipamientos*
ganancia de terreno - gain de terrain - *gain of land* - guadagno di terreno - *Landgewinn*
ganar, percibir - gagner - *earn (to)* - guadagnare - *verdienen*
garaje cubierto - stationnement couvert - *car port* - parcheggio coperto - *Abstellplatz, überdachter*
garantìa, aval - garantie - *guarantee* - garanzia - *Bürgschaft*
garantie - guarantee - *garanzia* - Bürgschaft - *garantìa, aval*

garanzia - Bürgschaft - *garantìa, aval* - garantie - *guarantee*
garbage collection, refuse collection - nettezza urbana - *Stadtreinigung* - limpieza pública - *ramassage des ordures ménagères*
garden city - città-giardino - *Gartenstadt* - ciudad-jardìn - *cité-jardin*
gare - station - *stazione* - Bahnhof - *estación*
Gartenstadt - ciudad-jardìn - *cité-jardin* - garden city - *città-giardino*
gas de escape, combustión - gaz d'échappement - *exhaust* - gas di scarico - *Abgas*
gas di scarico - Abgas - *gas de escape, combustión* - gaz d'échappement - *exhaust*
gaspillage des resources naturelles - wastage of natural resources - *spreco delle risorse naturali* - Vergeudung der natürlichen Ressourcen - *desperdicio de recursos naturales*
Gasse - callejuela - *ruelle* - alley, passage - *vicolo*
gastar - dépenser - *spend (to)* - spendere - *ausgeben*
Gastarbeiter - trabajador inmigrado - *travailleur immigré* - emigrant labour - *lavoratore immigrato*
Gästezimmer - habitación de invitados - *chambre d'ami* - guest room - *camera degli ospiti*
gastos comunes - charges locatives additionnelles - *extra costs for common services* - spese condominiali - *Nebenkosten*
gastos corrientes - dépenses courantes - *current expenses* - spese correnti - *Ausgaben, laufende*
gastos de arriendo - charges locatives - *rent expenditures* - carico locativo - *Mietbelastung*
gastos de inversión - dépenses d'investisse-

ment - *capital expenditure* - spese d'equipaggiamento - *Kapitalaufwendung*
gastos de mantenimiento - dépenses d'entretien - *maintenance costs* - spese di manutenzione - *Instandhaltungskosten*
gastos de publicidad - frais de publicité - *professional outlay, class A deduction* - spese per la produzione del reddito - *Werbungskosten*
gastos empresariales - dépenses de fonctionnement - *operation expenditures, operating costs* - spese d'esercizio - *Betriebsausgaben*
gastos para esparcimiento - dépenses pour les loisirs - *spendings on leisure* - spese per il tempo libero - *Ausgaben für Freizeitgestaltung*
gastos públicos - dépenses publiques - *public expenditure* - spesa pubblica - *Ausgaben, öffentliche*
gastos vecinales - cotisation de riveraineté - *front-foot charge* - quote vicinali - *Anliegerbeitrag*
gate - cancello - *Tor* - portón - *portail*
gauge - scartamento - *Spurweite (Eisenbahn)* - ancho del carril - *écartement*
gaz d'échappement - exhaust - *gas di scarico* - Abgas - *gas de escape, combustión*
gazon - lawn - *tappeto erboso* - Rasenfläche - *césped*
Gebäude - edificio, construcción - *bâtiment* - building - *edificio, fabbricato*
Gebäudenhöhe, maximale - altura máxima de construcción - *hauteur maximale des constructions* - maximum building height - *altezza massima degli edifici*
Gebäuderestaurierung - restauración inmobiliaria - *restauration immobilière* - restoration of buildings - *restauro di immobili*
Gebäudesteuer - impuesto (tasa) a la construcción - *impôt sur la propriété bâtie* - tax on building property, property tax - *imposta sui fabbricati*
Gebiet - territorio - *territoire* - territory, area - *territorio, regione*
Gebiet, bebautes - terreno edificado - *terrain bâti* - built-on land - *terreno edificato*
Gebiet, erschlossenes ländliches - campo urbanizado - *campagne desservie* - urbanized countryside - *campagna urbanizzata*
Gebiet, für öffentliche Gebäude ausgewiesenes - zona para edificios públicos - *zone réservée aux constructions publiques* - area for public buildings - *area di intervento pubblico*

Gebiet, ländliches - área rural - *zone rurale* - rural area - *area rurale*
Gebiet, unerschlossenes - terreno sin explotar - *terrain non aménagé* - undeveloped land - *terreno non attrezzato*
Gebiet, vornehmlich für Wohnzwecke bestimmtes - área preferentemente residencial - *aire à dominante résidentielle* - predominantly residential area - *area prevalentemente residenziale*
Gebirgsgruppe - grupo de montañas - *ensemble de montagnes* - group of mountains - *gruppo montuoso*
Gebirgskette - cadena de montañas - *chaîne de montagnes* - mountain chain - *catena di montagne*
Gebirgspaß - paso de montaña - *col (de montagne)* - mountain pass - *passo montano*
Gebrauchswert - valor de uso - *valeur d'usage* - use value - *valore d'uso*
Gebühr - tasa, derechos - *droits, taxe* - fee, charge - *diritti, canone, tariffa*
gebührenfrei - gratuito, exento - *exempt de taxe* - toll-free - *esentasse, gratuito*
Geburtenkontrolle, Familienplanung - control de natalidad, planificación familiar - *régulation des nassainces, planning familial* - birth control, family planning - *controllo delle nascite, pianificazione familiare*
Geburtenrate - porcentaje de natalidad - *taux de natalité* - birth rate - *tasso di natalità*
Geburtenüberschuß - exceso de nacimientos con respeto a fallecimientos - *excédent des naissances sur les décès* - excess of births over deaths - *eccedenza delle nascite sui decessi*
Geburtsdatum - fecha de nacimiento - *date de naissance* - date of birth - *data di nascita*
geeignet - conforme, adecuado - *approprié* - suitable - *adatto*
Gefahren-, Sperrzone - zona peligrosa - *zone dangereuse* - danger zone - *zona pericolosa*
Gefälle, wirtschäftliches - divergencia, disparidad económica - *différence économique* - economic disparity - *divario economico*
Gefäße, wasserdichte - contenedores impermeables, containers impermeables - *fûts étanches* - waterproof containers - *contenitori impermeabili*
Gefüge, Struktur - estructura - *structure* - structure, pattern - *struttura, ossatura*
Gegend - comarca, paraje, alrededores - *parages* - environs - *paraggi*

Gehalt - sueldo, paga - *salaire, traitement* - salary - *stipendio*
Geländeform - topografia - *configuration du terrain* - topography - *orografia*
Gelände, für die Parzellierung freigegebenes - zona de parcelación, zona para parcelar - *zone à lotir* - area to be alloted - *zona da lottizzare*
Geldstrafe - multa - *contravention, amende* - fine - *contravvenzione, multa*
Gelegenheiten, Schaffung von - oferta de oportunidades - *offre d'équipements* - provision of facilities - *offerta di opportunità*
gemäßigt - templado - *tempéré* - temperate - *temperato*
Gemeinde - comuna, municipio - *commune, mairie* - local authority, community - *comune*
Gemeindebeamter - funcionario municipal - *fonctionnaire municipal* - municipal employee - *funzionario municipale*
Gemeindehaushalt - balance municipal - *budget municipal* - local government budget - *bilancio comunale*
Gemeindeland - terreno municipal, terreno comunal - *terrain comunal* - public land - *terreno comunale*
Gemeindeordnung - leyes sobre la organización municipal - *lois sur l'organisation communale* - local byelaws, municipal charter - *testo unico delle leggi comunali e provinciali*
Gemeinderat - junta municipal - *conseil municipal* - town, district council - *consiglio comunale*
Gemeindesaal - sala municipal - *salle comunale* - village hall, civic centre, council chamber - *sala comunale*
Gemeindeverband - asociación intermunicipal, asociación intercomunal - *association intercommunale* - association of governments - *associazione intercomunale*
Gemeindeverwaltung - municipalidad - *municipalité* - municipality - *municipalità*
Gemeinsamer Markt - Mercado Común - *Marché Commun* - Common Market - *Mercato Comune*
Gemeinschaft - comunidad - *communauté* - community - *comunità*
Gemeinschaftsfunktion - functión colectiva - *fonction collective* - collective function - *funzione collettiva*
Gemengelage - combinación de actividades - *mélange d'activités* - activity mix, mixed use - mix di funzioni

Gemüsegarten - huerto - *jardin maraîcher* - vegetable garden - *orto*
gendarmerie - police station - *stazione di polizia* - Polizeiwache - *cuartel de policìa*
Genehmigung - ratificación, aprobación, permiso - *approbation* - approval, permit - *approvazione*
Genehmigung in Verbindung mit Auflagen - permiso bajo determinadas condiciones - *permis de construire sous conditions* - conditional use permission - *concessione urbanistica sotto condizione, vincolata*
Generalplan - plan general - *plan directeur, schéma général* - master plan, general plan - *piano generale*
genio civile - Tiefbau - *ingenierìa civil* - ponts et chaussées - *civil engineering*
genitori - Eltern - *padres* - parents - *parents*
Genossenschafts- wohnungsbau - edificación cooperativa - *connstruction d'habitations en coopérative* - co-operative housing - *edilizia cooperativa*
gentrification - innalzamento del ceto dei residenti - *Entwicklung zur feinen Wohngegend* - desarollo que implica una elevación del nivel social - *rehaussement du standing du quartier*
geological map - carta geologica - *Karte, geologische* - mapa geológico - *carte géologique*
gerade - recto, derecho - *droit* - straight - *dritto*
gerarchia - Hierarchie - *jerarquìa* - hiérarchie - *hierarchy*
gérer - manage (to), operate (to) - *gestire* - führen, betreiben - *gestionar*
Gerichtsbarkeit - jurisdición - *juridiction* - jurisdiction - *giurisdizione*
Gerüst - armadura, andamiaje - *armature, échafaudage* - scaffolding - *armatura, impalcatura*
Gesamtbevölkerung - población total - *population totale* - total population - *popolazione totale*
Gesamtplanung - planificación integrada - *planification intégrée* - comprehensive planning - *pianificazione integrata*
Geschäftsordnung - reglamento - *règlement interne* - rules of procedures - *regolamento interno*
Geschäftsräume - locales commerciales - *locaux commerciaux* - business premises - *locali commerciali*
Geschäftszentrum - centro administrativo, di-

rectivo, commercial - *centre d'affaires* - business centre - *centro direzionale*
geschieden - divorciado - *divorcé* - divorced - *divorziato*
Geschoßflächenzahl - porcentaje de edificación - *Coefficient d'Occupation des Sols (C.O.S.) indice d'utilisation* - floor area ratio - *coefficiente d'occupazione del suolo, indice di fabbricabilità*
Gesellschaft, halbstaatliche - sociedad de economìa mixta - *Société d'Economie Mixte (SEM)* - joint public and private company - *società a partecipazione pubblica*
Gesellschaft mit beschränkter Haftung (GmbH) - sociedad de responsabilidad limitada - *société à responsabilité limitée (sarl)* - limited liability company (ltd), corporation - *società a responsabilità limitata (srl)*
Gesetz - ley - *loi* - law, Act of Parliament, legislation, statute - *legge*
Gesetzgebung - legislación - *législation* - legislation - *legislazione*
gesetzmäßig - legìtimo - *légitime* - lawful, legal - *legittimo*
Gesetzwidrigkeit - abuso, ilegalidad - *activité illicite, illégitimité* - un authorised activity - *abusivismo*
Gestalt, Form - forma - *forme* - form, shape - *forma, figura*
Gestaltung, architektonische - diseño arquitectónico - *dessin architectural* - architectural design - *progettazione architettonica*
Gestaltung der Küste - remodelación de litorales - *arénagement de la côte* - coastal accretion - *ripascimento dei litorali*
Gestaltung und Zusammenfassung, wirtschaftliche - racionalización y concentración - *rationalisation et concentration* - rationalization and concentration - *razionalizzazione e concentrazione*
Gestein - rocas - *roches* - rocks - *rocce*
Gesteinsmaterial, vom Fluß mitgeführtes - sedimentación fluvial - *sédiments charriés par les fleuves* - stream-borne sediments - *sedimentazione fluviale*
gestion de propriétés foncières - property management - *gestione di proprietà* - Grundbesitzverwaltung - *gestión de propriedad*
gestión agrìcola - gestion agricole - *farm management* - gestione agricola - *Hofbewirtschaftung*
gestion agricole - farm management - *gestione agricola* - Hofbewirtschaftung - *gestión agrìcola*

gestión de propriedad - gestion de propriétés foncières - *property management* - gestione di proprietà - *Grundbesitzverwaltung*
gestion del cambio - gestion du changement - *management of change* - gestione del cambiamento - *Veränderungssteuerung*
gestion du changement - management of change - *gestione del cambiamento* - Veränderungssteuerung - *gestion del cambio*
gestionar - gérer - *manage (to), operate (to)* - gestire - *führen, betreiben*
gestione agricola - Hofbewirtschaftung - *gestión agrìcola* - gestion agricole - *farm management*
gestione del cambiamento - Veränderungssteuerung - *gestion del cambio* - gestion du changement - *management of change*
gestione di proprietà - Grundbesitzverwaltung - *gestión de propriedad* - gestion de propriétés foncières - *property management*
gestire - führen, betreiben - *gestionar* - gérer - *manage (to), operate (to)*
Gestrüpp - boscaje - *broussaille* - scrubs - *boscaglia*
Getreide - cereales - *grains, céréales* - grains, corn, field crops - *cereali*
gettito fiscale - Steueraufkommen - *recaudación fiscal* - recettes fiscales, revenus fiscaux - *tax revenue*
Gewässergüte - calidad del agua - *qualité de l'eau* - water quality - *purezza delle acque*
Gewässerschutz - protección del agua - *protection de l'eau* - water protection - *tutela dell'acqua*
Gewerbegebiet - zona industrial y comercial - *zone d'activités productives* - working area - *zona industriale e commerciale*
Gewerkschaft - sindicato - *syndicat (de travailleurs)* - trade union - *sindacato*
Gewicht - peso - *poids* - weight - *peso*
Gewichts- und Maßeinheiten - pesos y medidas - *poids et mesures* - weights and measures - *pesi e misure*
Gewinn, Profit - provecho, beneficio, ganancias - *profit* - profit, gain - *profitto*
Gewinnspanne - margen de provecho, beneficios - *marge bénéficiaire* - profit margin - *margine di profitto*
Gewitter - tempestad - *orage* - thunderstorm - *temporale*
Gewohnheitsrecht - derecho consuetudinario - *droit coutumier* - common law - *diritto con-*

suetudinario
Gewühl, dichtes - multitud compacta - *foule compacte* - dense crowd - *folla compatta*
gewunden - sinuoso - *sinueux* - winding - *sinuoso*
Gezeiten - marea, flujo y reflujo - *marée* - tides - *marea*
giardino zoologico - Tiergarten - *parque zoológico, casa de fieras* - jardin zoologique - *zoological garden*
Gießkannenprinzip - rociado - *saupoudrage* - evenly spread - *distribuzione a pioggia*
gioco al chiuso - Hallenspiel - *juego de sala* - jeu d'intérieur - *indoor game*
gioco all'aperto - Spiel im Freien - *juego al aire libre* - jeu en plein air - *outdoor game*
giorno feriale - Werktag, Arbeitstag - *dìa laborable* - jour ouvrable - *week day, working day*
giorno festivo - Feiertag - *dìa feriado, dìa festivo* - jour férié - *public holiday*
giorno fissato - Stichtag - *fecha tope, plazo* - date fixée - *qualifying date, deadline*
gioventù - Jugend - *juventud* - jeunesse - *youth*
giro d'affari - Umsatz - *cifras de negocios* - chiffre d'affaires - *turnover*
giro in macchina - Autofahrt - *viaje en coche* - voyage en voiture - *car journey, trip*
giudice - Richter - *juez* - juge - *judge*
giudizio - Beurteilung - *juicio* - jugement - *judgement, review*
giudizio di valore - Werturteil - *juicio de valor* - jugement de valeur - *value judgement*
giunta, commissione - Ausschuß, Kommission - *junta, comisión* - commission - *council, board, commission*
giurisdizione - Gerichtsbarkeit - *jurisdición* - juridiction - *jurisdiction*
givre - hoar-frost - *brina* - Reif - *escarcha*
Gleichgewicht - equilibrio, balance - *équilibre* - balance, equilibrium - *equilibrio*
Gleichung, mathematische - ecuación matemática - *équation mathématique* - mathematical equation - *equazione matematica*
Gliederung, berufsmäßige - distribución de la mano de obra según las ocupaciones - *répartition par branches d'activités* - labour force composition - *ripartizione secondo le occupazioni*
glissement de terrain - landslide - *frana* - Erdrutsch - **glissière** - crash barrier - *guardrail* - Leitplanke - *barrera de protección* - *derrumbamiento, desprendimiento del ter-*

reno
global, forfait - forfait - *lump sum* - a forfait, tutto compreso - *Pauschale*
go for a walk (to) - fare una passeggiata - *spazierengehen* - dar una vuelta, dar un paseo - *promener, se*
gobbe di rallentamento sulla strada - Schwelle in der Fahrbahn - *montìculos o gibosidades de disminución de la velocidad* - dos d'âne dans la chaussée - *humps in the roadway*
gobierno - gouvernement - *government* - governo - *Regierung*
goods and services - beni e servizi - *Güter- und Dienstleistungen* - bienes y servicios - *biens et services*
goods, merchandise - merce - *Ware* - mercancìa - *marchandise*
goulet d'étranglement - bottleneck - *strozzatura* - Engpass - *embotellamiento, estrangulamiento*
gouvernement - government - *governo* - Regierung - *gobierno*
government - governo - *Regierung* - gobierno - *gouvernement*
government property - demanio pubblico - *Domäne, Staatsgüter* - bienes del Estado, propiedad del Estado - *domaine d'état*
governo - Regierung - *gobierno* - gouvernement - *government*
go-between, intermediary - intermediario - *Vermittler* - mediador, intermediario - *médiateur, intermédiaire*
goudronné - asphalted - *asfaltato* - asphaltiert - *asfaltado*
Graben - foso - *fossé* - ditch, moat - *fossato*
Grad der öffentlichen Unterstützung - grado de financiación pública, grado de cobertura financiera - *niveau de l'aide publique* - degree of public support - *livello del finanziamento pubblico*
Grad des Salzgehalts - grado de salinidad - *teneur de sel, salinité* - degree of salinity - *tenore salino*
grade-separated - su più livelli - *niveaufrei* - a varios niveles - *denivelé*
grado de financiación pública, grado de cobertura financiera - niveau de l'aide publique - *degree of public support* - livello del finanziamento pubblico - *Grad der öffentlichen Unterstützung*
grado de salinidad - teneur de sel, salinité - *degree of salinity* - tenore salino - *Grad des*

Salzgehalts
grado de urbanización - degré d'urbanisation - degree of urbanization - grado di urbanizzazione - *Ausmaß der Verstädterung*
grado di urbanizzazione - Ausmaß der Verstädterung - *grado de urbanización* - degré d'urbanisation - *degree of urbanization*
gradualmente - stufenweise - *gradualmente, progresivamente* - graduellement, progressivement - *step by step, in stages*
gradualmente, progresivamente - graduellement, progressivement - *step by step, in stages* - gradualmente - *stufenweise*
graduellement, progressivement - step by step, in stages - *gradualmente* - stufenweise - *gradualmente, progresivamente*
grains, céréales - grains, corn, field crops - cereali - Getreide - *cereales*
grains, corn, field crops - cereali - *Getreide* - cereales - *grains, céréales*
grandine - Hagel - *granizo* - grêle - *hail*
granizo - grêle - *hail* - grandine - *Hagel*
Grasbewuchs - revestimiento herboso - *couverture herbageuse* - grass cover - *copertura erbosa*
grass cover - copertura erbosa - *Grasbewuchs* - revestimiento herboso - *couverture herbageuse*
grattacielo - Wolkenkratzer - *rascacielo* - gratte-ciel - *skyscraper*
gratte, prestation accessoire - fringe benefit - *vantaggi collaterali, prestazioni accessorie* - Nebenleistung - *prestaciones colaterales*
gratte-ciel - skyscraper - *grattacielo* - Wolkenkratzer - *rascacielo*
gratuito, exento - exempt de taxe - *toll-free* - esentasse, gratuito - *gebührenfrei*
gravame fiscale - Steuerbelastung - *gravámen fiscal* - charge des impôts - *burden of taxation*
gravámen fiscal - charge des impôts - *burden of taxation* - gravame fiscale - *Steuerbelastung*
gravel road - strada ghiaiosa - *Kiesweg* - camino de grava - *route en gravier*
gravity flow - deflusso per gravità - *Fließen mit natürlichem Gefälle* - reflujo por gravedad - *écoulement par gravité*
grazing land - pascolo - *Weide* - pastizal - *pâturages*
green area, open space - area verde - *Grünfläche* - área verde - *espace vert*
green belt - cintura, fascia verde - *Grüngürtel* - cinturón verde - *ceinture verte*
green wedge - striscia di verde - *Grünzug* - franja de jardìn - *coulée de verdure*
grêle - hail - *grandine* - Hagel - *granizo*
Grenze - frontera, limite - *frontière* - border - *frontiera*
grève - strike - *sciopero* - Streik - *huelga*
grid - griglia - *Raster* - reja - *grille, trame*
griglia - Raster - *reja* - grille, trame - *grid*
grille, trame - grid - *griglia* - Raster - *reja*
Grobberechnung - cálculo a grandes lìneas - cálculo estimativo - *devis descriptif* - rough estimate - *capitolato*
gross domestic product (G.D.P.) - prodotto interno lordo (P.I.L.) - *Bruttoinlandsprodukt (B.I.P.)* - producto interno bruto (P.I.B.) - *produit intérieur brut (P.I.B.)*
gross migration - massa migratoria - *Bruttowanderungsbewegung* - masa migratoria - *migration totale*
gross national product (G.N.P.) - prodotto nazionale lordo (P.N.L.) - *Bruttosozialprodukt (B.S.P.)* - produto nacional bruto (P.N.B.) - *produit national brut (P.N.B.)*
ground plan - piano d'insieme - *Lageplan* - plan de conjunto - *plan masse*
ground water - nappa freatica - *Grundwasser* - aguas subterraneas - *nappe phréatique*
group of mountains - gruppo montuoso - *Gebirgsgruppe* - grupo de montañas - *ensemble de montagnes*
group of same age, age group - gruppo di coetanei - *Gruppe von Gleichaltrigen* - grupo coetáneo - *groupe du même âge*
groupe de pression - pressure group, lobby - *gruppo di pressione* - Interessenverband - *grupo de présion*
groupe de travail - working group - *gruppo di lavoro* - Arbeitsgruppe - *grupo de trabajo*
groupe du même âge - group of same age, age group - *gruppo di coetanei* - Gruppe von Gleichaltrigen - *grupo coetáneo*
groupes marginaux - marginal groups - *gruppi marginali* - Randgruppen - *grupos marginales*
groupe-cible - target group - *gruppo bersaglio* - Zielgruppe - *grupo en cuestión*
grow (to) - coltivare - *anbauen* - cultivar - *cultiver*
growing of early vegetables - coltura di primizie - *Frühgemüseanbau* - cultivo de primicias - *culture des primeurs*
growth rate - tasso di sviluppo - *Wachstumsrate*

- nivel de crecimiento - *taux de croissance*
Größenklasse - clase de tamaño - *classe de grandeur* - size category - *classe di grandezza*
Großraum, städtischer - área metropolitana - *aire métropolitaine* - metropolitan area - *area metropolitana*
Großstadt - métropoli, gran ciudad - *métropole, grande ville* - metropolis, large city - *metropoli, grande città*
Grund und Boden - recursos, bienes inmobiliarios - *terrains disponibles* - land resources - *risorse fondiarie*
Grundausstattung - infraestructura de base - *infrastructure de base* - basic infrastructure - *infrastruttura di base*
Grundbesitz - finca, propriedad inmobiliaria - *propriété foncière* - real property - *proprietà immobiliare*
Grundbesitzverwaltung - gestión de propriedad - *gestion de propriétés foncières* - property management - *gestione di proprietà*
Grunddaten - datos básicos - *données de base* - basic data - *dati di base*
Grunddienstbarkeit - servidumbre - *servitude foncière* - easement - *servitù fondiaria*
Grundkarte - plano de fundación - *carte de base* - base map - *pianta di base*
Grundrente - renta inmobilaria, del suelo - *rente foncière* - land rent - *rendita fondiaria*
Grundrisse - plantas - *plans* - plans, outline - *piante*
Grundsätze - fundamentos - *fondements* - fundamentals, principles - *fondamenti*
Grundschule - escuela primaria - *école primaire* - primary school - *scuola elementare*
Grundsteuer - tasa inmobiliaria, impuesto inmobiliario - *taxe immobilière, impôt foncier* - property tax - *tassa immobiliare, imposta fondiaria*
Grundstücksmakler - agente inmobiliario, corredor de propriedades - *agent immobilier* - real estate agent - *agente immobiliare*
Grundstücksmarkt - mercado inmobiliario - *marché foncier* - real land market - *mercato fondiario*
Grundstückspreis - precio de terrenos - *prix des terrains* - land price - *prezzo dei terreni*
Grundstückstausch - permuta de terrenos - *échange de terrain* - exchange of land - *permuta fondiaria*
Grundwasser - aguas subterraneas - *nappe phréatique* - ground water - *nappa freatica*

Grünfläche - área verde - *espace vert* - green area, open space - *area verde*
Grüngürtel - cinturón verde - *ceinture verte* - green belt - *cintura, fascia verde*
Grünordnungsplan - plano de áreas verdes, plan regulador de áreas verdes - *aménagement des espaces verts* - open space plan - *piano del verde*
Grünzug - franja de jardìn - *coulée de verdure* - green wedge - *striscia di verde*
grupo coetáneo - groupe du même âge - *group of same age, age group* - gruppo di coetanei - *Gruppe von Gleichaltrigen*
grupo de montañas - ensemble de montagnes - *group of mountains* - gruppo montuoso - *Gebirgsgruppe*
grupo de présion - groupe de pression - *pressure group, lobby* - gruppo di pressione - *Interessenverband*
grupo de trabajo - groupe de travail - *working group* - gruppo di lavoro - *Arbeitsgruppe*
grupo en cuestión - groupe-cible - *target group* - gruppo bersaglio - *Zielgruppe*
grupos marginales - groupes marginaux - *marginal groups* - gruppi marginali - *Randgruppen*
Gruppe von Gleichaltrigen - grupo coetáneo - *groupe du même âge* - group of same age, age group - *gruppo di coetanei*
gruppi marginali - Randgruppen - *grupos marginales* - groupes marginaux - *marginal groups*
gruppo bersaglio - Zielgruppe - *grupo en cuestión* - groupe-cible - *target group*
gruppo di coetanei - Gruppe von Gleichaltrigen - *grupo coetáneo* - groupe du même âge - *group of same age, age group*
gruppo di lavoro - Arbeitsgruppe - *grupo de trabajo* - groupe de travail - *working group*
gruppo di pressione - Interessenverband - *grupo de présion* - groupe de pression - *pressure group, lobby*
gruppo montuoso - Gebirgsgruppe - *grupo de montañas* - ensemble de montagnes - *group of mountains*
guadagnare - verdienen - *ganar, percibir* - gagner - *earn (to)*
guadagno di terreno - Landgewinn - *ganancia de terreno* - gain de terrain - *gain of land*
guadalajarista - navetteur, banlieusard, migrant journalier - *commuter* - pendolare - *Pendler*

guado - Furt - *vado* - gué - *ford*
guarantee - garanzia - *Bürgschaft* - garantìa, aval - *garantie*
guardacantón, guardabarros - borne - *concrete bollard* - paracarro - *Sperrpfosten*
guardrail - Leitplanke - *barrera de protección* - glissière - *crash barrier*
gué - ford - *guado* - Furt - *vado*
guest room - camera degli ospiti - *Gästezimmer* - habitación de invitados - *chambre d'ami*
guìa profesional - tableau professionel - *professional register* - albo professionale - *Berufsregister*
guided tour - visita turistica guidata - *Fremdenführung* - visita turìstica guiada - *visite touristique guidée*
guiding statute - legge quadro - *Rahmengesetz* - ley de bases - *loi-cadre*
Gültigkeit - validez - *validité* - soundness, validity - *validità*
gust - raffica - *Windstoß* - ráfaga, golpe de viento - *coup de vent*
Gutachten - peritaje - *expertise* - expert's report - *perizia*
Güterzug - tren de mercancìas - *train de marchandises* - freight train - *treno merci*
Güter- und Dienstleistungen - bienes y servicios - *biens et services* - goods and services - *beni e servizi*

H

habitabilidad - habitabilité - *livability* - qualità abitativa - *Wohnwert*
habitabilité - livability - *qualità abitativa* - Wohnwert - *habitabilidad*
habitación de invitados - chambre d'ami - *guest room* - camera degli ospiti - *Gästezimmer*
habitación de niños - chambre d'enfants - *nursery, child's room* - camera dei bambini - *Kinderzimmer*
habitación, pieza - chambre, salle - *room, chamber* - camera - *Zimmer*
habitant - inhabitant, resident - *abitante, residente* - Einwohner, Bewohner - *habitante*
habitante - habitant - *inhabitant, resident* - abitante, residente - *Einwohner, Bewohner*
habitante suburbano, habitante de las afueras - banlieusard - *suburbanite* - abitante in periferia - *Vorstadtbewohner*
habitat natural - habitat naturel - *natural habitat* - habitat naturale - *Lebensraum, natürlicher*
habitat naturale - Lebensraum, natürlicher - *habitat natural* - habitat naturel - *natural habitat*
habitat naturel - natural habitat - *habitat naturale* - Lebensraum, natürlicher - *habitat natural*
habitat pavillonaire - detached houses - *villini* - Bauweise, offene - *chalets, construcción abierta*
habitations à loyer modéré (H.L.M.) - council tenancy - *edilizia pubblica, popolare* - Sozialwohnungsbau - *vivenda social*
hacer respetar las normas - faire respecter les règlements - *enforce the regulations (to)* - far rispettare i regolamenti - *Einhaltung der Vorschriften überwachen*
hacer subir y hacer bajar pasajeros - faire descendre/ faire monter des passagers - *set down (to) / pick up (to) passengers* - scaricare/caricare passeggeri - *Fahrgäste absetzen/ aufnehmen*
hacienda de Rentas Públicas, oficina de impuestos - perception (municipale) - *Inland Revenue Office, Treasurer* - fisco, ufficio imposte - *Finanzamt*
Hafen - puerto - *port* - port, harbour - *porto*
Haftpflicht - responsabilidad civil - *responsabilité civile* - liability, responsability - *responsabilità civile, contro terzi*
Hagel - granizo - *grêle* - hail - *grandine*
haies - hedges - *siepi* - Hecken - *setos*
hail - grandine - *Hagel* - granizo - *grêle*
Halbinsel - penìnsula - *presqu'île* - peninsula - *penisola*
Halbpacht - aparcerìa - *métayage* - métayage, tenant farming - *mezzadria*
Hallenspiel - juego de sala - *jeu d'intérieur* - indoor game - *gioco al chiuso*
Haltespur für Notfälle - via de emergencia - *bande d'arrêt d'urgence* - emergency lane, shoulder - *corsia di emergenza*
handbook - manuale - *Handbuch* - manuel - *manuel*
Handbuch - manual - *manuel* - handbook - *manuale*
handcraft, trade craft - artigianato - *Handwerk* - artesanado - *artisanat*
Handelseinrichtungen - instalaciones comerciales equipamiento comercial - *équipements commerciaux* - commercial facilities - *attrezzature commerciali*

Handelszentrum - centro comercial - *centre commercial* - shopping centre - *centro commerciale*
Händler - negociante - *négociant* - dealer - *negoziante*
Handwerk - artesanado - *artisanat* - handcraft, trade craft - *artigianato*
hard - duro - *hart* - duro, robusto - *dur*
harmless - innocuo - *harmlos* - inofensivo, inocuo - *anodin, inoffensif*
harmlos - inofensivo, inocuo - *anodin, inoffensif* - harmless - *innocuo*
harmonisation - coordination - *coordinamento* - Abstimmung - *coordinación*
hart - duro, robusto - *dur* - hard - *duro*
hasard - chance - *caso* - Zufall - *casualidad, azar*
Hauptachse, Nebenachse - eje principal, secundario - *axe principal, secondaire* - main, secondary axis - *asse principale, secondario*
Hauptkreuzung - intersección principal - *intersection principale* - major intersection - *intersezione principale*
Hauptstadt - capital - *capitale* - capital - *capitale*
Hauptstraße - calle principal - *route principale* - trunk road, main street, major throughfare - *strada principale*
Haus - casa, vivienda - *maison* - house - *casa*
Hausbesitzer - casero, dueño de la casa - *propriétaire, proprio* - home owner - *padrone di casa*
Häuserblock - manzana, bloque - *îlot* - block - *isolato*
Hausfrau - ama de casa - *ménagère* - housewife - *casalinga*
Hausgehilfin - criada, sirvienta - *bonne, aide ménagère* - household helper - *domestica*
Haushalt - núcleo familiar - *ménage, foyer* - household - *nucleo familiare*
Haushalt, zusammengesetzer - familia compuesta, unidad doméstica - *ménage composite* - nuclear family - *nucleo familiare composito*
Haushaltseinkommen - renta global de la familia - *revenu total du ménage* - aggregate family income - *reddito familiare complessivo*
Haushaltsgröße - dimensión del núcleo familiar - *dimension du ménage* - household size - *dimensione del nucleo familiare*
Haushaltsjahr - año financiero, ejercicio - *année budgétaire, exercice* - budget, fiscal year - *anno finanziario, fiscale, di esercizio*
Haushaltskürzung - reducción presupuestaria - *réduction budgétaire* - budget cut - *taglio nel bilancio*
Haushaltsplan, Voranschlag - balance presupuestorio - *bilan prévisionnel* - budget estimate - *bilancio preventivo*
Haushaltsvorstand - cabeza de familia, jefe de familia - *chef de famille* - head of the household - *capofamiglia*
Hausmann - hombre de casa - *homme au foyer* - house husband - *uomo di casa*
Hausmüll - basura doméstica - *ordures ménagères* - household refuse - *rifiuti domestici*
Haustiere - animales domésticos - *animaux domestiques* - pets - *animali domestici*
hauteur des précipitations en cm - amount of precipitation in cm - *quantità di pioggia in cm* - Niederschlagshöhe in cm - *cantidad de lluvia en cm*
hauteur maximale des constructions - maximum building height - *altezza massima degli edifici* - Gebäudenhöhe, maximale - *altura máxima de construcción*
hauteur minimale sous plafond - minimal interior height - *altezza minima interna* - Mindestraumhöhe - *altura mìnima interna, altura mìnima interior*
hauteurs et distances entre les bâtiments - heights of and distances between buildings - *altezze e distanze tra gli edifici* - Höhen und seitliche Abstände von Gebäuden - *alturas y distancias que separan los edificios*
haut-plateau - plateau, tableland - *altopiano* - Hochebene - *altiplanicie, altiplano*
hay - fieno - *Heu* - heno - *foin*
head of an administrative department - direttore di un ufficio - *Dezernent* - jefe de servicio - *chef de service*
head of the household - capofamiglia - *Haushaltsvorstand* - cabeza de familia, jefe de familia - *chef de famille*
health care facilities - attrezzature sanitarie - *Einrichtungen des Gesundheitswesens* - instalaciones sanitarias equipamiento sanitario - *équipements sanitaires*
health resort - stazione climatica - *Kurort* - estación climática, balneario - *station climatique*
heat recovery - recupero del calore - *Wärmerückgewinnung* - recuperación térmica - *récupération thermique*

heating - riscaldamento - *Heizung* - calefacción - *chauffage*
Hecken - setos - *haies* - hedges - *siepi*
hedges - siepi - *Hecken* - setos - *haies*
heights of and distances between buildings - altezze e distanze tra gli edifici - *Höhen und seitliche Abstände von Gebäuden* - alturas y distancias que separan los edificios - *hauteurs et distances entre les bâtiments*
Heimarbeit - trabajo en casa - *travail à domicile* - work at home, cottage industry - *lavoro a domicilio*
Heimatland - paìs de origen - *pays d'origine* - country of origin - *paese d'origine*
Heiratsalter - edad de matrimonio - *âge au mariage* - age of marriage - *età al matrimonio*
Heizung - calefacción - *chauffage* - heating - *riscaldamento*
helicopter - elicottero - *Hubschrauber* - helicóptero - *hélicoptère*
hélicoptère - helicopter - *elicottero* - Hubschrauber - *helicóptero*
helicóptero - hélicoptère - *helicopter* - elicottero - *Hubschrauber*
heliport - eliporto - *Hubschrauberlandeplatz* - helipuerto - *héliport*
héliport - heliport - *eliporto* - Hubschrauberlandeplatz - *helipuerto*
helipuerto - héliport - *heliport* - eliporto - *Hubschrauberlandeplatz*
hemmen - frenar - *freiner* - check (to), slow down (to) - *frenare*
Hemmnisse, bürokratische - trabas burocraticas, impedimentos burocraticos - *entraves bureaucratiques* - red tape, bureaucratic impediments - *impedimenti burocratici*
heno - foin - *hay* - fieno - *Heu*
herausgehend, ausstrahlend - en salida - *sortant* - outgoing - *in uscita*
hereditary tenancy - contratto enfiteutico - *Erbpachtvertrag* - contrato enfitéutico - *bail emphytéotique*
Herkunft-Ziel-Matrix - matriz origen-destino - *matrice origine-destination* - origin-destination matrix - *matrice origine-destinazione*
herramienta - outil - *tool* - utensile, attrezzo - *Werkzeug*
Herstellung - fabricación - *fabrication* - manufacture - *manifattura, fabbricazione*
Heu - heno - *foin* - hay - *fieno*
heure d'arrivée - time of arrival - *ora d'arrivo* - Ankunftszeit - *hora de llegada*

heure de départ - time of departure - *ora di partenza* - Abfahrtszeit - *hora de salida*
heure de pointe - peak, rush hour - *ora di punta* - Spitzenstunde - *hora punta*
heure-homme - manhour - *ora-uomo* - Mannstunde - *hora-hombre*
Hierarchie - jerarquìa - *hiérarchie* - hierarchy - *gerarchia*
hiérarchie - hierarchy - *gerarchia* - Hierarchie - *jerarquìa*
hierarchy - gerarchia - *Hierarchie* - jerarquìa - *hiérarchie*
high - alto, elevato - *hoch* - alto - *élevé, haut*
high rise tower - edifici a torre - *Punkthäuser* - torres - *bâtiments-tours*
high tide - alta marea - *Flut* - marea alta - *marée haute*
high-speed road, major street artery - strada di scorrimento veloce - *Schnellverkehrsstraße* - vìa de alta velocidad - *voie rapide*
hill - collina, colle - *Hügel* - colina, cerro - *colline*
hillside - fianco di una collina - *Hügelabhang* - laderas de una colina - *côteau*
hilltop - sommità di una collina - *Hügelkuppe* - cumbre de una colina - *sommet d'une colline*
hilly - collinoso - *hügelig* - en colinas - *valloné*
Hin- und Rückfahrt - recorrido de ida y vuelta - *parcours aller et retour* - round trip - *percorso di andata e ritorno*
Hindernis - obstáculo - *entrave, obstacle* - obstacle - *ostacolo*
hint, pointer, tip - suggerimento - *Tip, Rat* - sugerencia - *tuyau, conseil*
Hinterhof - patio posterior - *cour intérieure* - backyard - *corte interna*
Hinweis - indicación - *indication* - indication, notice - *indicazione*
hipoteca - hypothèque - *mortgage* - ipoteca - *Hypothek*
hipótesis - hypothèses - *assumptions* - ipotesi - *Annahmen*
historic preservation - protezione dei monumenti - *Denkmalschutz* - conservación de monumentos - *conservation des monuments*
historic preservation regulations - vincolo della sovrintendenza - *Denkmalschutzverordnung* - ordenanza para la conservación de monumentos históricos - *prescriptions pour la conservation des monuments historiques*
historical town center - centro storico - *Altstadt* - centro histórico, ciudad antigua - *centre*

historique
hoar-frost - brina - *Reif* - escarcha - *givre*
hoch - alto - *élevé, haut* - high - *alto, elevato*
Hochbauamt - departamento de obras, departamento de construcciones - *service des bâtiments* - city architect's office, building surveyor's office - *assessorato all'edilizia*
Hochebene - altiplanicie, altiplano - *haut-plateau* - plateau, tableland - *altopiano*
Höchstand, absoluter - nivel maximo - *niveau maximum absolu* - all-time high - *massimo assoluto*
Hochwasserdamm - dique de un rìo - *levée d'un fleuve* - river embankment - *argine lungo un fiume*
Hofbegrünung - jardines interiores - *usage à jardin des cours intérieures* - planting courtyard garden - *messa a verde dei cortili*
Hofbewirtschaftung - gestión agrìcola - *gestion agricole* - farm management - *gestione agricola*
Hoheitsgewässer - aguas territoriales - *eaux territoriales* - territorial waters - *acque territoriali*
Höhen und seitliche Abstände von Gebäuden - alturas y distancias que separan los edificios - *hauteurs et distances entre les bâtiments* - heights of and distances between buildings - *altezze e distanze tra gli edifici*
Höhenunterschied - desnivel, diferencia de altura - *dénivellation, décalage* - difference in elevation - *dislivello*
holiday cottage - casa di vacanze - *Ferienhaus* - casa de vacaciones - *maison de loisirs*
holiday village - villaggio di vacanze - *Feriendorf* - pueblo de vacaciones - *village de vacances*
holidays, vacation - ferie, vacanze - *Ferien, Urlaub* - vacaciones - *congés*
hollow - cavità - *Vertiefung* - cavidad - *creux*
Holzproduktion - producción de madera - *production forestière* - timber production - *produzione di legname*
hombre de casa - homme au foyer - *house husband* - uomo di casa - *Hausmann*
home owner - padrone di casa - *Hausbesitzer* - casero, dueño de la casa - *propriétaire, proprio*
homeless - senzatetto - *obdachlos* - sin casa, desamparado - *sans toit*
home-based trip - spostamento da casa - *Fahrt von der Wohnung* - desplazamiento de la casa - *déplacement depuis le domicile*
home-ownership promotion - politica d'accesso alla proprietà - *Eigentumsförderung* - polìtica de acceso a la propriedad - *politique d'accession à la propriété*
homme au foyer - house husband - *uomo di casa* - Hausmann - *hombre de casa*
homologación, confirmación - homologation, confirmation - *confirmation, authorisation* - omologazione, conferma - *Bestätigung*
homologation, confirmation - confirmation, authorisation - *omologazione, conferma* - Bestätigung - *homologación, confirmación*
honoraires - fee, honorarium - *parcella* - Honorar - *honorarios*
Honorar - honorarios - *honoraires* - fee, honorarium - *parcella*
honorarios - honoraires - *fee, honorarium* - parcella - *Honorar*
hôpital - hospital - *ospedale* - Krankenhaus - *hospital, sanatorio*
hora de llegada - heure d'arrivée - *time of arrival* - ora d'arrivo - *Ankunftszeit*
hora de salida - heure de départ - *time of departure* - ora di partenza - *Abfahrtszeit*
hora punta - heure de pointe - *peak, rush hour* - ora di punta - *Spitzenstunde*
horaire de travail - working time - *orario di lavoro* - Arbeitszeit - *horario laboral*
horario - indicateur - *timetable* - orario - *Fahrplan*
horario laboral - horaire de travail - *working time* - orario di lavoro - *Arbeitszeit*
hora-hombre - heure-homme - *manhour* - ora-uomo - *Mannstunde*
hors d'échelle - out of scale - *fuori scala* - maßstabslos - *fuera de escala*
hospital - ospedale - *Krankenhaus* - hospital, sanatorio - *hôpital*
hospital, sanatorio - hôpital - *hospital* - ospedale - *Krankenhaus*
hourly traffic volume - volume orario di traffico - *Verkehrsaufkommen, stündliches* - volumen horario del tráfico - *volume horaire de trafic*
house - casa - *Haus* - casa, vivienda - *maison*
house hunting - ricerca della casa - *Wohnungssuche* - búsqueda de la vivienda - *recherche du logement*
house husband - uomo di casa - *Hausmann* - hombre de casa - *homme au foyer*
house removal allowances, moving allowances

- sussidi al trasloco - *Umzugsbeihilfen* - subsidios de traslado - *primes de déménagement*
household - nucleo familiare - *Haushalt* - núcleo familiar - *ménage, foyer*
household helper - domestica - *Hausgehilfin* - criada, sirvienta - *bonne, aide ménagère*
household refuse - rifiuti domestici - *Hausmüll* - basura doméstica - *ordures ménagères*
household size - dimensione del nucleo familiare - *Haushaltsgröße* - dimensión del núcleo familiar - *dimension du ménage*
housewife - casalinga - *Hausfrau* - ama de casa - *ménagère*
housing allowance - aiuto personalizzato per l'edilizia - *Subjektförderung (Wohnen)* - crédito personal para la construcción - *aide personnalisée au logement*
housing conditions - condizioni abitative - *Wohnverhältnisse* - condiciones de habitabilidad - *conditions de logement*
housing crisis - crisi edilizia - *Wohnungsbaukrise* - crisis de la vivienda - *crise du logement*
housing department - ufficio casa - *Wohnungsamt* - oficina de viviendas - *service logement*
housing question - questione delle abitazioni - *Wohnungsfrage* - problema de la vivienda - *problème du logement*
housing shortage - carenza di alloggi - *Wohnungs-Knappheit, Defizit* - carencia de viviendas, déficit habitacional - *manque de logements*
housing stock - parco alloggi - *Wohnungsbestand* - parque habitacional - *logements existants*
Hubschrauber - helicóptero - *hélicoptère* - helicopter - *elicottero*
Hubschrauberlandeplatz - helipuerto - *héliport* - heliport - *eliporto*
huecos - trou, dent - *empty site, vacant lot* - buchi, interstizi - *Baulücke*
huelga - grève - *strike* - sciopero - *Streik*
huerto - jardin maraîcher - *vegetable garden* - orto - *Gemüsegarten*
Hügel - colina, cerro - *colline* - hill - *collina, colle*
Hügelabhang - laderas de una colina - *côteau* - hillside - *fianco di una collina*
hügelig - en colinas - *valloné* - hilly - *collinoso*
Hügelkuppe - cumbre de una colina - *sommet d'une colline* - hilltop - *sommità di una collina*
humedad - humidité - *humidity, dampness* - umidità - *Feuchtigkeit*
humidité - humidity, dampness - *umidità* - Feuchtigkeit - *humedad*
humidity, dampness - umidità - *Feuchtigkeit* - humedad - *humidité*
humos - fumée - *smoke* - fumi - *Rauch*
humps in the roadway - gobbe di rallentamento sulla strada - *Schwelle in der Fahrbahn* - montìculos o gibosidades de disminución de la velocidad - *dos d'âne dans la chaussée*
hunting season - stagione della caccia - *Jagdzeit* - estación de caza, temporada de caza - *saison de la chasse*
Hypothek - hipoteca - *hypothèque* - mortgage - *ipoteca*
hypothèque - mortgage - *ipoteca* - Hypothek - *hipoteca*
hypothèses - assumptions - *ipotesi* - Annahmen - *hipótesis*

I

idle - inattivo - *müßig* - inactivo - *oiseux*
île - island - *isola* - Insel - *isla*
ilegitimidad, acto ilegal - illégitimité - *illegality* - illegittimità - *Unrechtmäßigkeit*
illegal building - abuso edilizio - *Schwarzbau* - costrucción ilegal - *construction sauvage*
illegality - illegittimità - *Unrechtmäßigkeit* - ilegitimidad, acto ilegal - *illégitimité*
illégitimité - illegality - *illegittimità* - Unrechtmäßigkeit - *ilegitimidad, acto ilegal*
illegittimità - Unrechtmäßigkeit - *ilegitimidad, acto ilegal* - illégitimité - *illegality*
illuminazione pubblica - Beleuchtung, städtische - *iluminación pública* - éclairage public - *street lighting*
îlot - block - *isolato* - Häuserblock - *manzana, bloque*
iluminación pública - éclairage public - *street lighting* - illuminazione pubblica - *Beleuchtung, städtische*
im Auftrag, kundenspezifisch - por encargo - *sur commande, exprès* - customized - *su commissione, fatto apposta*
image de la ville - image of the city - *immagine urbana* - Stadtbild - *imagen de la ciudad*
image of the city - immagine urbana - *Stadtbild* - imagen de la ciudad - *image de la ville*
imagen de la ciudad - image de la ville - *image of the city* - immagine urbana - *Stadtbild*
imballaggio senza resa, a perdere - Wegwerfpackung - *embalaje sin retorno* - emballage à jeter - *throw-away pack*
imbrication des rapports sociaux - network of social relationships - *rete di relazioni sociali* - Verflechtung der gesellschaftlichen Verhältnisse - *red de relaciones sociales*

immagine urbana - Stadtbild - *imagen de la ciudad* - image de la ville - *image of the city*
immeuble locatif, maison de rapport - tenement building, apartment building - *casa in affitto* - Mietshaus - *casa de alquiler*
immeuble tour - tower - *casa torre* - Turmbau - *torre*
immeubles - real assets - *beni immobili* - Vermögen, unbewegliches - *bienes inmuebles*
Immobilienanlagen - inversión inmobiliaria - *biens immobiliers* - investment property - *investimenti immobiliari*
Immobiliengesellschaft - sociedad inmobiliaria - *société immobilière* - real estate company - *società immobiliare*
immobilier imposable - taxable property - *patrimonio immobiliare* - Liegenschaften, besteuerbare - *patrimonio inmobiliario*
immobilisations - fixed assets - *capitale fisso* - Anlagekapital - *capital fijo*
immondizia - Abfälle - *residuos, basuras* - détritus, déchets, ordures - *refuse, trash, garbage*
impact - impatto - *Einschlag* - impacto - *impact, répercussion*
impact, répercussion - impact - *impatto* - Einschlag - *impacto*
impacto - impact, répercussion - *impact* - impatto - *Einschlag*
impasse - blind alley, cul-de-sac - *vicolo cieco* - Sackgasse - *callejón sin salida*
impatto - Einschlag - *impacto* - impact, répercussion - *impact*
impedimenti burocratici - Hemmnisse, bürokratische - *trabas burocraticas, impedimentos burocraticos* - entraves bureaucratiques -

red tape, bureaucratic impediments
impermeabile - undurchlässig - *impermeable* - imperméable - *impervious, impermeable*
impermeable - imperméable - *impervious, impermeable* - impermeabile - *undurchlässig*
imperméable - impervious, impermeable - *impermeabile* - undurchlässig - *impermeable*
impervious, impermeable - impermeabile - *undurchlässig* - imperméable - *impermeable*
impianti per il tempo libero - Freizeitanlage - *area de recreo* - installation de loisirs - *recreation facilities*
impianto - Anlage - *instalación, establecimiento* - installation - *plant, installation, facility*
impianto di telecomunicazione - Fernmeldeanlage - *instalación de telecomunicación* - installation de télécommunication - *telecommunication set, equipment*
impianto filtrante - Entstaubungsanlage - *instalación de filtrado* - installation de filtrage - *dust filter*
impianto pilota - Versuchsanlage - *estación piloto* - station d'essai - *pilot plant*
impiegare - anstellen - *emplear* - employer - *employ (to)*
impiegato - Angestellter - *empleado* - employé - *employee, clerk*
impiego, applicazione - Verwendung - *utilización, aplicación* - application, utilisation - *application of, utilization*
impiego, occupazione - Beschäftigung - *empleo* - emploi - *employment*
implanter, établir - settle (to), move (to) - *insediare* - ansiedeln - *colocar, instalar*
implementation - attuazione - *Implementierung* - realización, implementación - *mise en oeuvre*
implementation plan - piano esecutivo, attuativo - *Durchführungsplan* - plan de ejecución, plan ejecutivo - *plan d'exécution*
Implementierung - realización, implementación - *mise en oeuvre* - implementation - *attuazione*
Implementierungskontrolle - control de la actuación - *contrôle de la mise en oeuvre* - monitoring - *controllo sull'attuazione*
implicaciones jurìdicas de un plan - portée juridique d'un plan - *legal implications of a plan* - implicazioni giuridiche di un piano - *Tragweite, juristische T. eines Plans*
implicazioni giuridiche di un piano - Tragweite, juristische T. eines Plans - *implicaciones jurìdicas de un plan* - portée juridique d'un plan - *legal implications of a plan*
important railway junction - nodo ferroviario - *Eisenbahnknotenpunkt* - nudo ferroviario - *centre ferroviaire*
imposition - duty, fee - *tributo* - Abgabe - *tarifa, impuesto*
imposta, tassa - Steuer, Gebühr - *impuesto, tasa, contribución* - impôt, droits, taxe - *tax, fee*
imposta sui fabbricati - Gebäudesteuer - *impuesto (tasa) a la construcción* - impôt sur la propriété bâtie - *tax on building property, property tax*
imposta sul plus-valore fondiario - Wertabschöpfung - *impuesto sobre la plusvalìa inmobiliaria* - impôt sur les plus-values foncières - *betterment levy, special assessment*
imposta sul valore aggiunto (IVA) - Mehrwertsteuer (MWST) - *impuesto sobre el valor añadido* - taxe sur la valeur ajoutée (TVA) - *value-added tax (VAT)*
imposta sulle vendite al dettaglio - Einzelhandelssteuer - *impuesto sobre la venta al por menor* - impôt sur les ventes au détail - *retail tax, sales tax*
imposta sull'incremento di valore delle aree fabbricabili - Abschöpfung von Planungsgewinnen - *impuesto sobre las ganancias derivadas de la planificación* - récupération des plus values liées aux décision de planification - *taxation of development gains due to planning*
impostazione - Ansatz - *enfoque* - démarche - *approach, start*
imposte locali - Kommunalsteuern - *impuestos locales* - impôts locaux - *local taxes, rates*
impôt sur les plus-values foncières - betterment levy, special assessment - *imposta sul plus-valore fondiario* - Wertabschöpfung - *impuesto sobre la plusvalìa inmobiliaria*
impôt sur la propriété bâtie - tax on building property, property tax - *imposta sui fabbricati* - Gebäudesteuer - *impuesto (tasa) a la construcción*
impôt sur le revenu - income tax - *tassa sul reddito* - Einkommensteuer - *impuesto sobre la renta*
impôt sur les ventes au détail - retail tax, sales tax - *imposta sulle vendite al dettaglio* - Einzelhandelssteuer - *impuesto sobre la venta al por menor*

impôts locaux - local taxes, rates - *imposte locali* - Kommunalsteuern - *impuestos locales*
impôt, droits, taxe - tax, fee - *imposta, tassa* - Steuer, Gebühr - *impuesto, tasa, contribución*
imprenditore - Unternehmer - *empresario* - entrepreneur - *entrepreneur*
impresa - Unternehmen - *empresa* - entreprise - *enterprise, plant*
improductif, stérile - unproductive, barren - *improduttivo, sterile* - unproduktiv, unfruchtbar - *improductivo, estéril*
improductivo, estéril - improductif, stérile - *unproductive, barren* - improduttivo, sterile - *unproduktiv, unfruchtbar*
improduttivo, sterile - unproduktiv, unfruchtbar - *improductivo, estéril* - improductif, stérile - *unproductive, barren*
improvement and investment programme - programma di modernizzazione e dotazione di servizi - *Modernisierung- und Ausstattungsprogramm* - programa de modernización y dotación de servicios - *Programme de Modernisation et d'Equipement (P.M.E.)*
improvement - miglioria - *Verbesserung* - mejora - *amélioration*
improvement of the housing environment - migliorie dell'intorno residenziale - *Wohnumfeldverbesserung* - mejoramiento del entorno de las viviendas - *amélioration du cadre urbain*
impuesto sobre las ganancias derivadas de la planificación - récupération des plus values liées aux décision de planification - *taxation of development gains due to planning* - imposta sull'incremento di valore delle aree fabbricabili - *Abschöpfung von Planungsgewinnen*
impuesto, tasa, contribución - impôt, droits, taxe - *tax, fee* - imposta, tassa - *Steuer, Gebühr*
impuesto (tasa) a la construcción - impôt sur la propriété bâtie - *tax on building property, property tax* - imposta sui fabbricati - *Gebäudesteuer*
impuesto sobre el valor añadido - taxe sur la valeur ajoutée (TVA) - *value-added tax (VAT)* - imposta sul valore aggiunto (IVA) - *Mehrwertsteuer (MWST)*
impuesto sobre la construcción - droits de concession d'un permis de construire - *building permit fee* - oneri di urbanizzazione - *Baugenehmigungsgebühr*
impuesto sobre la plusvalìa inmobiliaria - impôt sur les plus-values foncières - *betterment levy, special assessment* - imposta sul plusvalore fondiario - *Wertabschöpfung*
impuesto sobre la renta - impôt sur le revenu - *income tax* - tassa sul reddito - *Einkommensteuer*
impuesto sobre la venta al por menor - impôt sur les ventes au détail - *retail tax, sales tax* - imposta sulle vendite al dettaglio - *Einzelhandelssteuer*
impuestos locales - impôts locaux - *local taxes, rates* - imposte locali - *Kommunalsteuern*
impugnazione, opposizione - Widerspruch (jur.) - *recurso, oposición* - opposition, recours - *objection, appeal*
in buono stato - Zustand, in gutem - *en buenas condiciones, bien conservado* - en bon état - *in good condition*
in charge - competente - *zuständig* - competente - *compétent*
in charge of restoration - responsabili del risanamento - *Sanierungsträger* - responsable del sanamiento - *promoteurs de l'assainissement*
in coabitazione - mehrfach belegt - *en cohabitación* - en cohabitation - *joint occupied*
in command - decisori - *Entscheidungsträger* - persona, organismo con capacidad de decisión - *décideurs*
in contanti - bar - *al contado, en efectivo* - comptant - *cash, out-of-pocket*
in entrata - einstrahlend, eintretend - *en entrada* - entrant - *incoming*
in età lavorativa - arbeitsfähig - *en edad de trabajar* - en âge de travailler - *working-age*
in force - in vigore - *in Kraft* - en vigor - *en vigueur*
in funzione della superficie - flächenbezogen - *en función de la superficie* - relatif à la surface - *related to the size of an area*
in funzione dell'ambiente - umweltbezogen - *en función del, relativo al ambiente* - lié à l'environnement - *area related, site-specific*
in Gang - en marcha - *en marche* - under way - *in moto*
in good condition - in buono stato - *Zustand, in gutem* - en buenas condiciones, bien conservado - *en bon état*
in Kraft - en vigor - *en vigueur* - in force - *in vigore*
in moto - in Gang - *en marcha* - en marche -

under way
in prescrizione - verjährt - *prescripto* - en prescription - *statute-barred*
in scala ridotta, in miniatura - in verkleinertem Maßstab - *a escala reducida, en miniatura* - à l'échelle réduite, en miniature - *scaled-down, in miniature*
in uscita - herausgehend, ausstrahlend - *en salida* - sortant - *outgoing*
in verkleinertem Maßstab - a escala reducida, en miniatura - *à l'échelle réduite, en miniature* - scaled-down, in miniature - *in scala ridotta, in miniatura*
in vigore - in Kraft - *en vigor* - en vigueur - *in force*
inabitabile - ungeeignet, unbewohnbar - *inhabitable* - insalubre, inhabitable - *unfit, condemned*
inactivo - oiseux - *idle* - inattivo - *müßig*
inattivo - müßig - *inactivo* - oiseux - *idle*
incaricare - beauftragen - *encargar, encomendar* - charger - *make responsible for (to)*
incenerimento dei rifiuti - Müllverbrennung - *quema de basuras* - incinération des ordures - *refuse incineration*
inceneritore - Verbrennungsanlage - *incinerador* - incinérateur - *incineration plant*
incentive, stimulus - incentivo - *Anreiz* - incentivo, estìmulo - *stimulant, incitation*
incentivo - Anreiz - *incentivo, estìmulo* - stimulant, incitation - *incentive, stimulus*
incentivo, estìmulo - stimulant, incitation - *incentive, stimulus* - incentivo - *Anreiz*
inchiesta amministrativa - Untersuchung, öffentliche - *encuesta administrativa* - enquête publique - *public enquiry*
incinerador - incinérateur - *incineration plant* - inceneritore - *Verbrennungsanlage*
incinérateur - incineration plant - *inceneritore* - Verbrennungsanlage - *incinerador*
incinération des ordures - refuse incineration - *incenerimento dei rifiuti* - Müllverbrennung - *quema de basuras*
incineration plant - inceneritore - *Verbrennungsanlage* - incinerador - *incinérateur*
inclinación - penchant - *inclination* - inclinazione - *Neigung*
inclination - inclinazione - *Neigung* - inclinación - *penchant*
inclinazione - Neigung - *inclinación* - penchant - *inclination*
include (to) - includere - *einschließen* - incluìr - *inclure*
includere - einschließen - *incluìr* - inclure - *include (to)*
incluìr - inclure - *include (to)* - includere - *einschließen*
inclure - include (to) - *includere* - einschließen - *incluìr*
income, revenue - reddito - *Einkommen, Ertrag* - ingresos - *revenu*
income disparity - disparità di entrate - *Einkommensgefälle* - desigualidad de rentas - *disparité des revenus*
income tax - tassa sul reddito - *Einkommensteuer* - impuesto sobre la renta - *impôt sur le revenu*
incoming - in entrata - *einstrahlend, eintretend* - en entrada - *entrant*
incorporation - incorporation, annexation - *annessione, incorporazione* - Einverleibung, Eingemeindung - *anexión, incorporación*
incorporation, annexation - annessione, incorporazione - *Einverleibung, Eingemeindung* - anexión, incorporación - *incorporation*
increase (to), augment (to) - aumentare - *anwachsen* - aumentar, acrecentar - *accroître, augmenter*
increase, growth - crescita, incremento - *Vermehrung, Wachstum* - incremento - *accroissement*
increase in sales - aumenti delle vendite - *Umsatzsteigerung* - aumento de ventas - *augmentation des ventes*
increase of production - aumento di produzione - *Produktionssteigerung* - aumento de la producción - *augmentation de la productivité*
incremento - accroissement - *increase, growth* - crescita, incremento - *Vermehrung, Wachstum*
incremento annuo - Zuwachs, jährlicher - *incremento anual* - augmentation annuelle - *annual increase*
incremento anual - augmentation annuelle - *annual increase* - incremento annuo - *Zuwachs, jährlicher*
incremento natural - accroissement naturel - *natural increase* - incremento naturale - *Zunahme, natürliche*
incremento naturale - Zunahme, natürliche - *incremento natural* - accroissement naturel - *natural increase*
incrocio - Kreuzung - *cruce* - carrefour - *intersection, crossing*

indagine - Untersuchung - *pesquisa, investigación* - recherche - *survey, study*
indebitamento - Verschuldung - *endeudamiento* - endettement - *indebtedness, debit*
indebtedness, debit - indebitamento - *Verschuldung* - endeudamiento - *endettement*
indemnité - redemption settlement - *buonuscita* - Ablösungssumme - *indemnización*
indemnización - indemnité - *redemption settlement* - buonuscita - *Ablösungssumme*
indennizzo, indennità - Entschädigung - *resarcimiento, indemnización* - dédommagement, indemnité - *compensation, indemnity*
indépendance - indipendence - *indipendenza* - Selbständigkeit - *independencia*
independencia - indépendance - *indipendence* - indipendenza - *Selbständigkeit*
index, filing card - scheda - *Karteikarte* - ficha - *fiche*
indicación - indication - *indication, notice* - indicazione - *Hinweis*
indicador social - indicateur social - *social indicator* - indicatore sociale - *Sozialindikator*
indicateur - timetable - *orario* - Fahrplan - *horario*
indicateur social - social indicator - *indicatore sociale* - Sozialindikator - *indicador social*
indication - indication, notice - *indicazione* - Hinweis - *indicación*
indication, notice - indicazione - *Hinweis* - indicación - *indication*
indicatore sociale - Sozialindikator - *indicador social* - indicateur social - *social indicator*
indicazione - Hinweis - *indicación* - indication - *indication, notice*
indice, coefficiente - Kennzahl, Index - *coeficiente, indice* - coefficient - *coefficient, index*
ìndice de capacidad - densité par pièce - *room occupancy* - indice di affollamento - *Raumbelegung*
indice di affollamento - Raumbelegung - *ìndice de capacidad* - densité par pièce - *room occupancy*
ìndice porcental de formación de nuevos núcleos familiares - taux de formation de ménages - *rate of new household formation* - tasso di formazione di nuovi nuclei familiari - *Rate der Haushaltsbildungen*
indipendence - indipendenza - *Selbständigkeit* - independencia - *indépendance*
indipendenza - Selbständigkeit - *independencia* - indépendance - *indipendence*

individual or family assistance - sussidio individuale o familiare - *Individual- oder Familienbeihilfe* - subsidio individual, subsidio familiar - *aide à la personne, aide individualisée*
Individualverkehr - transporte privado - *transport privé* - private transport - *trasporto privato*
Individual- oder Familienbeihilfe - subsidio individual, subsidio familiar - *aide à la personne, aide individualisée* - individual or family assistance - *sussidio individuale o familiare*
indoor game - gioco al chiuso - *Hallenspiel* - juego de sala - *jeu d'intérieur*
indoor pool - piscina coperta - *Schwimmhalle* - piscina cubierta - *piscine couverte*
industria de la construcción - industrie du bâtiment - *construction industry* - edilizia - *Bauwirtschaft*
industria manifatturiera - Verarbeitungsindustrie - *industria de transforma- ción, de elaboración* - industrie de transformation - *manufacturing industry*
industria de transforma- ción, de elaboración - industrie de transformation - *manufacturing industry* - industria manifatturiera - *Verarbeitungsindustrie*
industria del turismo - industrie du turismo - *tourist industry* - industria del turismo - *Fremdenverkehrsindustrie*
industria del turismo - Fremdenverkehrsindustrie - *industria del turismo* - industrie du tourisme - *tourist industry*
industria estrattiva, mineraria - Bergbau - *industria extractiva, industria minera* - industrie d'extraction, miniére - *mining industry*
industria extractiva, industria minera - industrie d'extraction, miniére - *mining industry* - industria estrattiva, mineraria - *Bergbau*
industrial relations - relazioni industriali - *Arbeitnehmer- Arbeitgeberverhältnis* - relaciones industriales - *relations industrielles*
industrial zone - zona industriale - *Industriegebiet* - zona industrial - *zone industrielle*
industrie de transformation - manufacturing industry - *industria manifatturiera* - Verarbeitungsindustrie - *industria de transformación, de elaboración*
industrie du bâtiment - construction industry - *edilizia* - Bauwirtschaft - *industria de la construcción*
industrie du tourisme - tourist industry - *indu-*

stria del turismo - Fremdenverkehrsindustrie - *industria del turismo*
industrie d'extraction, miniére - mining industry - *industria estrattiva, mineraria* - Bergbau - *industria extractiva, industria minera*
Industriegebiet - zona industrial - *zone industrielle* - industrial zone - *zona industriale*
inefficacité - inefficiency - *inefficienza* - Unwirksamkeit - *ineficacia*
inefficiency - inefficienza - *Unwirksamkeit* - ineficacia - *inefficacité*
inefficienza - Unwirksamkeit - *ineficacia* - inefficacité - *inefficiency*
ineficacia - inefficacité - *inefficiency* - inefficienza - *Unwirksamkeit*
infant mortality - mortalità infantile - *Säuglingssterblichkeit* - mortalidad infantil - *mortalité infantile*
infirmes, handicapés - disabled persons, handicappers - *invalidi* - Behinderte - *inválidos, minus validos*
influence - influence - *influsso* - Einfluß - *influjo, influencia*
influence - influsso - *Einfluß* - influjo, influencia - *influence*
influjo, influencia - influence - *influence* - influsso - *Einfluß*
influsso - Einfluß - *influjo, influencia* - influence - *influence*
inform (to) - informare - *benachrichtigen* - informar - *informer*
informar - informer - *inform (to)* - informare - *benachrichtigen*
informare - benachrichtigen - *informar* - informer - *inform (to)*
informer - inform (to) - *informare* - benachrichtigen - *informar*
informe, aviso - rapport, avis - *report, account* - rapporto, comunicazione - *Bericht*
infraestructura de base - infrastructure de base - *basic infrastructure* - infrastruttura di base - *Grundausstattung*
infrastructure de base - basic infrastructure - *infrastruttura di base* - Grundausstattung - *infraestructura de base*
infrastruttura di base - Grundausstattung - *infraestructura de base* - infrastructure de base - *basic infrastructure*
ingegnere capo - Stadtbaurat - *ingeniero jefe* - chef des services d'urbanisme - *chief planning officer, planning director*
ingegnere del traffico - Verkehrsingenieur - *ingeniero del tráfico* - ingénieur du trafic - *traffic engineer*
ingenierìa civil - ponts et chaussées - *civil engineering* - genio civile - *Tiefbau*
ingeniero del tráfico - ingénieur du trafic - *traffic engineer* - ingegnere del traffico - *Verkehrsingenieur*
ingeniero jefe - chef des services d'urbanisme - *chief planning officer, planning director* - ingegnere capo - *Stadtbaurat*
ingénieur du trafic - traffic engineer - *ingegnere del traffico* - Verkehrsingenieur - *ingeniero del tráfico*
ingorgo, coda - Verkehrsstau, Verkehrsstokkung - *embotellamiento* - embouteillage, bouchon - *traffic bottleneck, jam*
ingreso - recette - *revenue* - introito - *Einnahme*
ingresos - revenu - *income, revenue* - reddito - *Einkommen, Ertrag*
ingresos municipales - ressources des collectivités locales - *local government revenue* - entrate dei comuni - *Einkommen der Gemeinden*
Inhaber - titular - *titulaire* - title holder, owner - *intestatario*
inhabitable - insalubre, inhabitable - *unfit, condemned* - inabitabile - *ungeeignet, unbewohnbar*
inhabitant, resident - abitante, residente - *Einwohner, Bewohner* - habitante - *habitant*
iniciativa popular - association de défense - *civic action group* - iniziativa popolare, dal basso - *Bürgerinitiative*
iniziativa personale - Selbsthilfe - *auto-ayuda, iniciativa personal* - effort personnel - *self-help*
iniziativa popolare, dal basso - Bürgerinitiative - *iniciativa popular* - association de défense - *civic action group*
inland navigation - navigazione interna - *Binnenschiffahrt* - navegación interna - *navigation intérieure*
inland region - regione interna - *Binnenland* - región interna - *région intérieure*
Inland Revenue Office, Treasurer - fisco, ufficio imposte - *Finanzamt* - hacienda de Rentas Públicas, oficina de impuestos - *perception (municipale)*
inmigración - immigration - *immigration* - immigrazione - *Einwanderung*
innalzamento del ceto dei residenti - Entwick-

lung zur feinen Wohngegend - *desarollo que implica una elevación del nivel social* - rehaussement du standing du quartier - *gentryfication*
Innenhof - patio interior - *courée, cour intérieure* - interior courtyard - *cavedio*
inner ring road - viale di circonvallazione - Ring, innerer - vìa de circunvalación interior - *voie périphérique interne*
innocuo - harmlos - *inofensivo, inocuo* - anodin, inoffensif - *harmless*
Innovationszentrum - centro de innovación tecnológica, de experi- mentación cientifica - *technopole, parc scientifique* - science park - *parco tecnologico*
inofensivo, inocuo - anodin, inoffensif - *harmless* - innocuo - *harmlos*
inondation - inundation, flooding - *allagamento* - Überflutung - *anegación, inundación*
inondazione - Überschwemmung - *inundación* - crue - *flood*
inquilino, locatario - Mieter - *arrendatario, inquilino* - locataire - *tenant*
inquinamento - Verschmutzung - *polución* - pollution - *pollution, degradation*
inquinamento del litorale - Küstenverschmutzung - *contaminación del litoral* - pollution des côtes - *coastal pollution*
inquinamento delle acque - Wasserverschmutzung - *contaminación del agua* - pollution de l'eau - *water pollution*
inquinante - umweltbelastend - *contaminador* - polluant - *polluting*
inquiry, opinion poll - sondaggio, inchiesta - *Umfrage* - encuesta - *sondage, enquête*
insabbiamento - Verschlammung - *estancamiento* - envasement - *siltation*
insalubre, inhabitable - unfit, condemned - *inabitabile* - ungeeignet, unbewohnbar - *inhabitable*
inscripción - inscription, déclaration - *inscription, registration* - iscrizione, notifica - *Anmeldung*
inscription, déclaration - inscription, registration - *iscrizione, notifica* - Anmeldung - *inscripción*
inscription, enregistrement - registration - *registrazione, iscrizione* - Eintragung - *registro*
inscription, registration - iscrizione, notifica - *Anmeldung* - inscripción - *inscription, déclaration*
insediamento - Ansiedlung - *instalación* - établissement - *settlement*
insediamento chiave - Siedlungsschwerpunkt - *emplazamiento principal, emplazmiento clave* - zone majeure d'implantation - *key settlement area*
insediamento sparso - Streusiedlung - *construcciones aisladas, dispersas* - urbanisation dispersée, mitage - *scattered settlement*
insediamento urbano - Siedlung, städtische - *establecimiento urbano* - établissement urbain - *urban settlement*
insediare - ansiedeln - *colocar, instalar* - implanter, établir - *settle (to), move (to)*
Insel - isla - *île* - island - *isola*
inserción - insertion, introduction - *fitting, insertion* - inserimento - *Einfügung*
inserimento - Einfügung - *inserción* - insertion, introduction - *fitting, insertion*
inserire le strade nel loro ambiente - Straßen in die Umgebung einbinden - *insertar las calles en su ambiente* - intégrer les routes dans leur environnement - *fit (to) roads into their settings*
insertar las calles en su ambiente - intégrer les routes dans leur environnement - *fit (to) roads into their settings* - inserire le strade nel loro ambiente - *Straßen in die Umgebung einbinden*
insertion, introduction - fitting, insertion - *inserimento* - Einfügung - *inserción*
insieme di provvedimenti - Maßnahmenbündel - *conjunto de medidas* - paquet de mesures - *package of policies*
insignifiant - irrelevant, insignificant - *trascurabile, irrilevante* - unerheblich - *insignificante, irrelevante*
insignificante, irrelevante - insignifiant - *irrelevant, insignificant* - trascurabile, irrilevante - *unerheblich*
instalación - établissement - *settlement* - insediamento - *Ansiedlung*
instalación, establecimiento - installation - *plant, installation, facility* - impianto - *Anlage*
instalación de telecomunicación - installation de télécommunication - *telecommunication set, equipment* - impianto di telecomunicazione - *Fernmeldeanlage*
instalación de filtrado - installation de filtrage - *dust filter* - impianto filtrante - *Entstaubungsanlage*
instalaciones de transporte - aménagements de transport - *transportation facilities* - attrezza-

ture di trasporto - *Beförderungsmöglichkeiten*
instalaciones comerciales, equipamiento comercial - équipements commerciaux - *commercial facilities* - attrezzature commerciali - *Handelseinrichtungen*
instalaciones culturales, equipamiento cultural - équipements culturels - *cultural facilities* - attrezzature culturali - *Kultureinrichtungen*
instalaciones deportivas, equipamiento deportivo - équipements pour l'éducation physique - *sport facilities* - attrezzature per l'educazione fisica - *Sporteinrichtungen*
instalaciones escolares, equipamiento escolar - équipement scolaire - *educational facilities* - attrezzature scolastiche - *Einrichtungen für schulische Zwecke*
instalaciones sanitarias, equipamiento sanitario - équipements sanitaires - *health care facilities* - attrezzature sanitarie - *Einrichtungen des Gesundheitswesens*
instalaciones sociales, equipamiento social - équipements sociaux - *social services facilities* - attrezzature sociali - *Sozialeinrichtungen*
instalaciones turìsticas, equipamiento turistico - équipements touristiques - *tourist facilities* - attrezzature turistiche - *Einrichtungen für den Fremdenverkehr*
installation - plant, installation, facility - *impianto* - Anlage - *instalación, establecimiento*
installation de loisirs - recreation facilities - *impianti per il tempo libero* - Freizeitanlage - *area de recreo*
installation de filtrage - dust filter - *impianto filtrante* - Entstaubungsanlage - *instalación de filtrado*
installation de télécommunication - telecomunication set, equipment - *impianto di telecomunicazione* - Fernmeldeanlage - *instalación de telecomunicación*
Instandhaltungskosten - gastos de mantenimiento - *dépenses d'entretien* - maintenance costs - *spese di manutenzione*
Instandhaltung, Wartung - mantenimiento - *entretien* - maintenance - *manutenzione*
Instandsetzungsarbeiten, strukturelle - reparaciones estructurales - *réparation de structure* - structural repairs - *riparazioni strutturali*
Institut - instituto, establecimiento - *institut* - institute - *istituto*

institut - institute - *istituto* - Institut - *instituto, establecimiento*
institute - istituto - *Institut* - instituto, establecimiento - *institut*
instituto, establecimiento - institut - *institute* - istituto - *Institut*
instrument d'urbanisme - town planning instrument - *strumento urbanistico* - Instrumentarium, städtebauliches - *instrumento urbanìstico*
Instrumentarium, städtebauliches - instrumento urbanìstico - *instrument d'urbanisme* - town planning instrument - *strumento urbanistico*
instrumento urbanìstico - instrument d'urbanisme - *town planning instrument* - strumento urbanistico - *Instrumentarium, städtebauliches*
insurance - assicurazione - *Versicherung* - seguro - *assurance*
integración - intégration - *integration* - integrazione - *Integration*
Integration - integración - *intégration* - integration - *integrazione*
integration - integrazione - *Integration* - integración - *intégration*
intégration - integration - *integrazione* - Integration - *integración*
integrazione - Integration - *integración* - intégration - *integration*
intégrer les routes dans leur environnement - fit (to) roads into their settings - *inserire le strade nel loro ambiente* - Straßen in die Umgebung einbinden - *insertar las calles en su ambiente*
intencionalmente - exprès, à dessin - *intentionally, wilfully* - intenzionalmente, apposta - *absichtlich*
intensive farming, agriculture - coltivazione intensiva - *Bodenbewirtschaftung, intensive* - cultivo intensivo - *culture intensive*
intentionally, wilfully - intenzionalmente, apposta - *absichtlich* - intencionalmente - *exprès, à dessin*
intenzionalmente, apposta - absichtlich - *intencionalmente* - exprès, à dessin - *intentionally, wilfully*
intercity train, Amtrack train - treno celere interurbano - *Intercityzug* - tren rápido interurbano, talgo - *train rapide inter-villes*
Intercityzug - tren rápido interurbano, talgo - *train rapide inter-villes* - intercity train, Am-

track train - *treno celere interurbano*
interconexo - interconnecté - *interconnected* - interconnesso - *untereinander verbunden*
interconnección - entrelacement - *interlacement* - intreccio - *Verflechtung*
interconnecté - interconnected - *interconnesso* - untereinander verbunden - *interconexo*
interconnected - interconnesso - *untereinander verbunden* - interconexo - *interconnecté*
interconnesso - untereinander verbunden - *interconexo* - interconnecté - *interconnected*
interdépendance - interdependence - *interdipendenza* - Abhängigkeit, gegenseitige - *interdependencia*
interdependence - interdipendenza - *Abhängigkeit, gegenseitige* - interdependencia - *interdépendance*
interdependencia - interdépendance - *interdependence* - interdipendenza - *Abhängigkeit, gegenseitige*
interdicción, prohibición - interdiction - *prohibition* - interdizione, divieto - *Untersagung, Verbot*
interdiction - prohibition - *interdizione, divieto* - Untersagung, Verbot - *interdicción, prohibición*
interdiction au public - exclusion of the public - *esclusione del pubblico* - Ausschluß der Öffentlichkeit - *exclusión total del publico*
interdiction d'utilisation - prohibition of use - *divieto d'uso* - Nutzungsverbot - *prohibición de cortar*
interdipendenza - Abhängigkeit, gegenseitige - *interdependencia* - interdépendance - *interdependence*
interdizione, divieto - Untersagung, Verbot - *interdicción, prohibición* - interdiction - *prohibition*
Interessenverband - grupo de présion - *groupe de pression* - pressure group, lobby - *gruppo di pressione*
interest rate - tasso di interesse - *Zinssatz für Einlagen* - tasa de interés - *taux d'intérêt*
interior courtyard - cavedio - *Innenhof* - patio interior - *courée, cour intérieure*
interlacement - intreccio - *Verflechtung* - interconnección - *entrelacement*
intermediario - Vermittler - *mediador, intermediario* - médiateur, intermédiaire - *go-between, intermediary*
internal migration - migrazione interna - *Binnenwanderung* - migración interna - *migration intérieure*
interpretación - interprétation - *comment, interpretation* - interpretazione - *Auslegung*
interprétation - comment, interpretation - *interpretazione* - Auslegung - *interpretación*
interpretazione - Auslegung - *interpretación* - interprétation - *comment, interpretation*
intersección principal - intersection principale - *major intersection* - intersezione principale - *Hauptkreuzung*
intersection principale - major intersection - *intersezione principale* - Hauptkreuzung - *intersección principal*
intersection, crossing - incrocio - *Kreuzung* - cruce - *carrefour*
intersezione principale - Hauptkreuzung - *intersección principal* - intersection principale - *major intersection*
intervención - intervention - *intervention, interposition* - intervento - *Eingriff*
intervention - intervention, interposition - *intervento* - Eingriff - *intervención*
intervention, interposition - intervento - *Eingriff* - intervención - *intervention*
intervento - Eingriff - *intervención* - intervention - *intervention, interposition*
inter-municipal authority - uffici intercomunali, comprensorio - *Behörde, interkommunale* - administración intermunicipal - *administration intercommunale*
inter-relationship of organisms - relazione tra gli organismi - *Wechselbeziehungen zwischen Organismen* - relación entre los organismos - *relation entre les organismes*
intestatario - Inhaber - *titular* - titulaire - *title holder, owner*
intorno residenziale - Wohnumfeld - *entorno residencial* - environnement résidential - *living environment*
intreccio - Verflechtung - *interconnección* - entrelacement - *interlacement*
introito - Einnahme - *ingreso* - recette - *revenue*
intrusione - Eindringen - *intrusión* - intrusion - *intrusion*
inundación - crue - *flood* - inondazione - *Überschwemmung*
inundation, flooding - allagamento - *Überflutung* - anegación, inundación - *inondation*
invalidi - Behinderte - *inválidos, minus validos* - infirmes, handicapés - *disabled persons, handicappers*

inválidos, minus validos - infirmes, handicapés - *disabled persons, handicappers* - invalidi - *Behinderte*
invecchiamento - Überalterung - *envejecimiento* - vieillissement - *overageing*
inventaire - inventory, stock-taking - *inventario, rilievo* - Bestandsaufnahme - *inventario, relieve*
inventario, relieve - inventaire - *inventory, stock-taking* - inventario, rilievo - *Bestandsaufnahme*
inventario, rilievo - Bestandsaufnahme - *inventario, relieve* - inventaire - *inventory, stock-taking*
inventory, stock-taking - inventario, rilievo - *Bestandsaufnahme* - inventario, relieve - *inventaire*
inversión - investissement - *investment* - investimento - *Kapitalanlage*
inversionista, inversor - investisseur - *investor* - investitore - *Investor*
inversión inmobiliaria - biens immobiliers - *investment property* - investimenti immobiliari - *Immobilienanlagen*
invest (to), place (to) - investire - *investieren, anlegen* - investir - *investir, placer*
investieren, anlegen - investir - *investir, placer* - invest (to), place (to) - *investire*
investigación aplicada - recherche appliquée - *applied research* - ricerca applicata - *Forschung, angewandte*
investigación y desarrollo - recherche et développement (R&D) - *research and development (R&D)* - ricerca e sviluppo (R&S) - *Forschung und Entwicklung (F&E)*
investimenti immobiliari - Immobilienanlagen - *inversión inmobiliaria* - biens immobiliers - *investment property*
investimento - Kapitalanlage - *inversión* - investissement - *investment*
investir - investir, placer - *invest (to), place (to)* - investire - *investieren, anlegen*
investir, placer - invest (to), place (to) - *investire* - investieren, anlegen - *investir*
investire - investieren, anlegen - *investir* - investir, placer - *invest (to), place (to)*
investissement - investment - *investimento* - Kapitalanlage - *inversión*

investisseur - investor - *investitore* - Investor - *inversionista, inversor*
Investitionsgüter - bienes de inversión - *biens d'investissement* - capital goods - *beni d'investimento*
investitore - Investor - *inversionista, inversor* - investisseur - *investor*
investment - investimento - *Kapitalanlage* - inversión - *investissement*
investment property - investimenti immobiliari - *Immobilienanlagen* - inversión inmobiliaria - *biens immobiliers*
investment strategy - strategia di investimento - *Anlagestrategie* - estrategia de inversión - *stratégie des investissements*
Investor - inversionista, inversor - *investisseur* - investor - *investitore*
investor - investitore - *Investor* - inversionista, inversor - *investisseur*
invoice, bill - fattura - *Rechnung* - factura - *facture*
ipoteca - Hypothek - *hipoteca* - hypothèque - *mortgage*
ipotesi - Annahmen - *hipótesis* - hypothèses - *assumptions*
irrelevant, insignificant - trascurabile, irrilevante - *unerheblich* - insignificante, irrelevante - *insignifiant*
irrigation system - sistema d'irrigazione - *Bewässerungssystem* - sistema de riego - *système d'irrigation*
iscrizione, notifica - Anmeldung - *inscripción* - inscription, déclaration - *inscription, registration*
isla - île - *island* - isola - *Insel*
island - isola - *Insel* - isla - *île*
isochrone map - carta isocronica - *Isochronenplan* - mapa isocrónico - *carte isochronique*
Isochronenplan - mapa isocrónico - *carte isochronique* - isochrone map - *carta isocronica*
isola - Insel - *isla* - île - *island*
isolato - Häuserblock - *manzana, bloque* - îlot - *block*
istituto - Institut - *instituto, establecimiento* - institut - *institute*
item, piece - pezzo, unità - *Stück* - unidad, pieza - *pièce*

J

Jagdgehege - vedado de caza, coto - *réserve de chasse* - game reserve - *riserva di caccia*
Jagdzeit - estación de caza, temporada de caza - *saison de la chasse* - hunting season - *stagione della caccia*
Jahresdurchschnitts- temperatur - temperatura media anual - *température moyenne annuelle* - mean annual temperature - *temperatura media annuale*
jardìn de infancia, guarderia - crèche, garderie d'enfants - *day nursery* - asilo nido - *Kinderkrippe*
jardin maraîcher - vegetable garden - *orto* - Gemüsegarten - *huerto*
jardin ouvrier - allotment garden - *orto urbano* - Schrebergarten - *pequeño huerto*
jardin zoologique - zoological garden - *giardino zoologico* - Tiergarten - *parque zoológico, casa de fieras*
jardines interiores - usage à jardin des cours intérieures - *planting courtyard garden* - messa a verde dei cortili - *Hofbegrünung*
jefe, principal de la fábrica - employeur - *employer, boss* - datore di lavoro - *Arbeitgeber*
jefe de obras, maestro mayor - contremaitre - *foreman* - caposquadra, capomastro - *Vorarbeiter, Polier*
jefe de servicio - chef de service - *head of an administrative department* - direttore di un ufficio - *Dezernent*
jerarquìa - hiérarchie - *hierarchy* - gerarchia - *Hierarchie*
jet - aereo a reazione - *Düsenflugzeug* - avión a reacción - *avion à réaction*
jetty - frangiflutti - *Mole, Hafendamm* - molo - môle, jetée
jeu d'intérieur - indoor game - *gioco al chiuso* - Hallenspiel - *juego de sala*
jeu en plein air - outdoor game - *gioco all'aperto* - Spiel im Freien - *juego al aire libre*
jeunesse - youth - *gioventù* - Jugend - *juventud*
job creation - creazione di posti di lavoro - *Arbeitsbeschaffung* - creación de puestos de trabajo - *création d'emplois*
job training - addestramento - *Ausbildung* - formación, adestramiento - *formation*
joint occupated - in coabitazione - *mehrfach belegt* - en cohabitación - *en cohabitation*
joint ownership - comproprietà, condominio - *Mitbesitz* - copropriedad - *copropriété*
joint public and private company - società a partecipazione pubblica - *Gesellschaft, halbstaatliche* - sociedad de economìa mixta - *Société d'Economie Mixte (SEM)*
joint stock company, corporation - società per azioni (SpA) - *Aktiengesellschaft (AG)* - sociedad por acciones, sociedad anónima - *société anonyme (SA)*
jour férié - public holiday - *giorno festivo* - Feiertag - *dìa feriado, dìa festivo*
jour ouvrable - week day, working day - *giorno feriale* - Werktag, Arbeitstag - *dìa laborable*
journey to work travel time - durata dello spostamento per lavoro - *Fahrzeit zur Arbeitsstätte* - tiempo de viaje por motivos de trabajo - *temps de déplacement pour aller au travail*
journey, trip - viaggio - *Fahrt* - viaje - *voyage*
jubilación adelantada, anticipada - abaissement de l'âge de la retraite - *early retirement* - pensionamento anticipato - *Eintritt, vorzeitiger ins Rentealter*

jubilado - retraité - *pensioner, retired person* - pensionato - *Pensionär, Rentner*
judge - giudice - *Richter* - juez - *juge*
judgement, review - giudizio - *Beurteilung* - juicio - *jugement*
juego al aire libre - jeu en plein air - *outdoor game* - gioco all'aperto - *Spiel im Freien*
juego de sala - jeu d'intérieur - *indoor game* - gioco al chiuso - *Hallenspiel*
juez - juge - *judge* - giudice - *Richter*
juge - judge - *giudice* - Richter - *juez*
jugement - judgement, review - *giudizio* - Beurteilung - *juicio*
jugement de valeur - value judgement - *giudizio di valore* - Werturteil - *juicio de valor*
Jugend - juventud - *jeunesse* - youth - *gioventù*
juicio - jugement - *judgement, review* - giudizio - *Beurteilung*
juicio de valor - jugement de valeur - *value judgement* - giudizio di valore - *Werturteil*

junction - bivio - *Abzweigung* - ramificación - *embranchement*
Junggeselle, ledig - soltero - *célibataire* - bachelor, single - *celibe*
junta, comisión - commission - *council, board, commission* - giunta, commissione - *Ausschuß, Kommission*
junta municipal - conseil municipal - *town, district council* - consiglio comunale - *Gemeinderat*
juridiction - jurisdiction - *giurisdizione* - Gerichtsbarkeit - *jurisdición*
jurisconsulto, abogado - conseiller juridique - *legal adviser* - consulente legale - *Rechtsberater*
jurisdición - juridiction - *jurisdiction* - giurisdizione - *Gerichtsbarkeit*
jurisdiction - giurisdizione - *Gerichtsbarkeit* - jurisdición - *juridiction*
juventud - jeunesse - *youth* - gioventù - *Jugend*

K

Kabel und Leitungen, unterirdische - cables y conductos subterráneos - *câbles et conduits souterrains* - underground cables and pipes - *cavi e tubi sotterranei*
Kai - muelle, malecón - *quai* - wharf, quay, pier - *molo, gettata*
kalkhaltig - calcáreo - *calcaire* - limy, calcareous, chalky - *calcareo*
Kämmerer - tesorero - *trésorier* - treasurer - *tesoriere*
Kanalboot, Leichter - chalana, balsa - *chaland, péniche* - canal barge, lighter - *chiatta*
Kanalisierung - canalización - *canalisation* - sewerage - *canalizzazione*
Kap - cabo - *cap* - cape - *capo*
Kapitalanlage - inversión - *investissement* - investment - *investimento*
Kapitalaufwendung - gastos de inversión - *dépenses d'investissement* - capital expenditure - *spese d'equipaggiamento*
Kapitalhaushalt - balance extraordinario - *budget d'investissement* - capital budget, capital account - *bilancio straordinario*
Kapitalmarkt, privater - mercado de capitales privados - *marché des capitaux privés* - private capital market - *mercato dei capitali privati*
Karsee - pequeño lago de montaña - *petit lac de montagne* - mountain tarn lake - *laghetto di montagna*
Karteikarte - ficha - *fiche* - index, filing card - *scheda*
Kartellgesetzgebung - legislación anti-monopolio - *législation anti-trust* - anti-trust legislation - *legislazione anti-monopolistica*
Karte, geologische - mapa geológico - *carte géologique* - geological map - *carta geologica*
Karte, topographische - mapa topográfico - *carte topographique* - contour map - *carta topografica*
Kataster, Grundbuch - catastro, censo de fincas, registro inmobiliario - *cadastre, fichier immobilier* - cadastre, land register - *catasto, registro immobiliare*
Kauf von Immobilien - compra de inmeubles - *achat de propriétés* - purchase of real estate - *acquisto di beni fondiari*
Kaufanwartschaft - opción - *location-attribution* - owner occupancy - *affitto con riscatto*
Kaufkraft - poder adquisitivo - *pouvoir d'achat* - purchasing power - *potere d'acquisto*
Kaufpreis - precio de compra - *prix d'achat* - purchase price - *prezzo d'acquisto*
Kennzahl, Index - coeficiente, indice - *coefficient* - coefficient, index - *indice, coefficiente*
kerb, curb - cordolo - *Bordschwelle* - solera bordure
Kernkraftwerk - central nuclear, atómica - *centrale atomique* - nuclear power plant - *centrale nucleare*
Kernstadt - ciudad pivote, ciudad núcleo - *ville-pivot* - core-city, central city - *città perno*
key settlement area - insediamento chiave - *Siedlungsschwerpunkt* - emplazamiento principal, emplazmiento clave - *zone majeure d'implantation*
Kieselstrand - playa rocosa - *plage à galets* - pebble beach - *spiaggia sassosa*
Kiesweg - camino de grava - *route en gravier* - gravel road - *strada ghiaiosa*
Kind - niño - *enfant* - child - *bambino*
Kindererziehung - educación de los hijos -

éducation des enfants - bringing-up of children - *educazione dei figli*
Kindergeld - subsidios familiares - *allocations familiales* - child allowance - *assegni familiari*
Kinderkrippe - jardìn de infancia, guarderia - *crèche, garderie d'enfants* - day nursery - *asilo nido*
Kinderzimmer - habitación de niños - *chambre d'enfants* - nursery, child's room - *camera dei bambini*
Klassifizierung - clasificación - *classification* - classification - *classificazione*
Kleeblattkreuz - trébol de cuatro hojas - *croisement en trèfle* - clover-leaf interchange - *quadrifoglio*
Kleinkaufmann - tendero - *détaillant* - tradesman, shopkeeper - *esercente*
Kleinstadt, Stadt - ciudad pequeña, ciudad - *citadine, cité* - town - *cittadina, città*
Kliff - farallón - *falaise* - cliff - *scogliera*
Klima - clima - *climat* - climate - *clima*
Klimazone - zona climática - *zone climatique* - climatic zone - *zona climatica*
knot - nodo - *Knoten* - nudo - *noeud*
Knoten - nudo - *noeud* - knot - *nodo*
Kommunalsteuern - impuestos locales - *impôts locaux* - local taxes, rates - *imposte locali*
Kompostierung - compostaje - *compostage* - compostation - *compostaggio*
Kondensation - condensación - *condensation* - condensation - *condensazione*
Konjunktur - coyuntura - *conjoncture* - economic situation - *congiuntura*
Konkurs, Bankrott - quiebra, bancarrota - *faillite* - bankruptcy - *fallimento*
Konnossement, Frachtbrief - póliza de carga - *connaissement* - bill of loading - *polizza di carico*
Konstruktionszeichnungen - planos de ejecución, dibujos de construcción - *plans d'exécution* - working drawings - *disegni costruttivi*
Konsumgewohnheiten - estructura de consumos - *structure de consommation* - consumption pattern - *struttura dei consumi*
Kontinentalsockel - plataforma continental - *plateau continental* - continental shelf - *piattaforma continentale*
Konzentration - concentración - *concentration* - merger, concentration - *concentrazione*
Konzession, Lizenz - concesión, licencia, franquicia - *concession, licence* - franchise - *concessione, licenza*

Körperschaft - corporación - *corps constitué* - corporation - *corporazione*
Körperschaft, kommunale - ente local - *collectivité locale* - local corporate body - *ente locale*
Kostenschätzung - estimación de costos - *devis estimatif* - estimate of costs - *estimo, preventivo*
Kostenvoranschlag - presupuesto - *devis* - budget estimate - *preventivo*
Kosten-Nutzenanalyse - análisis costo-ganancia - *analyse coût-bénéfice* - cost-benefit analysis - *analisi costo-profitto*
Kostgänger - pensionista, huésped de una pensión - *pensionnaire* - boarder - *pensionante*
Krach, Sturz - fracaso, ruina - *débâcle financière, effondrement* - crash - *crollo*
Kraftfahrzeugkennzeichen - placa de matrìcula - *plaque d'immatriculation, minéralogique* - registration number, car licence plate - *targa automobilistica*
Kraftomnibus - autobús - *autocar* - coach, bus - *pullman*
Krankenhaus - hospital, sanatorio - *hôpital* - hospital - *ospedale*
kreisfrei - autónoma del distrito - *constituant Kreis* - autonomous, town - *formante distretto*
Kreisverkehr - rotonda - *rond-point* - roundabout, traffic circle - *rotonda, rotatoria*
Kreuzung - cruce - *carrefour* - intersection, crossing - *incrocio*
Kreuzung, rechtwinklige - encrucijada - *carrefour en croix* - cross-road - *quadrivio, crocevia*
Kriechspur - vìa de baja velocidad - *voie lente* - slow lane - *corsia per veicoli lenti*
Kulisse - bastidor, cortina - *coulisse* - curtain, wing - *quinta, cortina*
Kultivierung, Urbarmachung von Land durch Trockenlegung - bonificación - *mise en valeur, assainissement de terres* - reclamation of land by drainage - *bonifica*
Kultureinrichtungen - instalaciones culturales equipamiento cultural - *équipements culturels* - cultural facilities - *attrezzature culturali*
Kulturlandschaft - paisaje transformado por el hombre - *paysage artificiel* - cultivated land, man-made landscape - *paesaggio trasformato dall'intervento dell'uomo*
kündigen - despedir, dar de baja - *donner congé* - evict (to), give notice (to) - *sfrattare*
Kündigung - preaviso, despido - *préavis* -

notice - *preavviso*
künftige Frage - demanda futura - *demande future* - future demand - *domanda futura*
Kurort - estación climática, balneario - *station climatique* - health resort - *stazione climatica*
Kurve - recodo, curva - *courbe* - bend - *curva*
Kurvenradius, kleinster - radio mìnimo de curvatura - *rayon de courbure minimum* - minimum radius of curvature - *raggio minimo di curvatura*
Kurve, scharfe - curva angosta - *virage brusque* - sharp bend - *curva stretta*
Küstenerosion - erosión de la costa - *érosion de la côte* - shoreline erosion - *erosione della costa*
Küstengebiet - región costera - *région littorale* - coastal area - *regione costiera*
Küstenschiffahrt - navegación costanera - *navigation côtière* - coastal shipping - *navigazione di piccolo cabotaggio*
Küstenschutz - obras para la protección del litoral - *protection de la côte* - coastal protection - *opere di difesa costiera*
Küstenverschmutzung - contaminación del litoral - *pollution des côtes* - coastal pollution - *inquinamento del litorale*

L

labour force composition - ripartizione secondo le occupazioni - *Gliederung, berufsmäßige* - distribución de la mano de obra según las ocupaciones - *répartition par branches d'activités*
labour market - mercato del lavoro - *Arbeitsmarkt* - mercado del trabajo - *marché du travail*
lac - lake - *lago* - See - *lago, embalse*
lack - carenza - *Defizit, Mangel* - déficit, carencia - *manque*
Ladebühne - andén de carga, plataforma de carga - *plate-forme de chargement* - loading dock - *banchina di scarico*
Laden - almacén, tienda - *magasin* - shop, store - *negozio*
Ladenfront - zona comercial - *front de magasin* - shop front - *fronte commerciale*
ladera de una montaña - fianc de montagne - *mountain side* - versante di una montagna - *Berghang*
laderas de una colina - côteau - *hillside* - fianco di una collina - *Hügelabhang*
Laderaum - bodega, depósito - *cale* - storage space - *stiva, area di carico*
Lage, bevorzugte - colocación preferida, localización preferida - *emplacement préféré* - preferred location - *localizzazione preferita*
Lageplan - plan de conjunto - *plan masse* - ground plan - *piano d'insieme*
Lagerhaus - deposito, almacén - *entrepôt* - warehouse - *magazzino*
laghetto di montagna - Karsee - *pequeño lago de montaña* - petit lac de montagne - *mountain tarn lake*
lago - See - *lago, embalse* - lac - *lake*
lago, embalse - lac - *lake* - lago - *See*
laissez faire planning - disposizione informale - *Planung, zwanglose* - planificación informal - *planification non réglementée*
lake - lago - *See* - lago, embalse - *lac*
láminas de dibujo, dibujos del proyecto - planches de projet - *draft designs, sketches* - tavole di progetto - *Entwurfszeichnungen*
land development act - legge sul regime dei suoli - *Bodenordnungsgesetz* - regimen de suelos - *Loi d'Orientation Foncière*
land for housing - superficie residenziale - *Wohnbaufläche* - superficie residencial, solar residencial - *terrain à usage résidentiel*
land for public facilities - area per i servizi - *Flächen für Gemeinbedarf* - área de equipamientos publìcos - *espaces pour des équipements publics*
land law - diritto fondiario - *Bodenrecht* - derecho del suelo - *droit foncier*
land not zoned for development - suolo senza destinazione d'uso - *Zone, nicht für eine Entwicklung bestimmte* - suelo sin destino - *zone sans affectation*
land price - prezzo dei terreni - *Grundstückspreis* - precio de terrenos - *prix des terrains*
land rent - rendita fondiaria - *Grundrente* - renta inmobiliaria, del suelo - *rente foncière*
land resources - risorse fondiarie - *Grund und Boden* - recursos, bienes inmobiliarios - *terrains disponibles*
land speculation - speculazione fondiaria - *Bodenspekulation* - especulación del suelo - *spéculation foncière*
land surface - superficie terrestre - *Oberfläche des Landes* - superficie terrestre - *surface*

terrestre
land use plan - Piano Regolatore Generale (P.R.G.), piano d'uso del suolo - *Flächennutzungsplan* - Plan general de urbanización, Plan para uso del suelo - *schéma directeur, Plan d'occupation des sols (POS)*
Landbevölkerung - población rural - *population rurale* - rural population - *popolazione rurale*
Landebahn - pista de aterrizaje - *piste d'atterrissage* - runway - *pista d'atterraggio*
Landenge - istmo - *isthme* - isthmus - *istmo*
Landflucht - éxodo rural - *exode rural* - depopulation of rural areas - *esodo rurale*
Landgewinn - ganancia de terreno - *gain de terrain* - gain of land - *guadagno di terreno*
Landgut - propriedad rural, finca agrìcola, - domaine - estate, property - *tenuta*
landing pattern - rotta d'avvicinamento ad un aeroporto - *Einflugschneise* - ruta de acercamiento a un aeropuerto - *route d'approche vers un aéroport*
Landkarte - mapa (geográfico) - *carte géographique* - map - *carta geografica*
landlord - locatore - *Vermieter* - arrendador, alquilador - *propriétaire bailleur*
landscape conservation - conservazione del paesaggio - *Landschaftspflege, Landschaftsschutz* - protección del paisaje - *protection du paysage*
landscape plan - piano paesistico - *Landschaftsplan* - plan del paisaje - *plan de paysage*
Land, baureifes - terreno edificable - *terrain constructible* - developable land - *terreno edificabile*
Land, unbebautes - tierra inculta - *terre non cultivée* - vacant land - *terra incolta*
Landschaft, unberührte - entorno natural virgen - *site naturel préservé* - virgin landscape - *sito naturale vergine*
Landschaftspflege, Landschaftsschutz - protección del paisaje - *protection du paysage* - landscape conservation - *conservazione del paesaggio*
Landschaftsplan - plan del paisaje - *plan de paysage* - landscape plan - *piano paesistico*
Landschaftsschutz- verordnung - decreto para la protección del paisaje - *décret pour la protection du paysage* - regulation for landscape protection - *vincolo paesistico*
landslide - frana - *Erdrutsch* - derrumbamiento, desprendimiento del terreno - *glissement de terrain*
Landverlust - pérdida de terreno - *perte de terrain* - loss of land - *perdita di terreno*
lane width - larghezza di corsia - *Spurbreite (Straße)* - ancho de vìas - *largeur de voie*
Länge - largura, largo - *longueur* - length - *lunghezza*
large - wide, broad - *largo* - breit - *ancho*
large-scale planning - pianificazione su vasta scala - *Planung von Großräumen* - planificación a gran escala - *planification à grande échelle*
largeur de voie - lane width - *larghezza di corsia* - Spurbreite (Straße) - *ancho de vìas*
larghezza di corsia - Spurbreite (Straße) - *ancho de vìas* - largeur de voie - *lane width*
largo - breit - *ancho* - large - *wide, broad*
largura, largo - longueur - *length* - lunghezza - *Länge*
Lärmabschirmung - pantalla contra-ruido - *écran contre le bruit* - noise screening - *schermo anti-rumore*
Lärmbelästigung - daños de ruido, rumor molesto - *nuisances phoniques* - noise nuisance - *danni da rumore*
Lärmpegel - nivel del ruido - *niveau de bruit* - noise level - *livello del rumore*
Lärmverminderung - reducción del ruido - *réduction de bruit* - noise abatement - *riduzione del rumore*
Lastwagen (LKW) - camión - *camion* - lorry, truck - *autocarro*
Laubengang - porche - *coursive* - access balcony - *ballatoio*
Laubenganghaus - casa-corredor - *maison à coursive* - block with access balconies - *casa a ballatoio*
Laubenstraße, Arkade - pórtico - *trottoir couvert* - covered street - *portico*
Laufbrunnen - fuente cilla - *borne-fontaine* - drinking fountain - *fontanella, punto acqua*
launching costs - costi iniziali - *Anlaufkosten* - costos de partida, de puesta in marcha - *frais de démarrage*
lavoratore - Arbeiter - *trabajador* - travailleur - *worker*
lavoratore immigrato - Gastarbeiter - *trabajador inmigrado* - travailleur immigré - *emigrant labour*
lavori pubblici - Arbeiten, öffentliche - *trabajos públicos* - travaux publics - *public works*

lavoro a domicilio - Heimarbeit - *trabajo en casa* - travail à domicile - *work at home, cottage industry*
lavoro manuale - Arbeit, ungelernte - *trabajo manual* - travail manuel - *manual work*
law, Act of Parliament, legislation, statute - legge - *Gesetz* - ley - *loi*
lawful, legal - legittimo - *gesetzmäßig* - legìtimo - *légitime*
Lawine - avalancha, alud - *avalanche* - avalanche - *valanga*
lawn - tappeto erboso - *Rasenfläche* - césped - *gazon*
layout of road - tracciato di una strada - *Straßentrasse* - trazado de un camino - *tracé d'une route*
leak of radioactivity - fuga radioattiva - *Entweichen von Radioaktivität* - fuga radioactiva - *fuite radioactive*
lease - locazione - *Pacht* - locación - *bail, location*
Lebensbedingungen - condiciones de vida - *conditions de vie* - living conditions - *condizioni di vita*
Lebenserwartung - esperanza de vida - *espoir de vie* - life expectancy - *speranza di vita*
Lebensqualität - calidad de vida - *qualité de la vie* - quality of life - *qualità della vita*
Lebensraum, natürlicher - habitat natural - *habitat naturel* - natural habitat - *habitat naturale*
Lebensstandard - nivel de vida - *standing, niveau de vie* - standard of living - *tenore di vita*
leerstehend - desalquilado, no ocupado - *vide, non occupé* - unoccupied, vacant - *sfitto, non occupato*
legal adviser - consulente legale - *Rechtsberater* - jurisconsulto, abogado - *conseiller juridique*
legal aspects - aspetti giuridici - *Rechtsgesichtspunkte* - aspectos jurìdicos - *aspects juridiques*
legal eviction - sfratto - *Räumungsbefehl* - expulsión legal, desahucio legal - *expulsion légale*
legal implications of a plan - implicazioni giuridiche di un piano - *Tragweite, juristische T. eines Plans* - implicaciones jurìdicas de un plan - *portée juridique d'un plan*
legal norm - norma giuridica - *Rechtsnorm* - norma jurìdica - *mesure d'ordre juridique*

legal person, body corporate - persona giuridica - *Person, juristische* - persona juridica - *personne juridique*
legal provisions of a plan - norme obbligatorie di un piano - *Plannormen, rechtsverbindliche* - medidas legales de un plan - *mesures contraignantes d'un plan*
legame - Anbindung - *ligazón* - lien - *link*
legge - Gesetz - *ley* - loi - *law, Act of Parliament, legislation, statute*
legge quadro - Rahmengesetz - *ley de bases* - loi-cadre - *guiding statute*
legge sui fitti, Equo Canone - Mieterschutzgesetz - *leyes de arrendamiento, de alquilares* - loi sur la réglementation des loyers - *Rent Control Act*
legge sul regime dei suoli - Bodenordnungsgesetz - *regimen de suelos* - Loi d'Orientation Foncière - *land development act*
legislación - législation - *legislation* - legislazione - *Gesetzgebung*
legislación anti-monopolio - législation anti-trust - *anti-trust legislation* - legislazione anti-monopolistica - *Kartellgesetzgebung*
legislation - legislazione - *Gesetzgebung* - legislación - *législation*
législation - legislation - *legislazione* - Gesetzgebung - *legislación*
législation anti-trust - anti-trust legislation - *legislazione anti-monopolistica* - Kartellgesetzgebung - *legislación anti-monopolio*
legislazione - Gesetzgebung - *legislación* - législation - *legislation*
legislazione anti-monopolistica - Kartellgesetzgebung - *legislación anti-monopolio* - législation anti-trust - *anti-trust legislation*
legitimar - légitimer - *legitimate (to)* - legittimare - *legitimieren*
legitimate (to) - legittimare - *legitimieren* - legitimar - *légitimer*
légitime - lawful, legal - *legittimo* - gesetzmäßig - *legìtimo*
légitimer - legitimate (to) - *legittimare* - legitimieren - *legitimar*
legitimieren - legitimar - *légitimer* - legitimate (to) - *legittimare*
legìtimo - légitime - *lawful, legal* - legittimo - *gesetzmäßig*
legittimare - legitimieren - *legitimar* - légitimer - *legitimate (to)*
legittimo - gesetzmäßig - *legìtimo* - légitime - *lawful, legal*

legname da costruzione - Bauholz - *madera de construcción* - bois de construction - *timber for construction*
lehmig - arcilloso - *argileux* - clayey - *argilloso*
leihen - prestar - *prêter* - lend (to), loan (to) - *prestare*
Leistung - rendimento - *performance, prestation, rendement* - performance, achievement - *prestazione*
leisure area, recreation - area per il tempo libero - *Erholungsgebiet* - área para el tiempo libre, área de recreación - *zone de loisirs*
leisure time - tempo libero - *Freizeit* - tiempo libre - *loisirs*
Leitbild - objectivos de base - *objectif de base* - basic objective - *obiettivo fondamentale*
leiten, steuern - dirigir - *diriger* - manage (to), lead (to), steer (to) - *dirigere*
Leitplanke - barrera de protección - *glissière* - crash barrier - *guardrail*
lend (to), loan (to) - prestare - *leihen* - prestar - *prêter*
lending rate - tasso di prestito - *Zinssatz für Darlehen* - tasa de interés sobre un préstamo - *taux d'emprunt*
length - lunghezza - *Länge* - largura, largo - *longueur*
length of stay - durata del soggiorno - *Aufenthaltsdauer* - duración de la estancia - *durée du séjour*
letame - Dung, Mist - *estiércol* - fumier - *manure*
letto di un fiume - Flußbett - *cauce, lecho de un río* - lit d'un fleuve - *river bed*
levée d'un fleuve - river embankment - *argine lungo un fiume* - Hochwasserdamm - *dique de un río*
level - livello - *Niveau* - nivel - *niveau*
level (to) - livellare - *nivellieren* - nivelar - *niveler*
level crossing - passaggio a livello - *Bahnübergang* - paso a nivel - *passage à niveau*
level, flat - pianeggiante - *flach* - llano - *plat*
level of education - livello di formazione - *Bildungsniveau* - nivel de educación - *niveau d'éducation*
ley - loi - *law, Act of Parliament, legislation, statute* - legge - *Gesetz*
ley de bases - loi-cadre - *guiding statute* - legge quadro - *Rahmengesetz*
leyes de arrendamiento, de alquilares - loi sur la réglementation des loyers - *Rent Control Act* - legge sui fitti, Equo Canone - *Mieterschutzgesetz*
leyes sobre la organización municipal - lois sur l'organisation communale - *local byelaws, municipal charter* - testo unico delle leggi comunali e provinciali - *Gemeindeordnung*
liability, responsability - responsabilità civile, contro terzi - *Haftpflicht* - responsabilidad civil - *responsabilité civile*
liaison - liaison, link - *collegamento* - Verbindung - *ligazón, conexión*
liaison routière - road link - *collegamento stradale* - Straßenverbindung - *enlace de carreteras*
liaison, link - collegamento - *Verbindung* - ligazón, conexión - *liaison*
libero professionista - Freiberufler - *profesional* - personne exerçant une profession libérale - *professional, free-lance*
library - biblioteca - *Bibliothek* - biblioteca - *bibliothèque*
licenciamento, baja, despido - licenciement - *dismissal* - licenziamento - *Entlassung*
licenciement - dismissal - *licenziamento* - Entlassung - *licenciamento, baja, despido*
licenziamento - Entlassung - *licenciamento, baja, despido* - licenciement - *dismissal*
Lichtpause - copia de planos - *bleu* - blue print - *copia eliografica*
lié à l'environnement - area related, site-specific - *in funzione dell'ambiente* - umweltbezogen - *en función del, relativo al ambiente*
Lieferant, lokaler - proveedor local, abastecedor local - *fournisseur* - local supplier - *fornitore locale*
liefern - abastecer - *fournir* - supply (to) - *fornire*
Lieferung - aprovisionamento, abastecimiento - *livraison, approvisionnement* - delivery - *fornitura, approvvigionamento*
Lieferwagen - furgón - *fourgon* - delivery van - *furgone*
Liegenschaften, besteuerbare - patrimonio immobiliario - *immobilier imposable* - taxable property - *patrimonio immobiliare*
Liegenschaftsamt - registro de la propriedad - *bureau du cadastre* - real estate office - *ufficio del catasto*
lien - link - *legame* - Anbindung - *ligazón*
lieu central - central place - *località centrale* - Ort, zentraler - *lugar central*
lieu de rencontre - meeting place - *luogo d'in-*

contro - Begegnungsstätte - *lugar de encuentro, de la cita*
life expectancy - speranza di vita - *Lebenserwartung* - esperanza de vida - *espoir de vie*
ligazón - lien - *link* - legame - *Anbindung*
ligazón, conexión - liaison - *liaison, link* - collegamento - *Verbindung*
ligne axiale - centre line - *striscia di mezzeria* - Mittellinie - *lìnea axial*
ligne d'autobus - bus line - *linea di autobus* - Buslinie - *lìnea de autobuses*
ligne de cordon, delimitation - cordon line, boundary - *perimetro* - Abgrenzung - *perìmetro*
ligne de courant de longue distance - overhead power line - *fili sospesi dell'alta tensione* - Überlandleitung - *lìnea de alta tensión*
ligne d'écoulement - stream line - *linea di deflusso* - Stromlinie - *lìnea de escurrimiento de aguas*
ligne d'écran - screen line, cordon line - *lineaschermo* - Absperrlinie - *lìnea de defensa*
ligne de faille - fault line - *linea di faglia* - Bruchlinie - *lìnea de falla*
limit (to), restrict (to) - limitare, restringere - *beschränken* - limitar - *limiter, resteindre*
limitación al acceso de vehìculos - limitation d'accès aux véhicules - *limitation of vehicular access* - limitazione d'accesso veicolare - *Beschränkung der Fahrzeugzufahrt*
limitar - limiter, resteindre - *limit (to), restrict (to)* - limitare, restringere - *beschränken*
limitare, restringere - beschränken - *limitar* - limiter, resteindre - *limit (to), restrict (to)*
limitation dans le temps - time limit - *limite di tempo* - Begrenzung, zeitliche - *lìmite de tiempo*
limitation d'accès aux véhicules - limitation of vehicular access - *limitazione d'accesso veicolare* - Beschränkung der Fahrzeugzufahrt - *limitación al acceso de vehìculos*
limitation of vehicular access - limitazione d'accesso veicolare - *Beschränkung der Fahrzeugzufahrt* - limitación al acceso de vahìculos - *limitation d'accès aux véhicules*
limitazioni all'uso - Nutzungsbeschränkung - *restricción de utilización del suelo* - restrictions d'utilisation - *restrictions on land-use*
lìmite de ampliación - limite d'élargissement - *widening line, future street line* - limite di ampliamento - *Linie für die Straßenverbreiterung*
lìmite de tiempo - limitation dans le temps - *time limit* - limite di tempo - *Begrenzung, zeitliche*
limite delle misure adottabili - Belastbarkeit - *capacidad de carga* - capacité à absorber, supporter - *loading capacity*
limite di ampliamento - Linie für die Straßenverbreiterung - *lìmite de ampliación* - limite d'élargissement - *widening line, future street line*
limite di tempo - Begrenzung, zeitliche - *lìmite de tiempo* - limitation dans le temps - *time limit*
limite d'élargissement - widening line, future street line - *limite di ampliamento* - Linie für die Straßenverbreiterung - *lìmite de ampliación*
lìmite máximo de densidad - Plafond Légal de Densité (P.L.D.) - *maximum building intensity* - tetto limite di densità - *Bebauungsdichte, maximal zulässige*
limited liability company (ltd), corporation - società a responsabilità limitata (srl) - *Gesellschaft mit beschränkter Haftung (GmbH)* - sociedad de responsabilidad limitada - *société à responsabilité limitée (sarl)*
limiter, resteindre - limit (to), restrict (to) - *limitare, restringere* - beschränken - *limitar*
limites administratives d'une ville - administrative boundaries of a town - *confini amministrativi di una città* - Verwaltungsgrenzen einer Stadt - *lìmites administrativos de una ciudad*
lìmites administrativos de una ciudad - limites administratives d'une ville - *administrative boundaries of a town* - confini amministrativi di una città - *Verwaltungsgrenzen einer Stadt*
limpieza - nettoyage - *clearance* - ripulitura - *Beseitigung*
limpieza pública - ramassage des ordures ménagères - *garbage collection, refuse collection* - nettezza urbana - *Stadtreinigung*
limy, calcareous, chalky - calcareo - *kalkhaltig* - calcáreo - *calcaire*
lìnea axial - ligne axiale - *centre line* - striscia di mezzeria - *Mittellinie*
lìnea de alta tensión - ligne de courant de longue distance - *overhead power line* - fili sospesi dell'alta tensione - *Überlandleitung*
lìnea de autobuses - ligne d'autobus - *bus line* - linea di autobus - *Buslinie*

lìnea de defensa - ligne d'écran - *screen line, cordon line* - linea-schermo - *Absperrlinie*
lìnea de edificación - alignement - *building line* - allineamento dei fabbricati - *Baulinie*
lìnea de escurrimiento de aguas - ligne d'écoulement - *stream line* - linea di deflusso - *Stromlinie*
lìnea de falla - ligne de faille - *fault line* - linea di faglia - *Bruchlinie*
linea di autobus - Buslinie - *lìnea de autobuses* - ligne d'autobus - *bus line*
linea di deflusso - Stromlinie - *lìnea de escurrimiento de aguas* - ligne d'écoulement - *stream line*
linea di faglia - Bruchlinie - *lìnea de falla* - ligne de faille - *fault line*
linear city - città lineare - *Bandstadt* - ciudad lineal - *cité linéaire*
linear development, strip - urbanizzazione a nastro, sviluppo lineare - *Bandentwicklung, bandartige Bebauung* - desarollo lineal - *construction en bandes, développement linéaire*
linea-schermo - Absperrlinie - *lìnea de defensa* - ligne d'écran - *screen line, cordon line*
Linie für die Straßenverbreiterung - lìmite de ampliación - *limite d'élargissement* - widening line, future street line - *limite di ampliamento*
link - legame - *Anbindung* - ligazón - *lien*
liquidación de la deuda - remboursement de la dette - *redemption of the debt* - estinzione del debito - *Schuldentilgung*
lista de espera - liste d'attente - *waiting list* - lista d'attesa - *Warteliste*
lista d'attesa - Warteliste - *lista de espera* - liste d'attente - *waiting list*
liste d'attente - waiting list - *lista d'attesa* - Warteliste - *lista de espera*
listed (on the national register) - vincolato - *unter Denkmalschutz* - bajo protección - *classé*
lit d'un fleuve - river bed - *letto di un fiume* - Flußbett - *cauce, lecho de un rìo*
litoral - littoral - *shore line* - litorale - *Uferlinie*
litorale - Uferlinie - *litoral* - littoral - *shore line*
litter bin, trash can - cestino stradale - *Abfallbehälter* - papeleras públicas - *bac à ordures*
littoral - shore line - *litorale* - Uferlinie - *litoral*
livability - qualità abitativa - *Wohnwert* - habitabilidad - *habitabilité*
livellare - nivellieren - *nivelar* - niveler - *level (to)*
livelli dei salari - Lohnniveau - *nivel salarial* - niveaux des salaires - *wage levels*
livello - Niveau - *nivel* - niveau - *level*
livello decisionale - Entscheidungsebene - *nivel de decisión* - niveau décisionnel - *decision level*
livello del finanziamento pubblico - Grad der öffentlichen Unterstützung - *grado de financiación pública, grado de cobertura financiera* - niveau de l'aide publique - *degree of public support*
livello del mare - Meeresspiegelhöhe - *nivel del mar* - niveau de la mer - *sea level*
livello del rumore - Lärmpegel - *nivel del ruido* - niveau de bruit - *noise level*
livello di formazione - Bildungsniveau - *nivel de educación* - niveau d'éducation - *level of education*
livello di saturazione - Sättigungsgrad - *nivel de saturación* - niveau de saturation - *saturation level*
livello di sussistenza - Existenzminimum - *nivel de subsistencia* - minimum vital - *subsistence level*
living area - spazio abitabile - *Wohnfläche* - espacio habitable - *espace habitable*
living conditions - condizioni di vita - *Lebensbedingungen* - condiciones de vida - *conditions de vie*
living environment - intorno residenziale - *Wohnumfeld* - entorno residencial - *environnement résidentiel*
livraison, approvisionnement - delivery - *fornitura, approvvigionamento* - Lieferung - *aprovisionamiento, abastecimiento*
llano - plat - *level, flat* - pianeggiante - *flach*
llanos - terres basses - *lowlands* - bassopiani - *Tiefland*
llave en mano - clés en main - *turnkey* - chiavi in mano - *schlüsselfertig*
lluvia - pluie - *rain* - pioggia - *Regen*
lluvia acida - pluie acide - *acid rain* - pioggia acida - *Regen, saurer*
load, burden - carico, incidenza - *Belastung* - carga, peso, incidencia - *charge, incidence*
loading capacity - limite delle misure adottabili - *Belastbarkeit* - capacidad de carga - *capacité à absorber, supporter*
loading dock - banchina di scarico - *Ladebühne* - andén de carga, plataforma de carga - *plateforme de chargement*

loan - prestito, mutuo - *Anleihe, Darlehen* - préstamo, mutuo - *prêt*
loan approval - approvazione di prestiti - *Darlehensbewilligung* - aprobación de préstamos - *approbation des emprunts*
locación - bail, location - *lease* - locazione - *Pacht*
local authority, community - comune - *Gemeinde* - comuna, municipio - *commune, mairie*
local authority jurisdiction - territorio comunale - *Stadtgebiet* - área urbana - *zone urbaine*
local byelaws, municipal charter - testo unico delle leggi comunali e provinciali - *Gemeindeordnung* - leyes sobre la organización municipal - *lois sur l'organisation communale*
local corporate body - ente locale - *Körperschaft, kommunale* - ente local - *collectivité locale*
local de travail, atelier, bureau - study - *stanza di lavoro* - Arbeitszimmer - *cuarto de trabajo*
local government budget - bilancio comunale - *Gemeindehaushalt* - balance municipal - *budget municipal*
local government revenue - entrate dei comuni - *Einkommen der Gemeinden* - ingresos municipales - *ressources des collectivités locales*
local or urban planning authority - ufficio urbanistico - *Stadtplanungsbehörde* - oficina de urbanìstica, delegado de urbanismo - *service, agence d'urbanisme*
local supplier - fornitore locale - *Lieferant, lokaler* - proveedor local, abastecedor local - *fournisseur*
local taxes, rates - imposte locali - *Kommunalsteuern* - impuestos locales - *impôts locaux*
local traffic - traffico locale - *Nahverkehr* - tráfico local - *trafic de proximité*
locales commerciales - locaux commerciaux - *business premises* - locali commerciali - *Geschäftsräume*
locali commerciali - Geschäftsräume - *locales commerciales* - locaux commerciaux - *business premises*
localisation, emplacement - location - *localizzazione* - Standort - *localización*
località centrale - Ort, zentraler - *lugar central* - lieu central - *central place*
località di particolare interesse naturale - Naturdenkmal - *belleza natural* - curiosité naturelle - *natural monument*
localité - locality - *luogo* - Ort - *lugar*

locality - luogo - *Ort* - lugar - *localité*
localización - localisation, emplacement - *location* - localizzazione - *Standort*
localizzazione - Standort - *localización* - localisation, emplacement - *location*
localizzazione preferita - Lage, bevorzugte - *colocación preferida, localización preferida* - emplacement préféré - *preferred location*
locataire - tenant - *inquilino, locatario* - Mieter - *arrendatario, inquilino*
location - localizzazione - *Standort* - localización - *localisation, emplacement*
location-attribution - owner occupancy - *affitto con riscatto* - Kaufanwartschaft - *opción*
locational advantage - vantaggi dell'ubicazione, rendita di posizione - *Standortvorteil* - ventajas de la ubicación - *rente de situation*
locational choice - scelta localizzativa - *Standortwahl* - elección del lugar - *choix de l'emplacement*
locatore - Vermieter - *arrendador, alquilador* - propriétaire bailleur - *landlord*
locaux commerciaux - business premises - *locali commerciali* - Geschäftsräume - *locales commerciales*
locazione - Pacht - *locación* - bail, location - *lease*
lodging - alloggio - *Unterkunft* - alojamiento - *logis*
logement - dwelling, home - *abitazione* - Wohnung, Wohneinheit - *vivienda*
logement de fonction - company housing - *alloggio di servizio* - Werkswohnung - *alojamiento para el personal*
logement locatif - tenement, rented flat - *appartamento in affitto* - Mietwohnung - *vivienda en alquiler*
logements existants - housing stock - *parco alloggi* - Wohnungsbestand - *parque habitacional*
logis - lodging - *alloggio* - Unterkunft - *alojamiento*
Lohn - salario - *salaire* - wage - *paga, salario*
Lohngefälle - diferencias salariales - *différences salariales* - wage differentials - *differenze salariali*
Lohnliste, Gehaltsliste - registro de pagos hoja salarial - *bordereau de paie* - payroll - *busta paga*
Lohnniveau - nivel salarial - *niveaux des salaires* - wage levels - *livelli dei salari*
loi - law, Act of Parliament, legislation, statute

- *legge* - Gesetz - *ley*
Loi d'Orientation Foncière - land development act - *legge sul regime dei suoli* - Bodenordnungsgesetz - *regimen de suelos*
loi sur la réglementation des loyers - Rent Control Act - *legge sui fitti, Equo Canone* - Mieterschutzgesetz - *leyes de arrendamiento, de alquilares*
lois sur l'organisation communale - local by-elaws, municipal charter - *testo unico delle leggi comunali e provinciali* - Gemeindeordnung - *leyes sobre la organización municipal*
loisirs - leisure time - *tempo libero* - Freizeit - *tiempo libre*
loi-cadre - guiding statute - *legge quadro* - Rahmengesetz - *ley de bases*
longueur - length - *lunghezza* - Länge - *largura, largo*
lorry, truck - autocarro - *Lastwagen (LKW)* - camión - *camion*
loss of land - perdita di terreno - *Landverlust* - pérdida de terreno - *perte de terrain*
Lösung - solución - *solution* - solution - *soluzione*
lot à bâtir - building lot - *lotto edificabile* - Baugrundstück - *solar edificable*
lotir - allot (to) - *lottizzare* - parzellieren - *parcelar*
lotissement - allotment - *lottizzazione* - Parzellierung - *parcelación*
lotti attrezzati - Parzellen, erschlossene - *parcelas urbanizadas* - tremes assainies, percelles assainies - *site & services*
lottizzare - parzellieren - *parcelar* - lotir - *allot (to)*
lottizzazione - Parzellierung - *parcelación* - lotissement - *allotment*
lotto edificabile - Baugrundstück - *solar edificable* - lot à bâtir - *building lot*
low - basso - *niedrig* - bajo - *bas*
lowlands - bassopiani - *Tiefland* - llanos - *terres basses*
loyer - rent - *affitto* - Miete - *alquiler, arriendo*
loyer contrôlé - rent control - *equo canone, controllo sui fitti* - Mietpreiskontrolle - *control sobre los alquileres*
lucido - Pause - *papel vegetal* - calque - *tracing paper*
Luftbild - fotografia aérea - *photographie aérienne* - aerial photograph - *fotografia aerea*
Luftbildmessung - relevamiento aéreo - *aérophotogrammétrie* - aerial surveying - *rilevamento aereo*
Luftbildplan - plano aerofotogramétrico - *plan aérophotogrammétrique* - aerial plan - *piano aerofotogrammetrico*
Luftdruck - presión atmosférica - *pression atmosphérique* - atmospheric pressure - *pressione atmosferica*
Luftschadstoff - agentes contaminadores de la atmósfera - *polluants atmosphériques* - atmospheric pollutants - *agenti inquinanti atmosferici*
Luftverkehr - trafico aéreo - *circulation aérienne, trafic aérien* - air traffic - *traffico aereo*
lugar - localité - *locality* - luogo - *Ort*
lugar central - lieu central - *central place* - località centrale - *Ort, zentraler*
lugar de encuentro, de la cita - lieu de rencontre - *meeting place* - luogo d'incontro - *Begegnungsstätte*
lugares interesantes, sitios de valor artístico - curiosités - *places of interest* - posti interessanti - *Sehenswürdigkeiten*
lump sum - a forfait, tutto compreso - *Pauschale* - global, forfait - *forfait*
Lunge, grüne - pulmón, área verde - *poumon, espace ouvert* - vestpocket park - *polmone di verde*
lunghezza - Länge - *largura, largo* - longueur - *length*
lungomare - Seeseite - *paseo marìtimo* - front de mer - *sea-front*
luogo - Ort - *lugar* - localité - *locality*
luogo d'incontro - Begegnungsstätte - *lugar de encuentro, de la cita* - lieu de rencontre - *meeting place*

M

macadam - macadam - *Schotterstraße* - macadám - *route empierrée*
maceta - bac à fleurs - *flower tub* - vaso da fiori - *Blumenkübel*
Macht, Kraft - poder, fuerza - *pouvoir* - power - *potere*
madera de construcción - bois de construction - *timber for construction* - legname da costruzione - *Bauholz*
madurez - entre deux âges, âge moyen - *middle age* - mezza età - *Alter, mittleres*
maestranze - Belegschaft - *obreros, personal* - personnel, effectifs - *personnel*
magasin - shop, store - *negozio* - Laden - almacén, tienda
magazzino - Lagerhaus - *deposito, almacén* - entrepôt - *warehouse*
maggior offerente - Mehrbieter - *mayor postor* - plus offrant - *outbidder*
maggioranza - Mehrheit - *mayorìa* - majorité - *majority*
main d'oeuvre - manpower, work force - *manodopera* - Arbeitskraft - *mano de obra*
main, secondary axis - asse principale, secondario - *Hauptachse, Nebenachse* - eje principal, secundario - *axe principal, secondaire*
mainland - terraferma - *Festland* - tierra firme, continente - *continent*
maintenance - manutenzione - *Instandhaltung, Wartung* - mantenimiento - *entretien*
maintenance costs - spese di manutenzione - *Instandhaltungskosten* - gastos de mantenimiento - *dépenses d'entretien*
maire - mayor - *sindaco* - Bürgermeister - *alcalde*
mairie - town hall - *municipio* - Rathaus - ayuntamiento, municipio
maison - house - *casa* - Haus - *casa, vivienda*
maison à coursive - block with access balconies - *casa a ballatoio* - Laubenganghaus - *casa-corredor*
maison à demi-niveaux - split-level house - *casa a piani sfalsati* - Staffelhaus, Haus mit versetzen Ebenen - *casa de diferentes niveles*
maison de loisirs - holiday cottage - *casa di vacanze* - Ferienhaus - *casa de vacaciones*
maison de retraite - old people's home, senior citizens' residence - *casa di ricovero per anziani* - Altenheim - *asilo, residencia de ancianos*
maison en bout de rangée - end house - *casa in testata* - Endhaus - *casa terminal*
maison en coin - corner house - *casa d'angolo* - Eckhaus - *casa que hace esquina, casa-esquina*
maison individuelle - single family house - *casa unifamiliare* - Einfamilienhaus - *casa unifamiliar*
maison jumelée - semi-detached house - *casa abbinata* - Doppelhaus - *casa pareada*
maison mitoyenne, en alignement - row house - *casa in linea, a schiera* - Reihenhaus - *casas alineadas*
maître d'oeuvre - building sponsor, builder - *committente* - Bauherr - *comitente*
maître d'ouvrage - builder - *stazione appaltante* - Bauträger - *responsable de la construcción*
major intersection - intersezione principale - *Hauptkreuzung* - intersección principal - *intersection principale*
majorité - majority - *maggioranza* - Mehrheit -

mayorìa
majority - maggioranza - *Mehrheit* - mayorìa - *majorité*
make responsible for (to) - incaricare - *beauftragen* - encargar, encomendar - *charger*
Makler - corredor - *courtier* - broker - *mediatore*
malas hierbas - mauvaises herbes - *weeds* - erbe infestanti - *Unkrautbewuchs*
manage (to), lead (to), steer (to) - dirigere - *leiten, steuern* - dirigir - *diriger*
manage (to), operate (to) - gestire - *führen, betreiben* - gestionar - *gérer*
management - direzione - *Betriebsleitung* - dirección - *direction*
management of change - gestione del cambiamento - *Veränderungssteuerung* - gestion del cambio - *gestion du changement*
mancha de aceite - nappe de mazout - *oil slick* - chiazza d'olio - *Öllache*
mandatory, legally binding - obbligatorio - *rechtsverbindlich* - obligatorio - *obligatoire*
manhour - ora-uomo - *Mannstunde* - hora-hombre - *heure-homme*
manifattura, fabbricazione - Herstellung - *fabricación* - fabrication - *manufacture*
maniobra - manoeuvre - *manoeuvre, move* - manovra - *Manöver*
Mannschaft - equipo - *équipe* - team - *squadra*
Mannstunde - hora-hombre - *heure-homme* - manhour - *ora-uomo*
mano de obra - main d'oeuvre - *manpower, work force* - manodopera - *Arbeitskraft*
manodopera - Arbeitskraft - *mano de obra* - main d'oeuvre - *manpower, work force*
manoeuvre - manoeuvre, move - *manovra* - Manöver - *maniobra*
manoeuvre, move - manovra - *Manöver* - maniobra - *manoeuvre*
Manöver - maniobra - *manoeuvre* - manoeuvre, move - *manovra*
manovra - Manöver - *maniobra* - manoeuvre - *manoeuvre, move*
manpower, work force - manodopera - *Arbeitskraft* - mano de obra - *main d'oeuvre*
manque - lack - *carenza* - Defizit, Mangel - *déficit, carencia*
manque de logements - housing shortage - *carenza di alloggi* - Wohnungs-Knappheit, Defizit - *carencia de vivendas, déficit habitacional*
mansarde - attic room - *sottotetto* - Dachraum,

Mansarde - *buhardilla, mansarda*
mansione, ufficio - Amt - *oficina pública* - fonction, office - *function, office*
mantenimiento - entretien - *maintenance* - manutenzione - *Instandhaltung, Wartung*
manual - manuel - *handbook* - manuale - *Handbuch*
manual work - lavoro manuale - *Arbeit, ungelernte* - trabajo manual - *travail manuel*
manuale - Handbuch - *manual* - manuel - *handbook*
manuel - handbook - *manuale* - Handbuch - *manual*
manufacture - manifattura, fabbricazione - *Herstellung* - fabricación - *fabrication*
manufacturing industry - industria manifatturiera - *Verarbeitungsindustrie* - industria de transforma- ción, de elaboración - *industrie de transformation*
manure - letame - *Dung, Mist* - estiércol - *fumier*
manutenzione - Instandhaltung, Wartung - *mantenimiento* - entretien - *maintenance*
manzana, bloque - îlot - *block* - isolato - *Häuserblock*
man-made features - caratteristiche artificiali - *Merkmale, künstliche* - caracterìsticas artificiales - *caractéristiques artificielles*
map - carta geografica - *Landkarte* - mapa (geográfico) - *carte géographique*
mapa geológico - carte géologique - *geological map* - carta geologica - *Karte, geologische*
mapa isocrónico - carte isochronique - *isochrone map* - carta isocronica - *Isochronenplan*
mapa meteorológico - carte météorologique - *weather chart* - carta meteorologica - *Wetterkarte*
mapa pedológico - carte pédologique - *soil map* - carta pedologica - *Bodenkarte*
mapa temático - carte thématique - *thematic map* - carta tematica - *Thema-Karte*
mapa topográfico - carte topographique - *contour map* - carta topografica - *Karte, topographische*
mapa (geográfico) - carte géographique - *map* - carta geografica - *Landkarte*
mapa/plano de propriedad - plan de propriété - *ownership map* - mappa catastale - *Eigentümerplan, Grundstücksplan*
mappa catastale - Eigentümerplan, Grundstücksplan - *mapa/plano de propriedad* - plan

de propriété - *ownership map*
maqueta - maquette - *model (arch.)* - plastico - Modell *(arch.)*
maquette - model (arch.) - *plastico* - Modell (arch.) - *maqueta*
marais - marsh - *palude* - Sumpf - *pantano*
marchandise - goods, merchandise - *merce* - Ware - *mercancìa*
Marché Commun - Common Market - *Mercato Comune* - Gemeinsamer Markt - *Mercado Común*
marché des capitaux privés - private capital market - *mercato dei capitali privati* - Kapitalmarkt, privater - *mercado de capitales privados*
marché du travail - labour market - *mercato del lavoro* - Arbeitsmarkt - *mercado del trabajo*
marché foncier - real land market - *mercato fondiario* - Grundstücksmarkt - *mercado inmobiliario*
marché libre - free market - *mercato libero* - Markt, freier - *mercado libre*
marciapiede - Bürgersteig - *àcera, vereda* - trottoir - *pavement, sidewalk*
marcita - Wiese, feuchte - *fresquedal* - prairie irriguée - *wetlands*
marea - Gezeiten - *marea, flujo y reflujo* - marée - *tides*
marea, flujo y reflujo - marée - *tides* - marea - Gezeiten
marea baja - marée basse - *ebb* - bassa marea - Ebbe
marée - tides - *marea* - Gezeiten - *marea, flujo y reflujo*
marée basse - ebb - *bassa marea* - Ebbe - *marea baja*
marée haute - high tide - *alta marea* - Flut - *pleamar*
marge, écart - margin, span - *margine* - Spanne - *margen*
marge bénéficiaire - profit margin - *margine di profitto* - Gewinnspanne - *margen de provecho, beneficios*
marge d'erreur - margin of error - *margine d'errore* - Fehlergrenze - *margen de error*
margen - marge, écart - *margin, span* - margine - *Spanne*
margen de error - marge d'erreur - *margin of error* - margine d'errore - *Fehlergrenze*
margen de la carretera - côté de la route - *road boundary, street line* - bordo della strada - *Straßenbegrenzungslinie*
margen de provecho, beneficios - marge bénéficiaire - *profit margin* - margine di profitto - *Gewinnspanne*
margin, span - margine - *Spanne* - margen - *marge, écart*
margin of error - margine d'errore - *Fehlergrenze* - margen de error - *marge d'erreur*
marginal groups - gruppi marginali - *Randgruppen* - grupos marginales - *groupes marginaux*
margine - Spanne - *margen* - marge, écart - *margin, span*
margine di profitto - Gewinnspanne - *margen de provecho, beneficios* - marge bénéficiaire - *profit margin*
margine d'errore - Fehlergrenze - *margen de error* - marge d'erreur - *margin of error*
marital status - stato civile - *Familienstand* - estado civil - *état matrimonial*
Markenartikel - articulo patentado, marca registrada - *article de marque déposée* - trademarked merchandise - *articolo brevettato*
market economy - economia di mercato - *Marktwirtschaft* - economìa de mercado - *économie de marché*
market research - ricerca di mercato - *Marktuntersuchung* - estudio de mercado - *étude de marché*
market value of property - valore fondiario di mercato - *Marktwert des Bodens* - valor inmobiliar de mercado - *valeur vénale du sol*
Markt, freier - mercado libre - *marché libre* - free market - *mercato libero*
Marktuntersuchung - estudio de mercado - *étude de marché* - market research - *ricerca di mercato*
Marktwert des Bodens - valor inmobiliar de mercado - *valeur vénale du sol* - market value of property - *valore fondiario di mercato*
Marktwirtschaft - economìa de mercado - *économie de marché* - market economy - *economia di mercato*
markup - rincaro - *Verteuerung* - encarecimiento, subida de precios - *augmentation*
marquesina - auvent - *porch roof* - pensilina - *Schutzdach*
marriage rate - quoziente di nuzialità - *Eheschließungsziffer* - coeficiente de matrimonios, tasa de matrimonios - *taux de mariage*
married couple - coppia sposata - *Ehepaar* - matrimonio - *couple marié*

marsh - palude - *Sumpf* - pantano - *marais*
masa migratoria - migration totale - *gross migration* - massa migratoria - *Bruttowanderungsbewegung*
mascherina, sagoma - Schablone - *plantillas, chablón* - patron, gabarit - *stencil, template*
mass production - produzione di massa - *Massenproduktion* - producción de masa, producción en masa - *production de masse*
massa migratoria - Bruttowanderungsbewegung - *masa migratoria* - migration totale - *gross migration*
Massenproduktion - producción de masa, producción en masa - *production de masse* - mass production - *produzione di massa*
massimo ammissibile d'emissione - Emissionsgrenzwert - *nivel máximo permisible de emisión* - niveau maximum d'émission - *maximum permissible level of permissions*
massimo assoluto - Höchstand, absoluter - *nivel maximo* - niveau maximum absolu - *all-time high*
master plan, general plan - piano generale - *Generalplan* - plan general - *plan directeur, schéma général*
matadero - abattoir - *slaughterhouse* - mattatoio - *Schlachthof*
materia prima - matière première - *raw material* - materia prima - *Rohstoff*
materia prima - Rohstoff - *materia prima* - matière première - *raw material*
material - matériau - *material* - materiale - *Werkstoff*
material - materiale - *Werkstoff* - material - *matériau*
materiale - Werkstoff - *material* - matériau - *material*
matériau - material - *materiale* - Werkstoff - *material*
materiau polluant - pollutant - *agente inquinante* - Schadstoff - *agente contaminador*
mathematical equation - equazione matematica - *Gleichung, mathematische* - ecuación matemática - *équation mathématique*
matière première - raw material - *materia prima* - Rohstoff - *materia prima*
matrice origine-destination - origin-destination matrix - *matrice origine-destinazione* - Herkunft-Ziel-Matrix - *matriz origen-destino*
matrice origine-destinazione - Herkunft-Ziel-Matrix - *matriz origen-destino* - matrice origine-destination - *origin-destination matrix*
matrimonio - couple marié - *married couple* - coppia sposata - *Ehepaar*
matriz origen-destino - matrice origine-destination - *origin-destination matrix* - matrice origine-destinazione - *Herkunft-Ziel-Matrix*
mattatoio - Schlachthof - *matadero* - abattoir - *slaugtherhouse*
Mautstraße - autovìa de peaje - *route à péage* - toll road - *strada a pedaggio*
mauvaises herbes - weeds - *erbe infestanti* - Unkrautbewuchs - *malas hierbas*
maximum building height - altezza massima degli edifici - *Gebäudenhöhe, maximale* - altura máxima de construcción - *hauteur maximale des constructions*
maximum building intensity - tetto limite di densità - *Bebauungsdichte, maximal zulässige* - lìmite máximo de densidad - *Plafond Légal de Densité (P.L.D.)*
maximum gradient - pendenza massima - *Steigung, maximale* - pendiente máxima - *pente maximale*
maximum permissible level of permissions - massimo ammissibile d'emissione - *Emissionsgrenzwert* - nivel máximo permisible de emisión - *niveau maximum d'émission*
mayor - sindaco - *Bürgermeister* - alcalde - *maire*
mayor postor - plus offrant - *outbidder* - maggior offerente - *Mehrbieter*
mayorìa - majorité - *majority* - maggioranza - *Mehrheit*
Maßnahme - medida, provisión - *mesure* - measure, provision - *provvedimento*
Maßnahmen, abhelfende - medidas correctivas - *mesures de redressement* - remedial measures - *misure correttive*
Maßnahmen gegen Verunreinigung - medidas anti-polución - *mesures anti-pollution* - anti-pollution measures - *provvedimenti anti-inquinamento*
Maßnahmenbündel - conjunto de medidas - *paquet de mesures* - package of policies - *insieme di provvedimenti*
Maßnahmenebene - escala de intervención - *échelle d'intervention* - policy level - *scala d'intervento*
maßstabslos - fuera de escala - *hors d'échelle* - out of scale - *fuori scala*
meadow - prato - *Wiese* - prado - *pré*
mean annual temperature - temperatura me-

dia annuale - *Jahresdurchschnitts- temperatur* - temperatura media anual - *température moyenne annuelle*
means of livelihood - mezzi di sussistenza - *Mittel zum Lebensunterhalt* - medios de subsistencia - *moyens de subsistance*
means of production - mezzi di produzione - *Produktionsmittel* - medios de producción - *moyens de productions*
measure, provision - provvedimento - *Maßnahme* - medida, provisión - *mesure*
measurement techniques - tecniche di misurazione - *Technik der Messung* - tecnicas de medición - *techniques de mesure*
media - Durchschnitt - *término medio* - moyenne - *average*
mediador, intermediario - médiateur, intermédiaire - *go-between, intermediary* - intermediario - *Vermittler*
median - spartitraffico - *Mittelstreifen* - banda divisoria - *berme, bande de séparation*
médiateur, intermédiaire - go-between, intermediary - *intermediario* - Vermittler - *mediador, intermediario*
mediatore - Makler - *corredor* - courtier - *broker*
medida, provisión - mesure - *measure, provision* - provvedimento - *Maßnahme*
medidas anti-polución - mesures anti-pollution - *anti-pollution measures* - provvedimenti anti-inquinamento - *Maßnahmen gegen Verunreinigung*
medidas consecuentes - mesures consécutives à - *follow-up, consequent measures* - misure consequenziali - *Folgemaßnahmen*
medidas correctivas - mesures de redressement - *remedial measures* - misure correttive - *Maßnahmen, abhelfende*
medidas legales de un plan - mesures contraignantes d'un plan - *legal provisions of a plan* - norme obbligatorie di un piano - *Plannormen, rechtsverbindliche*
medio ambiente - environnement, milieu, ambiance - *environment* - ambiente - *Umwelt*
medios de producción - moyens de productions - *means of production* - mezzi di produzione - *Produktionsmittel*
medios de subsistencia - moyens de subsistance - *means of livelihood* - mezzi di sussistenza - *Mittel zum Lebensunterhalt*
medios de transporte - moyens de transport - *transportation mode* - mezzi di trasporto - *Verkehrsmittel*
medir - dimensionner - *dimension (to)* - dimensionare - *dimensionieren*
medium term loan for land purchase - prestito a medio termine per acquisizioni di terreno - *Darlehen, mittelfristiges (für Bodenkäufe)* - préstamo a mediano plazo para la adquisición de terrenos - *prêt-relais pour réserves foncières*
medium-sized town - città media - *Mittelzentrum* - ciudad de tamaño medio, ciudad media - *ville moyenne*
Meer, offenes - alta mar, mar abierto - *au large, haute mer* - open sea - *alto mare, mare aperto*
Meerenge - estrecho - *détroit* - strait - *stretto marino*
Meeresarm - brazo de mar - *bras de mer* - arm of sea, inlet - *braccio di mare*
Meeresboden - fondo marino - *fond sous-marin* - sea bed - *fondale marino*
Meeresspiegelhöhe - nivel del mar - *niveau de la mer* - sea level - *livello del mare*
meet requirements (to) - soddisfare le esigenze - *Bedürfnissen nachkommen* - satisfacer las necesidades - *remplir les exigences*
meeting - convegno - *Tagung* - convenio - *colloque*
meeting place - luogo d'incontro - *Begegnungsstätte* - lugar de encuentro, de la cita - *lieu de rencontre*
Mehrbieter - mayor postor - *plus offrant* - outbidder - *maggior offerente*
mehrfach belegt - en cohabitación - *en cohabitation* - joint occupied - *in coabitazione*
mehrgeschossig - de varias plantas - *à plusieurs étages* - multi-story - *multipiano*
Mehrheit - mayoría - *majorité* - majority - *maggioranza*
Mehrkosten - costos, gastos suplementarios - *frais supplémentaires* - additional costs - *spese aggiuntive*
Mehrwertsteuer (MWST) - impuesto sobre el valor añadido - *taxe sur la valeur ajoutée (TVA)* - value-added tax (VAT) - *imposta sul valore aggiunto (IVA)*
Mehrzweck - multi-uso, polivalente - *à usages multiples, polyvalent* - multi-purpose - *pluriuso, polivalente*
Meinung, übereinstimmende - conformidad - *consensus* - agreement - *concordanza di opinioni*
mejora - amélioration - *improvement* - miglio-

ria - *Verbesserung*
mejora calidadiva - rehabilitation, rehaussement de niveau - *up-grading* - riqualificazione - *Aufwertung, Höherstufung*
mejoramiento del entorno de las viviendas - amélioration du cadre urbain - *improvement of the housing environment* - migliorie dell'intorno residenziale - *Wohnumfeldverbesserung*
mélange d'activités - activity mix, mixed use - *mix di funzioni* - Gemengelage - *combinación de actividades*
Meliorationsverband - consorcio de desarrollo agrìcola - *syndicat pour la bonification* - agricultural development association - *consorzio di bonifica*
ménage, foyer - household - *nucleo familiare* - Haushalt - *núcleo familiar*
ménage composite - nuclear family - *nucleo familiare composito* - Haushalt, zusammengesetzer - *familia compuesta, unidad doméstica*
ménagère - housewife - *casalinga* - Hausfrau - *ama de casa*
mensajero municipal - messager municipal - *town messenger* - messo comunale - *Stadtbote*
Mercado Común - Marché Commun - *Common Market* - Mercato Comune - *Gemeinsamer Markt*
mercado de capitales privados - marché des capitaux privés - *private capital market* - mercato dei capitali privati - *Kapitalmarkt, privater*
mercado del trabajo - marché du travail - *labour market* - mercato del lavoro - *Arbeitsmarkt*
mercado inmobiliario - marché foncier - *real land market* - mercato fondiario - *Grundstücksmarkt*
mercado libre - marché libre - *free market* - mercato libero - *Markt, freier*
mercancìa - marchandise - *goods, merchandise* - merce - *Ware*
Mercato Comune - Gemeinsamer Markt - *Mercado Común* - Marché Commun - *Common Market*
mercato dei capitali privati - Kapitalmarkt, privater - *mercado de capitales privados* - marché des capitaux privés - *private capital market*
mercato del lavoro - Arbeitsmarkt - *mercado del trabajo* - marché du travail - *labour market*
mercato fondiario - Grundstücksmarkt - *mercado inmobiliario* - marché foncier - *real land market*
mercato libero - Markt, freier *mercado libre* - marché libre - *free market*
merce - Ware - *mercancìa* - marchandise - *goods, merchandise*
merce alla rinfusa - Schüttgut - *carga a granel* - cargaison en vrac - *bulk cargo*
merecedor de conservación - méritant la conservation - *worthy of preservation* - meritevole di conservazione - *erhaltenswert*
merger, concentration - concentrazione - *Konzentration* - concentración - *concentration*
merger of local authorities - fusione di comuni - *Zusammenschluß von Kommunen* - fusión de municipios - *fusion de communes*
méritant la conservation - worthy of preservation - *meritevole di conservazione* - erhaltenswert - *merecedor de conservación*
meritevole di conservazione - erhaltenswert - *merecedor de conservación* - méritant la conservation - *worthy of preservation*
Merkmale, künstliche - caracterìsticas artificiales - *caractéristiques artificielles* - man-made features - *caratteristiche artificiali*
Merkmale, natürliche - caracterìsticas naturales del paisaje - *caractéristiques naturelles* - natural features - *caratteristiche naturali*
messa a verde dei cortili - Hofbegrünung - *jardines interiores* - usage à jardin des cours intérieures - *planting courtyard garden*
messager municipal - town messenger - *messo comunale* - Stadtbote - *mensajero municipal*
Messe - feria - *foire, salon* - fair - *fiera*
messo comunale - Stadtbote - *mensajero municipal* - messager municipal - *town messenger*
mesure - measure, provision - *provvedimento* - Maßnahme - *medida, provisión*
mesure d'ordre juridique - legal norm - *norma giuridica* - Rechtsnorm - *norma juridica*
mesures anti-pollution - anti-pollution measures - *provvedimenti anti-inquinamento* - Maßnahmen gegen Verunreinigung - *medidas anti-polución*
mesures consécutives à - follow-up, consequent measures - *misure consequenziali* - Folgemaßnahmen - *medidas consecuentes*
mesures contraignantes d'un plan - legal provisions of a plan - *norme obbligatorie di un piano* - Plannormen, rechtsverbindliche -

medidas legales de un plan
mesures de redressement - remedial measures - *misure correttive* - Maßnahmen, abhelfende - *medidas correctivas*
métayage - métayage, tenant farming - *mezzadria* - Halbpacht - *aparcerìa*
métayage, tenant farming - mezzadria - *Halbpacht* - aparcerìa - *métayage*
meter parking - parcheggio a tempo - *Parken an Parkuhren* - estacionamiento limitado - *stationnement limité*
method of building - metodo di costruzione - *Art der Baukonstruktion* - método de construcción - *méthode de construction*
méthode de construction - method of building - *metodo di costruzione* - Art der Baukonstruktion - *método de construcción*
méthodes d'évaluation - appraisal techniques - *metodi di valutazione* - Schätzungs-, Bewertungsmethoden - *sistema de valuación*
metodi di valutazione - Schätzungs-, Bewertungsmethoden - *sistema de valuación* - méthodes d'évaluation - *appraisal techniques*
método de construcción - méthode de construction - *method of building* - metodo di costruzione - *Art der Baukonstruktion*
metodo di costruzione - Art der Baukonstruktion - *método de construcción* - méthode de construction - *method of building*
metro - métro - *underground, subway* - metropolitana - *U-Bahn*
métro - underground, subway - *metropolitana* - U-Bahn - *metro*
métropole, grande ville - metropolis, large city - *metropoli, grande città* - Großstadt - *métropoli, gran ciudad*
metropolis, large city - metropoli, grande città - *Großstadt* - métropoli, gran ciudad - *métropole, grande ville*
metropolitan area - area metropolitana - *Großraum, städtischer* - área metropolitana - *aire métropolitaine*
metropolitana - U-Bahn - *metro* - métro - *underground, subway*
métropoli, gran ciudad - métropole, grande ville - *metropolis, large city* - metropoli, grande città - *Großstadt*
metropoli, grande città - Großstadt - *métropoli, gran ciudad* - métropole, grande ville - *metropolis, large city*
mettere all'asta - versteigern - *poner a subasta, subastar* - mettre aux enchères - *auction (to)*

mettre aux enchères - auction (to) - *mettere all'asta* - versteigern - *poner a subasta, subastar*
mezza età - Alter, mittleres - *madurez* - entre deux âges, âge moyen - *middle age*
mezzadria - Halbpacht - *aparcerìa* - métayage - *métayage, tenant farming*
mezzi di produzione - Produktionsmittel - *medios de producción* - moyens de productions - *means of production*
mezzi di sussistenza - Mittel zum Lebensunterhalt - *medios de subsistencia* - moyens de subsistance - *means of livelihood*
mezzi di trasporto - Verkehrsmittel - *medios de transporte* - moyens de transport - *transportation mode*
mezzi finanziari per l'incentivazione - Fördermittel - *subvenciones* - subventions - *subsides*
middle age - mezza età - *Alter, mittleres* - madurez - *entre deux âges, âge moyen*
Mietanpassung - ajuste del arriendo - *ajustement de loyer* - rent review - *revisione dell'affitto*
Mietbelastung - gastos de arriendo - *charges locatives* - rent expenditures - *carico locativo*
Miete - alquiler, arriendo - *loyer* - rent - *affitto*
Mieter - arrendatario, inquilino - *locataire* - tenant - *inquilino, locatario*
Mietermodernisierung - modernización a costa de los usuarios - *réaménagement par les soins des locataires* - tenants modernisation - *riammodernamento a cura degli inquilini*
Mieterschutzgesetz - leyes de arrendamiento, de alquilares - *loi sur la réglementation des loyers* - Rent Control Act - *legge sui fitti, Equo Canone*
Mieterverein - asociación de inquilinos, de arrendatarios - *association des résidents* - tenants' association - *associazione dei locatari*
Mietminderung - reducción de alquiler, de arrendamiento - *réduction de loyer* - rent reduction - *riduzione dei fitti*
Mietpreiskontrolle - control sobre los alquileres - *loyer contrôlé* - rent control - *equo canone, controllo sui fitti*
Mietrecht - derecho de arriendo, derecho de alquiler - *droit de location* - rent legislation - *diritto di locazione*
Mietshaus - casa de alquiler - *immeuble locatif, maison de rapport* - tenement building, apartment building - *casa in affitto*
Mietvertrag - contrato de arriendo - *contrat de*

location, bail - rent contract, lease - *contratto di locazione*
Mietwert - valor de arriendo - *valeur locative* - rental value - *valore locativo*
Mietwohnung - vivienda en alquiler - *logement locatif* - tenement, rented flat - *appartamento in affitto*
miglioria - Verbesserung - *mejora* - amélioration - *improvement*
migliorie dell'intorno residenziale - Wohnumfeldverbesserung - *mejoramiento del entorno de las viviendas* - amélioration du cadre urbain - *improvement of the housing environment*
migración diaria - migration journalière - *commuter flow* - migrazione giornaliera - *Pendelbewegung*
migración exterior - migration extérieure - *external migration* - migrazione esterna - *Außenwanderung*
migración interna - migration intérieure - *internal migration* - migrazione interna - *Binnenwanderung*
migration extérieure - external migration - *migrazione esterna* - Außenwanderung - *migración exterior*
migration intérieure - internal migration - *migrazione interna* - Binnenwanderung - *migración interna*
migration journalière - commuter flow - *migrazione giornaliera* - Pendelbewegung - *migración diaria*
migration totale - gross migration - *massa migratoria* - Bruttowanderungsbewegung - *masa migratoria*
migrazione esterna - Außenwanderung - *migración exterior* - migration extérieure - *external migration*
migrazione giornaliera - Pendelbewegung - *migración diaria* - migration journalière - *commuter flow*
migrazione interna - Binnenwanderung - *migración interna* - migration intérieure - *internal migration*
Milieuschutz - protección del entorno - *protection du milieu* - protection of surroundings - *protezione del contesto*
Minderheit - minorìa - *minorité* - minority - *minoranza*
minderwertig - de calidad inferior - *de qualité inférieure* - sub-standard - *sottostandard*
Mindestlohn, allgemein garantierter - salario mìnimo garantizado - *salaire minimum interprofessionel garanti (S.M.I.G.)* - minimum legal wage - *salario minimo garantito*
Mindestnormen der Bewohnbarkeit - normas mìnimas de habitabilidad - *normes minimales d'habitabilité* - minimum legal standards for human occupancy - *norme minime di abitabilità*
Mindestraumhöhe - altura mìnima interna, altura mìnima interior - *hauteur minimale sous plafond* - minimal interior height - *altezza minima interna*
mineral resources - risorse minerarie - *Mineralvorkommen* - recursos minerales - *ressources en minéraux*
mineral rights - diritti minerari - *Recht zur Gewinnung von Bodenschätzen* - derechos de minas - *droits miniers*
Mineralvorkommen - recursos minerales - *ressources en minéraux* - mineral resources - *risorse minerarie*
minimal interior height - altezza minima interna - *Mindestraumhöhe* - altura mìnima interna, altura mìnima interior - *hauteur minimale sous plafond*
minimum legal standards for human occupancy - norme minime di abitabilità - *Mindestnormen der Bewohnbarkeit* - normas mìnimas de habitabilidad - *normes minimales d'habitabilité*
minimum legal wage - salario minimo garantito - *Mindestlohn, allgemein garantierter* - salario mìnimo garantizado - *salaire minimum interprofessionel garanti (S.M.I.G.)*
minimum radius of curvature - raggio minimo di curvatura - *Kurvenradius, kleinster* - radio mìnimo de curvatura - *rayon de courbure minimum*
minimum vital - subsistence level - *livello di sussistenza* - Existenzminimum - *nivel de subsistencia*
mining damage - subsidenza - *Bergschaden* - daños provocados por trabajos en minas - *subsidence*
mining industry - industria estrattiva, mineraria - *Bergbau* - industria extractiva, industria minera - *industrie d'extraction, miniére*
ministerial memorandum, ordinance - circolare ministeriale - *Ministerialerlaß* - circular ministerial - *arrêté ministériel*
Ministerialerlaß - circular ministerial - *arrêté ministériel* - ministerial memorandum, ordi-

nance - *circolare ministeriale*
minoranza - Minderheit - *minorìa* - minorité - *minority*
minorìa - minorité - *minority* - minoranza - *Minderheit*
Minoritätsbeteiligung - partecipatión minoritatria - *participation minoritaire* - minority interest - *partecipazione di minoranza*
minorité - minority - *minoranza* - Minderheit - *minorìa*
minority - minoranza - *Minderheit* - minorìa - *minorité*
minority interest - partecipazione di minoranza - *Minoritätsbeteiligung* - partecipatión minoritatria - *participation minoritaire*
Minuswachstum - crecimiento negativo - *croissance négative* - negative growth - *crescita negativa*
minutes, proceeding - verbale, rendiconto - *Protokoll* - acta - *procès-verbal*
mirador - belvédère - *viewpoint* - belvedere - *Aussichtspunkt*
Mischgebiet - zona mixta - *zone mixte* - mixed use area - *zona mista*
mise en demeure d'acquérir - compulsory purchase order - *obbligo d'acquisto* - Zwangsankaufbescheid - *obligación de compra*
mise en oeuvre - implementation - *attuazione* - Implementierung - *realización, implementación*
mise en valeur, assainissement de terres - reclamation of land by drainage - *bonifica* - Kultivierung, Urbarmachung von Land durch Trockenlegung - *bonificación*
misure consequenziali - Folgemaßnahmen - *medidas consecuentes* - mesures consécutives à - *follow-up, consequent measures*
misure correttive - Maßnahmen, abhelfende - *medidas correctivas* - mesures de redressement - *remedial measures*
mitage - destruction of the landscape - *compromissione del paesaggio* - Zersiedlung der Landschaft - *paisaje alterado*
Mitbesitz - copropriedad - *copropriété* - joint ownership - *comproprietà, condominio*
Mitbestimmung - cogestión - *cogestion* - employees representation in management, codetermination - *cogestione*
Mittel zum Lebensunterhalt - medios de subsistencia - *moyens de subsistance* - means of livelihood - *mezzi di sussistenza*

Mittellinie - lìnea axial - *ligne axiale* - centre line - *striscia di mezzeria*
Mittelstandsförderung - ayuda a la pequeña y mediana industria - *aides aux petites et moyennes entreprises* - small-business assistance - *aiuti alla piccola e media industria*
Mittelstreifen - banda divisoria - *berme, bande de séparation* - median - *spartitraffico*
Mittelzentrum - ciudad de tamaño medio, ciudad media - *ville moyenne* - medium-sized town - *città media*
mix di funzioni - Gemengelage - *combinación de actividades* - mélange d'activités - *activity mix, mixed use*
mixed economy - economia mista - *Wirtschaft, gemischte* - economìa mixta - *économie mixte*
mixed use area - zona mista - *Mischgebiet* - zona mixta - *zone mixte*
mobiliario urbano - mobilier urbain - *street furniture* - arredo urbano - *Straßenmöblierung*
mobilier urbain - street furniture - *arredo urbano* - Straßenmöblierung - *mobiliario urbano*
mobilità spaziale - Beweglichkeit, räumliche - *movilidad espacial* - mobilité spatiale - *spatial mobility*
mobilité spatiale - spatial mobility - *mobilità spaziale* - Beweglichkeit, räumliche - *movilidad espacial*
mode de transport - mode of transport - *modo di trasporto* - Beförderungsart - *modo de transporte*
mode of transport - modo di trasporto - *Beförderungsart* - modo de transporte - *mode de transport*
model - modello - *Muster* - modelo - *modèle*
model (arch.) - plastico - *Modell (arch.)* - maqueta - *maquette*
modèle - model - *modello* - Muster - *modelo*
Modell (arch.) - maqueta - *maquette* - model (arch.) - *plastico*
modello - Muster - *modelo* - modèle - *model*
Modellversuch - projecto piloto - *projet pilote* - small scale test - *progetto pilota*
modelo - modèle - *model* - modello - *Muster*
moderación del tráfico - modération du trafic - *traffic reduction* - moderazione del traffico - *Verkehrsberuhigung*
modération du trafic - traffic reduction - *moderazione del traffico* - Verkehrsberuhigung - *moderación del tráfico*

moderazione del traffico - Verkehrsberuhigung - *moderación del tráfico* - modération du trafic - *traffic reduction*
modernisación de un barrio - modernisation d'un quartier - *neighbourhood improvement* - modernizzazione di un quartiere - *Modernisierung eines Stadtviertels*
modernisation d'un quartier - neighbourhood improvement - *modernizzazione di un quartiere* - Modernisierung eines Stadtviertels - *modernisación de un barrio*
Modernisierung eines Stadtviertels - modernisación de un barrio - *modernisation d'un quartier* - neighbourhood improvement - *modernizzazione di un quartiere*
Modernisierung- und Ausstattungsprogramm - programa de modernización y dotación de servicios - *Programme de Modernisation et d'Equipement (P.M.E.)* - improvement and investment programme - *programma di modernizzazione e dotazione di servizi*
modernización a costa de los usuarios - réaménagement par les soins des locataires - *tenants modernisation* - riammodernamento a cura degli inquilini - *Mietermodernisierung*
modernizzazione di un quartiere - Modernisierung eines Stadtviertels - *modernisación de un barrio* - modernisation d'un quartier - *neighbourhood improvement*
modificación, cambio - changement - *change* - cambiamento - *Veränderung*
modificación de los limites de fincas - redressement parcellaire - *change of farm property lines* - ricomposizione fondiaria - *Flurbereinigung*
modificazioni strutturali - Strukturwandel - *cambio estructural* - changement de structure - *structural change*
modo de transporte - mode de transport - *mode of transport* - modo di trasporto - *Beförderungsart*
modo di trasporto - Beförderungsart - *modo de transporte* - mode de transport - *mode of transport*
modulo - Formular - *formulario* - formulaire - *formulary*
modulo per il censimento - Zählbogen - *formulario para el censo* - feuille de recensement - *census form*
Mofa - velomotor - *vélomoteur* - motorbike, moped - *ciclomotore*
Mole, Hafendamm - molo - *môle, jetée* - jetty - *frangiflutti*
môle, jetée - jetty - *frangiflutti* - Mole, Hafendamm - *molo*
molo - môle, jetée - *jetty* - frangiflutti - *Mole, Hafendamm*
molo, gettata - Kai - *muelle, malecón* - quai - *wharf, quay, pier*
moneda - monnaie - *currency* - moneta - *Währung*
moneta - Währung - *moneda* - monnaie - *currency*
monitoring - controllo sull'attuazione - *Implementierungskontrolle* - control de la actuación - *contrôle de la mise en oeuvre*
monnaie - currency - *moneta* - Währung - *moneda*
monolocale - Apartment - *estudio, apartamento* - studio - *study-bedroom, studio apartment*
monorail - monorail - *monorotaia* - Einschienenbahn - *monorriel, monovìa*
monorail - monorotaia - *Einschienenbahn* - monorriel, monovìa - *monorail*
monorotaia - Einschienenbahn - *monorriel, monovìa* - monorail - *monorail*
monorriel, monovìa - monorail - *monorail* - monorotaia - *Einschienenbahn*
montant des ventes - sales - *smercio* - Absatz - *ventas*
montìculos o gibosidades de disminución de la velocidad - dos d'âne dans la chaussée - *humps in the roadway* - gobbe di rallentamento sulla strada - *Schwelle in der Fahrbahn*
mora - Verzug - *demora, retraso* - demeure, retard - *delay*
mort biologique - biological death - *morte biologica* - Umkippen (biologisch) - *muerte biologica*
mortalidad infantil - mortalité infantile - *infant mortality* - mortalità infantile - *Säulingssterblichkeit*
mortalità infantile - Säulingssterblichkeit - *mortalidad infantil* - mortalité infantile - *infant mortality*
mortalité infantile - infant mortality - *mortalità infantile* - Säulingssterblichkeit - *mortalidad infantil*
morte biologica - Umkippen (biologisch) - *muerte biologica* - mort biologique - *biological death*
mortgage - ipoteca - *Hypothek* - hipoteca - *hypothèque*
motivo del deplazamiento - but du déplace-

ment - *purpose of the trip* - scopo dello spostamento - *Fahrtzweck*
motivos de la apelación - raison pour faire appel - *basis of appeal* - ragioni del ricorso - *Begründung des Widerspruchs*
motocicletta - Motorrad - *moto, motocicleta* - moto, motocyclette - *motorcycle*
motorbike, moped - ciclomotore - *Mofa* - velomotor - *vélomoteur*
motorcycle - motocicletta - *Motorrad* - moto, motocicleta - *moto, motocyclette*
Motorrad - moto, motocicleta - *moto, motocyclette* - motorcycle - *motocicletta*
motorway, freeway - autostrada - *Autobahn* - autopista - *autoroute*
motorway exit - uscita dell'autostrada - *Autobahnausfahrt* - salida de la autopista - *sortie d'autoroute*
motorway feeder, freeway spur - raccordo autostradale - *Autobahnzubringer* - cinturón de ronda de la autopista - *bretelle d'autoroute*
motorway interchange - svincolo autostradale - *Autobahnknotenpunkt* - nudo autoviario - *échangeur d'autoroute*
moto, motocicleta - moto, motocyclette - *motorcycle* - motocicletta - *Motorrad*
moto, motocyclette - motorcycle - *motocicletta* - Motorrad - *moto, motocicleta*
mouillage - anchorage - *ancoraggio* - Ankerplatz - *anclaje*
mountain chain - catena di montagne - *Gebirgskette* - cadena de montañas - *chaîne de montagnes*
mountain pass - passo montano - *Gebirgspaß* - paso de montaña - *col (de montagne)*
mountain side - versante di una montagna - *Berghang* - ladera de una montaña - *fianc de montagne*
mountain tarn lake - laghetto di montagna - *Karsee* - pequeño lago de montaña - *petit lac de montagne*
mouvement - movement - *movimiento* - Bewegung - *movimiento*
move - trasloco - *Umzug* - mudanza - *déménagement*
movement - movimiento - *Bewegung* - movimiento - *mouvement*
movilidad espacial - mobilité spatiale - *spatial mobility* - mobilità spaziale - *Beweglichkeit, räumliche*
movimento - Bewegung - *movimiento* - mouvement - *movement*
movimiento - mouvement - *movement* - movimento - *Bewegung*
moyenne - average - *media* - Durchschnitt - *término medio*
moyens de productions - means of production - *mezzi di produzione* - Produktionsmittel - *medios de producción*
moyens de subsistance - means of livelihood - *mezzi di sussistenza* - Mittel zum Lebensunterhalt - *medios de subsistencia*
moyens de transport - transportation mode - *mezzi di trasporto* - Verkehrsmittel - *medios de transporte*
moyens des tiers - third-party funds - *fondi di terzi* - Drittmittel - *fondos de terceros*
mud area - velma - *Schlammfläche* - cieno, fondo cenagoso - *plage de vase*
mud flow, mud glacier - colata di fango - *Schlammlawine* - colada de barro - *coulée de boue*
mudanza - déménagement - *move* - trasloco - *Umzug*
muelle, malecón - quai - *wharf, quay, pier* - molo, gettata - *Kai*
muerte biologica - mort biologique - *biological death* - morte biologica - *Umkippen (biologisch)*
muestra - échantillon, spécimen - *specimen* - campione - *Probe, Muster*
muestreo, censo por muestra - recensement par sondage - *sample survey* - sondaggio campionario - *Stichprobenerhebung*
mujer de la limpieza - femme de ménage - *cleaning woman* - donna delle pulizie - *Putzfrau*
Müll - basura, residuos - *ordures* - waste, refuse - *spazzatura*
Müllverbrennung - quema de basuras - *incinération des ordures* - refuse incineration - *incenerimento dei rifiuti*
Müllwagen - camión basurero - *camion pour ordures* - refuse lorry, garbage truck - *autocarro delle immondizie*
multa - contravention, amende - *fine* - contravvenzione, multa - *Geldstrafe*
multipiano - mehrgeschossig - *de varias plantas* - à plusieurs étages - *multi-story*
multiplicité - diversity - *varietà* - Vielfalt - *diversidad, variedad*
multiplier effect - effetto moltiplicatore - *Multiplikatoreffekt* - efecto multiplicador - *effet multiplicateur*

Multiplikatoreffekt - efecto multiplicador - *effet multiplicateur* - multiplier effect - *effetto moltiplicatore*
multipurpose road - carreggiata ad uso plurimo - *Verkehrsfläche, gemischte* - carreteras, autopistas de uso múltiple - *voirie à utilisation mixte*
multitud compacta - foule compacte - *dense crowd* - folla compatta - *Gewühl, dichtes*
multi-purpose - pluriuso, polivalente - *Mehrzweck* - multi-uso, polivalente - *à usages multiples, polyvalent*
multi-story - multipiano - *mehrgeschossig* - de varias plantas - *à plusieurs étages*
multi-uso, polivalente - à usages multiples, polyvalent - *multi-purpose* - pluriuso, polivalente - *Mehrzweck*
municipal employee - funzionario municipale - *Gemeindebeamter* - funcionario municipal - *fonctionnaire municipal*
municipalidad - municipalité - *municipality* - municipalità - *Gemeindeverwaltung*
municipalità - Gemeindeverwaltung - *municipalidad* - municipalité - *municipality*
municipalité - municipality - *municipalità* - Gemeindeverwaltung - *municipalidad*
municipality - municipalità - *Gemeindeverwaltung* - municipalidad - *municipalité*
municipio - Rathaus - *ayuntamiento, municipio* - mairie - *town hall*
mur d'enceinte - enclosure wall - *muro di cinta* - Umfassungsmauer - *muro circundante*
mura della città - Stadtmauer - *muralla de la ciudad* - enceinte d'une ville - *city wall*
muralla de la ciudad - enceinte d'une ville - *city wall* - mura della città - *Stadtmauer*
muro circundante - mur d'enceinte - *enclousure wall* - muro di cinta - *Umfassungsmauer*
muro di cinta - Umfassungsmauer - *muro circundante* - mur d'enceinte - *enclousure wall*
musée à ciel ouvert - open-air museum - *museo all'aria aperta* - Freiluftmuseum - *museo al aire libre*
museo al aire libre - musée à ciel ouvert - *open-air museum* - museo all'aria aperta - *Freiluftmuseum*
museo all'aria aperta - Freiluftmuseum - *museo al aire libre* - musée à ciel ouvert - *open-air museum*
müßig - inactivo - *oiseux* - idle - *inattivo*
Muster - modelo - *modèle* - model - *modello*
mutamenti dei modelli ricreativi - Freizeitverhalten, Änderungen im - *cambios en los comportamientos recreativos* - changements de modes dans les loisirs - *change in recreational behaviour*
mutamenti sociali - Umschichtung - *cambio social* - bouleversement social - *switching*

N

nach Maß - a la medida - *sur mesure* - tailor-made - *su misura*
Nachbarschaft - vecindad - *voisinage* - neighbourhood - *vicinato*
Nachfrage - demanda - *demande* - demand - *domanda*
Nachfrage nach Waren und Dienstleistungen - demanda de bienes y servicios - *demande en produits et services* - demand for goods and services - *domanda di beni e servizi*
Nachholbedarf - neesidades a cubrir, demanda acumulada - *besoin à couvrir* - accumulated demand - *domanda pregressa*
Nachteil - desventaja - *désavantage* - disadvantage - *svantaggio*
nacionalización - nationalisation - *nationalization* - nazionalizzazione - Verstaatlichung
Nähe - cercanìa, vecindad - *proximité* - proximity - *vicinanza*
Nahrung - alimento - *nourriture* - food - *nutrimento*
Nahrungskette - cadena de alimentación - *chaîne alimentaire* - food chain - *catena alimentare*
Nahverkehr - tráfico local - *trafic de proximité* - local traffic - *traffico locale*
nappa freatica - Grundwasser - *aguas subterraneas* - nappe phréatique - *ground water*
nappe de mazout - oil slick - *chiazza d'olio* - Öllache - *mancha de aceite*
nappe phréatique - ground water - *nappa freatica* - Grundwasser - *aguas subterraneas*
narrow - stretto - *eng* - estrecho, angosto - *étroit*
national budget - bilancio dello stato - Staatshaushalt - balance del Estado, balance fiscal - *bilan de l'Etat*
national debt, public debt - debito pubblico - Staatsverschuldung - deuda pública - *endettement de l'État, dette publique*
national park, nature reserve - riserva naturale, parco - *Naturpark, Naturschutzgebiet* - reserva natural, parque natural - *réserve naturelle, parc naturel*
nationalisation - nationalization - *nazionalizzazione* - Verstaatlichung - *nacionalización*
nationalization - nazionalizzazione - *Verstaatlichung* - nacionalización - *nationalisation*
national/regional policy - ordinamento, assetto territoriale - *Raumordnung* - regimen, ordenación territorial - *aménagement du territoire*
natural features - caratteristiche naturali - *Merkmale, natürliche* - caracterìsticas naturales del paisaje - *caractéristiques naturelles*
natural habitat - habitat naturale - *Lebensraum, natürlicher* - habitat natural - *habitat naturel*
natural increase - incremento naturale - *Zunahme, natürliche* - incremento natural - *accroissement naturel*
natural landscape - paesaggio naturale - *Naturlandschaft* - paisaje natural - *paysage naturel*
natural monument - località di particolare interesse naturale - *Naturdenkmal* - belleza natural - *curiosité naturelle*
natural person - persona fisica - *Person, natürliche* - persona natural, fisica - *personne physique*
natural population decrease - decremento naturale della popolazione - *Sterbeüberschuss* - decrecimiento natural de la población - *diminution naturelle de la population*

Naturdenkmal - belleza natural - *curiosité naturelle* - natural monument - *località di particolare interesse naturale*
Naturlandschaft - paisaje natural - *paysage naturel* - natural landscape - *paesaggio naturale*
Naturpark, Naturschutzgebiet - reserva natural, parque natural - *réserve naturelle, parc naturel* - national park, nature reserve - *riserva naturale, parco*
navegación costanera - navigation côtière - *coastal shipping* - navigazione di piccolo cabotaggio - *Küstenschiffahrt*
navegación interna - navigation intérieure - *inland navigation* - navigazione interna - *Binnenschiffahrt*
navetteur, banlieusard, migrant journalier - commuter - *pendolare* - Pendler - *guadalajarista*
navigation côtière - coastal shipping - *navigazione di piccolo cabotaggio* - Küstenschiffahrt - *navegación costanera*
navigation intérieure - inland navigation - *navigazione interna* - Binnenschiffahrt - *navegación interna*
navigazione di piccolo cabotaggio - Küstenschiffahrt - *navegación costanera* - navigation côtière - *coastal shipping*
navigazione interna - Binnenschiffahrt - *navegación interna* - navigation intérieure - *inland navigation*
nazionalizzazione - Verstaatlichung - *nacionalización* - nationalisation - *nationalization*
nebbia - Nebel - *niebla* - brouillard - *fog*
Nebel - niebla - *brouillard* - fog - *nebbia*
Nebelgebiet - zona de niebla - *zone de brouillard* - fog belt - *zona nebbiosa*
Nebenfluß - afluente - *affluent* - tributary - *affluente*
Nebengebäude - anexos - *annexe, dépendance* - accessory building - *annesso*
Nebenkosten - gastos comunes - *charges locatives additionnelles* - extra costs for common services - *spese condominiali*
Nebenleistung - prestaciones colaterales - *gratte, prestation accessoire* - fringe benefit - *vantaggi collaterali, prestazioni accessorie*
Nebenstraße, Verbindungsweg - calle secundaria, de servicio - *voie de desserte* - spur side street, road - *strada secondaria di collegamento*
Nebenwirkung - efecto secundario - *effet secondaire* - spin-off effect - *effetto secondario*
nébulosité - cloudiness - *nuvolosità* - Bewölkung - *nubosidad*
necesidad - besoin - *demand, requirement* - fabbisogno - *Bedarf*
necesidad de nuevas ocupaciones - besoin d'emplois supplémentaires - *need for additional employment or jobs* - bisogno di occupazione addizionale - *Bedarf an zusätzlichen Arbeitsplätzen*
need for additional employment or jobs - bisogno di occupazione addizionale - *Bedarf an zusätzlichen Arbeitsplätzen* - necesidad de nuevas ocupaciones - *besoin d'emplois supplémentaires*
neesidades a cubrir, demanda acumulada - besoin à couvrir - *accumulated demand* - domanda pregressa - *Nachholbedarf*
negativa de concesión a construir - refus de permis de construire - *planning refusal, building permit denial* - rifiuto della concessione - *Versagung der Baugenehmigung*
negative growth - crescita negativa - *Minuswachstum* - crecimiento negativo - *croissance négative*
negociación - négociation - *negotiation, bargaining* - negoziato, trattativa - *Verhandlung*
négociant - dealer - *negoziante* - Händler - *negociante*
negociante - négociant - *dealer* - negoziante - *Händler*
négociation - negotiation, bargaining - *negoziato, trattativa* - Verhandlung - *negociación*
negotiation, bargaining - negoziato, trattativa - *Verhandlung* - negociación - *négociation*
negoziante - Händler - *negociante* - négociant - *dealer*
negoziato, trattativa - Verhandlung - *negociación* - négociation - *negotiation, bargaining*
negozio - Laden - *almacén, tienda* - magasin - *shop, store*
neige - snow - *neve* - Schnee - *nieve*
neige fondante - sleet - *nevischio* - Schneeregen - *aguanieve*
neighbourhood - vicinato - *Nachbarschaft* - vecindad - *voisinage*
neighbourhood council - consiglio di quartiere - *Stadtteilrat* - asociación de vecinos, junta de vecinos - *conseil de quartier*
neighbourhood improvement - modernizzazione di un quartiere - *Modernisierung eines Stadtviertels* - modernisación de un barrio -

modernisation d'un quartier
Neigung - inclinación - *penchant* - inclination - *inclinazione*
net exports - bilancia commerciale - *Außenhandelssaldo* - balanza comercial - *bilan net des exportations*
net migration - saldo migratorio - *Wanderungssaldo* - saldo migratorio - *solde migratoire*
net site area - superficie netta - *Nettobaufläche* - superficie neta construida - *surface nette*
nettezza urbana - Stadtreinigung - *limpieza pública* - ramassage des ordures ménagères - *garbage collection, refuse collection*
Nettobaufläche - superficie neta construida - *surface nette* - net site area - *superficie netta*
Nettokapital - capital neto - *actif net* - shareholders' equity - *capitale netto*
nettoyage - clearance - *ripulitura* - Beseitigung - *limpieza*
network - rete - *Netz* - red, malla - *réseau*
network of social relationships - rete di relazioni sociali - *Verflechtung der gesellschaftlichen Verhältnisse* - red de relaciones sociales - *imbrication des rapports sociaux*
Netz - red, malla - *réseau* - network - *rete*
neu ausstatten - reequipar - *rééquiper* - refurnish (to) - *rifare gli impianti*
Neuausrichtung - reorientación, nueva orientación - *nouvelle orientation* - reorientation - *nuovo orientamento*
Neue Stadt - ciudad nueva - *ville nouvelle* - new town - *città nuova*
neuzeitlich, zeitgemäß - actual, puesto al día - *à jour, actuel* - up-to-date - *aggiornato*
nevada - chute de neige - *snowfall* - nevicata - *Schneefall*
neve - Schnee - *nieve* - neige - *snow*
nevicata - Schneefall - *nevada* - chute de neige - *snowfall*
nevischio - Schneeregen - *aguanieve* - neige fondante - *sleet*
new town - città nuova - *Neue Stadt* - ciudad nueva - *ville nouvelle*
news letter - circolare - *Rundschreiben* - circular - *circulaire*
nicchia - Nische - *nicho* - niche, trou - *niche*
niche - nicchia - *Nische* - nicho - *niche, trou*
niche, trou - niche - *nicchia* - Nische - *nicho*
nicho - niche - *niche, trou* - nicchia - *Nische*
Nichts-tun-Strategie - estrategia del inmovilismo - *stratégie de l'immobilisme* - sit and wait strategy - *strategia dell'immobilismo*
niebla - brouillard - *fog* - nebbia - *Nebel*
Niederlassung - filial, sucursal - *antenne, filiale* - establishment, branch - *sede, filiale*
Niederschlag - precipitación - *précipitation* - precipitation - *precipitazione, ricaduta*
Niederschlagshöhe in cm - cantidad de lluvia en cm - *hauteur des précipitations en cm* - amount of precipitation in cm - *quantità di pioggia in cm*
niedrig - bajo - *bas* - low - *basso*
nieve - neige - *snow* - neve - *Schnee*
niño - enfant - *child* - bambino - *Kind*
Nische - nicho - *niche, trou* - niche - *nicchia*
Niveau - nivel - *niveau* - level - *livello*
niveau - level - *livello* - Niveau - *nivel*
niveau de bruit - noise level - *livello del rumore* - Lärmpegel - *nivel del ruido*
niveau de l'aide publique - degree of public support - *livello del finanziamento pubblico* - Grad der öffentlichen Unterstützung - *grado de financiación pública, grado de cobertura financiera*
niveau de la mer - sea level - *livello del mare* - Meeresspiegelhöhe - *nivel del mar*
niveau d'éducation - level of education - *livello di formazione* - Bildungsniveau - *nivel de educación*
niveau de saturation - saturation level - *livello di saturazione* - Sättigungsgrad - *nivel de saturación*
niveau décisionnel - decision level - *livello decisionale* - **niveaufrei** - a varios niveles - *denivelé* - grade-separeted - *su più livelli* - Entscheidungsebene - *nivel de decisión*
niveau maximum absolu - all-time high - *massimo assoluto* - Höchstand, absoluter - *nivel maximo*
niveau maximum d'émission - maximum permissible level of permissions - *massimo ammissibile d'emissione* - Emissionsgrenzwert - *nivel máximo permisible de emisión*
niveaux des salaires - wage levels - *livelli dei salari* - Lohnniveau - *nivel salarial*
nivel - niveau - *level* - livello - *Niveau*
nivel de crecimiento - taux de croissance - *growth rate* - tasso di sviluppo - *Wachstumsrate*
nivel de decisión - niveau décisionnel - *decision level* - livello decisionale - *Entscheidungsebene*
nivel de educación - niveau d'éducation - *level*

of education - livello di formazione - *Bildungsniveau*
nivel de saturación - niveau de saturation - *saturation level* - livello di saturazione - *Sättigungsgrad*
nivel de subsistencia - minimum vital - *subsistence level* - livello di sussistenza - *Existenzminimum*
nivel de vida - standing, niveau de vie - *standard of living* - tenore di vita - *Lebensstandard*
nivel del mar - niveau de la mer - *sea level* - livello del mare - *Meeresspiegelhöhe*
nivel del ruido - niveau de bruit - *noise level* - livello del rumore - *Lärmpegel*
nivel maximo - niveau maximum absolu - *all-time high* - massimo assoluto - *Höchstand, absoluter*
nivel máximo permisible de emisión - niveau maximum d'émission - *maximum permissible level of permissions* - massimo ammissibile d'emissione - *Emissionsgrenzwert*
nivel salarial - niveaux des salaires - *wage levels* - livelli dei salari - *Lohnniveau*
nivelar - niveler - *level (to)* - livellare - *nivellieren*
niveler - level (to) - *livellare* - nivellieren - *nivelar*
nivellieren - nivelar - *niveler* - level (to) - *livellare*
no conforme - dérogatoire - *non-conforming* - non conforme - *vom Plan abweichend*
no entry, do not enter - divieto d'accesso - *Eintritt verboten* - acceso prohibido - *accès interdit*
no parking - divieto di parcheggio - *Parken verboten* - prohibido aparcar, estacionamiento prohibido - *stationnement interdit*
nocivo all'ambiente - umweltschädigend - *perjudicial al medio ambiente* - nuisible à l'environnement - *environmentally damaging*
nodo - Knoten - *nudo* - noeud - *knot*
nodo ferroviario - Eisenbahnknotenpunkt - *nudo ferroviario* - centre ferroviaire - *important railway junction*
noeud - knot - *nodo* - Knoten - *nudo*
noise abatement - riduzione del rumore - *Lärmverminderung* - reducción del ruido - *réduction de bruit*
noise level - livello del rumore - *Lärmpegel* - nivel del ruido - *niveau de bruit*
noise nuisance - danni da rumore - *Lärmbelästigung* - daños de ruido, rumor molesto - *nuisances phoniques*
noise screening - schermo anti-rumore - *Lärmabschirmung* - pantalla contra-ruido - *écran contre le bruit*
noleggio - Befrachtung - *fletamiento* - affrètement - *charter*
nombramiento - nomination - *appointment to* - nomina - *Ernennung*
nombre d'étages - number of stories - *numero di piani* - Zahl der Stockwerke - *número de plantas*
nombre de pièces - number of rooms - *numero dei vani* - Anzahl der Räume - *número de cuartos*
nombre de places de stationnement - number of parking places - *numero di spazi per parcheggio* - Zahl der Parkplätze - *número de estacionamientos*
nombre des décès - number of deaths - *numero dei decessi* - Zahl der Sterbefälle - *número de muertes*
nomina - Ernennung - *nombramiento* - nomination - *appointment to*
nomination - appointment to - *nomina* - Ernennung - *nombramiento*
non conforme - vom Plan abweichend - *no conforme* - dérogatoire - *non-conforming*
non-conforming - non conforme - *vom Plan abweichend* - no conforme - *dérogatoire*
non-degradable pesticide - pesticida persistente - *Pestizid, nichtabbaubares* - pesticidas persistentes - *pesticide persistant*
non-degradable, pollutive waste - rifiuti non biodegradabili - *Sondermüll* - residuos no-biodegradables - *déchets spéciaux*
norma - Regel, Anweisung - *norma, regla* - norme, règle - *rule, provision*
norma, regla - norme, règle - *rule, provision* - norma - *Regel, Anweisung*
norma giuridica - Rechtsnorm - *norma jurìdica* - mesure d'ordre juridique - *legal norm*
norma jurídica - mesure d'ordre juridique - *legal norm* - norma giuridica - *Rechtsnorm*
normas de densidad - prescriptions sur la densité - *density standards* - norme sulla densità - *Dichterichtwerte*
normas de pureza del aire - normes de pureté de l'air - *air quality standards* - requisiti di purezza dell'aria - *Normen der Luftreinheit*
normas de superficie - normes de surface - *space standards* - standard di superficie -

Raumnormen **normas mìnimas de habitabilidad** - normes minimales d'habitabilité - *minimum legal standards for human occupancy* - norme minime di abitabilità - *Mindestnormen der Bewohnbarkeit*

normas para el parking - normes pour le stationnement - *parking standards* - norme per il parcheggio - *Stellplatzrichtwert*

normas para la regulación de distancias, ordenanza de espaciamiento - réglementation des gabarits - *spacing ordinance* - regolamento sulle distanze - *Abstandserlaß*

norme minime di abitabilità - Mindestnormen der Bewohnbarkeit - *normas mìnimas de habitabilidad* - normes minimales d'habitabilité - *minimum legal standards for human occupancy*

norme obbligatorie di un piano - Plannormen, rechtsverbindliche - *medidas legales de un plan* - mesures contraignantes d'un plan - *legal provisions of a plan*

norme per il parcheggio - Stellplatzrichtwert - *normas para el parking* - normes pour le stationnement - *parking standards*

norme sulla densità - Dichterichtwerte - *normas de densidad* - prescriptions sur la densité - *density standards*

Normen der Luftreinheit - normas de pureza del aire - *normes de pureté de l'air* - air quality standards - *requisiti di purezza dell'aria*

normes de pureté de l'air - air quality standards - *requisiti di purezza dell'aria* - Normen der Luftreinheit - *normas de pureza del aire*

normes de surface - space standards - *standard di superficie* - Raumnormen - *normas de superficie*

normes minimales d'habitabilité - minimum legal standards for human occupancy - *norme minime di abitabilità* - Mindestnormen der Bewohnbarkeit - *normas mìnimas de habitabilidad*

normes pour le stationnement - parking standards - *norme per il parcheggio* - Stellplatzrichtwert - *normas para el parking*

norme, règle - rule, provision - *norma* - Regel, Anweisung - *norma, regla*

Notausgang - salida de emergencia - *sortie de secours* - emergency exit - *uscita di sicurezza*

notice - preavviso - *Kündigung* - preaviso, despido - *préavis*

notice, announcement - notifica - *Ankündigung* - notificación - *notification*

notifica - Ankündigung - *notificación* - notification - *notice, announcement*

notificación - notification - *notice, announcement* - notifica - *Ankündigung*

notificar al solicitante - aviser le requérant - *notify the applicant (to)* - notificare al richiedente - *Antragsteller benachrichtigen*

notificare al richiedente - Antragsteller benachrichtigen - *notificar al solicitante* - aviser le requérant - *notify the applicant (to)*

notification - notice, announcement - *notifica* - Ankündigung - *notificación*

notify the applicant (to) - notificare al richiedente - *Antragsteller benachrichtigen* - notificar al solicitante - *aviser le requérant*

nourriture - food - *nutrimento* - Nahrung - *alimento*

nouvelle classification - re-classification - *riclassificazione* - Umstufung - *reclasificación*

nouvelle orientation - reorientation - *nuovo orientamento* - Neuausrichtung - *reorientación, nueva orientación*

noxious waste - rifiuti nocivi - *Abfälle, schädliche* - residuos nocivos - *déchets nocifs*

nuage - cloud - *nube, nuvola* - Wolke - *nube*

nube - nuage - *cloud* - nube, nuvola - *Wolke*

nube, nuvola - Wolke - *nube* - nuage - *cloud*

nubosidad - nébulosité - *cloudiness* - nuvolosità - *Bewölkung*

nuclear family - nucleo familiare composito - *Haushalt, zusammengesetzer* - familia compuesta, unidad doméstica - *ménage composite*

nuclear power plant - centrale nucleare - *Kernkraftwerk* - central nuclear, atómica - *centrale atomique*

núcleo familiar - ménage, foyer - *household* - nucleo familiare - *Haushalt*

nucleo familiare - Haushalt - *núcleo familiar* - ménage, foyer - *household*

nucleo familiare composito - Haushalt, zusammengesetzer - *familia compuesta, unidad doméstica* - ménage composite - *nuclear family*

núcleo unipersonal - foyer d'une personne - *single-person household* - nucleo unipersonale - *Einpersonenhaushalt*

nucleo unipersonale - Einpersonenhaushalt - *núcleo unipersonal* - foyer d'une personne - *single-person household*

nudo - noeud - *knot* - nodo - *Knoten*

nudo autoviario - échangeur d'autoroute -

motorway interchange - svincolo autostradale - *Autobahnknotenpunkt*
nudo ferroviario - centre ferroviaire - *important railway junction* - nodo ferroviario - *Eisenbahnknotenpunkt*
nuisances phoniques - noise nuisance - *danni da rumore* - Lärmbelästigung - *daños de ruido, rumor molesto*
nuisible à l'environnement - environmentally damaging - *nocivo all'ambiente* - umweltschädigend - *perjudicial al medio ambiente*
nuitées - over-night stays - *pernottamenti* - Übernachtungen - *pernoctar*
number of deaths - numero dei decessi - *Zahl der Sterbefälle* - número de muertes - *nombre des décès*
number of parking places - numero di spazi per parcheggio - *Zahl der Parkplätze* - número de estacionamientos - *nombre de places de stationnement*
number of rooms - numero dei vani - *Anzahl der Räume* - número de cuartos - *nombre de pièces*
number of stories - numero di piani - *Zahl der Stockwerke* - número de plantas - *nombre d'étages*
número de estacionamientos - nombre de places de stationnement - *number of parking places* - numero di spazi per parcheggio - *Zahl der Parkplätze*
número de cuartos - nombre de pièces - *number of rooms* - numero dei vani - *Anzahl der Räume*
número de muertes - nombre des décès - *number of deaths* - numero dei decessi - *Zahl der Sterbefälle*
número de plantas - nombre d'étages - *number of stories* - numero di piani - *Zahl der Stockwerke*
numero dei decessi - Zahl der Sterbefälle - *número de muertes* - nombre des décès - *number of deaths*
numero dei vani - Anzahl der Räume - *número de cuartos* - nombre de pièces - *number of rooms*
numero di piani - Zahl der Stockwerke - *número de plantas* - nombre d'étages - *number of stories*
numero di spazi per parcheggio - Zahl der Parkplätze - *número de estacionamientos* - nombre de places de stationnement - *number of parking places*
nuovo orientamento - Neuausrichtung - *reorientación, nueva orientación* - nouvelle orientation - *reorientation*
nursery, child's room - camera dei bambini - *Kinderzimmer* - habitación de niños - *chambre d'enfants*
nutrimento - Nahrung - *alimento* - nourriture - *food*
Nützlichkeit - utilidad - *utilité* - usefulness - *utilità*
Nutznießer - beneficiario - *bénéficiaire, usufruitier* - beneficiary - *beneficiario, fruitore*
Nutzung - uso, utilización - *usage* - use - *uso*
Nutzungsbeschränkung - restricción de utilización del suelo - *restrictions d'utilisation* - restrictions on land-use - *limitazioni all'uso*
Nutzungsrechte, festgesetzte - derechos de uso establecidos - *droits d'utilisation établis* - established rights of use - *diritti d'uso stabiliti*
Nutzungsverbot - prohibición de cortar - *interdiction d'utilisation* - prohibition of use - *divieto d'uso*
Nutzwert, landwirtschaftlicher - valor agricola - *valeur comme terrain agricole* - agricultural use value of land - *valore agricolo*
nuvolosità - Bewölkung - *nubosidad* - nébulosité - *cloudiness*

O

obbligatorio - rechtsverbindlich - *obligatorio* - obligatoire - *mandatory, legally binding*
obbligo di armonizzazione - Anpassungspflicht - *obligación de adaptación* - obligation d'adaptation - *obligation to harmonize, requirement to conform*
obbligo - Pflicht - *obligación* - obligation - *obligation, duty*
obbligo d'acquisto - Zwangsankaufbescheid - *obligación de compra* - mise en demeure d'acquérir - *compulsory purchase order*
obbligo di comunicazione - Auskunftspflicht - *obligación de comunicación* - obligation de publicité - *duty to give information*
obdachlos - sin casa, desamparado - *sans toit* - homeless - *senzatetto*
Oberfläche des Landes - superficie terrestre - *surface terrestre* - land surface - *superficie terrestre*
Oberflächenwasser - aguas superficiales - *eaux de surface* - surface water - *acque di superficie*
obiettivi - Ziele - *objectivos* - objectifs - *objectives, targets*
obiettivi in conflitto - Zielkonflikt - *objectivos en conflicto* - conflit d'objectifs - *conflict of aims*
obiettivo finale - Endzweck - *finalidades objectivos* - objectif final - *final goal*
obiettivo fondamentale - Leitbild - *objectivos de base* - objectif de base - *basic objective*
objectif de base - basic objective - *obiettivo fondamentale* - Leitbild - *objectivos de base*
objectif final - final goal - *obiettivo finale* - Endzweck - *finalidades objectivos*
objectifs - objectives, targets - *obiettivi* - Ziele - *objectivos*

objection, appeal - impugnazione, opposizione - *Widerspruch (jur.)* - recurso, oposición - *opposition, recours*
objectives, targets - obiettivi - *Ziele* - objectivos - *objectifs*
objectivos - objectifs - *objectives, targets* - obiettivi - *Ziele*
objectivos de base - objectif de base - *basic objective* - obiettivo fondamentale - *Leitbild*
objectivos en conflicto - conflit d'objectifs - *conflict of aims* - obiettivi in conflitto - *Zielkonflikt*
Objektsanierung - saneamiento puntual - *assainissement par endroits* - selective clearance - *risanamento puntuale*
obligación - obligation - *obligation, duty* - obbligo - *Pflicht*
obligación de adaptación - obligation d'adaptation - *obligation to harmonize, requirement to conform* - obbligo di armonizzazione - *Anpassungspflicht*
obligación de compra - mise en demeure d'acquérir - *compulsory purchase order* - obbligo d'acquisto - *Zwangsankaufbescheid*
obligación de comunicación - obligation de publicité - *duty to give information* - obbligo di comunicazione - *Auskunftspflicht*
obligation - obligation, duty - *obbligo* - Pflicht - *obligación*
obligation, duty - obbligo - *Pflicht* - obligación - *obligation*
obligation d'adaptation - obligation to harmonize, requirement to conform - *obbligo di armonizzazione* - Anpassungspflicht - *obligación de adaptación*
obligation de publicité - duty to give informa-

tion - *obbligo di comunicazione* - Auskunftspflicht - *obligación de comunicación*
obligation to harmonize, requirement to conform - obbligo di armonizzazione - *Anpassungspflicht* - obligación de adaptación - *obligation d'adaptation*
obligatoire - mandatory, legally binding - *obbligatorio* - rechtsverbindlich - *obligatorio*
obligatorio - obligatoire - *mandatory, legally binding* - obbligatorio - *rechtsverbindlich*
obra - chantier (de construction) - *site* - cantiere (di costruzione) - *Baustelle*
obras de urbanización - opérations d'équipement, voirie, réseaux diverses (VRD) - *development operations* - opere di urbanizzazione - *Erschließungsarbeiten*
obras para la protección del litoral - protection de la côte - *coastal protection* - opere di difesa costiera - *Küstenschutz*
obrero - ouvrier - *blue collar, workman* - operaio - *Arbeitnehmer, Industriearbeiter*
obrero calificado - ouvrier qualifié - *skilled worker* - personale qualificato, tecnico - *Facharbeiter*
obreros, personal - personnel, effectifs - *hands, personnel* - maestranze - *Belegschaft*
obsolete - decrepito - *veraltet* - decrépito, obsoleto - *obsolète*
obsolète - obsolete - *decrepito* - veraltet - *decrépito, obsoleto*
obstacle - ostacolo - *Hindernis* - obstáculo - *entrave, obstacle*
obstacle visuel - visual obstruction - *ostacolo alla visibilità* - Sichtbehinderung - *obstaculo a la visibilidad*
obstaculo a la visibilidad - obstacle visuel - *visual obstruction* - ostacolo alla visibilità - *Sichtbehinderung*
obstáculo - entrave, obstacle - *obstacle* - ostacolo - *Hindernis*
occupante abusivo - Besetzer, Ansiedler ohne Rechtstitel - *abusivo* - squatter - *squatter, illegal occupant*
occupation - occupation - *occupazione* - Besetzung - *ocupación*
occupation - occupazione - *Besetzung* - ocupación - *occupation*
occupation du sol - soil use - *uso del suolo* - Bodennutzung - *uso del suelo*
occupazione - Besetzung - *ocupación* - occupation - *occupation*
occupazione abusiva - Übergriff - *empleo abusivo, abuso* - empiétement - *encroachment*
ocupación - occupation - *occupation* - occupazione - *Besetzung*
oferta - offre - *supply* - offerta - *Angebot*
oferta de contrato - soumission, offre - *tender, bid* - offerta d'asta, di concorso - *Submission*
oferta de oportunidades - offre d'équipements - *provision of facilities* - offerta di opportunità - *Gelegenheiten, Schaffung von*
ofertas de trabajo - possibilités d'emploi - *employment opportunities* - offerte di lavoro - *Beschäftigungs- möglichkeiten*
öffentlich - público - *public* - public - *pubblico*
offerta - Angebot - *oferta* - offre - *supply*
offerta d'asta, di concorso - Submission - *oferta de contrato* - soumission, offre - *tender, bid*
offerta di opportunità - Gelegenheiten, Schaffung von - *oferta de oportunidades* - offre d'équipements - *provision of facilities*
offerte di lavoro - Beschäftigungs- möglichkeiten - *ofertas de trabajo* - possibilités d'emploi - *employment opportunities*
official - ufficiale - *amtlich* - oficial - *officiel*
official, civil servant - funzionario - *Beamter, Funktionär* - funcionario, empleado público - *fonctionnaire*
official statistic - statistica ufficiale - *Statistik, amtliche* - estadìstica oficial - *statistique officielle*
officiel - official - *ufficiale* - amtlich - *oficial*
officina - Werkstatt - *taller* - atelier - *workshop*
offre - supply - *offerta* - Angebot - *oferta*
offre d'équipements - provision of facilities - *offerta di opportunità* - Gelegenheiten, Schaffung von - *oferta de oportunidades*
oficial - officiel - *official* - ufficiale - *amtlich*
oficina, despacho - bureau - *bureau, office* - ufficio - *Büro, Amt*
oficina de correos - bureau de poste - *post office* - ufficio postale - *Postamt*
oficina de registro civil - bureau de l'état civil - *registry office* - ufficio anagrafico - *Standesamt*
oficina de urbanìstica, delegado de urbanismo - service, agence d'urbanisme - *local or urban planning authority* - ufficio urbanistico - *Stadtplanungsbehörde*
oficina de viviendas - service logement - *housing department* - ufficio casa - *Wohnungsamt*
oficina pública - fonction, office - *function,*

office - mansione, ufficio - *Amt*
oil pipeline - oleodotto - *Ölleitung* - oleoducto - *oléoduc*
oil slick - chiazza d'olio - *Öllache* - mancha de aceite - *nappe de mazout*
oil tanker - petroliera - *Tanker* - petrolero - *pétrolier*
oiseux - idle - *inattivo* - müßig - *inactivo*
Ökologie - ecologìa - *écologie* - ecology - *ecologia*
Ökosphäre - ecosfera - *écosphère* - ecosphere - *ecosfera*
Ökosystem - ecosistema - *écosystème* - ecosystem - *ecosistema*
ola - vague - *wave* - onda - *Welle*
old neighbourhood - quartiere storico - *Stadtviertel, alt* - barrio histórico - *quartier ancien*
old people's home, senior citizens' residence - casa di ricovero per anziani - *Altenheim* - asilo, residencia de ancianos - *maison de retraite*
oleodotto - *Ölleitung* - *oleoducto* - oléoduc - *oil pipeline*
oléoduc - oil pipeline - *oleodotto* - Ölleitung - *oleoducto*
oleoducto - oléoduc - *oil pipeline* - oleodotto - *Ölleitung*
Öllache - mancha de aceite - *nappe de mazout* - oil slick - *chiazza d'olio*
Ölleitung - oleoducto - *oléoduc* - oil pipeline - *oleodotto*
omologazione, conferma - Bestätigung - *homologación, confirmación* - homologation, confirmation - *confirmation, authorisation*
on the spot - sul posto - *vor Ort* - en terreno - *sur place*
onda - Welle - *ola* - vague - *wave*
ondulado - ondulé - *undulating, wavy* - ondulato - *wellenförmig*
ondulato - wellenförmig - *ondulado* - ondulé - *undulating, wavy*
ondulé - undulating, wavy - *ondulato* - wellenförmig - *ondulado*
oneri da usi precedenti - Altlasten - *deterioro a causa de usos precedentes* - contamination et frais dus aux usages précédents - *burden of contaminated soil*
oneri di urbanizzazione - Baugenehmigungsgebühr - *impuesto sobre la construcción* - droits de concession d'un permis de construire - *building permit fee*
one-way street - senso unico - *Einbahnstraße* - sentido único, sentido obligatorio - *à sens unique*
on-street parking - parcheggio su carreggiata - *Parken auf der Straße* - parking en la calle - *stationnement dans la rue*
opción - location-attribution - *owner occupancy* - affitto con riscatto - *Kaufanwartschaft*
open sea - alto mare, mare aperto - *Meer, offenes* - alta mar, mar abierto - *au large, haute mer*
open space enclosed by buildings - spazio aperto racchiuso da edifici - *Freiraum, von Gebäuden umschlossener* - espacio abierto delimitado por edificios - *espace ouvert délimité par des bâtiments*
open space plan - piano del verde - *Grünordnungsplan* - plano de áreas verdes, plan regulador de áreas verdes - *aménagement des espaces verts*
open-air museum - museo all'aria aperta - *Freiluftmuseum* - museo al aire libre - *musée à ciel ouvert*
open-air theatre - teatro all'aperto - *Freilichttheater* - teatro al aire libre - *théâtre de verdure*
operacional, en función - opérationnel - *operational* - operazionale - *betriebsbereit*
operaio - Arbeitnehmer, Industriearbeiter - *obrero* - ouvrier - *blue collar, workman*
operating account - bilancio ordinario (d'esercizio) - *Betriebsbilanz* - balance, balance ordinario - *budget de fonctionnement*
operation expenditures, operating costs - spese d'esercizio - *Betriebsausgaben* - gastos empresariales - *dépenses de fonctionnement*
operational - operazionale - *betriebsbereit* - operacional, en función - *opérationnel*
operational procedures - procedure operative - *Arbeitsverfahren* - procedimento de trabajo - *procédures de travail*
opérationnel - operational - *operazionale* - betriebsbereit - *operacional, en función*
opérations de construction - construction work - *attività costruttiva* - Baumaßnahmen - *actividad constructiva*
opérations d'équipement, voirie, réseaux diverses (VRD) - development operations - *opere di urbanizzazione* - Erschließungsarbeiten - *obras de urbanización*
operazionale - betriebsbereit - *operacional, en función* - opérationnel - *operational*
opere di difesa costiera - Küstenschutz - obras

para la protección del litoral - protection de la côte - *coastal protection*
opere di urbanizzazione - Erschließungsarbeiten - *obras de urbanización* - opérations d'équipement, voirie, réseaux diverses (VRD) - *development operations*
opinion - avis - *wiew, opinion* - parere - *Ansicht*
oposición pública - opposition publique - *public opposition* - opposizione pubblica - *Opposition, öffentliche*
opposition publique - public opposition - *opposizione pubblica* - Opposition, öffentliche - *oposición pública*
Opposition, öffentliche - oposición pública - *opposition publique* - public opposition - *opposizione pubblica*
opposition, recours - objection, appeal - *impugnazione, opposizione* - Widerspruch (jur.) - *recurso, oposición*
opposizione pubblica - Opposition, öffentliche - *oposición pública* - opposition publique - *public opposition*
ora d'arrivo - Ankunftszeit - *hora de llegada* - heure d'arrivée - *time of arrival*
ora di partenza - Abfahrtszeit - *hora de salida* - heure de départ - *time of departure*
ora di punta - Spitzenstunde - *hora punta* - heure de pointe - *peak, rush hour*
orage - thunderstorm - *temporale* - Gewitter - *tempestad*
orario - Fahrplan - *horario* - indicateur - *timetable*
orario di lavoro - Arbeitszeit - *horario laboral* - horaire de travail - *working time*
ora-uomo - Mannstunde - *hora-hombre* - heure-homme - *manhour*
orden de demolición - ordre de démolition - *demolition order* - ordine di demolizione - *Abbruchverfügung*
orden del dìa del concejo municipal - ordre du jour du conseil municipal - *agenda for a town council meeting* - ordine del giorno del consiglio municipale - *Tagesordnung des Gemeinderates*
ordenador, computadora - ordinateur - *computer* - elaboratore,computer - *Datenverarbeitungsanlage*
ordenanza para la conservación de monumentos históricos - prescriptions pour la conservation des monuments historiques - *historic preservation regulations* - vincolo della soprintendenza - *Denkmalschutzverordnung*

orden, encargo - commande - *order* - ordinazione - *Bestellung*
order - ordinazione - *Bestellung* - orden, encargo - *commande*
order, task - commessa, incarico - *Auftrag* - pedido, encargo - *ordre, charge*
ordinamento, assetto territoriale - Raumordnung - *regimen, ordenación territorial* - aménagement du territoire - *national/regional policy*
ordinateur - computer - *elaboratore,computer* - Datenverarbeitungsanlage - *ordenador, computadora*
ordinazione - Bestellung - *orden, encargo* - commande - *order*
ordine degli architetti - Architekten Kammer - *colegio oficial de arquitectos* - ordre des architectes - *architect's association*
ordine del giorno del consiglio municipale - Tagesordnung des Gemeinderates - *orden del dìa del concejo municipal* - ordre du jour du conseil municipal - *agenda for a town council meeting*
ordine di demolizione - Abbruchverfügung - *orden de demolición* - ordre de démolition - *demolition order*
ordre, charge - order, task - *commessa, incarico* - Auftrag - *pedido, encargo*
ordre de démolition - demolition order - *ordine di demolizione* - Abbruchverfügung - *orden de demolición*
ordre des architectes - architect's association - *ordine degli architetti* - Architekten Kammer - *colegio oficial de arquitectos*
ordre du jour du conseil municipal - agenda for a town council meeting - *ordine del giorno del consiglio municipale* - Tagesordnung des Gemeinderates - *orden del dìa del concejo municipal*
ordures - waste, refuse - *spazzatura* - Müll - *basura, residuos*
ordures ménagères - household refuse - *rifiuti domestici* - Hausmüll - *basura doméstica*
organico - Personal - *personal* - personnel - *staff*
organismo pubblico - Behörde - *organismo público, autoridad* - administration publique - *authority*
organismo público, autoridad - administration publique - *authority* - organismo pubblico - *Behörde*
organización del trabajo - déroulement du tra-

vail - *sequence of operations* - sequenza operativa, svolgimento del lavoro - *Arbeitsablauf*
orientación - orientation - *orientation* - orientamento - *Orientierung*
orientado al uso - visant les usagers - *service-oriented* - orientato all'utenza - *dienstorientiert*
orientamento - Orientierung - *orientación* - orientation - *orientation*
orientation - orientation - *orientamento* - Orientierung - *orientación*
orientation - orientamento - *Orientierung* - orientación - *orientation*
orientato all'utenza - dienstorientiert - *orientado al uso* - visant les usagers - *service-oriented*
Orientierung - orientación - *orientation* - orientation - *orientamento*
origin-destination matrix - matrice origine-destinazione - *Herkunft-Ziel-Matrix* - matriz origen-destino - *matrice origine-destination*
orilla de un rìo - rive d'un fleuve - *river bank* - riva di un fiume - *Flußufer*
orografia - Geländeform - *topografia* - configuration du terrain - *topography*
Ort - lugar - *localité* - locality - *luogo*
Ort, zentraler - lugar central - *lieu central* - central place - *località centrale*
orto - Gemüsegarten - *huerto* - jardin maraîcher - *vegetable garden*
orto urbano - Schrebergarten - *pequeño huerto* - jardin ouvrier - *allotment garden*
oscilación, fluctuación - oscillation, variation - *fluctuation, floating* - oscillazione, fluttuazione - *Schwankung*
oscillation, variation - fluctuation, floating - *oscillazione, fluttuazione* - Schwankung - *oscilación, fluctuación*
oscillazione, fluttuazione - Schwankung - *oscilación, fluctuación* - oscillation, variation - *fluctuation, floating*
ospedale - Krankenhaus - *hospital, sanatorio* - hôpital - *hospital*
ostacolo - Hindernis - *obstáculo* - entrave, obstacle - *obstacle*
ostacolo alla visibilità - Sichtbehinderung - *obstaculo a la visibilidad* - obstacle visuel - *visual obstruction*
out of scale - fuori scala - *maßstabslos* - fuera de escala - *hors d'échelle*
outbidder - maggior offerente - *Mehrbieter* - mayor postor - *plus offrant*
outcome, impact - effetto, impatto - *Auswirkung* - efecto, impacto - *effet, impact*
outdoor game - gioco all'aperto - *Spiel im Freien* - juego al aire libre - *jeu en plein air*
outer conurbation area - zona al margine di una conurbazione - *Ballungsrandgebiet* - zona marginal de una conurbación - *zone périurbaine*
outer lane - corsia esterna - *Fahrspur, äußere* - via exterior - *voie extérieure*
outer ringroad - anello periferico, tangenziale - *Ring, äußerer* - anillo periférico - *ceinture périphérique, rocade extérieure*
outfall drain, major storm drain - collettore - *Vorfluter* - colector - *collecteur*
outgoing - in uscita - *herausgehend, ausstrahlend* - en salida - *sortant*
outil - tool - *utensile, attrezzo* - Werkzeug - *herramienta*
outline - contorno - *Umriß* - contorno, perfil - *contour*
out-migration - esodo - *Abwanderung* - éxodo - *exode*
ouvrier - blue collar, workman - *operaio* - Arbeitnehmer, Industriearbeiter - *obrero*
ouvrier qualifié - skilled worker - *personale qualificato, tecnico* - Facharbeiter - *obrero calificado*
overageing - invecchiamento - *Überalterung* - envejecimiento - *vieillissement*
overcrowded - sovraffollato - *überfüllt* - atestado, abarrotado - *bondé*
overflowing - straripamento - *Übertreten (Wasser)* - desborde, desbordamiento - *débordement*
overhead power line - fili sospesi dell'alta tensione - *Überlandleitung* - lìnea de alta tensión - *ligne de courant de longue distance*
overpass, viaduct - viadotto - *Viadukt* - viaducto - *viaduc*
overpopulation - sovrappopolamento - *Überbevölkerung* - superpoblación - *surpeuplement*
overseer, guard - sorvegliante - *Aufseher* - vigilante, guardia - *surveillant, garde*
overspill, relief town - città dormitorio - *Entlastungsstadt* - ciudad-dormitorio - *ville de décharge*
overtaking lane, passing lane - corsia di sorpasso - *Überholspur* - via de adelantamiento - *voie de dépassement*
over-night stays - pernottamenti - *Übernachtungen* - pernoctar - *nuitées*

owner - proprietario - *Eigentümer, Besitzer* - proprietario - *propriétaire*
owner occupancy - affitto con riscatto - *Kaufanwartschaft* - opción - *location-attribution*
ownership map - mappa catastale - *Eigentümerplan, Grundstücksplan* - mapa/plano de propriedad - *plan de propriété*
ownership structure - struttura proprietaria - *Eigentumsverhältnisse* - estructura de la propriedad - *structure de la proprieté*

P

Pacht - locación - *bail, location* - lease - *locazione*
package of policies - insieme di provvedimenti - *Maßnahmenbündel* - conjunto de medidas - *paquet de mesures*
pact, accord, entente - pact, agreement, *patto, accordo* - Abkommen - *pacto, acuerdo*
pact, agreement - patto, accordo - *Abkommen* - pacto, acuerdo - *pact, accord, entente*
pacto, acuerdo - pact, accord, entente - *pact, agreement,* - patto, accordo - *Abkommen*
padres - parents - *parents* - genitori - *Eltern*
padrone di casa - Hausbesitzer - *casero, dueño de la casa* - propriétaire, proprio - *home owner*
paesaggio naturale - Naturlandschaft - *paisaje natural* - paysage naturel - *natural landscape*
paesaggio trasformato dall'intervento dell'uomo - Kulturlandschaft - *paisaje transformado por el hombre* - paysage artificiel - *cultivated land, man-made landscape*
paese di destinazione - Bestimmungsland - *paìs de destino* - pays de destination - *country of destination*
paese d'origine - Heimatland - *paìs de origen* - pays d'origine - *country of origin*
paese in via di sviluppo - Entwicklungsland - *paìs en vìas de desarrollo* - pays en voie de développement - *developing country*
paga, salario - Lohn - *salario* - salaire - *wage*
pago anual - versement annuel - *annual installment* - versamento annuale - *Einzahlung, jährliche*
paìs de destino - pays de destination - *country of destination* - paese di destinazione - *Bestimmungsland*

paìs de origen - pays d'origine - *country of origin* - paese d'origine - *Heimatland*
paìs en vìas de desarrollo - pays en voie de développement - *developing country* - paese in via di sviluppo - *Entwicklungsland*
paisaje alterado - mitage - *destruction of the landscape* - compromissione del paesaggio - *Zersiedlung der Landschaft*
paisaje natural - paysage naturel - *natural landscape* - paesaggio naturale - *Naturlandschaft*
paisaje transformado por el hombre - paysage artificiel - *cultivated land, man-made landscape* - paesaggio trasformato dall'intervento dell'uomo - *Kulturlandschaft*
paisaje urbano - paysage urbain - *townscape* - ambiente urbano - *Stadtlandschaft*
Palette - gama, espectro - *gamme, éventail* - range - *spettro, gamma*
palude - Sumpf - *pantano* - marais - *marsh*
panneau de signalisation - road sign - *cartello stradale* - Verkehrszeichen - *señal de tráfico*
pantalla contra-ruido - écran contre le bruit - *noise screening* - schermo anti-rumore - *Lärmabschirmung*
pantano - marais - *marsh* - palude - *Sumpf*
papel vegetal - calque - *tracing paper* - lucido - *Pause*
papeleras públicas - bac à ordures - *litter bin, trash can* - cestino stradale - *Abfallbehälter*
paper, file - pratica, dossier - *Akte, Sache* - dossier, carpeta, acta - *dossier*
paquet de mesures - package of policies - *insieme di provvedimenti* - Maßnahmenbündel - *conjunto de medidas*
par hasard - by chance - *per caso* - zufällig - *por*

azar, casualmente
par tête, per capita - per head, per capita - *pro capite, a testa* - pro Kopf - *per cápita, por cabeza*
paracarro - Sperrpfosten - *guardacantón, guardabarros* - borne - *concrete bollard*
parada de autobuses - arrêt d'autobus - *bus stop* - fermata d'autobus - *Bushaltstelle*
parages - environs - *paraggi* - Gegend - *comarca, paraje, alrededores*
paraggi - Gegend - *comarca, paraje, alrededores* - parages - *environs*
paralelo a, paralelo con - qui va de pair avec - *parallel to* - di pari passo - *parallel zu*
parallel to - di pari passo - *parallel zu* - paralelo a, paralelo con - *qui va de pair avec*
parallel zu - paralelo a, paralelo con - *qui va de pair avec* - parallel to - *di pari passo*
parcelación - lotissement - *allotment* - lottizzazione - *Parzellierung*
parcelar - lotir - *allot (to)* - lottizzare - *parzellieren*
parcelas urbanizadas - tremes assainies, percelles assainies - *site & services* - lotti attrezzati - *Parzellen, erschlossene*
parcella - Honorar - *honorarios* - honoraires - *fee, honorarium*
parcheggi periferici, scambiatori - Auffangparkplätze - *parqueaderos perifericos* - parking de dissuasion - *park-and-ride*
parcheggio - Parken - *estacionamiento* - stationnement - *parking*
parcheggio a pettine - Querparken - *aparcamiento transversal* - stationnement perpendiculaire au trottoir - *transverse parking*
parcheggio a tempo - Parken an Parkuhren - *estacionamiento limitado* - stationnement limité - *meter parking*
parcheggio coperto - Abstellplatz, überdachter - *garaje cubierto* - stationnement couvert - *car port*
parcheggio in diagonale - Schrägparken - *aparcamiento en diagonal* - stationnement en oblique - *diagonal parking*
parcheggio su carreggiata - Parken auf der Straße - *parking en la calle* - stationnement dans la rue - *on-street parking*
parcheggio sul bordo - Parken am Straßenrand - *parking al costado* - stationnement le long du trottoir - *street, curbside parking*
parco alloggi - Wohnungsbestand - *parque habitacional* - logements existants - *housing stock*
parco tecnologico - Innovationszentrum - *centro de innovación tecnológica, de experimentación cientifica* - technopole, parc scientifique - *science park*
parcours aller et retour - round trip - *percorso di andata e ritorno* - Hin- und Rückfahrt - *recorrido de ida y vuelta*
pared de defensa - paroi-écran - *screen wall* - parete-cortina - *Schirmwand*
parents - parents - *genitori* - Eltern - *padres*
parents - genitori - *Eltern* - padres - *parents*
parere - Ansicht - *opinion* - avis - *wiew, opinion*
parete-cortina - Schirmwand - *pared de defensa* - paroi-écran - *screen wall*
Parken - estacionamiento - *stationnement* - parking - *parcheggio*
Parken am Straßenrand - parking al costado - *stationnement le long du trottoir* - street, curbside parking - *parcheggio sul bordo*
Parken an Parkuhren - estacionamiento limitado - *stationnement limité* - meter parking - *parcheggio a tempo*
Parken auf der Straße - parking en la calle - *stationnement dans la rue* - on-street parking - *parcheggio su carreggiata*
Parken verboten - prohibido aparcar, estacionamiento prohibido - *stationnement interdit* - no parking - *divieto di parcheggio*
Parkgebühr - tasa de aparcamiento, tarifa de aparcamiento - *taxe de stationnement* - parking fee - *tariffa di parcheggio*
parking - parcheggio - *Parken* - estacionamiento - *stationnement*
parking al costado - stationnement le long du trottoir - *street, curbside parking* - parcheggio sul bordo - *Parken am Straßenrand*
parking de dissuasion - park-and-ride - *parcheggi periferici, scambiatori* - Auffangparkplätze - *parqueaderos perifericos*
parking disc - disco orario - *Parkscheibe* - disco horario - *disque de stationnement*
parking en la calle - stationnement dans la rue - *on-street parking* - parcheggio su carreggiata - *Parken auf der Straße*
parking fee - tariffa di parcheggio - *Parkgebühr* - tasa de aparcamiento, tarifa de aparcamiento - *taxe de stationnement*
parking space, lot - posto macchina - *Abstellplatz* - plaza de aparcamiento - *place de stationnement*

parking standards - norme per il parcheggio - *Stellplatzrichtwert* - normas para el parking - *normes pour le stationnement*
Parkscheibe - disco horario - *disque de stationnement* - parking disc - *disco orario*
park-and-ride - parcheggi periferici, scambiatori - *Auffangparkplätze* - parqueaderos perifericos - *parking de dissuasion*
paro - chômage - *unemployment* - disoccupazione - *Arbeitslosigkeit*
paroi-écran - screen wall - *parete-cortina* - Schirmwand - *pared de defensa*
parque habitacional - logements existants - *housing stock* - **parqueaderos perifericos** - parking de dissuasion - *park-and-ride* - parcheggi periferici, scambiatori - *Auffangparkplätze*
- parco alloggi - *Wohnungsbestand*
parque zoológico, casa de fieras - jardin zoologique - *zoological garden* - giardino zoologico - *Tiergarten*
partecipatión minoritaria - participation minoritaire - *minority interest* - partecipazione di minoranza - *Minoritätsbeteiligung*
partecipazione - Beteiligung, Teilnahme - *participación* - participation - *participation, sharing*
partecipazione dei cittadini - Bürgerbeteiligung - *participación de ciudadanos* - participation des citoyens - *citizen's participation*
partecipazione di minoranza - Minoritätsbeteiligung - *participatión minoritatria* - participation minoritaire - *minority interest*
participación - participation - *participation, sharing* - partecipazione - *Beteiligung, Teilnahme*
participación de ciudadanos - participation des citoyens - *citizen's participation* - partecipazione dei cittadini - *Bürgerbeteiligung*
participation - participation - *partecipazione* - Beteiligung, Teilnahme - *participación*
participation, sharing - partecipazione - *Beteiligung, Teilnahme* - participación - *participation*
participation des citoyens - citizen's participation - *partecipazione dei cittadini* - Bürgerbeteiligung - *participación de ciudadanos*
participation minoritaire - minority interest - *partecipazione di minoranza* - Minoritätsbeteiligung - *participatión minoritatria*
Parzellen, erschlossene - parcelas urbanizadas - *tremes assainies, percelles assainies* - site & services - *lotti attrezzati*
parzellieren - parcelar - *lotir* - allot (to) - *lottizzare*
Parzellierung - parcelación - *lotissement* - allotment - *lottizzazione*
Parzellierungsplan - plan de parcelación, plan parcelario - *plan de lotissement* - allotment plan - *piano di lottizzazione*
pasaje - traversée - *passage through* - attraversamento - *Durchfahrt*
pasaje comercial - galerie marchande, passage - *arcade* - galleria con negozi - *Passage*
pascolo - Weide - *pastizal* - pâturages - *grazing land*
paseo marìtimo - front de mer - *sea-front* - lungomare - *Seeseite*
pasivo, déficit - passif, perte - *deficit, loss* - passivo - *Verlust*
paso a nivel - passage à niveau - *level crossing* - passaggio a livello - *Bahnübergang*
paso de montaña - col (de montagne) - *mountain pass* - passo montano - *Gebirgspaß*
paso de zebra - passage "zebré", clouté - *zebra crossing, pedestrian crossing* - passaggio zebrato - *Zebrastreifen Fußweg*
paso para peatones - passage piéton - *footpath, walkway* - passaggio pedonale - *Fußweg*
paso superior - pont-route - *flyover, overpass* - cavalcavia - *Überführung*
paso, infracción - franchissement - *trespassing, infringement* - sconfinamento - *Überschreitung*
Passage - pasaje comercial - *galerie marchande, passage* - arcade - *galleria con negozi*
passage à niveau - level crossing - *passaggio a livello* - Bahnübergang - *paso a nivel*
passage piéton - footpath, walkway - *passaggio pedonale* - Fußweg - *paso para peatones*
passage souterrain - underpass - *sottopassaggio* - Unterführung - *túnel, paso bajo nivel*
passage through - attraversamento - *Durchfahrt* - pasaje - *traversée*
passage "zebré", clouté - zebra crossing, pedestrian crossing - *passaggio zebrato* - Zebrastreifen Fußweg - *paso de zebra*
passaggio a livello - Bahnübergang - *paso a nivel* - passage à niveau - *level crossing*
passaggio pedonale - Fußweg - *paso para peatones* - passage piéton - *footpath, walkway*
passaggio zebrato - Zebrastreifen Fußweg - *paso de zebra* - passage "zebré", clouté - *zebra crossing, pedestrian crossing*
Passagiere je Stunde - viajeros por hora - *voyageurs par heure* - passengers per hour - *viag-*

giatori per ora
passation de commande, ordre - bid award - *conferimento dell'incarico* - Auftragserteilung - *dar encargo*
passengers per hour - viaggiatori per ora - *Passagiere je Stunde* - viajeros por hora - *voyageurs par heure*
passerella pedonale - Fußgängerübergang - *sovrapaso de peatones* - pont piétonnier - *pedestrian crossing*
passif, perte - deficit, loss - *passivo* - Verlust - *pasivo, déficit*
passing zones - piazzole di incrocio - *Überholstellen* - placitas de cruce, islotes - *zones de dépassement*
passivo - Verlust - *pasivo, déficit* - passif, perte - *deficit, loss*
passo montano - Gebirgspaß - *paso de montaña* - col (de montagne) - *mountain pass*
pastizal - pâturages - *grazing land* - pascolo - *Weide*
path - sentiero - *Pfad* - senda, vereda - *chemin*
patio interior - courée, cour intérieure - *interior courtyard* - cavedio - *Innenhof*
patio posterior - cour intérieure - *backyard* - corte interna - *Hinterhof*
patrimonio, capital - fortune - *estate, fortune, assets* - patrimonio, capitale - *Vermögen*
patrimonio, capitale - Vermögen - *patrimonio, capital* - fortune - *estate, fortune, assets*
patrimonio immobiliare - Liegenschaften, besteuerbare - *patrimonio inmobiliario* - immobilier imposable - *taxable property*
patrimonio inmobiliario - immobilier imposable - *taxable property* - patrimonio immobiliare - *Liegenschaften, besteuerbare*
patron, gabarit - stencil, template - *mascherina, sagoma* - Schablone - *plantillas, chablón*
patterns of urbanization - schema d'urbanizzazione - *Städtebaumodell* - esquema de urbanización - *schéma d'urbanisation*
patto, accordo - Abkommen - *pacto, acuerdo* - pact, accord, entente - *pact, agreement*
pattumiera collettiva - Sperrmüllbehälter - *basurero colectivo* - poubelle pour les déchets encombrants - *bulk refuse container, dumpster*
pâturages - grazing land - *pascolo* - Weide - *pastizal*
Pauschale - global, forfait - *forfait* - lump sum - *a forfait, tutto compreso*
Pause - papel vegetal - *calque* - tracing paper - *lucido*
pavage spécial - special paving - *pavimentazione speciale* - Pflasterung, besondere - *pavimiento especial*
pave (to) - selciare - *Aufpflastern* - pavimentar - *recouvrir la chaussée d'un pavé*
pavement - pavimentazione a selciato - *Pflaster* - empedrado, adoquinado - *dallage, pavé*
pavement, sidewalk - marciapiede - *Bürgersteig* - àcera, vereda - *trottoir*
pavimentar - recouvrir la chaussée d'un pavé - *pave (to)* - selciare - *Aufpflastern*
pavimentazione a selciato - Pflaster - *empedrado, adoquinado* - dallage, pavé - *pavement*
pavimentazione speciale - Pflasterung, besondere - *pavimiento especial* - pavage spécial - *special paving*
pavimiento especial - pavage spécial - *special paving* - pavimentazione speciale - *Pflasterung, besondere*
payroll - busta paga - *Lohnliste, Gehaltsliste* - registro de pagos hoja salarial - *bordereau de paie*
pays de destination - country of destination - *paese di destinazione* - Bestimmungsland - *pàis de destino*
pays d'origine - country of origin - *paese d'origine* - Heimatland - *pàis de origen*
pays en voie de développement - developing country - *paese in via di sviluppo* - Entwicklungsland - *pàis en vìas de desarrollo*
paysage artificiel - cultivated land, man-made landscape - *paesaggio trasformato dall'intervento dell'uomo* - Kulturlandschaft - *paisaje transformado por el hombre*
paysage naturel - natural landscape - *paesaggio naturale* - Naturlandschaft - *paisaje natural*
paysage urbain - townscape - *ambiente urbano* - Stadtlandschaft - *paisaje urbano*
paysan, fermier - farmer - *agricoltore, contadino* - Bauer - *agricultor, campesino*
peak - cima, picco - *Spitze* - cima, cumbre - *pic*
peak, rush hour - ora di punta - *Spitzenstunde* - hora punta - *heure de pointe*
peaty - torboso - *torfhaltig* - turboso - *tourbeux*
pebble beach - spiaggia sassosa - *Kieselstrand* - playa rocosa - *plage à galets*
pedestrian crossing - passerella pedonale - *Fußgängerübergang* - sovrapaso de peatones - *pont piétonnier*
pedestrian level - piastra pedonale - *Fußgängerebene* - plataforma para peatones nivel pea-

tonal - *dalle piétonnière*
pedestrian precinct, pedestrian area - zona pedonale - *Fußgängerzone* - zona peatonal - *zone piétonnière*
pedestrian right of way - priorità ai pedoni - *Vorrang der Fußgänger* - prioridad a los peatones - *priorité aux piétons*
pedestrian street - strada pedonale - *Fußgängerstraße* - calle peatonal - *rue piétonnière*
pedestrian traffic - traffico pedonale - *Fußgängerverkehr* - tráfico de peatones - *trafic de piétons, trafic piétonnier*
pedestrianize (to) - pedonalizzare - *Fußgängerzone anlegen cerrar al trafico rodado* - - *rendre piétonnier*
pedido, encargo - ordre, charge - *order, task* - commessa, incarico - *Auftrag*
pedonalizzare - Fußgängerzone anlegen cerrar al trafico rodado - - rendre piétonnier - *pedestrianize (to)*
penchant - inclination - *inclinazione* - Neigung - *inclinación*
Pendelbewegung - migración diaria - *migration journalière* - commuter flow - *migrazione giornaliera*
Pendelentfernung - distancia entre lugar de trabajo y residencia - *distance de migration journalière* - travel to work distance - *distanza pendolare*
pendenza di un corso d'acqua - Flußgefälle - *pendiente de un curso de agua* - pente d'un cours d'eau - *stream gradient of a river*
pendenza massima - Steigung, maximale - *pendiente máxima* - pente maximale - *maximum gradient*
pendiente de un curso de agua - pente d'un cours d'eau - *stream gradient of a river* - pendenza di un corso d'acqua - *Flußgefälle*
pendiente máxima - pente maximale - *maximum gradient* - pendenza massima - *Steigung, maximale*
Pendler - guadalajarista - *navetteur, banlieusard, migrant journalier* - commuter - *pendolare*
pendolare - Pendler - *guadalajarista* - navetteur, banlieusard, migrant journalier - *commuter*
peninsula - penisola - *Halbinsel* - penìnsula - *presqu'île*
penìnsula - presqu'île - *peninsula* - penisola - *Halbinsel*
penisola - Halbinsel - *penìnsula* - presqu'île - *peninsula*
pennello, frangiflutti - Wellenbrecher - *rompeolas* - épi, éperon, brise-lames - *breakwater*
pensilina - Schutzdach - *marquesina* - auvent - *porch roof*
pensión completa - pension complète - *full board* - pensione completa - *Vollpension*
pension complète - full board - *pensione completa* - Vollpension - *pensión completa*
pensionamento anticipato - Eintritt, vorzeitiger ins Rentealter - *jubilación adelantada, anticipada* - abaissement de l'âge de la retraite - *early retirement*
pensionante - Kostgänger - *pensionista, huésped de una pension* - pensionnaire - *boarder*
Pensionär, Rentner - jubilado - *retraité* - pensioner, retired person - *pensionato*
pensionato - Pensionär, Rentner - *jubilado* - retraité - *pensioner, retired person*
pensione completa - Vollpension - *pensión completa* - pension complète - *full board*
pensioner, retired person - pensionato - *Pensionär, Rentner* - jubilado - *retraité*
Pensionierungsalter - edad de jubilación - *âge de retraite* - retirement age - *età della pensione*
pensionista, huésped de una pension - pensionnaire - *boarder* - pensionante - *Kostgänger*
pensionnaire - boarder - *pensionante* - Kostgänger - *pensionista, huésped de una pension*
pente d'un cours d'eau - stream gradient of a river - *pendenza di un corso d'acqua* - Flußgefälle - *pendiente de un curso de agua*
pente maximale - maximum gradient - *pendenza massima* - Steigung, maximale - *pendiente máxima*
pépinière - tree nursery - *vivaio forestale* - Baumschule - *vivero forestal*
pequeño huerto - jardin ouvrier - *allotment garden* - orto urbano - *Schrebergarten*
pequeño lago de montaña - petit lac de montagne - *mountain tarn lake* - laghetto di montagna - *Karsee*
per cápita, por cabeza - par tête, per capita - *per head, per capita* - pro-capite, a testa - *pro Kopf*
per caso - zufällig - *por azar, casualmente* - par hasard - *by chance*
per head, per capita - pro-capite, a testa - *pro Kopf* - per cápita, por cabeza - *par tête, per capita*
percentuale annua di nuovi alloggi - Woh-

nungsbaurate, jährliche - *porcentaje anual de nuevas viviendas* - pourcentage annuel de nouveaux logements - *annual rate of new housing construction*
percentuale di umidità - Feuchtigkeitsgrad - *porcentaje de humedad* - degré d'humidité - *degree of humidity*
perception (municipale) - Inland Revenue Office, Treasurer - *fisco, ufficio imposte* - Finanzamt - *hacienda de Rentas Públicas, oficina de impuestos*
percorso di andata e ritorno - Hin- und Rückfahrt - *recorrido de ida y vuelta* - parcours aller et retour - *round trip*
pérdida de terreno - perte de terrain - *loss of land* - perdita di terreno - *Landverlust*
perdita di terreno - Landverlust - *pérdida de terreno* - perte de terrain - *loss of land*
peréquation - equalisation, balance - *perequazione* - Ausgleichung, gleichmäßige Verteilung - *reparto por igual, equilibrado*
peréquation financière - financial equalisation - *perequazione economica* - Finanzausgleich - *compensación financiaria*
perequazione - Ausgleichung, gleichmäßige Verteilung - *reparto por igual, equilibrado* - peréquation - *equalisation, balance*
perequazione economica - Finanzausgleich - *compensación financiaria* - peréquation financière - *financial equalisation*
perfeccionamiento - perfectionnement - *further education* - perfezionamento - *Fortbildung*
perfectionnement - further education - *perfezionamento* - Fortbildung - *perfeccionamiento*
perfezionamento - Fortbildung - *perfeccionamiento* - perfectionnement - *further education*
perfil - silhouette - *skyline* - profilo - *Profil*
performance, achievement - prestazione - *Leistung* - rendimento - *performance, prestation, rendement*
performance, prestation, rendement - performance, achievement - *prestazione* - Leistung - *rendimento*
periferia - Peripherie - *periferìa, suburbio* - banlieue - *suburb*
periferia residencial - banlieue résidentielle - *residential suburb* - periferia residenziale - *Wohnbezirk, vorstädtischer*
periferia residenziale - Wohnbezirk, vorstädtischer - *periferia residencial* - banlieue résidentielle - *residential suburb*
periferìa, suburbio - banlieue - *suburb* - periferia - *Peripherie*
perimetro - Abgrenzung - *perìmetro* - ligne de cordon, delimitation - *cordon line, boundary*
perìmetro - ligne de cordon, delimitation - *cordon line, boundary* - perimetro - *Abgrenzung*
periode de démarrage - start-up period - *fase iniziale* - Anfangsphase - *fase inicial*
peripheral - distante, fuori mano - *entlegen* alejado, periférico, remoto - *éloigné, écarté*
Peripherie - periferìa, suburbio - *banlieue* - suburb - *periferia*
peritaje - expertise - *expert's report* - perizia - *Gutachten*
perizia - Gutachten - *peritaje* - expertise - *expert's report*
perjudicial al medio ambiente - nuisible à l'environnement - *environmentally damaging* - nocivo all'ambiente - *umweltschädigend*
permesso - Erlaubnis - *permiso* - permis - *permit, licence*
permesso di costruzione - Baugenehmigung - *permiso de construcción* - permis de construire - *building permit*
permesso urbanistico - Erschließungs- genehmigung - *permiso urbanistico* - autorisation de créer la viabilisation - *planning permission for development*
permis - permit, licence - *permesso* - Erlaubnis - *permiso*
permis de construire - building permit - *permesso di costruzione* - Baugenehmigung - *permiso de construcción*
permis de construire sous conditions - conditional use permission - *concessione urbanistica sotto condizione, vincolata* - Genehmigung in Verbindung mit Auflagen - *permiso bajo determinadas condiciones*
permiso - permis - *permit, licence* - permesso - *Erlaubnis*
permiso bajo determinadas condiciones - permis de construire sous conditions - *conditional use permission* - concessione urbanistica sotto condizione, vincolata - *Genehmigung in Verbindung mit Auflagen*
permiso de construcción - permis de construire - *building permit* - permesso di costruzione - *Baugenehmigung*
permiso urbanistico - autorisation de créer la viabilisation - *planning permission for de-*

velopment - permesso urbanistico - *Erschließungs- genehmigung*
permit, licence - permesso - *Erlaubnis* - permiso - *permis*
permuta de terrenos - échange de terrain - exchange of land - permuta fondiaria - *Grundstückstausch*
permuta fondiaria - Grundstückstausch - *permuta de terrenos* - échange de terrain - *exchange of land*
pernoctar - nuitées - *over-night stays* - pernottamenti - *Übernachtungen*
pernottamenti - Übernachtungen - *pernoctar* - nuitées - *over-night stays*
Person ohne festen Wohnsitz - persona sin domicilio fijo - *personne sans domicile fixe* - person without fixed address - *persona senza fissa dimora*
person without fixed address - persona senza fissa dimora - *Person ohne festen Wohnsitz* - persona sin domicilio fijo - *personne sans domicile fixe*
persona, organismo con capacidad de decisión - décideurs - *in command* - decisori - *Entscheidungsträger*
persona fisica - Person, natürliche - *persona natural, fisica* - personne physique - *natural person*
persona giuridica - Person, juristische - *persona juridica* - personne juridique - *legal person, body corporate*
persona juridica - personne juridique - *legal person, body corporate* - persona giuridica - *Person, juristische*
persona natural, fisica - personne physique - *natural person* - persona fisica - *Person, natürliche*
persona senza fissa dimora - Person ohne festen Wohnsitz - *persona sin domicilio fijo* - personne sans domicile fixe - *person without fixed address*
persona sin domicilio fijo - personne sans domicile fixe - *person without fixed address* - persona senza fissa dimora - *Person ohne festen Wohnsitz*
Personal - personal - *personnel* - staff - *organico*
personal - personnel - *staff* - organico - *Personal*
personal property - bene personale - *Eigentum, persönliches* - bien personal - *bien personnel*

personale qualificato, tecnico - Facharbeiter - *obrero calificado* - ouvrier qualifié - *skilled worker*
personas que viven separadas - personnes vivant séparées - *separated people* - separati - *Personen, getrennt lebende*
Personenbeförderung - transporte de personas - *transport de voyageurs* - transport of people - *trasporto di persone*
Personen, getrennt lebende - personas que viven separadas - *personnes vivant séparées* - separated people - *separati*
personne exerçant une profession libérale - professional, free-lance - *libero professionista* - Freiberufler - *profesional*
personne juridique - legal person, body corporate - *persona giuridica* - Person, juristische - *persona juridica*
personne physique - natural person - *persona fisica* - Person, natürliche - *persona natural, fisica*
personne sans domicile fixe - person without fixed address - *persona senza fissa dimora* - Person ohne festen Wohnsitz - *persona sin domicilio fijo*
personnel - staff - *organico* - Personal - *personal*
personnel, effectifs - hands, personnel - *maestranze* - Belegschaft - *obreros, personal*
personnes âgées - elderly people - *anziani* - Ältere - *ancianos, personas mayores*
personnes vivant séparées - separated people - *separati* - Personen, getrennt lebende - *personas que viven separadas*
Person, juristische - persona juridica - *personne juridique* - legal person, body corporate - *persona giuridica*
Person, natürliche - persona natural, fisica - *personne physique* - natural person - *persona fisica*
perspectiva caballera, perspectiva a vuelo de pájaro - perspective à vol d'oiseau - *bird's eye perspective* - prospettiva a volo d'uccello - *Vogelperspektive*
perspective à vol d'oiseau - bird's eye perspective - *prospettiva a volo d'uccello* - Vogelperspektive - *perspectiva caballera, perspectiva a vuelo de pájaro*
perspectives démographiques - population forecast - *proiezioni demografiche* - Bevölkerungsprognose - *previsiones demográficas*
perte de terrain - loss of land - *perdita di*

terreno - Landverlust - *pérdida de terreno*
pescaggio - Tiefgang - *calado* - tirant d'eau - *draught*
pesi e misure - Gewichts- und Maßeinheiten - *pesos y medidas* - poids et mesures - *weights and measures*
pesos y medidas - poids et mesures - *weights and measures* - pesi e misure - *Gewichts- und Maßeinheiten*
pesquisa, investigación - recherche - *survey, study* - indagine - *Untersuchung*
pesticida persistente - Pestizid, nichtabbaubares - *pesticidas persistentes* - pesticide persistant - *non-degradable pesticide*
pesticidas persistentes - pesticide persistant - *non-degradable pesticide* - pesticida persistente - *Pestizid, nichtabbaubares*
pesticide persistant - non-degradable pesticide - *pesticida persistente* - Pestizid, nichtabbaubares - *pesticidas persistentes*
Pestizid, nichtabbaubares - pesticidas persistentes - *pesticide persistant* - non-degradable pesticide - *pesticida persistente*
petit lac de montagne - mountain tarn lake - *laghetto di montagna* - Karsee - *pequeño lago de montaña*
petrolero - pétrolier - *oil tanker* - petroliera - *Tanker*
pétrolier - oil tanker - *petroliera* - Tanker - *petrolero*
petroliera - Tanker - *petrolero* - pétrolier - *oil tanker*
pets - animali domestici - *Haustiere* - animales domésticos - *animaux domestiques*
peu profond - shallow - *poco profondo, basso* - seicht, flach - *poco profundo, bajo*
pezzo, unità - Stück - *unidad, pieza* - pièce - *item, piece*
Pfad - senda, vereda - *chemin* - path - *sentiero*
Pfändung - embargo - *saisie* - seizure, distraint - *pignoramento*
Pfeiler - pilar - *pilier* - pillar, post - *pilastro*
Pflaster - empedrado, adoquinado - *dallage, pavé* - pavement - *pavimentazione a selciato*
Pflasterung, besondere - pavimiento especial - *pavage spécial* - special paving - *pavimentazione speciale*
Pflicht - obligación - *obligation* - obligation, duty - *obbligo*
pharmacie - chemist's shop, pharmacy - *farmacia* - Apotheke - *farmacia, botica*
phénomène concomitant - side phenomenon - *fenomeno concomitante, collaterale* - Begleiterscheinung - *fenómeno colateral, concomitante*
pheripheral area - area periferica - *Randgebiet* - area periférica - *région périphérique*
photographie aérienne - aerial photograph - *fotografia aerea* - Luftbild - *fotografia aérea*
physically separated - separato fisicamente - *räumlich getrennt* - separado fisicamente - *séparé physiquement*
pianeggiante - flach - *llano* - plat - *level, flat*
pianificazione - Planung - *planificación, planeamiento* - planification - *planning*
pianificazione su vasta scala - Planung von Großräumen - *planificación a gran escala* - planification à grande échelle - *large-scale planning*
pianificazione funzionale - Planung, funktionale - *planificación funcional* - planification fonctionnelle - *functional planning*
pianificazione integrata - Gesamtplanung - *planificación integrada* - planification intégrée - *comprehensive planning*
piano - Stockwerk, Etage - *planta* - étage - *story, floor*
piano aerofotogrammetrico - Luftbildplan - *plano aerofotogramétrico* - plan aérophotogrammétrique - *aerial plan*
piano ambientale - Umweltplan - *plan ambiental* - schéma d'environnement, plan vert - *environment plan*
piano degli usi del suolo - Flächennutzungsbestands- karte - *plano de uso del suelo* - plan montrant les utilisations actuelles du sol - *plan showing existing land use*
piano del verde - Grünordnungsplan - *plano de áreas verdes, plan regulador de áreas verdes* - aménagement des espaces verts - *open space plan*
piano della viabilità - Verkehrsplan - *plan de viabilidad* - plan de transport - *transportation plan*
piano di conservazione - Erhaltungsplan - *plan de conservación* - plan de protection - *conservation plan*
piano di edificazione - Bebauungsplan - *plan urbanístico* - plan d'aménagement de zone - *building plan, developement plan*
piano di espansione - Entwicklungsplan - *plan de crecimiento, plan de expansion* - plan de développement - *development plan, expansion scheme*

piano di lottizzazione - Parzellierungsplan - *plan de parcelación, plan parcelario* - plan de lotissement - *allotment plan*
piano d'insieme - Lageplan - *plan de conjunto* - plan masse - *ground plan*
piano di massima, di inquadramento - Rahmenplan - *plan estratégico* - plan cadre - *strategic plan*
piano di sviluppo - Stadtentwicklungsplan - *plan de desarollo urbano* - plan de référence, plan de développement urbain - *structure plan, land use plan*
Piano Edilizia Economica e Popolare (PEEP) - Programm des sozialen Wohnungsbaus - *Plan de viviendas sociales* - programme d'habitat social - *council/public housing programme*
piano esecutivo, attuativo - Durchführungsplan - *plan de ejecución, plan ejecutivo* - plan d'exécution - *implementation plan*
piano generale - Generalplan - *plan general* - plan directeur, schéma général - *master plan, general plan*
piano intercomunale - Plan, interkommunaler - *plan intermunicipal, plan intercomunal* - plan intercommunal - *subregional plan*
piano paesistico - Landschaftsplan - *plan del paisaje* - plan de paysage - *landscape plan*
piano per gli insediamenti produttivi (PIP) - Plan für Industrie- und Gewerbeansiedlungen - *plan para la instalación de establecimientos industriales* - plan pour l'implantation d'établissements industriels - *plan for industry zone*
piano planimetrico - Plan, dreidimensionaler - *plano volumetrico* - plan volumétrique - *threedimensional plan*
Piano Regolatore Generale (P.R.G.), piano d'uso del suolo - Flächennutzungsplan - *Plan general de urbanización, Plan para uso del suelo* - schéma directeur, Plan d'occupation des sols (POS) - *land use plan*
piano settoriale - Fachplan - *plan sectorial* - plan de secteur - *sectoral plan*
piano territoriale - Regionalplan - *plan del territorio, regional* - plan d'aménagement régional - *regional structure plan*
piano urbanistico - Bauleitplan - *plan regulador* - plan d'urbanisme - *urban development plan*
pianta di base - Grundkarte - *plano de fundación* - carte de base - *base map*

piante - Grundrisse - *plantas* - plans - *plans, outline*
piastra pedonale - Fußgängerebene - *plataforma para peatones nivel peatonal* - dalle piétonnière - *pedestrian level*
piattaforma continentale - Kontinentalsockel - *plataforma continental* - plateau continental - *continental shelf*
piazza - Platz - *plaza* - place - *square, place*
piazzola di sosta per autobus - Bushaltebucht - *estacionamento para autobuses* - zone d'arrêt pour autobus - *bus bay, stop lane*
piazzole di incrocio - Überholstellen - *placitas de cruce, islotes* - zones de dépassement - *passing zones*
pic - peak - *cima, picco* - Spitze - *cima, cumbre*
pièce - item, piece - *pezzo, unità* - Stück - *unidad, pieza*
pièce unitaire - room unit - *vano* - Raumeinheit - *pieza (de una casa)*
piedra angular - pilier d'angle - *cornerstone* - pietra angolare - *Eckpfeiler*
pieno impiego - Vollbeschäftigung - *dedicación total* - plein emploi - *full employment*
Pier, Bankett - plataforma - *appontement, banquette* - pier, shoulder - *banchina, pontile*
pier, shoulder - banchina, pontile - *Pier, Bankett* - plataforma - *appontement, banquette*
pietra angolare - Eckpfeiler - *piedra angular* - pilier d'angle - *cornerstone*
pietroso, ciottoloso - steinig - *rocoso* - caillouteux - *stony*
pieza (de una casa) - pièce unitaire - *room unit* - vano - *Raumeinheit*
pignoramento - Pfändung - *embargo* - saisie - *seizure, distraint*
pilar - pilier - *pillar, post* - pilastro - *Pfeiler*
pilastro - Pfeiler - *pilar* - pilier - *pillar, post*
pilier - pillar, post - *pilastro* - Pfeiler - *pilar*
pilier d'angle - cornerstone - *pietra angolare* - Eckpfeiler - *piedra angular*
pillar, post - pilastro - *Pfeiler* - pilar - *pilier*
pilot plant - impianto pilota - *Versuchsanlage* - estación piloto - *station d'essai*
pioggia - Regen - *lluvia* - pluie - *rain*
pioggia acida - Regen, saurer - *lluvia acida* - pluie acide - *acid rain*
pirámide de edades - pyramide des âges - *age-sex pyramid* - piramide delle età - *Alterspyramide*
piramide delle età - Alterspyramide - *pirámide de edades* - pyramide des âges - *age-sex py-*

ramid
piscina coperta - Schwimmhalle - *piscina cubierta* - piscine couverte - *indoor pool*
piscina cubierta - piscine couverte - *indoor pool* - piscina coperta - *Schwimmhalle*
piscine couverte - indoor pool - *piscina coperta* - Schwimmhalle - *piscina cubierta*
piso transformado, reformado - appartement transformé - *converted flat* - appartamento ristrutturato - *Wohnung, umgebaute*
pista - piste - *track* - pista, traccia - *Bahn*
pista, traccia - Bahn - *pista* - piste - *track*
pista ciclabile - Radweg - *pista para bicicletas* - piste cyclable - *bicycle lane*
pista de aterrizaje - piste d'atterrissage - *runway* - pista d'atterraggio - *Landebahn*
pista de despegue - piste de décollage - *take-off runway* - pista di decollo - *Startbahn*
pista d'atterraggio - Landebahn - *pista de aterrizaje* - piste d'atterrissage - *runway*
pista di decollo - Startbahn - *pista de despegue* - piste de décollage - *take-off runway*
pista para bicicletas - piste cyclable - *bicycle lane* - pista ciclabile - *Radweg*
piste - track - *pista* - Bahn - *pista*
piste cyclable - bicycle lane - *pista ciclabile* - Radweg - *pista para bicicletas*
piste de décollage - take-off runway - *pista di decollo* - Startbahn - *pista de despegue*
piste d'atterrissage - runway - *pista d'atterraggio* - Landebahn - *pista de aterrizaje*
placa de matrìcula - plaque d'immatriculation, minéralogique - *registration number, car licence plate* - targa automobilistica - *Kraftfahrzeugkennzeichen*
place - square, place - *piazza* - Platz - *plaza*
place, post - posto - *Stelle* - puesto - *place, poste*
place, poste - place, post - *posto* - Stelle - *puesto*
place de stationnement - parking space (lot) - *posto macchina* - Abstellplatz - *plaza de aparcamiento*
places of interest - posti interessanti - *Sehenswürdigkeiten* - lugares interesantes, sitios de valor artìstico - *curiosités*
placitas de cruce, islotes - zones de dépassement - *passing zones* - piazzole di incrocio - *Überholstellen*
Plafond Légal de Densité (P.L.D.) - maximum building intensity - *tetto limite di densità* - Bebauungsdichte, maximal zulässige - *lìmite máximo de densidad*
plafond pour l'attribution d'aide - ceiling for subsides, upper limit for a grant - *tetto massimo per le sovvenzioni* - Förderungsobergrenze - *subvención máxima*
plage, grève - sandy beach - *spiaggia sabbiosa* - Sandstrand - *playa arenosa*
plage à galets - pebble beach - *spiaggia sassosa* - Kieselstrand - *playa rocosa*
plage de vase - mud area - *velma* - Schlammfläche - *cieno, fondo cenagoso*
Plan, dreidimensionaler - plano volumetrico - *plan volumétrique* - threedimensional plan - *piano planimetrico*
Plan, interkommunaler - plan intermunicipal, plan intercomunal - *plan intercommunal* - subregional plan - *piano intercomunale*
plan aérophotogrammétrique - aerial plan - *piano aerofotogrammetrico* - Luftbildplan - *plano aerofotogramétrico*
plan ambiental - schéma d'environnement, plan vert - *environment plan* - piano ambientale - *Umweltplan*
plan cadre - strategic plan - *piano di massima, di inquadramento* - Rahmenplan - *plan estratégico*
plan d'aménagement de zone - building plan, developement plan - *piano di edificazione* - Bebauungsplan - *plan urbanìstico*
plan d'aménagement régional - regional structure plan - *piano territoriale* - Regionalplan - *plan del territorio, regional*
plan d'exécution - implementation plan - *piano esecutivo, attuativo* - Durchführungsplan - *plan de ejecución, plan ejecutivo*
plan d'urbanisme - urban development plan - *piano urbanistico* - Bauleitplan - *plan regulador*
plan de conjunto - plan masse - *ground plan* - piano d'insieme - *Lageplan*
plan de conservación - plan de protection - *conservation plan* - piano di conservazione - *Erhaltungsplan*
plan de crecimiento, plan de expansion - plan de développement - *development plan, expansion scheme* - piano di espansione - *Entwicklungsplan*
plan de desarollo urbano - plan de référence, plan de développement urbain - *structure plan, land use plan* - piano di sviluppo - *Stadtentwicklungsplan*
plan de développement - development plan, expansion scheme - *piano di espansione* - Entwicklungsplan - *plan de crecimiento, plan*

de expansion
plan de ejecución, plan ejecutivo - plan d'exécution - *implementation plan* - piano esecutivo, attuativo - *Durchführungsplan*
plan de lotissement - allotment plan - *piano di lottizzazione* - Parzellierungsplan - *plan de parcelación, plan parcelario*
plan de parcelación, plan parcelario - plan de lotissement - *allotment plan* - piano di lottizzazione - *Parzellierungsplan*
plan de paysage - landscape plan - *piano paesistico* - Landschaftsplan - *plan del paisaje*
plan de propriété - ownership map - *mappa catastale* - Eigentümerplan, Grundstücksplan - *mapa/plano de propriedad*
plan de protection - conservation plan - *piano di conservazione* - Erhaltungsplan - *plan de conservación*
plan de référence, plan de développement urbain - structure plan, land use plan - *piano di sviluppo* - Stadtentwicklungsplan - *plan de desarollo urbano*
plan de secteur - sectoral plan - *piano settoriale* - Fachplan - *plan sectorial*
plan de transport - transportation plan - *piano della viabilità* - Verkehrsplan - *plan de viabilidad*
plan de viabilidad - plan de transport - *transportation plan* - piano della viabilità - *Verkehrsplan*
Plan de viviendas sociales - programme d'habitat social - *council/public housing programme* - Piano Edilizia Economica e Popolare (PEEP) - *Programm des sozialen Wohnungsbaus*
plan del paisaje - plan de paysage - *landscape plan* - piano paesistico - *Landschaftsplan*
plan del territorio, regional - plan d'aménagement régional - *regional structure plan* - piano territoriale - *Regionalplan*
plan directeur, schéma général - master plan, general plan - *piano generale* - Generalplan - *plan general*
plan estratégico - plan cadre - *strategic plan* - piano di massima, di inquadramento - *Rahmenplan*
plan for industry zone - piano per gli insediamenti produttivi (PIP) - *Plan für Industrie- und Gewerbeansiedlungen* - plan para la instalación de establecimientos industriales - *plan pour l'implantation d'établissements industriels*

Plan für Industrie- und Gewerbeansiedlungen - plan para la instalación de establecimientos industriales - *plan pour l'implantation d'établissements industriels* - plan for industry zone - *piano per gli insediamenti produttivi (PIP)*
plan general - plan directeur, schéma général - *master plan, general plan* - piano generale - *Generalplan*
Plan general de urbanización, Plan para uso del suelo - schéma directeur, Plan d'occupation des sols (POS) - *land use plan* - Piano Regolatore Generale (P.R.G.), piano d'uso del suelo - *Flächennutzungsplan*
plan intercommunal - subregional plan - *piano intercomunale* - Plan, interkommunaler - *plan intermunicipal, plan intercomunal*
plan intermunicipal, plan intercomunal - plan intercommunal - *subregional plan* - piano intercomunale - *Plan, interkommunaler*
plan masse - ground plan - *piano d'insieme* - Lageplan - *plan de conjunto*
plan montrant les utilisations actuelles du sol - plan showing existing land use - *piano degli usi del suolo* - Flächennutzungsbestandskarte - *plano de uso del suelo*
plan para la instalación de establecimientos industriales - plan pour l'implantation d'établissements industriels - *plan for industry zone* - piano per gli insediamenti produttivi (PIP) - *Plan für Industrie- und Gewerbeansiedlungen*
plan pour l'implantation d'établissements industriels - plan for industry zone - *piano per gli insediamenti produttivi (PIP)* - Plan für Industrie- und Gewerbeansiedlungen - *plan para la instalación de establecimientos industriales*
plan regulador - plan d'urbanisme - *urban development plan* - piano urbanistico - *Bauleitplan*
plan sectorial - plan de secteur - *sectoral plan* - piano settoriale - *Fachplan*
plan showing existing land use - piano degli usi del suolo - *Flächennutzungsbestands- karte* - plano de uso del suelo - *plan montrant les utilisations actuelles du sol*
plan urbanìstico - plan d'aménagement de zone - *building plan, developement plan* - piano di edificazione - *Bebauungsplan*
plan volumétrique - threedimensional plan - *piano planimetrico* - Plan, dreidimensionaler

- *plano volumetrico*
planches de projet - draft designs, sketches - *tavole di progetto* - Entwurfszeichnungen - *láminas de dibujo, dibujos del proyecto*
Planfeststellungsbeschluß - aprobación de un plan - *approbation d'un plan* - ratification, official approval of plan - *approvazione di un piano*
Planfortschreibung - actualización o puesta al día de un plan - *actualisation, mise à jour d'un plan* - updating of a plan - *variante, aggiornamento*
planification - planning - *pianificazione* - Planung - *planificación, planeamiento*
planificación, planeamiento - planification - planning - pianificazione - Planung
planificación a gran escala - planification à grande échelle - *large-scale planning* - pianificazione su vasta scala - *Planung von Großräumen*
planificación funcional - planification fonctionnelle - *functional planning* - pianificazione funzionale - *Planung, funktionale*
planificación informal - planification non réglementée - *laissez faire planning* - disposizione informale - *Planung, zwanglose*
planificación integrada - planification intégrée - *comprehensive planning* - pianificazione integrata - *Gesamtplanung*
planification à grande échelle - large-scale planning - *pianificazione su vasta scala* - Planung von Großräumen - *planificación a gran escala*
planification fonctionnelle - functional planning - *pianificazione funzionale* - Planung, funktionale - *planificación funcional*
planification non réglementée - laissez faire planning - *disposizione informale* - Planung, zwanglose - *planificación informal*
planification intégrée - comprehensive planning - *pianificazione integrata* - Gesamtplanung - *planificación integrada*
planned economy - economia pianificata - *Planwirtschaft* - economìa planeada - *économie planifiée*
planning - pianificazione - *Planung* - planificación, planeamiento - *planification*
planning authority - ente competente per l'urbanistica - *Planungsbehörde* - autoridad urbanistica - *autorité chargée de la planification*
planning damage - danneggiamento urbanistico - *Planungsschaden* - deterioro urbanìstico

- *dommages de la planification*
planning error - errori di piano - *Fehlplanung* - errores de planificación - *erreur de planification*
planning law - diritto urbanistico - *Städtebaurecht* - derecho urbanìstico - *droit de l'urbanisme*
planning permission for development - permesso urbanistico - *Erschließungs- genehmigung* - permiso urbanistico - *autorisation de créer la viabilisation*
planning powers - poteri di pianificazione - *Planungshoheit* - poderes de planificación - *compétence de planification*
planning procedure - procedimento di stesura, redazione - *Aufstellungsverfahren* - procedimento de planificación - *procédure de rédaction*
planning refusal, building permit denial - rifiuto della concessione - *Versagung der Baugenehmigung* - negativa de concesión a construir - *refus de permis de construire*
Planning-Programming-Budgeting - racionalilización de elecciones de balance - *Rationalisation des Choix Budgétaires (R.C.B.)* - Planning-Programming- Budgeting - *razionalizzazione delle scelte di bilancio*
Planning-Programming- Budgeting - razionalizzazione delle scelte di bilancio - *Planning-Programming- Budgeting* - racionalización de elecciones de balance - *Rationalisation des Choix Budgétaires (R.C.B.)*
Plannormen, rechtsverbindliche - medidas legales de un plan - *mesures contraignantes d'un plan* - legal provisions of a plan - *norme obbligatorie di un piano*
plano aerofotogramétrico - plan aérophotogrammétrique - *aerial plan* - piano aerofotogrammetrico - *Luftbildplan*
plano de áreas verdes, plan regulador de áreas verdes - aménagement des espaces verts - *open space plan* - piano del verde - *Grünordnungsplan*
plano de fundación - carte de base - *base map* - pianta di base - *Grundkarte*
plano de uso del suelo - plan montrant les utilisations actuelles du sol - *plan showing existing land use* - piano degli usi dei suolo - *Flächennutzungsbestands- karte*
plano volumetrico - plan volumétrique - *threedimensional plan* - piano planimetrico - *Plan, dreidimensionaler*

planos de ejecución, dibujos de construcción - plans d'exécution - *working drawings* - disegni costruttivi - *Konstruktionszeichnungen*
plans - plans, outline - *piante* - Grundrisse - *plantas*
plans, outline - piante - *Grundrisse* - plantas - *plans*
plans and specifications - requisiti dei materiali - *Baubeschreibung* - especificación de materiales - *spécification des matériaux*
plans d'exécution - working drawings - *disegni costruttivi* - Konstruktionszeichnungen - *planos de ejecución, dibujos de construcción*
plant, installation, facility - impianto - *Anlage* - instalación, establecimiento - *installation*
planta - étage - *story, floor* - piano - *Stockwerk, Etage*
plantación de árboles - boisement - *tree planting* - plantumazione - *Baumpflanzung*
plantas - plans - *plans, outline* - piante - *Grundrisse*
plantillas, chablón - patron, gabarit - *stencil, template* - mascherina, sagoma - *Schablone*
planting - uso a verde - *Begrünung* - trasformación en área verde - *verduration*
planting courtyard garden - messa a verde dei cortili - *Hofbegrünung* - jardines interiores - *usage à jardin des cours intérieures*
plantumazione - Baumpflanzung - *plantación de árboles* - boisement - *tree planting*
Planung - planificación, planeamiento - *planification* - planning - *pianificazione*
Planung, funktionale - planificación funcional - *planification fonctionnelle* - functional planning - *pianificazione funzionale*
Planung, zwanglose - planificación informal - *planification non réglementée* - laissez faire planning - *disposizione informale*
Planung von Großräumen - planificación a gran escala - *planification à grande échelle* - large-scale planning - *pianificazione su vasta scala*
Planungsbehörde - autoridad urbanistica - *autorité chargée de la planification* - planning authority - *ente competente per l'urbanistica*
Planungsgegebenheiten, wesentliche - factores urbanìsticos destacados - *facteurs principaux d'aménagement* - relevant planning factors - *fattori urbanistici rilevanti*
Planungshoheit - poderes de planificación - *compétence de planification* - planning powers - *poteri di pianificazione*

Planungsschaden - deterioro urbanìstico - *dommages de la planification* - planning damage - *danneggiamento urbanistico*
Planwirtschaft - economìa planeada - *économie planifiée* - planned economy - *economia pianificata*
plaque d'immatriculation, minéralogique - registration number, car licence plate - *targa automobilistica* - Kraftfahrzeugkennzeichen - *placa de matrícula*
plastico - Modell (arch.) - *maqueta* - maquette - *model (arch.)*
plat - level, flat - *pianeggiante* - flach - *llano*
plataforma - appontement, banquette - *pier, shoulder* - banchina, pontile - *Pier, Bankett*
plataforma continental - plateau continental - *continental shelf* - piattaforma continentale - *Kontinentalsockel*
plataforma para peatones nivel peatonal - dalle piétonnière - *pedestrian level* - piastra pedonale - *Fußgängerebene*
plateau continental - continental shelf - *piattaforma continentale* - Kontinentalsockel - *plataforma continental*
plateau, tableland - altopiano - *Hochebene* - altiplanicie, altiplano - *haut-plateau*
plate-forme de chargement - loading dock - *banchina di scarico* - Ladebühne - *andén de carga, plataforma de carga*
Platz - plaza - *place* - square, place - *piazza*
playa arenosa - plage, grève - *sandy beach* - spiaggia sabbiosa - *Sandstrand*
playa rocosa - plage à galets - *pebble beach* - spiaggia sassosa - *Kieselstrand*
playground - campo da gioco - *Spielplatz* - plaza de juegos - *terraine, aire de jeux*
playroom, games room - stanza da gioco - *Spielzimmer* - cuarto de juego - *salle de jeux*
plaza - place - *square, place* - piazza - *Platz*
plaza de aparcamiento - place de stationnement - *parking space (lot)* - posto macchina - *Abstellplatz*
plaza de juegos - terraine, aire de jeux - *playground* - campo da gioco - *Spielplatz*
plazo - terme, delai - *deadline, term* - termine, limite - *Termin. Frist*
pleamar - marée haute - *high tide* - alta marea - *Flut*
plein emploi - full employment - *pieno impiego* - Vollbeschäftigung - *dedicación total*
plein pouvoir, procuration - procuration, proxy, power of attorney - *delega, procura* -

Vollmacht - *poder legal*
pluie - rain - *pioggia* - Regen - *lluvia*
pluie acide - acid rain - *pioggia acida* - Regen, saurer - *lluvia acida*
pluriuso, polivalente - Mehrzweck - *multi-uso, polivalente* - à usages multiples, polyvalent - multi-purpose
plus offrant - outbidder - *maggior offerente* - Mehrbieter - *mayor postor*
plusvalìa inmobiliaria - plus-value foncière - betterment - *valore di miglioria, plusvalore fondiario* - Wertverbesserung
plus-valore fondiario in seguito a urbanizzazione - Wertsteigerung des Bodens durch Erschließung - *revalorización del suelo como producto de la urbanización* - plus-value foncière résultant de l'urbanisation - *profit from property development*
plus-value foncière résultant de l'urbanisation - profit from property development - *plus-valore fondiario in seguito a urbanizzazione* - Wertsteigerung des Bodens durch Erschließung - *revalorización del suelo como producto de la urbanización*
plus-value foncière - betterment - *valore di miglioria, plusvalore fondiario* - Wertverbesserung - *plusvalìa inmobiliaria*
población - population - *population* - popolazione - Bevölkerung
población activa - population active - *working population* - popolazione attiva - Erwerbspersonen
población efectiva, población real - population existante - *actual population* - popolazione effettiva - Bevölkerung, tatsächliche
población residente - population résidente - *resident population* - popolazione residente - Wohnbevölkerung
población rural - population rurale - *rural population* - popolazione rurale - Landbevölkerung
población total - population totale - *total population* - popolazione totale - Gesamtbevölkerung
población urbana - population urbaine - *urban population* - popolazione urbana - Stadtbevölkerung
poco profondo, basso - seicht, flach - *poco profundo, bajo* - peu profond - *shallow*
poco profondo, bajo - peu profond - *shallow* - poco profondo, basso - *seicht, flach*
poder adquisitivo - pouvoir d'achat - *purchas-*

ing power - potere d'acquisto - *Kaufkraft*
poder legal - plein pouvoir, procuration - *procuration, proxy, power of attorney* - delega, procura - *Vollmacht*
poderes de planificación - compétence de planification - *planning powers* - poteri di pianificazione - *Planungshoheit*
poderes especiales - pouvoirs spéciaux - *special powers, authorities* - poteri speciali - *Sondervollmachten*
poder, fuerza - pouvoir - *power* - potere - Macht, Kraft
poids - weight - *peso* - Gewicht - *peso*
poids et mesures - weights and measures - *pesi e misure* - Gewichts- und Maßeinheiten - *pesos y medidas*
point de départ - starting position - *punto di partenza* - Ausgangspunkt - *punto de partida*
point de repère, d'appui - reference point, clue - *punto di riferimento, di appoggio* - Anhaltspunkt - *punto de referencia*
point de vue - point of view - *punto di vista* - Standpunkt - *punto de vista*
point essentiel, majeur - focal, crucial point, emphasis - *fulcro, punto chiave* - Schwerpunkt - *punto clave*
point focal - focal point - *punto focale* - Blickpunkt - *punto focal*
point of view - punto di vista - *Standpunkt* - punto de vista - *point de vue*
police station - stazione di polizia - *Polizeiwache* - cuartel de policìa - *gendarmerie*
policy level - scala d'intervento - *Maßnahmenebene* - escala de intervención - *échelle d'intervention*
policy of creating land reserves - politica per la creazione di aree urbane di riserva - *Bodenvorratspolitik* - polìtica para la creación de áreas de reserva urbana - *politique foncière*
polìgono de tiro - champ de tir - *rifle-range* - poligono di tiro - *Schießplatz*
poligono di tiro - Schießplatz - *polìgono de tiro* - champ de tir - *rifle-range*
polìtica de acceso a la propriedad - politique d'accession à la propriété - *home-ownership promotion* - politica d'accesso alla proprietà - *Eigentumsförderung*
polìtica de fomento - politique d'encouragement - *aid policy* - politica di sostegno - *Förderungspolitik*
politica demografica - Bevölkerungspolitik - *polìtica demografica* - politique démographi-

que - *population policy*
polìtica demografica - politique démographique - *population policy* - politica demografica - *Bevölkerungspolitik*
politica d'accesso alla proprietà - Eigentumsförderung - *polìtica de acceso a la propriedad* - politique d'accession à la propriété - *homeownership promotion*
politica di sostegno - Förderungspolitik - *polìtica de fomento* - politique d'encouragement - *aid policy*
polìtica para la creación de áreas de reserva urbana - politique foncière - *policy of creating land reserves* - politica per la creazione di aree urbane di riserva - *Bodenvorratspolitik*
politica per la creazione di aree urbane di riserva - Bodenvorratspolitik - *polìtica para la creación de áreas de reserva urbana* - politique foncière - *policy of creating land reserves*
politica urbana - Stadtpolitik - *polìtica urbana* - politique urbaine - *urban policy*
polìtica urbana - politique urbaine - *urban policy* - politica urbana - *Stadtpolitik*
politique d'encouragement - aid policy - *politica di sostegno* - Förderungspolitik - *polìtica de fomento*
politique démographique - population policy - *politica demografica* - Bevölkerungspolitik - *polìtica demografica*
politique d'accession à la propriété - homeownership promotion - *politica d'accesso alla proprietà* - Eigentumsförderung - *polìtica de acceso a la propriedad*
politique foncière - policy of creating land reserves - *politica per la creazione di aree urbane di riserva* - Bodenvorratspolitik - *polìtica para la creación de áreas de reserva urbana*
politique urbaine - urban policy - *politica urbana* - Stadtpolitik - *polìtica urbana*
póliza de carga - connaissement - *bill of loading* - polizza di carico - *Konnossement, Frachtbrief*
Polizeiwache - cuartel de policìa - *gendarmerie* - police station - *stazione di polizia*
polizza di carico - Konnossement, Frachtbrief - *póliza de carga* - connaissement - *bill of loading*
polluant - polluting - *inquinante* - umweltbelastend - *contaminador*
polluants atmosphériques - atmospheric pollutants - *agenti inquinanti atmosferici* - Luftschadstoff - *agentes contaminadores de la atmósfera*
pollutant - agente inquinante - *Schadstoff* - agente contaminador - *materiau polluant*
polluter-pays principle - principio dell'inquinante-pagante - *Verursacherprinzip* - principio del contaminador-pagador - *principe du pollueur-payeur*
polluting - inquinante - *umweltbelastend* - contaminador - *polluant*
pollution - inquinamento - *Verschmutzung* - polución - *pollution, degradation*
pollution, degradation - pollution - *inquinamento* - Verschmutzung - *polución*
pollution de l'eau - water pollution - *inquinamento delle acque* - Wasserverschmutzung - *contaminación del agua*
pollution des côtes - coastal pollution - *inquinamento del litorale* - Küstenverschmutzung - *contaminación del litoral*
pollution thermique - thermal pollution - *degradazione da calore* - Belastung, thermische - *polución térmica*
polmone di verde - Lunge, grüne - *pulmón, área verde* - poumon, espace ouvert - *vestpocket park*
polución - pollution, degradation - *pollution* - inquinamento - *Verschmutzung*
polución térmica - pollution thermique - *thermal pollution* - degradazione da calore - *Belastung, thermische*
pond, pool - stagno - *Teich* - estanque - *étang*
poner a disposición - affecter - *allocate (to)* - stanziare, erogare - *bereitstellen*
poner a subasta, subastar - mettre aux enchères - *auction (to)* - mettere all'asta - *versteigern*
pont piétonnier - pedestrian crossing - *passerella pedonale* - Fußgängerübergang - *sovrapaso de peatones*
ponts et chaussées - civil engineering - *genio civile* - Tiefbau - *ingenierìa civil*
pont-route - flyover, overpass - *cavalcavia* - Überführung - *paso superior*
popolazione - Bevölkerung - *población* - population - *population*
popolazione attiva - Erwerbspersonen - *población activa* - population active - *working population*
popolazione effettiva - Bevölkerung, tatsächliche - *población efectiva, población real* - population existante - *actual population*
popolazione residente - Wohnbevölkerung -

población residente - population résidente - resident population
popolazione rurale - Landbevölkerung - *población rural* - population rurale - *rural population*
popolazione totale - Gesamtbevölkerung - *población total* - population totale - *total population*
popolazione urbana - Stadtbevölkerung - *población urbana* - population urbaine - *urban population*
population - population - *popolazione* - Bevölkerung - *población*
population - popolazione - *Bevölkerung* - población - *population*
population active - working population - *popolazione attiva* - Erwerbspersonen - *población activa*
population curve - curva della popolazione - *Bevölkerungskurve* - curva demografica - *courbe de la population*
population data by age group - quozienti specifici per età - *Bevölkerungsdaten, altersspezifische* - coeficientes espècìficos por edad - *taux par âge*
population existante - actual population - *popolazione effettiva* - Bevölkerung, tatsächliche - *población efectiva, población real*
population forecast - proiezioni demografiche - *Bevölkerungsprognose* - previsiones demográficas - *perspectives démographiques*
population policy - politica demografica - *Bevölkerungspolitik* - polìtica demografica - *politique démographique*
population pressure - pressione demografica - *Bevölkerungsdruck* - presión demografica - *pression démographique*
population résidente - resident population - *popolazione residente* - Wohnbevölkerung - *población residente*
population rurale - rural population - *popolazione rurale* - Landbevölkerung - *población rural*
population totale - total population - *popolazione totale* - Gesamtbevölkerung - *población total*
population urbaine - urban population - *popolazione urbana* - Stadtbevölkerung - *población urbana*
por azar, casualmente - par hasard - *by chance* - per caso - *zufällig*
por encargo - sur commande, exprès - *cus-tomized* - su commissione, fatto apposta - *im Auftrag, kundenspezifisch*
porcentaje anual de nuevas viviendas - pourcentage annuel de nouveaux logements - *annual rate of new housing construction* - percentuale annua di nuovi alloggi - *Wohnungsbaurate, jährliche*
porcentaje de edificación - Coefficient d'Occupation des Sols (C.O.S.) indice d'utilisation - *floor area ratio* - coefficiente d'occupazione del suolo, indice di fabbricabilità - *Geschoßflächenzahl*
porcentaje de humedad - degré d'humidité - *degree of humidity* - percentuale di umidità - *Feuchtigkeitsgrad*
porcentaje de natalidad - taux de natalité - *birth rate* - tasso di natalità - *Geburtenrate*
porcentaje de paro - taux de chômage - *unemployment rate* - tasso di disoccupazione - *Arbeitslosenquote*
porch roof - pensilina - *Schutzdach* - marquesina - *auvent*
porche - coursive - *access balcony* - ballatoio - *Laubengang*
port - port, harbour - *porto* - Hafen - *puerto*
porta a porta - von Haus zu Haus - *puerta a puerta* - porte à porte - *door-to-door*
portador - porteur - *carrier* - portatore - *Träger, Überbringer*
portail - gate - *cancello* - Tor - *portón*
portatore - Träger, Überbringer - *portador* - porteur - *carrier*
porte à porte - door-to-door - *porta a porta* - von Haus zu Haus - *puerta a puerta*
portée juridique d'un plan - legal implications of a plan - *implicazioni giuridiche di un piano* - Tragweite, juristische T. eines Plans - *implicaciones jurìdicas de un plan*
porteur - carrier - *portatore* - Träger, Überbringer - *portador*
porte-à-faux - cantilever - *sbalzo* - Ausleger, Vorsprung - *en voladizo*
portico - Laubenstraße, Arkade - *pórtico* - trottoir couvert - *covered street*
pórtico - trottoir couvert - *covered street* - portico - *Laubenstraße, Arkade*
porto - Hafen - *puerto* - port - *port, harbour*
portón - portail - *gate* - cancello - *Tor*
port, harbour - porto - *Hafen* - puerto - *port*
position, job - posto di lavoro - *Arbeitsplatz* - puesto de trabajo - *poste de travail*
possibilités d'emploi - employment oppor-

tunities - *offerte di lavoro* - Beschäftigungsmöglichkeiten - *ofertas de trabajo*
post office - ufficio postale - *Postamt* - oficina de correos - *bureau de poste*
postal survey, mail survey - questionario postale - *Befragung, postalische* - formulario de correos - *questionnaire par poste*
Postamt - oficina de correos - *bureau de poste* - post office - *ufficio postale*
poste de travail - position, job - *posto di lavoro* - Arbeitsplatz - *puesto de trabajo*
poste, équipe - shift - *turno* - Schicht - *turno, tanda*
posti interessanti - Sehenswürdigkeiten - *lugares interesantes, sitios de valor artístico* - curiosités - *places of interest*
posto - Stelle - *puesto* - place, poste - *place, post*
posto di lavoro - Arbeitsplatz - *puesto de trabajo* - poste de travail - *position, job*
posto macchina - Abstellplatz - *plaza de aparcamiento* - place de stationnement - *parking space (lot)*
potable water - acqua potabile - *Trinkwasser* - agua potable - *eau potable*
potencial de desarrollo - capacité de développement - *development potential* - potenziale di sviluppo - *Entwicklungspotential*
potenziale di sviluppo - Entwicklungspotential - *potencial de desarrollo* - capacité de développement - *development potential*
potere - Macht, Kraft - *poder, fuerza* - pouvoir - *power*
potere d'acquisto - Kaufkraft - *poder adquisitivo* - pouvoir d'achat - *purchasing power*
poteri di pianificazione - Planungshoheit - *poderes de planificación* - compétence de planification - *planning powers*
poteri speciali - Sondervollmachten - *poderes especiales* - pouvoirs spéciaux - *special powers, authorities*
poubelle pour les déchets encombrants - bulk refuse container, dumpster - *pattumiera collettiva* - Sperrmüllbehälter - *basurero colectivo*
poumon, espace ouvert - vestpocket park - *polmone di verde* - Lunge, grüne - *pulmón, área verde*
pourcentage annuel de nouveaux logements - annual rate of new housing construction - *percentuale annua di nuovi alloggi* - Wohnungsbaurate, jährliche - *porcentaje anual de nuevas viviendas*

pouvoir - power - *potere* - Macht, Kraft - *poder, fuerza*
pouvoir d'achat - purchasing power - *potere d'acquisto* - Kaufkraft - *poder adquisitivo*
pouvoir d'attraction - attraction power - *forza d'attrazione* - Anziehungskraft - *fuerza de atracción*
pouvoirs spéciaux - special powers, authorities - *poteri speciali* - Sondervollmachten - *poderes especiales*
power - potere - *Macht, Kraft* - poder, fuerza - *pouvoir*
Prachtstraße - calle de moda - *rue représentative* - fashionable street - *strada alla moda*
prado - pré - *meadow* - prato - *Wiese*
prairie irriguée - wetlands - *marcita* - Wiese, feuchte - *fresquedal*
pratica, dossier - Akte, Sache - *dossier, carpeta, acta* - dossier - *paper, file*
prato - Wiese - *prado* - pré - *meadow*
pré - meadow - *prato* - Wiese - *prado*
préavis - notice - *preavviso* - Kündigung - *preaviso, despido*
preaviso, despido - préavis - *notice* - preavviso - *Kündigung*
preavviso - Kündigung - *preaviso, despido* - préavis - *notice*
precio - prix - *price* - prezzo - *Preis*
precio de compra - prix d'achat - *purchase price* - prezzo d'acquisto - *Kaufpreis*
precio de terrenos - prix des terrains - *land price* - prezzo dei terreni - *Grundstückspreis*
precio del terreno edificable - prix du terrain à bâtir - *price of developable land* - prezzo del terreno edificabile - *Baulandpreis*
precipitación - précipitation - *precipitation* - precipitazione, ricaduta - *Niederschlag*
precipitation - precipitazione, ricaduta - *Niederschlag* - precipitación - *précipitation*
précipitation - precipitation - *precipitazione, ricaduta* - Niederschlag - *precipitación*
precipitazione, ricaduta - Niederschlag - *precipitación* - précipitation - *precipitation*
preconditioning, premise, prerequisite - presupposto - *Voraussetzung* - condición prerequisito - *présupposition, condition*
predicción del tiempo - prévision météorologique - *weather forecast* - previsioni del tempo - *Wettervorhersage*
predominant function - funzione predominante - *Funktion, vorherrschende* - función predominante - *fonction prédominante*

predominantly residential area - area prevalentemente residenziale - *Gebiet, vornehmlich für Wohnzwecke bestimmtes* - área preferentemente residencial - *aire à dominante résidentielle*
préemption - pre-emption - *prelazione* - Vorkauf - *prelación*
preferred location - localizzazione preferita - *Lage, bevorzugte* - colocación preferida, localización preferida - *emplacement préféré*
Preis - precio - *prix* - price - *prezzo*
Preisanstieg - subida de precios - *augmentation des prix* - price rise - *aumento dei prezzi*
Preisbindung - fijación de precios - *encadrement des prix* - price-fixing - *fissazione dei prezzi*
Preisermäßigung - baja, disminución de precios - *baisse des prix* - price reduction - *diminuzione dei prezzi*
prelación - préemption - *pre-emption* - prelazione - *Vorkauf*
prelazione - Vorkauf - *prelación* - préemption - *pre-emption*
preliminary, draft scheme - progetto preliminare, di massima - *Vorentwurf* - esquema preliminar, bosquejo - *schéma préliminaire, esquisse*
presa di coscienza dei valori ambientali - Umweltbewußtsein - *toma de conciencia de los valores ambientales* - prise de conscience de l'environnement - *environmental awareness*
prescripciones - prescriptions - *prescriptions, requirements* - prescrizioni - *Auflagen, Vorschriften*
prescriptions - prescriptions, requirements - *prescrizioni* - Auflagen, Vorschriften - *prescripciones*
prescriptions, requirements - prescrizioni - *Auflagen, Vorschriften* - prescripciones - *prescriptions*
prescriptions pour la conservation des monuments historiques - historic preservation regulations - *vincolo della sovrintendenza* - Denkmalschutzverordnung - *ordenanza para la conservación de monumentos históricos*
prescriptions sur la densité - density standards - *norme sulla densità* - Dichterichtwerte - *normas de densidad*
prescripto - en prescription - *statute-barred* - in prescrizione - *verjährt*
prescrizioni - Auflagen, Vorschriften - *prescripciones* - prescriptions - *prescriptions, requirements*
presentar - présenter, déposer - *file (to)* - presentare, depositare - *einreichen*
presentare, depositare - einreichen - *presentar* - présenter, déposer - *file (to)*
présenter, déposer - file (to) - *presentare, depositare* - einreichen - *presentar*
preservation order - clausola di salvaguardia - *Rechtsvorschrift über Veränderungssperren* - cláusula de conservación - *clause de sauvegarde*
presión atmosférica - pression atmosphérique - *atmospheric pressure* - pressione atmosferica - *Luftdruck*
presión demografica - pression démographique - *population pressure* - pressione demografica - *Bevölkerungsdruck*
presqu'île - peninsula - *penisola* - Halbinsel - *penìnsula*
pression atmosphérique - atmospheric pressure - *pressione atmosferica* - Luftdruck - *presión atmosférica*
pression démographique - population pressure - *pressione demografica* - Bevölkerungsdruck - *presión demografica*
pressione atmosferica - Luftdruck - *presión atmosférica* - pression atmosphérique - *atmospheric pressure*
pressione demografica - Bevölkerungsdruck - *presión demografica* - pression démographique - *population pressure*
pressure group, lobby - gruppo di pressione - *Interessenverband* - grupo de présion - *groupe de pression*
prestación de servicio - prestation de service - *service* - servizio, prestazione - *Dienstleistung*
prestaciones colaterales - gratte, prestation accessoire - *fringe benefit* - vantaggi collaterali, prestazioni accessorie - *Nebenleistung*
préstamo, mutuo - prêt - *loan* - prestito, mutuo - *Anleihe, Darlehen*
préstamo a mediano plazo para la adquisición de terrenos - prêt-relais pour réserves foncières - *medium term loan for land purchase* - prestito a medio termine per acquisizioni di terreno - *Darlehen, mittelfristiges (für Bodenkäufe)*
prestar - prêter - *lend (to), loan (to)* - prestare - *leihen*
prestare - leihen - *prestar* - prêter - *lend (to), loan (to)*
prestation de service - service - *servizio, presta-

zione - Dienstleistung - *prestación de servicio*
prestazione - Leistung - *rendimento* - performance, prestation, rendement - *performance, achievement*
prestito, mutuo - Anleihe, Darlehen - *préstamo, mutuo* - prêt - *loan*
prestito a medio termine per acquisizioni di terreno - Darlehen, mittelfristiges (für Bodenkäufe) - *préstamo a mediano plazo para la adquisición de terrenos* - prêt-relais pour réserves foncières - *medium term loan for land purchase*
présupposition, condition - preconditioning, premise, prerequisite - *presupposto* - Voraussetzung - *condición pre-requisito*
presupposto - Voraussetzung - *condición pre-requisito* - présupposition, condition - *preconditioning, premise, prerequisite*
presupuestar, calcular de antemano - calculer à l'avance - *estimate (to)* - preventivare - *voranschlagen*
presupuesto - devis - *budget estimate* - preventivo - *Kostenvoranschlag*
prêt - loan - *prestito, mutuo* - Anleihe, Darlehen - *préstamo, mutuo*
prêt bonifié - attractive loan - *credito agevolato* - Förderungsdarlehen, günstiges - *crédito facilitado*
pretensión, exigencia - prétention, exigence - *claim, pretension* - esigenza, pretesa - *Anspruch*
prétention, exigence - claim, pretension - *esigenza, pretesa* - Anspruch - *pretensión, exigencia*
prêter - lend (to), loan (to) - *prestare* - leihen - *prestar*
prêt-relais pour réserves foncières - medium term loan for land purchase - *prestito a medio termine per acquisizioni di terreno* - Darlehen, mittelfristiges (für Bodenkäufe) - *préstamo a mediano plazo para la adquisición de terrenos*
prevailing wind - vento dominante - *Wind, vorherrschender* - viento predominante - *vent dominant*
preventivare - voranschlagen - *presupuestar, calcular de antemano* - calculer à l'avance - *estimate (to)*
preventivo - Kostenvoranschlag - *presupuesto* - devis - *budget estimate*
previdenza sociale - Sozialversicherung - *seguridad social* - sécurité sociale - *social security*

previsión - prévision - *forecast, estimate* - previsione - *Voraussicht*
prévision - forecast, estimate - *previsione* - Voraussicht - *previsión*
prévision météorologique - weather forecast - *previsioni del tempo* - Wettervorhersage - *predicción del tiempo*
previsione - Voraussicht - *previsión* - prévision - *forecast, estimate*
previsiones demográficas - perspectives démographiques - *population forecast* - proiezioni demografiche - *Bevölkerungsprognose*
previsioni del tempo - Wettervorhersage - *predicción del tiempo* - prévision météorologique - *weather forecast*
prezzo - Preis - *precio* - prix - *price*
prezzo dei terreni - Grundstückspreis - *precio de terrenos* - prix des terrains - *land price*
prezzo del terreno edificabile - Baulandpreis - *precio del terreno edificabile* - prix du terrain à bâtir - *price of developable land*
prezzo d'acquisto - Kaufpreis - *precio de compra* - prix d'achat - *purchase price*
pre-emption - prelazione - *Vorkauf* - prelación - *préemption*
pre-treatment, development, open-up - collegamento, urbanizzazione - *Erschließung* - trabajos de urbanización - *urbanisation, mise en valeur*
price - prezzo - *Preis* - precio - *prix*
price of developable land - prezzo del terreno edificabile - *Baulandpreis* - precio del terreno edificable - *prix du terrain à bâtir*
price reduction - diminuzione dei prezzi - *Preisermäßigung* - baja, disminución de precios - *baisse des prix*
price rise - aumento dei prezzi - *Preisanstieg* - subida de precios - *augmentation des prix*
price-fixing - fissazione dei prezzi - *Preisbindung* - fijación de precios - *encadrement des prix*
Primärerziehung - enseñanza primaria - *éducation primaire* - primary education - *educazione primaria*
primary education - educazione primaria - *Primärerziehung* - enseñanza primaria - *éducation primaire*
primary school - scuola elementare - *Grundschule* - escuela primaria - *école primaire*
prime d'amélioration de l'habitat - subsidy for urban renewal - *sussidio per il risanamento dell'habitat* - Sanierungsbeihilfe - *subsidio*

para la mejora del habitat
primes de déménagement - house removal allowances, moving allowances - *sussidi al trasloco* - Umzugsbeihilfen - *subsidios de traslado*
principe du pollueur-payeur - polluter-pays principle - *principio dell'inquinante-pagante* - Verursacherprinzip - *principio del contaminador-pagador*
principio del contaminador-pagador - principe du pollueur-payeur - *polluter-pays principle* - principio dell'inquinante-pagante - *Verursacherprinzip*
principio dell'inquinante-pagante - Verursacherprinzip - *principio del contaminador-pagador* - principe du pollueur-payeur - *polluter-pays principle*
prioridad a los peatones - priorité aux piétons - *pedestrian right of way* - priorità ai pedoni - *Vorrang der Fußgänger*
priorità ai pedoni - Vorrang der Fußgänger - *prioridad a los peatones* - priorité aux piétons - *pedestrian right of way*
Prioritätenprogramm - programa de acción prioritaria - *Programme d'Actions Prioritaires (P.A.P.)* - priority action programme - *programma d'azione prioritaria*
priorité aux piétons - pedestrian right of way - *priorità ai pedoni* - Vorrang der Fußgänger - *prioridad a los peatones*
priority action programme - programma d'azione prioritaria - *Prioritätenprogramm* - programa de acción prioritaria - *Programme d'Actions Prioritaires (P.A.P.)*
prise de conscience de l'environnement - environmental awareness - *presa di coscienza dei valori ambientali* - Umweltbewußtsein - *toma de conciencia de los valores ambientales*
private capital market - mercato dei capitali privati - *Kapitalmarkt, privater* - mercado de capitales privados - *marché des capitaux privés*
private car - autovettura privata - *Privatwagen (PKW)* - coche privado - *voiture privée*
private transport - trasporto privato - *Individualverkehr* - transporte privado - *transport privé*
Privatwagen (PKW) - coche privado - *voiture privée* - private car - *autovettura privata*
prix - price - *prezzo* - Preis - *precio*
prix d'achat - purchase price - *prezzo d'acquisto* - Kaufpreis - *precio de compra*

prix des terrains - land price - *prezzo dei terreni* - Grundstückspreis - *precio de terrenos*
prix du terrain à bâtir - price of developable land - *prezzo del terreno edificabile* - Baulandpreis - *precio del terreno edificable*
pro capita output - produzione per abitante - *Ertrag je Kopf* - producción por habitante - *production par habitant*
pro Kopf - per cápita, por cabeza - *par tête, per capita* - per head, per capita - *pro-capite, a testa*
Probe, Muster - muestra - *échantillon, spécimen* - specimen - *campione*
problem family - famiglia difficile - *Problemfamilie* - familia con problemas - *famille à problèmes*
problema de la vivienda - problème du logement - *housing question* - questione delle abitazioni - *Wohnungsfrage*
problème du logement - housing question - *questione delle abitazioni* - Wohnungsfrage - *problema de la vivienda*
Problemfamilie - familia con problemas - *famille à problèmes* - problem family - *famiglia difficile*
procedimento de planificación - procédure de rédaction - *planning procedure* - procedimento di stesura, redazione - *Aufstellungsverfahren*
procedimento de trabajo - procédures de travail - *operational procedures* - procedure operative - *Arbeitsverfahren*
procedimento di stesura, redazione - Aufstellungsverfahren - *procedimento de planificación* - procédure de rédaction - *planning procedure*
procedimiento - procédure - *procedure* - procedura, proceeding - *Verfahren*
procedura, proceeding - Verfahren - *procedimiento* - procédure - *procedure*
procedure - procedura, proceeding - *Verfahren* - procedimiento - *procédure*
procédure - procedure - *procedura, proceeding* - Verfahren - *procedimiento*
procédure de rédaction - planning procedure - *procedimento di stesura, redazione* - Aufstellungsverfahren - *procedimento de planificación*
procedure operative - Arbeitsverfahren - *procedimento de trabajo* - procédures de travail - *operational procedures*
procédures de travail - operational procedures

- *procedure operative* - Arbeitsverfahren - *procedimento de trabajo*
proceso de decisión - procèssus de décision - *decision-making process* - processo decisionale - *Entscheidungsablauf*
process of becoming denser - densificazione - *Verdichtung* - densificación - *densification*
processing - raffinazione, trasformazione - *Veredelung* - refinamiento, procesamiento - *raffinage, transformation*
processo decisionale - Entscheidungsablauf - *proceso de decisión* - procèssus de décision - *decision-making process*
procèssus de décision - decision-making process - *processo decisionale* - Entscheidungsablauf - *proceso de decisión*
procès-verbal - minutes, proceeding - *verbale, rendiconto* - Protokoll - *acta*
procuration, proxy, power of attorney - delega, procura - *Vollmacht* - poder legal - *plein pouvoir, procuration*
prodotto - Erzeugnis - *producto* - produit - *product*
prodotto interno lordo (P.I.L.) - Bruttoinlandsprodukt (B.I.P.) - *producto interno bruto (P.I.B.)* - produit intérieur brut (P.I.B.) - *gross domestic product (G.D.P.)*
prodotto nazionale lordo (P.N.L.) - Bruttosozialprodukt (B.S.P.) - *produto nacional bruto (P.N.B.)* - produit national brut (P.N.B.) - *gross national product (G.N.P.)*
producción de madera - production forestière - *timber production* - produzione di legname - *Holzproduktion*
producción de masa, producción en masa - production de masse - *mass production* - produzione di massa - *Massenproduktion*
producción por habitante - production par habitant - *pro capita output* - produzione per abitante - *Ertrag je Kopf*
product - prodotto - *Erzeugnis* - producto - *produit*
production de masse - mass production - *produzione di massa* - Massenproduktion - *producción de masa, producción en masa*
production factor - fattore produttivo - *Produktionsfaktor* - factor de producción - *facteur de production*
production forestière - timber production - *produzione di legname* - Holzproduktion - *producción de madera*
production par habitant - pro capita output -

produzione per abitante - Ertrag je Kopf - *producción por habitante*
productive capacity - capacità di produzione - *Produktionskapazität* - capacidad de producción - *capacité de production*
producto - produit - *product* - prodotto - *Erzeugnis*
producto interno bruto (P.I.B.) - produit intérieur brut (P.I.B.) - *gross domestic product (G.D.P.)* - prodotto interno lordo (P.I.L.) - *Bruttoinlandsprodukt (B.I.P.)*
produit - product - *prodotto* - Erzeugnis - *producto*
produit intérieur brut (P.I.B.) - gross domestic product (G.D.P.) - *prodotto interno lordo (P.I.L.)* - Bruttoinlandsprodukt (B.I.P.) - *producto interno bruto (P.I.B.)*
produit national brut (P.N.B.) - gross national product (G.N.P.) - *prodotto nazionale lordo (P.N.L.)* - Bruttosozialprodukt (B.S.P.) - *produto nacional bruto (P.N.B.)*
Produktionsfaktor - factor de producción - *facteur de production* - production factor - *fattore produttivo*
Produktionskapazität - capacidad de producción - *capacité de production* - productive capacity - *capacità di produzione*
Produktionsmittel - medios de producción - *moyens de productions* - means of production - *mezzi di produzione*
Produktionssteigerung - aumento de la producción - *augmentation de la productivité* - increase of production - *aumento di produzione*
produto nacional bruto (P.N.B.) - produit national brut (P.N.B.) - *gross national product (G.N.P.)* - prodotto nazionale lordo (P.N.L.) - *Bruttosozialprodukt (B.S.P.)*
produzione di legname - Holzproduktion - *producción de madera* - production forestière - *timber production*
produzione di massa - Massenproduktion - *producción de masa, producción en masa* - production de masse - *mass production*
produzione per abitante - Ertrag je Kopf - *producción por habitante* - production par habitant - *pro capita output*
profesión, oficio - profession, métier - *profession, job, occupation* - professione, occupazione - *Beruf*
profession, job, occupation - professione, occupazione - *Beruf* - profesión, oficio - *profes-*

sion, métier
profession, métier - profession, job, occupation - *professione, occupazione* - Beruf - *profesión, oficio*
professional, free-lance - libero professionista - Freiberufler - profesional - *personne exerçant une profession libérale*
profesional - personne exerçant une profession libérale - *professional, free-lance* - libero professionista - *Freiberufler*
professional outlay, class A deduction - spese per la produzione del reddito - *Werbungskosten* - gastos de publicidad - *frais de publicité*
professional register - albo professionale - *Berufsregister* - guìa profesional - *tableau professionel*
professione, occupazione - Beruf - *profesión, oficio* - profession, métier - *profession, job, occupation*
Profil - perfil - *silhouette* - skyline - *profilo*
profil en travers-type - typical cross-section - *sezione trasversale tipica* - Regelquerschnitt - *sección transversal tìpica*
profilo - Profil - *perfil* - silhouette - *skyline*
profit - profit, gain - *profitto* - Gewinn, Profit - *provecho, beneficio, ganancias*
profit, gain - profitto - *Gewinn, Profit* - provecho, beneficio, ganancias - *profit*
profit from property development - plus-valore fondiario in seguito a urbanizzazione - *Wertsteigerung des Bodens durch Erschließung* - revalorización del suelo como producto de la urbanización - *plus-value foncière résultant de l'urbanisation*
profit margin - margine di profitto - *Gewinnspanne* - margen de provecho, beneficios - *marge bénéficiaire*
profitable - redditizio - *rentabel* - provechoso, rentable - *rentable*
profitto - Gewinn, Profit - *provecho, beneficio, ganancias* - profit - *profit, gain*
profond - deep - *profondo* - tief - *profundo*
profondeur - depth - *profondità* - Tiefe - *profundidad*
profondità - Tiefe - *profundidad* - profondeur - *depth*
profondo - tief - *profundo* - profond - *deep*
profundidad - profondeur - *depth* - profondità - *Tiefe*
profundo - profond - *deep* - profondo - *tief*
progettazione architettonica - Gestaltung, architektonische - *diseño arquitectónico* - dessin architectural - *architectural design*
progetto - Entwurf - *proyecto* - projet - *project, draft, outline*
progetto architettonico - Bebauungsentwurf - *proyecto arquitectónico* - projet d'aménagement - *architectural layout*
progetto pilota - Modellversuch - *projecto piloto* - projet pilote - *small scale test*
progetto preliminare, di massima - Vorentwurf - *esquema preliminar, bosquejo* - schéma préliminaire, esquisse - *preliminary, draft scheme*
programa de acción prioritaria - Programme d'Actions Prioritaires (P.A.P.) - *priority action programme* - programma d'azione prioritaria - *Prioritätenprogramm*
programa de edificación escolar - programme de constructions scolaires - *school building programme* - programma di edilizia scolastica - *Schulbauprogramm*
programa de intervención publica - programme d'intervention - *action program* - programma di intervento - *Aktionsprogramm*
programa de modernización y dotación de servicios - Programme de Modernisation et d'Equipement (P.M.E.) - *improvement and investment programme* - programma di modernizzazione e dotazione di servizi - *Modernisierung- und Ausstattungsprogramm*
programa de reducción de la densidad de la población - programme de dédensification - *scheme for reducing the density of population* - programma di diminuzione della densità della popolazione - *Programm zur Reduzierung der Bevölkerungsdichte*
programa para la mejora del habitat - programme d'amélioration de l'habitat - *urban renewal programme* - programma di risanamento dell'habitat - *Sanierungsprogramm*
programa vinculado - programme finalisé - *programme with specific purpose* - programma finalizzato - *Zweckprogramm*
Programm des sozialen Wohnungsbaus - Plan de viviendas sociales - *programme d'habitat social* - council/public housing programme - *Piano Edilizia Economica e Popolare (PEEP)*
Programm zur Reduzierung der Bevölkerungsdichte - programa de reducción de la densidad de la población - *programme de dédensification* - scheme for reducing the

density of population - *programma di diminuzione della densità della popolazione*
programma di diminuzione della densità della popolazione - Programm zur Reduzierung der Bevölkerungsdichte - *programa de reducción de la densidad de la población* - programme de dédensification - *scheme for reducing the density of population*
programma di edilizia scolastica - Schulbauprogramm - *programa de edificación escolar* - programme de constructions scolaires - *school building programme*
programma di modernizzazione e dotazione di servizi - Modernisierung- und Ausstattungsprogramm - *programa de modernización y dotación de servicios* - Programme de Modernisation et d'Equipement (P.M.E.) - *improvement and investment programme*
programma di intervento - Aktionsprogramm - *programa de intervención publica* - programme d'intervention - *action program*
programma di risanamento dell'habitat - Sanierungsprogramm - *programa para la mejora del habitat* - programme d'amélioration de l'habitat - *urban renewal programme*
programma delle priorità - Prioritätenprogramm - *programa de acción prioritaria* - Programme d'Actions Prioritaires (P.A.P.) - *priority action programme*
programma finalizzato - Zweckprogramm - *programa vinculado* - programme finalisé - *programme with specific purpose*
Programme de Modernisation et d'Equipement (P.M.E.) - improvement and investment programme - *programma di modernizzazione e dotazione di servizi* - Modernisierung- und Ausstattungsprogramm - *programa de modernización y dotación de servicios*
Programme d'Actions Prioritaires (P.A.P.) - priority action programme - *programma d'azione prioritaria* - Prioritätenprogramm - *programa de acción prioritaria*
programme d'amélioration de l'habitat - urban renewal programme - *programma di risanamento dell'habitat* - Sanierungsprogramm - *programa para la mejora del habitat*
programme de constructions scolaires - school building programme - *programma di edilizia scolastica* - Schulbauprogramm - *programa de edificación escolar*
programme de dédensification - scheme for reducing the density of population - *programma di diminuzione della densità della popolazione* - Programm zur Reduzierung der Bevölkerungsdichte - *programa de reducción de la densidad de la población*
programme d'habitat social - council/public housing programme - *Piano Edilizia Economica e Popolare (PEEP)* - Programm des sozialen Wohnungsbaus - *Plan de viviendas sociales*
programme d'intervention - action program - *programma di intervento* - Aktionsprogramm - *programa de intervención publica*
programme finalisé - programme with specific purpose - *programma finalizzato* - Zweckprogramm - *programa vinculado*
programme with specific purpose - programma finalizzato - *Zweckprogramm* - programa vinculado - *programme finalisé*
progrès - progress - *progreso* - Fortschritt - *progreso*
progreso - progrès - *progress* - progresso - *Fortschritt*
progress - progresso - *Fortschritt* - progreso - *progrès*
progresso - Fortschritt - *progreso* - progrès - *progress*
prohibición de cortar - interdiction d'utilisation - *prohibition of use* - divieto d'uso - *Nutzungsverbot*
prohibido aparcar, estacionamiento prohibido - stationnement interdit - *no parking* - divieto di parcheggio - *Parken verboten*
prohibido circular, prohibida la circulación - fermer les routes à la circulation - *close (to) the streets to vehicles* - chiudere le strade al traffico - *Straßen vom Verkehr abriegeln*
prohibition - interdizione, divieto - *Untersagung, Verbot* - interdicción, prohibición - *interdiction*
prohibition of use - divieto d'uso - *Nutzungsverbot* - prohibición de cortar - *interdiction d'utilisation*
proiezioni demografiche - Bevölkerungsprognose - *previsiones demográficas* - perspectives démographiques - *population forecast*
project, draft, outline - progetto - *Entwurf* - proyecto - *projet*
projecto piloto - projet pilote - *small scale test* - progetto pilota - *Modellversuch*
projet - project, draft, outline - *progetto* - Entwurf - *proyecto*
projet d'aménagement - architectural layout -

progetto architettonico - Bebauungsentwurf - *proyecto arquitectónico*
projet pilote - small scale test - *progetto pilota* - Modellversuch - *projecto piloto*
proliferación de algas - prolifération d'algues - *water bloom* - proliferazione d'alghe - *Algenblüte*
prolifération d'algues - water bloom - *proliferazione d'alghe* - Algenblüte - *proliferación de algas*
proliferazione d'alghe - Algenblüte - *proliferación de algas* - prolifération d'algues - *water bloom*
prolongación, prórroga, extensión - prolongement, prorogation, reconduction - *extension, delay* - proroga - *Verlängerung*
prolongement, prorogation, reconduction - extension, delay - *proroga* - Verlängerung - *prolongación, prórroga, extensión*
promener, se - go for a walk (to) - *fare una passeggiata* - spazierengehen - *dar una vuelta, dar un paseo*
promoción de ciudades - promotion des villes - *urban boosterism* - promozione urbana - *Städteförderung*
promoción económica - promotion économique - *promotion of the economy* - promozione economica - *Wirtschaftsförderung*
promoteur - property developer - *promotore immobiliare, costruttore* - Bauinvestor - *promotor inmobiliario*
promoteurs de l'assainissement - in charge of restoration - *responsabili del risanamento* - Sanierungsträger - *responsable del saneamiento*
promotion des villes - urban boosterism - *promozione urbana* - Städteförderung - *promoción de ciudades*
promotion économique - promotion of the economy - *promozione economica* - Wirtschaftsförderung - *promoción económica*
promotion of the economy - promozione economica - *Wirtschaftsförderung* - promoción económica - *promotion économique*
promotor - protecteur, promoteur - *sponsor* - promotore, fautore - *Förderer*
promotor inmobiliario - promoteur - *property developer* - promotore immobiliare, costruttore - *Bauinvestor*
promotore, fautore - Förderer - *promotor* - protecteur, promoteur - *sponsor*
promotore immobiliare, costruttore - Bauinvestor - *promotor inmobiliario* - promoteur - *property developer*
promozione economica - Wirtschaftsförderung - *promoción económica* - promotion économique - *promotion of the economy*
promozione urbana - Städteförderung - *promoción de ciudades* - promotion des villes - *urban boosterism*
prop - sostegno - *Stütze* - sostén - *soutien*
property - proprietà - *Eigentum, Besitz* - propriedad - *propriété*
property developer - promotore immobiliare, costruttore - *Bauinvestor* - promotor inmobiliario - *promoteur*
property management - gestione di proprietà - *Grundbesitzverwaltung* - gestión de propriedad - *gestion de propriétés foncières*
property right - diritto di proprietà - *Eigentumsrecht* - derecho de propriedad - *droit de propriété*
property tax - tassa immobiliare, imposta fondiaria - *Grundsteuer* - tasa inmobiliaria, impuesto inmobiliario - *taxe immobilière, impôt foncier*
proporción entre población urbana y rural - répartition entre la population urbaine et rurale - *urban and rural distribution of population* - rapporto tra popolazione urbana e rurale - *Verteilung der Stadt- und Landbevölkerung*
proporcional, pro-rata - proportionnel - *proportional, pro-rata* - proporzionale - *anteilmäßig*
proportional, pro-rata - proporzionale - *anteilmäßig* - proporcional, pro-rata - *proportionnel*
proportionnel - proportional, pro-rata - *proporzionale* - anteilmäßig - *proporcional, pro-rata*
proporzionale - anteilmäßig - *proporcional, pro-rata* - proportionnel - *proportional, pro-rata*
proposed land use - destinazione prevista - *Bodennutzung, vorgeschlagene* - propuesta de utilización del suelo - *utilisation proposée du sol*
propriedad - propriété - *property* - proprietà - *Eigentum, Besitz*
propriedad inalienable - propriété inaliénable - *entailed estate* - proprietà inalienabile - *Erbgut, unveräußerliches*
propriedad rural, finca agrìcola, - domaine estate, property - *tenuta* - Landgut

proprietà - Eigentum, Besitz - *propriedad* - propriété - *property*
proprietà immobiliare - Grundbesitz - *finca, propriedad inmobiliaria* - propriété foncière - *real property*
proprietà inalienabile - Erbgut, unveräußerliches - *propriedad inalienable* - propriété inaliénable - *entailed estate*
propriétaire - owner - *proprietario* - Eigentümer, Besitzer - *proprietario*
propriétaire bailleur - landlord - *locatore* - Vermieter - *arrendador, alquilador*
propriétaire occupant - owner-occupier - *proprietario occupante* - Eigenheimbewohner - *proprietario ocupante*
propriétaire, proprio - home owner - *padrone di casa* - Hausbesitzer - *casero, dueño de la casa*
proprietario - propriétaire - *owner* - proprietario - *Eigentümer, Besitzer*
proprietario - Eigentümer, Besitzer - *proprietario* - propriétaire - *owner*
proprietario occupante - Eigenheimbewohner - *proprietario ocupante* - propriétaire occupant - *owner-occupier*
proprietario ocupante - propriétaire occupant - *owner-occupier* - proprietario occupante - *Eigenheimbewohner*
proprietario unico - Einzelfirma - *proprietario único* - en nom personnel - *sole proprietorship*
proprietario único - en nom personnel - *sole proprietorship* - proprietario unico - *Einzelfirma*
propriété - property - *proprietà* - Eigentum, Besitz - *propriedad*
propriété foncière - real property - *proprietà immobiliare* - Grundbesitz - *finca, propriedad inmobiliaria*
propriété inaliénable - entailed estate - *proprietà inalienabile* - Erbgut, unveräußerliches - *propriedad inalienable*
propuesta de utilización del suelo - utilisation proposée du sol - *proposed land use* - destinazione prevista - *Bodennutzung, vorgeschlagene*
propuestas públicas, concurso - appel d'offres - *call for tenders, request for bids* - bando - *Ausschreibung*
proroga - Verlängerung - *prolongación, prórroga, extensión* - prolongement, prorogation, reconduction - *extension, delay*

prosciugamento, drenaggio - Trockenlegung - *desagüe, saneamiento* - assèchement, drainage - *draining*
prospective, scénario - scenario - *prospettiva, scenario* - Szenarium - *escenarios, perspectivas*
prospettiva, scenario - Szenarium - *escenarios, perspectivas* - prospective, scénario - *scenario*
prospettiva a volo d'uccello - Vogelperspektive - *perspectiva caballera, perspectiva a vuelo de pájaro* - perspective à vol d'oiseau - *bird's eye perspective*
prospetto - Ansicht, Aufriß - *elevación, fachada, alzado* - façade - *elevation, view*
protección del agua - protection de l'eau - *water protection* - tutela dell'acqua - *Gewässerschutz*
protección del medio ambiente - protection de l'environnement - *environmental protection* - protezione ambientale - *Umweltschutz*
protección del entorno - protection du milieu - *protection of surroundings* - protezione del contesto - *Milieuschutz*
protección del paisaje - protection du paysage - *landscape conservation* - conservazione del paesaggio - *Landschaftspflege, Landschaftsschutz*
protección del suelo - protection des sols - *soil protection* - difesa del suolo - *Bodenschutz*
protected area, conservation area - zona di salvaguardia, area protetta - *Schutzbereich* - área bajo protección - *secteur sauvegardé, périmètre sensible*
protected water recharge area - bacino idrografico - *Wassereinzugsgebiet* - cuenca hidrográfica - *bassin versant*
protecteur, promoteur - sponsor - *promotore, fautore* - Förderer - *promotor*
protection de l'environnement - environmental protection - *protezione ambientale* - Umweltschutz - *protección del medio ambiente*
protection of surroundings - protezione del contesto - *Milieuschutz* - protección del entorno - *protection du milieu*
protection de la côte - coastal protection - *opere di difesa costiera* - Küstenschutz - *obras para la protección del litoral*
protection de l'eau - water protection - *tutela dell'acqua* - Gewässerschutz - *protección del*

agua
protection des sols - soil protection - *difesa del suolo* - Bodenschutz - *protección del suelo*
protection du milieu - protection of surroundings - *protezione del contesto* - Milieuschutz - *protección del entorno*
protection du paysage - landscape conservation - *conservazione del paesaggio* - Landschaftspflege, Landschaftsschutz - *protección del paisaje*
protection, custody - tutela - *Schutz, Warnung* - tutela, protección, defensa - *protection, sauvegarde*
protection, sauvegarde - protection, custody - *tutela* - Schutz, Warnung - *tutela, protección, defensa*
protezione dei monumenti - Denkmalschutz - *conservación de monumentos* - conservation des monuments - *historic preservation*
protezione ambientale - Umweltschutz - *protección del medio ambiente* - protection de l'environnement - *environmental protection*
protezione del contesto - Milieuschutz - *protección del entorno* - protection du milieu - *protection of surroundings*
Protokoll - acta - *procès-verbal* - minutes, proceeding - *verbale, rendiconto*
provechoso, rentable - rentable - *profitable* - redditizio - *rentabel*
provecho, beneficio, ganancias - profit - *profit, gain* - profitto - *Gewinn, Profit*
provecho, ventaja - bénéfice, avantage - *benefit, advantage* - beneficio, vantaggio - *Vorteil*
proveedor local, abastecedor local - fournisseur - *local supplier* - fornitore locale - *Lieferant, lokaler*
provincial town - città di provincia - *Provinzstadt* - ciudad de provincia - *ville de province*
Provinzstadt - ciudad de provincia - *ville de province* - provincial town - *città di provincia*
provision of facilities - offerta di opportunità - *Gelegenheiten, Schaffung von* - oferta de oportunidades - *offre d'équipements*
provisional, temporáneo - temporaire - *temporary* - provvisorio - *vorübergehend*
provisions, réserves - stocks, inventory - *provviste, riserve* - Vorräte - *stocks, reserva*
provvedimenti anti-inquinamento - Maßnahmen gegen Verunreinigung - *medidas anti-polución* - mesures anti-pollution - *anti-pollution measures*

provvedimento - Maßnahme - *medida, provisión* - mesure - *measure, provision*
provvisorio - vorübergehend - *provisional, temporáneo* - temporaire - *temporary*
provviste, riserve - Vorräte - *stocks, reserva* - provisions, réserves - *stocks, inventory*
proximité - proximity - *vicinanza* - Nähe - *cercanìa, vecinidad*
proximity - vicinanza - *Nähe* - cercanìa, vecinidad - *proximité*
proyecto - projet - *project, draft, outline* - progetto - *Entwurf*
proyecto arquitectónico - projet d'aménagement - *architectural layout* - progetto architettonico - *Bebauungsentwurf*
pro-capite, a testa - pro Kopf - *per cápita, por cabeza* - par tête, per capita - *per head, per capita*
Prüfung - verificación, prueba - *vérification* - audit, check - *verifica, prova*
pubblicazione, affissione - Auslegung, öffentliche - *publicación* - publication - *publication*
pubblicità - Werbung - *publicidad, propaganda* - publicité, propagande - *publicity, advertisement*
pubblico - öffentlich - *público* - public - *public*
public accounts - contabilità pubblica - *Verwaltungsbuchführung* - contabilidad pública - *comptabilité administrative*
public enquiry - inchiesta amministrativa - *Untersuchung, öffentliche* - encuesta administrativa - *enquête publique*
public expenditure - spesa pubblica - *Ausgaben, öffentliche* - gastos públicos - *dépenses publiques*
public facilities - servizi pubblici - *Einrichtungen, öffentliche* - servicios públicos - *services collectifs*
Public Health Administration survey before slum clearance - verifica dell'abitabilità - *Untersuchung über ungesunde Wohnbedingungen* - encuesta de habitabilidad - *enquête d'insalubrité*
public holiday - giorno festivo - *Feiertag* - dìa feriado, dìa festivo - *jour férié*
public house, pub, bar - bar, esercizio pubblico - *Wirtshaus* - cafeterìa, café, bar - *bistrot, café*
public interest statement - dichiarazione di pubblica utilità - *Erklärung über das öffentliche Interesse* - declaración de utilidad pública - *déclaration d'utilité publique*
public land - terreno comunale - *Gemeinde-*

land - terreno municipal, terreno comunal - *terrain comunal*
public open space - spazio aperto, a uso pubblico - *Freiraum, öffentlicher* - espacio público - *espace public*
public opposition - opposizione pubblica - *Opposition, öffentliche* - oposición pública - *opposition publique*
public revenues - entrate pubbliche - *Staatseinnahme* - rentas de Estado, rentas públicas - *recettes de l'Etat*
public sector - settore pubblico - *Sektor, öffentlicher* - sector público - *secteur public*
public transport network - rete di trasporti pubblici - *Transportnetz, öffentliches* - red de transportes públicos - *réseau de transport en commun*
public works - lavori pubblici - *Arbeiten, öffentliche* - trabajos públicos - *travaux publics*
publicación - publication - *publication* - pubblicazione, affissione - *Auslegung, öffentliche*
publication - publication - *pubblicazione, affissione* - Auslegung, öffentliche - *publicación*
publication - pubblicazione, affissione - *Auslegung, öffentliche* - publicación - *publication*
publicidad, propaganda - publicité, propagande - *publicity, advertisement* - pubblicità - *Werbung*
publicité, propagande - publicity, advertisement - *pubblicità* - Werbung - *publicidad, propaganda*
publicity, advertisement - pubblicità - *Werbung* - publicidad, propaganda - *publicité, propagande*
pueblo de vacaciones - village de vacances - *holiday village* - villaggio di vacanze - *Feriendorf*
puerta a puerta - porte à porte - *door-to-door* - porta a porta - *von Haus zu Haus*
puerto - port - *port, harbour* - porto - *Hafen*
puesto - place, poste - *place, post* - posto - *Stelle*
puesto al dia - actualisé, mis à jour - *state-of-the-art* - attualizzato, aggiornato - *auf dem neuesten Stand*
puesto de trabajo - poste de travail - *position, job* - posto di lavoro - *Arbeitsplatz*
Pufferzone - zona tampón - *zone-tampon* - buffer zone - *zona cuscinetto*

pullman - Kraftomnibus - *autobús* - autocar - *coach, bus*
pulmón, área verde - poumon, espace ouvert - *vestpocket park* - polmone di verde - *Lunge, grüne*
Punkthäuser - torres - *bâtiments-tours* - high rise tower - *edifici a torre*
punto clave - point essentiel, majeur - *focal, crucial point, emphasis* - fulcro, punto chiave - *Schwerpunkt*
punto de partida - point de départ - *starting position* - punto di partenza - *Ausgangspunkt*
punto de referencia - point de repère, d'appui - *reference point, clue* - punto di riferimento, di appoggio - *Anhaltspunkt*
punto de vista - point de vue - *point of view* - punto di vista - *Standpunkt*
punto di partenza - Ausgangspunkt - *punto de partida* - point de départ - *starting position*
punto di riferimento, di appoggio - Anhaltspunkt - *punto de referencia* - point de repère, d'appui - *reference point, clue*
punto di vista - Standpunkt - *punto de vista* - point de vue - *point of view*
punto focal - point focal - *focal point* - punto focale - *Blickpunkt*
punto focale - Blickpunkt - *punto focal* - point focal - *focal point*
purchase - acquisto - *Ankauf* - compra - *achat*
purchase of real estate - acquisto di beni fondiari - *Kauf von Immobilien* - compra de inmuebles - *achat de propriétés*
purchase price - prezzo d'acquisto - *Kaufpreis* - precio de compra - *prix d'achat*
purchasing power - potere d'acquisto - *Kaufkraft* - poder adquisitivo - *pouvoir d'achat*
purezza delle acque - Gewässergüte - *calidad del agua* - qualité de l'eau - *water quality*
purpose of the trip - scopo dello spostamento - *Fahrtzweck* - motivo del deplazamiento - *but du déplacement*
Putzfrau - mujer de la limpieza - *femme de ménage* - cleaning woman - *donna delle pulizie*
pyramide des âges - age-sex pyramid - *piramide delle età* - Alterspyramide - *pirámide de edades*

Q

quadrifoglio - Kleeblattkreuz - *trébol de cuatro hojas* - croisement en trèfle - *clover-leaf interchange*
quadrivio, crocevia - Kreuzung, rechtwinklige - *encrucijada* - carrefour en croix - *cross-road*
quadro - Rahmen - *cuadro, marco* - cadre - *framework*
quai - wharf, quay, pier - *molo, gettata* - Kai - *muelle, malecón*
qualifying date, deadline - giorno fissato - Stichtag - fecha tope, plazo - *date fixée*
qualità abitativa - Wohnwert - *habitabilidad* - habitabilité - *livability*
qualità della vita - Lebensqualität - *calidad de vida* - qualité de la vie - *quality of life*
qualità dell'ambiente - Umweltqualität - *calidad del ambiente* - qualité de l'environnement - *environmental quality*
qualité de la vie - quality of life - *qualità della vita* - Lebensqualität - *calidad de vida*
qualité de l'eau - water quality - *purezza delle acque* - Gewässergüte - *calidad del agua*
qualité de l'environnement - environmental quality - *qualità dell'ambiente* - Umweltqualität - *calidad del ambiente*
quality of life - qualità della vita - *Lebensqualität* - calidad de vida - *qualité de la vie*
quantità di pioggia in cm - Niederschlagshöhe in cm - *cantidad de lluvia en cm* - hauteur des précipitations en cm - *amount of precipitation in cm*
quartier - ward - *quartiere* - Viertel - *barrio*
quartier ancien - old neighbourhood - *quartiere storico* - Stadtviertel, alt - *barrio histórico*
quartier pavillonaire - area of detached houses - *quartiere di villette* - Villenviertel, Einfamilienhausgebiet - *barrio de chalets*
quartiere - Viertel - *barrio* - quartier - *ward*
quartiere di villette - Villenviertel, Einfamilienhausgebiet - *barrio de chalets* - quartier pavillonaire - *area of detached houses*
quartiere povero, baraccopoli - Elendsviertel - *barrio pobre, chabola, favela* - bidonville - *shanty town, slum area*
quartiere storico - Stadtviertel, alt - *barrio histórico* - quartier ancien - *old neighbourhood*
Quelle - fuente - *source, well* - source - *fonte*
quema de basuras - incinération des ordures - *refuse incineration* - incenerimento dei rifiuti - *Müllverbrennung*
Querparken - aparcamiento transversal - *stationnement perpendiculaire au trottoir* - transverse parking - *parcheggio a pettine*
questionario postale - Befragung, postalische - *formulario de correos* - questionnaire par poste - *postal survey, mail survey*
questione delle abitazioni - Wohnungsfrage - *problema de la vivienda* - problème du logement - *housing question*
questionnaire par poste - postal survey, mail survey - *questionario postale* - Befragung, postalische - *formulario de correos*
qui va de pair avec - parallel to - *di pari passo* - parallel zu - *paralelo a, paralelo con*
quiebra, bancarrota - faillite - *bankruptcy* - fallimento - *Konkurs, Bankrott*
quinta, cortina - Kulisse - *bastidor, cortina* - coulisse - *curtain, wing*
quitanieve - chasse-neige - *snow plough* - spazzaneve - *Schneepflug*
Quittung - recibo - *reçu* - receipt - *ricevuta*

quote vicinali - Anliegerbeitrag - *gastos vecinales* - cotisation de riveraineté - *front-foot charge*

quoziente di nuzialità - Eheschließungsziffer - *coeficiente de matrimonios, tasa de matrimonios* - taux de mariage - *marriage rate*

quozienti specifici per età - Bevölkerungsdaten, altersspezifische - *coeficientes especìficos por edad* - taux par âge - *population data by age group*

R

raccolta - Ernte - *cosecha* - récolte - *crop, harvest*
raccomandazione - Empfehlung - *recomendación* - recommandation - *recommandation*
raccordement, branchement - connection, hook-up - *allacciamento* - Anschluß - *conexión*
raccordo autostradale - Autobahnzubringer - *cinturón de ronda de la autopista* - bretelle d'autoroute - *motorway feeder, freeway spur*
racionalización y concentración - rationalisation et concentration - *rationalization and concentration* - razionalizzazione e concentrazione - *Gestaltung und Zusammenfassung, wirtschaftliche*
racionalización de elecciones de balance - Rationalisation des Choix Budgétaires (R.C.B.) - *Planning-Programming-Budgeting* - razionalizzazione delle scelte di bilancio - *Planning-Programming-Budgeting*
radial expansion - espansione radiale - *Ausdehnung, radiale* - expansión radial - *expansion radio-centrique*
radial road - strada radiale - *Radialstraße* - calle radial - *route radiale*
Radialstraße - calle radial - *route radiale* - radial road - *strada radiale*
radio mìnimo de curvatura - rayon de courbure minimum - *minimum radius of curvature* - raggio minimo di curvatura - *Kurvenradius, kleinster*
radioactive decay - decadimento radioattivo - *Zerfall, radioaktiver* - descomposición radioactiva - *décomposition radioactive*
Radweg - pista para bicicletas - *piste cyclable* - bicycle lane - *pista ciclabile*

ráfaga, golpe de viento - coup de vent - *gust* - raffica - *Windstoß*
raffica - Windstoß - *ráfaga, golpe de viento* - coup de vent - *gust*
raffinage, transformation - processing - *raffinazione, trasformazione* - Veredelung - *refinamiento, procesamiento*
raffinazione, trasformazione - Veredelung - *refinamiento, procesamiento* - raffinage, transformation - *processing*
raggio minimo di curvatura - Kurvenradius, kleinster - *radio mìnimo de curvatura* - rayon de courbure minimum - *minimum radius of curvature*
ragioni del ricorso - Begründung des Widerspruchs - *motivos de la apelación* - raison pour faire appel - *basis of appeal*
Rahmen - cuadro, marco - *cadre* - framework - *quadro*
Rahmengesetz - ley de bases - *loi-cadre* - guiding statute - *legge quadro*
Rahmenplan - plan estratégico - *plan cadre* - strategic plan - *piano di massima, di inquadramento*
rail transport - trasporto ferroviario - *Eisenbahntransport* - transporte ferroviario - *transport ferroviaire*
railway, railroad - ferrovia - *Eisenbahn* - ferrocarril - *chemin de fer*
railway abandonment - soppressione di una tratta ferroviaria - *Stillegung einer Bahnstrecke* - cierre de un ramal ferroviario - *désaffectation d'un tronçon ferroviaire*
railway electrification - elettrificazione ferroviaria - *Eisenbahnelektrifizierung* - electrificación ferroviaria - *électrification ferroviaire*

railway track - binario, strada ferrata - *Eisenbahngleis* - andén, ferrovia - *voie ferrée*
rain - pioggia - *Regen* - lluvia - *pluie*
raison pour faire appel - basis of appeal - *ragioni del ricorso* - Begründung des Widerspruchs - *motivos de la apelación*
rajeunissement - rejuvenation - *ringiovanimento* - Verjüngung - *rejuvenecimiento*
rama, ramo - branche - *branch* - ramo - *Zweig*
ramassage des ordures ménagères - garbage collection, refuse collection - *nettezza urbana* - Stadtreinigung - *limpieza pública*
ramificación - embranchement - *junction* - bivio - *Abzweigung*
ramo - Zweig - *rama. ramo* - branche - *branch*
rampa de acceso - rampe d'accès - *driveway, ramp approach* - rampa d'accesso - *Auffahrt*
rampa d'accesso - Auffahrt - *rampa de acceso* - rampe d'accès - *driveway, ramp approach*
rampe d'accès - driveway, ramp approach - *rampa d'accesso* - Auffahrt - *rampa de acceso*
Rand - borde, margen - *bord, marge* - fringe - *frangia*
Randgebiet - area periférica - *région périphérique* - pheripheral area - *area periferica*
Randgruppen - grupos marginales - *groupes marginaux* - marginal groups - *gruppi marginali*
Rang - rango - *rang, classe, condition* - status, rank - *rango, grado*
rang, classe, condition - status, rank - *rango, grado* - Rang - *rango*
range - spettro, gamma - *Palette* - gama, espectro - *gamme, éventail*
range of facilities - gamma di attrezzature - *Umfang der Einrichtungen* - gama de equipamientos - *gamme d'équipements*
rango - rang, classe, condition - *status, rank* - rango, grado - *Rang*
rango, grado - Rang - *rango* - rang, classe, condition - *status, rank*
rapport, avis - report, account - *rapporto, comunicazione* - Bericht - *informe, aviso*
rapport de cause à effect lieu de causalité - relation between cause and effect - *rapporto causa effetto* - Ursachen- und Wirkungs- zusammenhang - *relación causa-efecto*
rapporto, comunicazione - Bericht - *informe, aviso* - rapport, avis - *report, account*
rapporto causa-effetto - Ursachen- und Wirkungs- zusammenhang - *relación causa-efecto* - rapport de cause à effect lieu de causalité - *relation between cause and effect*
rapporto tra offerta e domanda - Verhältnis zwischen Angebot und Nachfrage - *relación entre la oferta y la demanda* - rapports entre l'offre et la demande - *relationship between supply and demand*
rapporto tra pieni e vuoti - Verhältnis zwischen gefüllten und leeren Räumen - *relación entre llenos y vacìos* - relation entre espaces pleins et vides - *relationship between solids and voids*
rapporto tra popolazione urbana e rurale - Verteilung der Stadt- und Landbevölkerung - *proporción entre población urbana y rural* - répartition entre la population urbaine et rurale - *urban and rural distribution of population*
rapports entre l'offre et la demande - relationship between supply and demand - *rapporto tra offerta e domanda* - Verhältnis zwischen Angebot und Nachfrage - *relación entre la oferta y la demanda*
rappresentazione - Darstellung - *representación* - représentation - *description, account*
rascacielo - gratte-ciel - *skyscraper* - grattacielo - *Wolkenkratzer*
Rasenfläche - césped - *gazon* - lawn - *tappeto erboso*
Raster - reja - *grille, trame* - grid - *griglia*
Rastplatz - area de descanso - *aire de repos* - stopping place - *area di ristoro*
Raststätte - área de servicio - *aire de service* - service area - *area di servizio*
Rate der Haushaltsbildungen - ìndice porcental de formación de nuevos núcleos familiares - *taux de formation de ménages* - rate of new household formation - *tasso di formazione di nuovi nuclei familiari*
rate of new household formation - tasso di formazione di nuovi nuclei familiari - *Rate der Haushaltsbildungen* - ìndice porcental de formación de nuevos núcleos familiares - *taux de formation de ménages*
rate of exchange - tasso di cambio - *Wechselkurs* - curso de cambio - *cours du change*
rate structure - struttura tariffaria, salariale - *Tarifstruktur* - estructura salarial - *structure tarifaire*
Rathaus - ayuntamiento, municipio - *mairie* - town hall - *municipio*
ratificación, aprobación, permiso - approbation - *approval, permit* - approvazione - *Ge-*

nehmigung
ratification, official approval of a plan - approvazione di un piano - *Planfeststellungsbeschluß* - aprobación de un plan - *approbation d'un plan*
rationalisation et concentration - rationalization and concentration - *razionalizzazione e concentrazione* - Gestaltung und Zusammenfassung, wirtschaftliche - *racionalización y concentración*
Rationalisation des Choix Budgétaires (R.C.B.) - Planning-Programming-Budgeting - *razionalizzazione delle scelte di bilancio* - Planning-Programming-Budgeting - *racionalización de elecciones de balance*
rationalization and concentration - razionalizzazione e concentrazione - *Gestaltung und Zusammenfassung, wirtschaftliche* - racionalización y concentración - *rationalisation et concentration*
Rauch - humos - *fumée* - smoke - *fumi*
Raum - espacio - *espace* - space, area - *spazio*
Raumanalyse - análisis del territorio, análisis territorial - *analyse du territoire* - spatial analysis - *analisi territoriale*
Raumbelegung - ìndice de capacidad - *densité par pièce* - room occupancy - *indice di affollamento*
Raumeinheit - pieza (de una casa) - *pièce unitaire* - room unit - *vano*
räumlich getrennt - separado fisicamente - *séparé physiquement* - physically separated - *separato fisicamente*
Raumnormen - normas de superficie - *normes de surface* - space standards - *standard di superficie*
Raumordnung - regimen, ordenación territorial - *aménagement du territoire* - national/regional policy - *ordinamento, assetto territoriale*
Räumungsbefehl - expulsión legal, desahucio legal - *expulsion légale* - legal eviction - *sfratto*
raw material - materia prima - *Rohstoff* - materia prima - *matière première*
rayon de courbure minimum - minimum radius of curvature - *raggio minimo di curvatura* - Kurvenradius, kleinster - *radio mìnimo de curvatura*
razionalizzazione e concentrazione - Gestaltung und Zusammenfassung, wirtschaftliche - *racionalización y concentración* - rationali-

sation et concentration - *rationalization and concentration*
razionalizzazione delle scelte di bilancio - Planning-Programming-Budgeting - *racionalización de elecciones de balance* - Rationalisation des Choix Budgétaires (R.C.B.) - *Planning-Programming- Budgeting*
reactivar, restaurar - réactiver - *restore (to)* - riattivare - *wiederherstellen*
réactiver - restore (to) - *riattivare* - wiederherstellen - *reactivar, restaurar*
reafforestation - rimboschimento - *Aufforstung* - forestación, repoblación forestal - *reboisement*
Reaktivierung - reciclaje - *revalorisation* - recycling - *riuso*
real assets - beni immobili - *Vermögen, unbewegliches* - bienes inmuebles - *immeubles*
real estate agent - agente immobiliare - *Grundstücksmakler* - agente inmobiliario, corredor de propriedades - *agent immobilier*
real estate company - società immobiliare - *Immobiliengesellschaft* - sociedad inmobiliaria - *société immobilière*
real estate office - ufficio del catasto - *Liegenschaftsamt* - registro de la propriedad - *bureau du cadastre*
real land market - mercato fondiario - *Grundstücksmarkt* - mercado inmobiliario - *marché foncier*
real property - proprietà immobiliare - *Grundbesitz* - finca, propriedad inmobiliaria - *propriété foncière*
réaliser - carry out (to) - *realizzare* - verwirklichen - *realizar*
realización, implementación - mise en oeuvre - *implementation* - attuazione - *Implementierung*
realización de proyectos de construcción - exécution de projets de construction - *execution of building projects* - realizzazione di progetti edilizi - *Ausführung von Bauvorhaben*
realizar - réaliser - *carry out (to)* - realizzare - *verwirklichen*
realizar un peritaje - expertiser - *screen (to), assess (to)* - esaminare, periziare - *begutachten*
realizzare - verwirklichen - *realizar* - réaliser - *carry out (to)*
realizzazione di progetti edilizi - Ausführung von Bauvorhaben - *realización de proyectos de construcción* - exécution de projets de

construction - *execution of building projects*
realojamiento - relogement - *relocation* - rialloggiamento - *Wiederansiedlung*
réaménagement par les soins des locataires - tenants modernisation - *riammodernamento a cura degli inquilini* - Mietermodernisierung - *modernización a costa de los usuarios*
reavivación de un área - rivitalisation d'une aire - *revitalization of an area* - rivitalizzazione di un'area - *Wiederbelebung eines Bereiches*
reboisement - reafforestation - *rimboschimento* - Aufforstung - *forestación, repoblación forestal*
rebuilding, reconstruction - ricostruzione - *Wiederaufbau* - reconstrucción - *reconstruction*
recalificación profesional - recyclage, reconversion professionnelle - *retraining* - riqualificazione professionale - *Umschulung*
recasement, hébergement - accommodation - *sistemazione, collocazione* - Unterbringung - *acomodación*
recaudación fiscal - recettes fiscales, revenus fiscaux - *tax revenue* - gettito fiscale - *Steueraufkommen*
receipt - ricevuta - *Quittung* - recibo - *reçu*
recensement (une population de... selon le recensement de ...) - census (a ... census population of ...) - *censimento (una popolazione di... secondo il censimento del ...)* - Volkszählung (eine Bevölkerung von... auf Grund der V. von ...) - *censo (una población de ... según el censo de ...)*
recensement par sondage - sample survey - *sondaggio campionario* - Stichprobenerhebung - *muestreo, censo por muestra*
receptiveness - ricettività - *Aufnahmefähigkeit* - receptividad - *capacité de réception*
receptividad - capacité de réception - *receptiveness* - ricettività - *Aufnahmefähigkeit*
récession, recul - decrease, decline - *recessione* - Rezession - *retroceso, recesión*
recessione - Rezession - *retroceso, recesión* - récession, recul - *decrease, decline*
recette - revenue - *introito* - Einnahme - *ingreso*
recettes de l'Etat - public revenues - *entrate pubbliche* - Staatseinnahme - *rentas de Estado, rentas públicas*
recettes fiscales, revenus fiscaux - tax revenue - *gettito fiscale* - Steueraufkommen - *recauda-*

ción fiscal
rechazo - refus - *refusal, rejection* - rifiuto - *Zurückweisung*
recherche - survey, study - *indagine* - Untersuchung - *pesquisa, investigación*
recherche appliquée - applied research - *ricerca applicata* - Forschung, angewandte - *investigación aplicada*
recherche du logement - house hunting - *ricerca della casa* - Wohnungssuche - *búsqueda de la vivienda*
recherche et développement (R&D) - research and development (R&D) - *ricerca e sviluppo (R&S)* - Forschung und Entwicklung (F&E) - *investigación y desarollo*
Rechnung - factura - *facture* - invoice, bill - *fattura*
Rechnungsprüfung durch die Aufsichtsbehörde - revision de cuentas por la autoridad tutelar - *contrôle des comptes par l'autorité de tutelle* - district audit - *revisione dei conti da parte dell'autorità tutelare*
Recht auf ein Obdach - derecho de alojamiento - *droit à un logement* - right to shelter - *diritto a un tetto*
Recht zur Gewinnung von Bodenschätzen - derechos de minas - *droits miniers* - mineral rights - *diritti minerari*
Rechtsberater - jurisconsulto, abogado - *conseiller juridique* - legal adviser - *consulente legale*
Rechtsgesichtspunkte - aspectos jurìdicos - *aspects juridiques* - legal aspects - *aspetti giuridici*
Rechtsnorm - norma jurìdica - *mesure d'ordre juridique* - legal norm - *norma giuridica*
rechtsverbindlich - obligatorio - *obligatoire* - mandatory, legally binding - *obbligatorio*
Rechtsvorschrift über Veränderungssperren - cláusula de conservación - *clause de sauvegarde* - preservation order - *clausola di salvaguardia*
recibo - reçu - *receipt* - ricevuta - *Quittung*
reciclaje - revalorisation - *recycling* - riuso - *Reaktivierung*
reciclaje de aguas residuales, depuradora - assainissement, traitement des eaux usées - *waste water treatment, sewage treatment* - riciclaggio delle acque luride - *Abwasserklärung*
recinto - Zaun - *cerca, valla* - clôture - *fence*
reclamación - réclamation - *complaint* - reclamo - *Beschwerde*

réclamation - complaint - *reclamo* - Beschwerde - *reclamación*
reclamation of land by drainage - bonifica - *Kultivierung, Urbarmachung von Land durch Trockenlegung* - bonificación - *mise en valeur, assainissement de terres*
reclamo - Beschwerde - *reclamación* - réclamation - *complaint*
reclasificación - nouvelle classification - *reclassification* - riclassificazione - *Umstufung*
recodo de un rìo - coude d'un fleuve - *bend in a river* - ansa di un fiume - *Flußschleife*
recodo, curva - courbe - *bend* - curva - *Kurve*
récolte - crop, harvest - *raccolta* - Ernte - *cosecha*
recomendación - recommandation - *recommandation, advice* - raccomandazione - *Empfehlung*
recommandation - recommandation, advice - *raccomandazione* - Empfehlung - *recomendación*
recommandation, advice - raccomandazione - *Empfehlung* - recomendación - *recommandation*
reconstrucción - reconstruction - *rebuilding, reconstruction* - ricostruzione - *Wiederaufbau*
reconstruction - rebuilding, reconstruction - *ricostruzione* - Wiederaufbau - *reconstrucción*
reconversion - reconversion, redevelopment - *riconversione* - Umstellung - *reconversión*
reconversión - reconversion - *reconversion, redevelopment* - riconversione - *Umstellung*
reconversion, redevelopment - riconversione - *Umstellung* - reconversión - *reconversion*
recorrido de ida y vuelta - parcours aller et retour - *round trip* - percorso di andata e ritorno - *Hin- und Rückfahrt*
recouvrir la chaussée d'un pavé - pave (to) - *selciare* - Aufpflastern - *pavimentar*
recovery - ricupero - *Rückgewinn* - recuperación - *récupération*
recovery of by-products - recupero dei sottoprodotti - *Rückgewinnung von Nebenerzeugnissen* - recuperación de los subproductos - *récupération de sous-produits*
recreation - ricreazione - *Erholung* - recreo - *récréation*
récréation - recreation - *ricreazione* - Erholung - *recreo*
recreation facilities - impianti per il tempo libero - *Freizeitanlage* - area de recreo - *installation de loisirs*

recreational patterns - tipi di divertimento - *Freizeitgestaltung* - tipos de recreo - *types de loisirs*
recreo - récréation - *recreation* - ricreazione - *Erholung*
recta de la carretera - tronçon de route droite - *straight stretch of road* - rettilineo stradale - *Straßenabschnitte, schnurgerade*
rectificación - rectification - *correction* - rettifica - *Berichtigung*
rectification - correction - *rettifica* - Berichtigung - *rectificación*
recto, derecho - droit - *straight* - dritto - *gerade*
reçu - receipt - *ricevuta* - Quittung - *recibo*
recultivation grant - sovvenzioni di bonifica - *Rekultivierungssubventionen* - fondos de saneamiento - *fonds de bonification*
recuperación - récupération - *recovery* - ricupero - *Rückgewinn*
recuperación de los subproductos - récupération de sous-produits - *recovery of by-products* - recupero dei sottoprodotti - *Rückgewinnung von Nebenerzeugnissen*
recuperación térmica - récupération thermique - *heat recovery* - recupero del calore - *Wärmerückgewinnung*
récupération - recovery - *ricupero* - Rückgewinn - *recuperación*
récupération de sous-produits - recovery of by-products - *recupero dei sottoprodotti* - Rückgewinnung von Nebenerzeugnissen - *recuperación de los subproductos*
récupération des plus values liées aux décision de planification - taxation of development gains due to planning - *imposta sull'incremento di valore delle aree fabbricabili* - Abschöpfung von Planungsgewinnen - *impuesto sobre las ganancias derivadas de la planificación*
récupération thermique - heat recovery - *recupero del calore* - Wärmerückgewinnung - *recuperación térmica*
recupero dei sottoprodotti - Rückgewinnung von Nebenerzeugnissen - *recuperación de los subproductos* - récupération de sous-produits - *recovery of by-products*
recupero, risanamento - Altbaumodernisierung - *rehabilitación* - réhabilitation - *rehabilitation, renovation*
recupero del calore - Wärmerückgewinnung - *recuperación térmica* - récupération thermique - *heat recovery*

recursos - ressources - *resources* - risorse - *Ressourcen*
recursos energéticos - ressources d'énergie - *energy resources* - risorse energetiche - *Energieressourcen*
recursos hìdricos - ressources en eau - *water resources* - risorse idriche - *Wasservorkommen*
recursos minerales - ressources en minéraux - *mineral resources* - risorse minerarie - *Mineralvorkommen*
recursos, bienes inmobiliarios - terrains disponibles - *land resources* - risorse fondiarie - *Grund und Boden*
recurso, oposición - opposition, recours - *objection, appeal* - impugnazione, opposizione - *Widerspruch (jur.)*
recyclage, reconversion professionnelle - retraining - *riqualificazione professionale* - Umschulung - *recalificación profesional*
recyclage des déchets - recycling of wastes - *riciclaggio dei rifiuti* - Wiederverwertung von Abfallstoffen - *riciclaje de residuos*
recycling - riuso - *Reaktivierung* - reciclaje - *revalorisation*
recycling of wastes - riciclaggio dei rifiuti - *Wiederverwertung von Abfallstoffen* - riciclaje de residuos - *recyclage des déchets*
red, malla - réseau - *network* - rete - *Netz*
red de relaciones sociales - imbrication des rapports sociaux - *network of social relationships* - rete di relazioni sociali - *Verflechtung der gesellschaftlichen Verhältnisse*
red de transportes públicos - réseau de transport en commun - *public transport network* - rete di trasporti pubblici - *Transportnetz, öffentliches*
red eléctrica - réseau de distribution de l'électricité - *electricity network* - rete elettrica - *Stromnetz*
red tape, bureaucratic impediments - impedimenti burocratici - *Hemmnisse, bürokratische* - trabas burocraticas, impedimentos burocraticos - *entraves bureaucratiques*
red urbana - réseau urbain - *urban network* - rete urbana - *Städtenetz*
red viaria - réseau de voirie - *road network* - rete stradale - *Straßennetz*
redacción - rédaction - *draft* - stesura - *Aufsetzen (eines Textes)*
rédaction - draft - *stesura* - Aufsetzen (eines Textes) - *redacción*

redditizio - rentabel - *provechoso, rentable* - rentable - *profitable*
reddito - Einkommen, Ertrag - *ingresos* - revenu - *income, revenue*
reddito familiare complessivo - Haushaltseinkommen - *renta global de la familia* - revenu total du ménage - *aggregate family income*
redemption of the debt - estinzione del debito - *Schuldentilgung* - liquidación de la deuda - *remboursement de la dette*
redemption settlement - buonuscita - *Ablösungssumme* - indemnización - *indemnité*
redevelopment, rehabilitation - risanamento - *Sanierung* - saneamiento - *assainissement, réhabilitation*
redressement parcellaire - change of farm property lines - *ricomposizione fondiaria* - Flurbereinigung - *modificación de los limites de fincas*
reducción de alquiler, de arrendamiento - réduction de loyer - *rent reduction* - riduzione dei fitti - *Mietminderung*
reducción de costes de producción - diminution du coût de production - *reduction in the cost of production* - riduzione dei costi di produzione - *Verringerung der Produktionskosten*
reducción del ruido - réduction de bruit - *noise abatement* - riduzione del rumore - *Lärmverminderung*
reducción fiscal - allégerments fiscaux - *tax reduction* - sgravi fiscali - *Steuererleichterung*
reducción presupuestaria - réduction budgétaire - *budget cut* - taglio nel bilancio - *Haushaltskürzung*
reduce (to) - ridurre - *vermindern* - reducir - *réduire*
reducir - réduire - *reduce (to)* - ridurre - *vermindern*
reduction - diminuzione - *Verminderung* - disminución, decremento, decrecimiento - *diminution*
réduction budgétaire - budget cut - *taglio nel bilancio* - Haushaltskürzung - *reducción presupuestaria*
réduction de bruit - noise abatement - *riduzione del rumore* - Lärmverminderung - *reducción del ruido*
réduction de loyer - rent reduction - *riduzione dei fitti* - Mietminderung - *reducción de alquiler, de arrendamiento*
reduction in sales - contrazione delle vendite - *Umsatzrückgang* - disminución, decreci-

miento de ventas - *baisse des ventes*
reduction in the cost of production - riduzione dei costi di produzione - *Verringerung der Produktionskosten* - reducción de costes de producción - *diminution du coût de production*
reduction of interest rates - ribasso degli interessi - *Zinssenkung* - baja de intereses - *bonification d'intérêt*
reduction of traffic congestion - decongestionamento del traffico - *Verkehrsentlastung* - decongestión del tráfico - *décongestion de la circulation*
réduire - reduce (to) - *ridurre* - vermindern - *reducir*
reef - banco di roccia - *Felsklippe* - banco de roca, bajos - *banc de rochers*
reembolso - remboursement - *repayment* - rimborso - *Rückzahlung*
reemplazar - remplacer - *replace (to)* - sostituire - *ersetzen*
reequipar - rééquiper - *refurnish (to)* - rifare gli impianti - *neu ausstatten*
rééquiper - refurnish (to) - *rifare gli impianti* - neu ausstatten - *reequipar*
reference point, clue - punto di riferimento, di appoggio - *Anhaltspunkt* - punto de referencia - *point de repère, d'appui*
refinamiento, procesamiento - raffinage, transformation - *processing* - raffinazione, trasformazione - *Veredelung*
reflujo por gravedad - écoulement par gravité - *gravity flow* - deflusso per gravità - *Fließen mit natürlichem Gefälle*
Reform - reforma - *réforme* - reform - *riforma*
reform - riforma - *Reform* - reforma - *réforme*
reforma - réforme - *reform* - riforma - *Reform*
reforma admistrativa - réforme administrative - *administrative reform* - riforma amministrativa - *Verwaltungsreform*
réforme - reform - *riforma* - Reform - *reforma*
réforme administrative - administrative reform - *riforma amministrativa* - Verwaltungsreform - *reforma admistrativa*
refurnish (to) - rifare gli impianti - *neu ausstatten* - reequipar - *rééquiper*
refus - refusal, rejection - *rifiuto* - Zurückweisung - *rechazo*
refus de permis de construire - planning refusal, building permit denial - *rifiuto della concessione* - Versagung der Baugenehmigung - *negativa de concesión a construir*

refusal, rejection - rifiuto - *Zurückweisung* - rechazo - *refus*
refuse, trash, garbage - immondizia - *Abfälle* - residuos, basuras - *détritus, déchets, ordures*
refuse collection, waste disposal - evacuazione dei rifiuti - *Abfallbeseitigung, Müllabführ* - servicio de recogida de basuras - *remassage des ordures, évacuation des déchets*
refuse incineration - incenerimento dei rifiuti - *Müllverbrennung* - quema de basuras - *incinération des ordures*
refuse lorry, garbage truck - autocarro delle immondizie - *Müllwagen* - camión basurero - *camion pour ordures*
Regel, Anweisung - norma, regla - *norme, règle* - rule, provision - *norma*
Regelquerschnitt - sección transversal tìpica - *profil en travers-type* - typical cross-section - *sezione trasversale tipica*
Regelung der staatlichen Subventionen - régimen de subvenciones estatales - *régime des subventions d'Etat* - regulations concerning central government grants - *regime delle sovvenzioni statali*
Regen - lluvia - *pluie* - rain - *pioggia*
Regen, saurer - lluvia acida - *pluie acide* - acid rain - *pioggia acida*
Regierung - gobierno - *gouvernement* - government - *governo*
regime delle sovvenzioni statali - Regelung der staatlichen Subventionen - *régimen de subvenciones estatales* - régime des subventions d'Etat - *regulations concerning central government grants*
régime des subventions d'Etat - regulations concerning central government grants - *regime delle sovvenzioni statali* - Regelung der staatlichen Subventionen - *régimen de subvenciones estatales*
régimen de subvenciones estatales - régime des subventions d'Etat - *regulations concerning central government grants* - regime delle sovvenzioni statali - *Regelung der staatlichen Subventionen*
regimen de suelos - Loi d'Orientation Foncière - *land development act* - legge sul regime dei suoli - *Bodenordnungsgesetz*
regimen, ordenación territorial - aménagement du territoire - *national/regional policy* - ordinamento, assetto territoriale - *Raumordnung*
région à aider - assisted area - *area assistita*,

depressa - Fördergebiet - *región de aprovechamiento*
región agricola - région agricole - *agricultural region* - regione agricola - *Agrargebiet*
région agricole - agricultural region - *regione agricola* - Agrargebiet - *región agricola*
región costera - région littoral - *coastal area* - regione costiera - *Küstengebiet*
región de aprovechamiento - région à aider - *assisted area* - area assistita, depressa - *Fördergebiet*
région intérieure - inland region - *regione interna* - Binnenland - *región interna*
región interna - région intérieure - *inland region* - regione interna - *Binnenland*
région linguistique - region where a language is spoken - *regione linguistica* - Sprachraum - *espacio linguìstico, región linguìstica*
région littoral - coastal area - *regione costiera* - Küstengebiet - *región costera*
region of declining population - area di spopolamento - *Abwanderungsgebiet* - área en despoblamiento - *zone d'émigration*
région périphérique - pheripheral area - *area periferica* - Randgebiet - *area periférica*
région urbaine - urban region - *regione urbana* - Stadtregion - *región urbana*
región urbana - région urbaine - *urban region* - regione urbana - *Stadtregion*
region where a language is spoken - regione linguistica - *Sprachraum* - espacio linguìstico, región linguìstica - *région linguistique*
regional council - consiglio regionale - *Regionalrat* - consejo regional - *conseil régional*
regional structure plan - piano territoriale - *Regionalplan* - plan del territorio, regional - *plan d'aménagement régional*
regionalisation - regionalizzazione - *Regionalisierung* - regionalización - *régionalisation*
régionalisation - regionalisation - *regionalizzazione* - Regionalisierung - *regionalización*
Regionalisierung - regionalización - *régionalisation* - regionalisation - *regionalizzazione*
regionalización - régionalisation - *regionalisation* - regionalizzazione - *Regionalisierung*
regionalizzazione - Regionalisierung - *regionalización* - régionalisation - *regionalisation*
Regionalplan - plan del territorio, regional - *plan d'aménagement régional* - regional structure plan - *piano territoriale*
Regionalrat - consejo regional - *conseil régional* - regional council - *consiglio regionale*

regione agricola - Agrargebiet - *región agricola* - région agricole - *agricultural region*
regione costiera - Küstengebiet - *región costera* - région littorale - *coastal area*
regione interna - Binnenland - *región interna* - région intérieure - *inland region*
regione linguistica - Sprachraum - *espacio linguìstico, región linguìstica* - région linguistique - *region where a language is spoken*
regione urbana - Stadtregion - *región urbana* - région urbaine - *urban region*
registration - registrazione, iscrizione - *Eintragung* - registro - *inscription, enregistrement*
registration number, car licence plate - targa automobilistica - *Kraftfahrzeugkennzeichen* - placa de matrìcula - *plaque d'immatriculation, minéralogique*
registrazione, iscrizione - Eintragung - *registro* - inscription, enregistrement - *registration*
registro - inscription, enregistrement - *registration* - registrazione, iscrizione - *Eintragung*
registro de emisiones - réseau de contrôle de la pollution aérienne - *emissions register* - registro delle emissioni - *Emissionskataster*
registro de la propriedad - bureau du cadastre - *real estate office* - ufficio del catasto - *Liegenschaftsamt*
registro de pagos hoja salarial - bordereau de paie - *payroll* - busta paga - *Lohnliste, Gehaltsliste*
registro delle emissioni - Emissionskataster - *registro de emisiones* - réseau de contrôle de la pollution aérienne - *emissions register*
registry office - ufficio anagrafico - *Standesamt* - oficina de registro civil - *bureau de l'état civil*
reglamento - règlement interne - *rules of procedures* - regolamento interno - *Geschäftsordnung*
reglamento - règlement, prescription - *regulation* - regolamento, prescrizione - *Vorschrift*
reglamento de construcción urbana - règlement concernant les constructions - *building code* - regolamento edilizio - *Bauordnung*
reglas del juego - règles du jeu - *rules of the game* - regole del gioco - *Spielregeln*
règlement, prescription - regulation - *regolamento, prescrizione* - Vorschrift - *reglamento*
règlement concernant les constructions - building code - *regolamento edilizio* - Bauordnung - *reglamento de construcción urbana*
règlement interne - rules of procedures - *regolamento interno* - Geschäftsordnung - *regla-*

mento
réglementation des gabarits - spacing ordinance - *regolamento sulle distanze* - Abstandserlaß - *normas para la regulación de distancias, ordenanza de espaciamiento*
réglements du plan d'occupation des sols - zoning regulations - *regolamentazione delle prescrizioni di zona* - Flächennutzungsfestlegung - *regulación del uso del suelo*
règles du jeu - rules of the game - *regole del gioco* - Spielregeln - *reglas del juego*
regolamentazione delle prescrizioni di zona - Flächennutzungsfestlegung - *regulación del uso del suelo* - réglements du plan d'occupation des sols - *zoning regulations*
regolamento, prescrizione - Vorschrift - *reglamento* - règlement, prescription - *regulation*
regolamento edilizio - Bauordnung - *reglamento de construcción urbana* - règlement concernant les constructions - *building code*
regolamento interno - Geschäftsordnung - *reglamento* - règlement interne - *rules of procedures*
regolamento sulle distanze - Abstandserlaß - *normas para la regulación de distancias, ordenanza de espaciamiento* - réglementation des gabarits - *spacing ordinance*
regole del gioco - Spielregeln - *reglas del juego* - règles du jeu - *rules of the game*
regulación del uso del suelo - réglements du plan d'occupation des sols - *zoning regulations* - regolamentazione delle prescrizioni di zona - *Flächennutzungsfestlegung*
regulation - regolamento, prescrizione - *Vorschrift* - reglamento - *règlement, prescription*
régulation des nassainces, planning familial - birth control, family planning - *controllo delle nascite, pianificazione familiare* - Gebürtenkontrolle, Familienplanung - *control de natalidad, planificación familiar*
regulation for landscape protection - vincolo paesistico - *Landschaftsschutz- verordnung* - decreto para la protección del paisaje - *décret pour la protection du paysage*
regulations concerning central government grants - regime delle sovvenzioni statali - *Regelung der staatlichen Subventionen* - régimen de subvenciones estatales - *régime des subventions d'Etat*
rehabilitación - réhabilitation - *rehabilitation, renovation* - recupero, risanamento - *Altbaumodernisierung*

rehabilitación urbana - rénovation urbaine - *urban renewal* - risanamento urbano - *Stadtsanierung*
réhabilitation - rehabilitation, renovation - *recupero, risanamento* - Altbaumodernisierung - *rehabilitación*
rehabilitation, rehaussement de niveau - upgrading - *riqualificazione* - Aufwertung, Höherstufung - *mejora calidadiva*
rehabilitation, renovation - restauro, risanamento - *Altbaumodernisierung* - rehabilitación - *réhabilitation*
rehaussement du standing du quartier - gentryfication - *innalzamento del ceto dei residenti* - Entwicklung zur feinen Wohngegend - *desarollo que implica una elevación del nivel social*
Reichtum - riqueza - *richesse* - wealth - *ricchezza*
Reif - escarcha - *givre* - hoar-frost - *brina*
Reihenhaus - casas alineadas - *maison mitoyenne, en alignement* - row house - *casa in linea, a schiera*
reja - grille, trame - *grid* - griglia - *Raster*
rejuvenation - ringiovanimento - *Verjüngung* - rejuvenecimiento - *rajeunissement*
rejuvenecimiento - rajeunissement - *rejuvenation* - ringiovanimento - *Verjüngung*
rektrograd - retrógrado - *arrieré* - top-down, downward - *arretrato*
rekultivieren - sanear - *assainir* - tidy up (to) - *risanare, bonificare*
Rekultivierungssubventionen - fondos de saneamiento - *fonds de bonification* - recultivation grant - *sovvenzioni di bonifica*
relación causa-efecto - rapport de cause à effect lieu de causalité - *relation between cause and effect* - rapporto causa effetto - *Ursachen- und Wirkungszusammenhang*
relación entre llenos y vacíos - relation entre espaces pleins et vides - *relationship between solids and voids* - rapporto tra pieni e vuoti - *Verhältnis zwischen gefüllten und leeren Räumen*
relación entre la oferta y la demanda - rapports entre l'offre et la demande - *relationship between supply and demand* - rapporto tra offerta e domanda - *Verhältnis zwischen Angebot und Nachfrage*
relación entre los organismos - relation entre les organismes - *inter-relationship of organisms* - relazione tra gli organismi - *Wechselbe-*

ziehungen zwischen Organismen
relaciones industriales - relations industrielles - *industrial relations* - relazioni industriali - Arbeitnehmer- Arbeitgeberverhältnis
relaciones sociales - relations sociales - *social relations* - relazioni sociali - *Verhältnisse, gesellschaftliche*
related to the size of an area - in funzione della superficie - *flächenbezogen* - en función de la superficie - *relatif à la surface*
relatif à la surface - related to the size of an area - *in funzione della superficie* - flächenbezogen - *en función de la superficie*
relation entre les organismes - inter-relationship of organisms - *relazione tra gli organismi* - Wechselbeziehungen zwischen Organismen - *relación entre los organismos*
relation between cause and effect - rapporto causa effetto - *Ursachen- und Wirkungs- zusammenhang* - relación causa-efecto - *rapport de cause à effect lieu de causalité*
relation entre espaces pleins et vides - relationship between solids and voids - *rapporto tra pieni e vuoti* - Verhältnis zwischen gefüllten und leeren Räumen - *relación entre llenos y vacìos*
relations industrielles - industrial relations - *relazioni industriali* - Arbeitnehmer- Arbeitgeberverhältnis - *relaciones industriales*
relations sociales - social relations - *relazioni sociali* - Verhältnisse, gesellschaftliche - *relaciones sociales*
relationship between solids and voids - rapporto tra pieni e vuoti - *Verhältnis zwischen gefüllten und leeren Räumen* - relación entre llenos y vacìos - *relation entre espaces pleins et vides*
relationship between supply and demand - rapporto tra offerta e domanda - *Verhältnis zwischen Angebot und Nachfrage* - relación entre la oferta y la demanda - *rapports entre l'offre et la demande*
relativo, corrispondente - entsprechend - *correspondente* - correspondant, conforme - *corresponding*
relazione tra gli organismi - Wechselbeziehungen zwischen Organismen - *relación entre los organismos* - relation entre les organismes - *inter-relationship of organisms*
relazioni industriali - Arbeitnehmer- Arbeitgeberverhältnis - *relaciones industriales* - relations industrielles - *industrial relations*

relazioni sociali - Verhältnisse, gesellschaftliche - *relaciones sociales* - relations sociales - *social relations*
relevamiento aéreo - aérophotogrammétrie - *aerial surveying* - rilevamento aereo - *Luftbildmessung*
relevant planning factors - fattori urbanistici rilevanti - *Planungsgegebenheiten, wesentliche* - factores urbanìsticos destacados - *facteurs principaux d'aménagement*
reliability - affidabilità - *Zuverlässigkeit* - fiabilidad - *fiabilité, sûreté*
relief - alleggerimento, sgravio - *Entlastung* - aligeramiento, descarga - *soulagement, décharge*
relocalizar - transporter ailleurs, mettre à l'abri - *relocate (to)* - spostare, rilocalizzare - *auslagern*
relocate (to) - spostare, rilocalizzare - *auslagern* - relocalizar - *transporter ailleurs, mettre à l'abri*
relocation - rialloggiamento - *Wiederansiedlung* - realojamiento - *relogement*
relogement - relocation - *rialloggiamento* - Wiederansiedlung - *realojamiento*
remassage des ordures, évacuation des déchets - refuse collection, waste disposal - *evacuazione dei rifiuti* - Abfallbeseitigung, Müllabführ - *servicio de recogida de basuras*
remboursement - repayment - *rimborso* - Rückzahlung - *reembolso*
remboursement de la dette - redemption of the debt - *estinzione del debito* - Schuldentilgung - *liquidación de la deuda*
remedial measures - misure correttive - *Maßnahmen, abhelfende* - medidas correctivas - *mesures de redressement*
remembrement - replotting, land readjustment - *rilottizzazione* - Baulandumlegung, Arrondierung - *reparcelación*
remise - remission - *condono, dispensa* - Erlaß - *remisión*
remisión - remise - *remission* - condono, dispensa - *Erlaß*
remission - condono, dispensa - *Erlaß* - remisión - *remise*
remodel (to), convert (to) - ristrutturare, riconvertire - *umbauen* - restructurar, remodelar, rehabilitar - *restructurer, reconvertir*
remodelación de litorales - aménagement de la côte - *coastal accretion* - ripascimento dei litorali - *Gestaltung der Küste*

remolcador - remorqueur - *tug* - rimorchiatore - *Schlepper*
remorqueur - tug - *rimorchiatore* - Schlepper - remolcador
remover, remolear - évacuer - *tow away (to)* - rimuovere - *abschleppen*
remplacer - replace (to) - *sostituire* - ersetzen - *reemplazar*
remplir les exigences - meet requirements (to) - *soddisfare le esigenze* - Bedürfnissen nachkommen - *satisfacer las necesidades*
remplissage de dents résiduelles - filling of vacant space - *edilizia interstiziale* - Auffüllen von Baulücken - *edificación intersticial*
rempoissonnement des rivières et lacs - restocking of rivers and lakes - *ripopolamento di fiumi e laghi* - Wiederbeleben von Flüssen und Seen - *repoblar ríos y lagos*
rendimento - performance, prestation, rendement - *performance, achievement* - prestazione - *Leistung*
rendita - Rente - *renta* - rente - *revenue, yield*
rendita fondiaria - Grundrente - *renta inmobiliaria, del suelo* - rente foncière - *land rent*
rendre piétonnier - pedestrianize (to) - *pedonalizzare* - Fußgängerzone anlegen cerrar al trafico rodado -
renewal - rinnovo - *Erneuerung* - renovación - *rénovation*
renoncer - renounce (to), abandon (to) - *rinunciare* - verzichten auf - *renunciar*
renounce (to), abandon (to) - rinunciare - *verzichten auf* - renunciar - *renoncer*
renovación - rénovation - *renewal* - rinnovo - *Erneuerung*
renovación cuidadosa - rénovation prudente - *sensitive, careful renewal* - restauro leggero - *Erneuerung, behutsame*
renovación progresiva - rénovation progressive - *staggered renewal* - risanamento progressivo - *Sanierung, stufenweise*
rénovation - renewal - *rinnovo* - Erneuerung - *renovación*
rénovation progressive - staggered renewal - *risanamento progressivo* - Sanierung, stufenweise - *renovación progresiva*
rénovation prudente - sensitive, careful renewal - *restauro leggero* - Erneuerung, behutsame - *renovación cuidadosa*
rénovation urbaine - urban renewal - *risanamento urbano* - Stadtsanierung - *rehabilitación urbana*

rent - affitto - *Miete* - alquiler, arriendo - *loyer*
rent contract, lease - contratto di locazione - *Mietvertrag* - contrato de arriendo - *contrat de location, bail*
rent control - equo canone, controllo sui fitti - *Mietpreiskontrolle* - control sobre los alquileres - *loyer contrôlé*
Rent Control Act - legge sui fitti, Equo Canone - *Mieterschutzgesetz* - leyes de arrendamiento, de alquilares - *loi sur la réglementation des loyers*
rent expenditures - carico locativo - *Mietbelastung* - gastos de arriendo - *charges locatives*
rent legislation - diritto di locazione - *Mietrecht* - derecho de arriendo, derecho de alquiler - *droit de location*
rent reduction - riduzione dei fitti - *Mietminderung* - reducción de alquiler, de arrendamiento - *réduction de loyer*
rent review - revisione dell'affitto - *Mietanpassung* - ajuste del arriendo - *ajustement de loyer*
renta - rente - *revenue, yield* - rendita - *Rente*
renta global de la familia - revenu total du ménage - *aggregate family income* - reddito familiare complessivo - *Haushaltseinkommen*
renta inmobiliaria, del suelo - rente foncière - *land rent* - rendita fondiaria - *Grundrente*
rentabel - provechoso, rentable - *rentable* - profitable - *redditizio*
rentable - profitable - *redditizio* - rentabel - *provechoso, rentable*
rental value - valore locativo - *Mietwert* - valor de arriendo - *valeur locative*
rentas de Estado, rentas públicas - recettes de l'Etat - *public revenues* - entrate pubbliche - *Staatseinnahme*
Rente - renta - *rente* - revenue, yield - *rendita*
rente - revenue, yield - *rendita* - Rente - *renta*
rente de situation - locational advantage - *vantaggi dell'ubicazione, rendita di posizione* - Standortvorteil - *ventajas de la ubicación*
rente foncière - land rent - *rendita fondiaria* - Grundrente - *renta inmobiliaria, del suelo*
renunciar - renoncer - *renounce (to), abandon (to)* - rinunciare - *verzichten auf*
reorientación, nueva orientación - nouvelle orientation - *reorientation* - nuovo orientamento - *Neuausrichtung*
reorientation - nuovo orientamento - *Neuausrichtung* - reorientación, nueva orientación -

nouvelle orientation
repair - riparazione - *Ausbesserung, Reparatur* - reparación - *réparation, entretien*
reparación - réparation, entretien - *repair* - riparazione - *Ausbesserung, Reparatur*
reparaciones estructurales - réparation de structure - *structural repairs* - riparazioni strutturali - *Instandsetzungsarbeiten, strukturelle*
réparation, entretien - repair - *riparazione* - Ausbesserung, Reparatur - *reparación*
réparation de structure - structural repairs - *riparazioni strutturali* - Instandsetzungsarbeiten, strukturelle - *reparaciones estructurales*
reparcelación - remembrement - *replotting, land readjustment* - rilottizzazione - *Baulandumlegung, Arrondierung*
reparcelación urbana - restructuration urbaine - *urban restructuring* - ristrutturazione urbana - *Umlegung, städtische*
répartir - apportion (to) - *suddividere* - verteilen - *repartir, subdividir*
repartir, subdividir - répartir - *apportion (to)* - suddividere - *verteilen*
répartition du marché - division of market shares - *ripartizione del mercato* - Aufteilung des Markts - *reparto del mercado*
répartition entre la population urbaine et rurale - urban and rural distribution of population - *rapporto tra popolazione urbana e rurale* - Verteilung der Stadt- und Landbevölkerung - *proporción entre población urbana y rural*
répartition par branches d'activités - labour force composition - *ripartizione secondo le occupazioni* - Gliederung, berufsmäßige - *distribución de la mano de obra según las ocupaciones*
répartition par taille - size distribution - *suddivisione per taglia* - Verteilung nach Größe - *clasificación por medidas*
reparto - Abteilung - *departamento* - département, service - *department*
reparto del mercado - répartition du marché - *division of market shares* - ripartizione del mercato - *Aufteilung des Markts*
reparto por igual, equilibrado - péréquation - *equalisation, balance* - perequazione - *Ausgleichung, gleichmäßige Verteilung*
repayment - rimborso - *Rückzahlung* - reembolso - *remboursement*

replace (to) - sostituire - *ersetzen* - reemplazar - *remplacer*
replotting, land readjustment - rilottizzazione - *Baulandumlegung, Arrondierung* - reparcelación - *remembrement*
repoblar ríos y lagos - rempoissonnement des rivières et lacs - *re-stocking of rivers and lakes* - ripopolamento di fiumi e laghi - *Wiederbeleben von Flüssen und Seen*
report, account - rapporto, comunicazione - *Bericht* - informe, aviso - *rapport, avis*
reposar - reposer (se) - *rest (to), relax (to)* - riposarsi - *ausruhen (sich)*
reposer (se) - rest (to), relax (to) - *riposarsi* - ausruhen (sich) - *reposar*
representación - représentation - *description, account* - rappresentazione - *Darstellung*
représentation - description, account - *rappresentazione* - Darstellung - *representación*
representative - deputato, delegato - *Abgeordneter* - diputado - *député, délégué*
reprise - upwising, recovery - *ripresa* - Aufschwung - *despegue, recuperación*
requérant, demandeur - applicant, petitioner - *firmatario della domanda* - Antragsteller - *solicitante*
requête de subventions - application for grant - *richiesta di aiuti* - Förderantrag - *solicitud de subvención*
requête, demande - application, request - *richiesta* - Antrag - *solicitud*
requirement, demand - richiesta, domanda - *Anforderung* - exigencia, demanda - *exigence, demande*
requisiti dei materiali - Baubeschreibung - *especificación de materiales* - spécification des matériaux - *plans and specifications*
requisiti di purezza dell'aria - Normen der Luftreinheit - *normas de pureza del aire* - normes de pureté de l'air - *air quality standards*
requisizione, sequestro - Beschlagnahme - *confiscación* - confiscation, saisie - *confiscation, requisition, seizure*
resarcimiento, indemnización - dédommagement, indemnité - *compensation, indemnity* - indennizzo, indennità - *Entschädigung*
rescue, salvage - salvataggio - *Bergung* - salvataje - *sauvetage*
research and development (R&D) - ricerca e sviluppo (R&S) - *Forschung und Entwicklung (F&E)* - investigación y desarrollo - *re-*

cherche et développement (R&D)
réseau - network - *rete* - Netz - *red, malla*
réseau de contrôle de la pollution aérienne - emissions register - *registro delle emissioni* - Emissionskataster - *registro de emisiones*
réseau de distribution de l'électricité - electricity network - *rete elettrica* - Stromnetz - *red eléctrica*
réseau de transport en commun - public transport network - *rete di trasporti pubblici* - Transportnetz, öffentliches - *red de transportes públicos*
réseau de voirie - road network - *rete stradale* - Straßennetz - *red viaria*
réseau des eaux usées - drainage system, sewer network - *rete fognaria* - Abwassernetz - *sistema de drenaje, red de desagüe*
réseau urbain - urban network - *rete urbana* - Städtenetz - *red urbana*
reserva - réserve - *reserves* - riserva - *Rücklage*
reserva natural, parque natural - réserve naturelle, parc naturel - *national park, nature reserve* - riserva naturale, parco - *Naturpark, Naturschutzgebiet*
réserve - reserves - *riserva* - Rücklage - *reserva*
réserve de chasse - game reserve - *riserva di caccia* - Jagdgehege - *vedado de caza, coto*
réserve foncière - vacant land reserve - *terreni vincolati, riserva fondiaria* - Bodenvorrat, Baulandreserve - *terrenos reservados, reserva de suelos*
réserve naturelle, parc naturel - national park, nature reserve - *riserva naturale, parco* - Naturpark, Naturschutzgebiet - *reserva natural, parque natural*
reserves - riserva - *Rücklage* - reserva - *réserve*
resettlement - trasferimento - *Umsiedlung* - desplazamiento, mudanza - *transfer, réétablissement*
residence - domicilio, residenza - *Wohnsitz* - domicilio, residencia - *domicile*
résidence secondaire - second home - *seconda casa* - Zweitwohnung - *segunda casa*
resident - residente, abitante - *Ansässiger, Bewohner* - residente - *résident*
résident - resident - *residente, abitante* - Ansässiger, Bewohner - *residente*
resident population - popolazione residente - *Wohnbevölkerung* - población residente - *population résidente*
residente - résident - *resident* - residente, abitante - *Ansässiger, Bewohner*

residente, abitante - Ansässiger, Bewohner - *residente* - résident - *resident*
residential area - zona residenziale - *Wohngebiet* - barrio residencial - *zone résidentielle*
residential density - densità residenziale - *Wohndichte* - densidad residencial - *densité résidentielle*
residential land - area per l'edilizia abitativa - *Bauland für den Wohnungsbau* - área residencial - *terrain destiné à l'habitat*
residential suburb - periferia residenziale - *Wohnbezirk, vorstädtischer* - periferia residencial - *banlieue résidentielle*
residuos, basuras - détritus, déchets, ordures - *refuse, trash, garbage* - immondizia - *Abfälle*
residuos no-biodegradables - déchets spéciaux - *non-degradable, pollutive waste* - rifiuti non biodegradabili - *Sondermüll*
residuos nocivos - déchets nocifs *noxious waste* - rifiuti nocivi - *Abfälle, schädliche*
residuos sólidos - déchets solides - *solid waste* - rifiuti solidi - *Abfallstoffe, feste*
résistant aux séismes - earthquake-proof - *antisismico* - erdbebensicher - *asísmico*
resolution, decision - delibera - *Beschluß* - deliberación - *délibération*
resources - risorse - *Ressourcen* - recursos - *ressources*
responsabile - verantwortlich - *responsable* - responsable, comptable - *responsible, liable*
responsabili del risanamento - Sanierungsträger - *responsable del saneamiento* - promoteurs de l'assainissement - *in charge of restoration*
responsabilidad civil - responsabilité civile - *liability, responsibility* - responsabilità civile, contro terzi - *Haftpflicht*
responsabilità civile, contro terzi - Haftpflicht - *responsabilidad civil* - responsabilité civile - *liability, responsibility*
responsabilité civile - liability, responsibility - *responsabilità civile, contro terzi* - Haftpflicht - *responsabilidad civil*
responsable de la construcción - maître d'ouvrage - *builder* - stazione appaltante - *Bauträger*
responsable del saneamiento - promoteurs de l'assainissement - *in charge of restoration* - responsabili del risanamento - *Sanierungsträger*
responsable - responsable, comptable - *responsible, liable* - responsabile - *verantwortlich*

responsable, comptable - responsible, liable - *responsabile* - verantwortlich - *responsable*
responsible, liable - responsabile - *verantwortlich* - responsable - *responsable, comptable*
Ressourcen - recursos - *ressources* - resources - *risorse*
ressources - resources - *risorse* - Ressourcen - *recursos*
ressources d'énergie - energy resources - *risorse energetiche* - Energieressourcen - *recursos energéticos*
ressources des collectivités locales - local government revenue - *entrate dei comuni* - Einkommen der Gemeinden - *ingresos municipales*
ressources en eau - water resources - *risorse idriche* - Wasservorkommen - *recursos hìdricos*
ressources en minéraux - mineral resources - *risorse minerarie* - Mineralvorkommen - *recursos minerales*
rest (to), relax (to) - riposarsi - *ausruhen (sich)* - reposar - *reposer (se)*
restauración - restitution, remise en état - *restoration* - restauro - *Wiederherstellung*
restauración inmobiliaria - restauration immobilière - *restoration of buildings* - restauro di immobili - *Gebäuderestaurierung*
restauration immobilière - restoration of buildings - *restauro di immobili* - Gebäuderestaurierung - *restauración inmobiliaria*
restauro - Wiederherstellung - *restauración* - restitution, remise en état - *restoration*
restauro di immobili - Gebäuderestaurierung - *restauración inmobiliaria* - restauration immobilière - *restoration of buildings*
restauro leggero - Erneuerung, behutsame - *renovación cuidadosa* - rénovation prudente - *sensitive, careful renewal*
restauro pesante, con demolizioni - Flächensanierung - *saneamiento, erradiación de barrios insalubres* - assainissement après démolition - *slum clearance*
restitution, remise en état - restoration - *restauro* - Wiederherstellung - *restauración*
restoration - restauro - *Wiederherstellung* - restauración - *restitution, remise en état*
restoration of buildings - restauro di immobili - *Gebäuderestaurierung* - restauración inmobiliaria - *restauration immobilière*
restore (to) - riattivare - *wiederherstellen* - reactivar, restaurar - *réactiver*

restricción de utilización del suelo - restrictions d'utilisation - *restrictions on land-use* - limitazioni all'uso - *Nutzungsbeschränkung*
restrictions d'utilisation - restrictions on land-use - *limitazioni all'uso* - Nutzungsbeschränkung - *restricción de utilización del suelo*
restrictions on land-use - limitazioni all'uso - *Nutzungsbeschränkung* - restricción de utilización del suelo - *restrictions d'utilisation*
restructurar, remodelar, rehabilitar - restructurer, reconvertir - *remodel (to), convert (to)* - ristrutturare, riconvertire - *umbauen*
restructuration urbaine - restructuring - *ristrutturazione urbana* - Umlegung, städtische - *reparcelación urbana*
restructurer, reconvertir - remodel (to), convert (to) - *ristrutturare, riconvertire* - umbauen - *restructurar, remodelar, rehabilitar*
restructuring of the town - ristrutturazione urbana - *Umlegung, städtische* - reparcelación urbana - *restructuration urbaine*
retail tax, sales tax - imposta sulle vendite al dettaglio - *Einzelhandelssteuer* - impuesto sobre la venta al por menor - *impôt sur les ventes au détail*
retail trade - commercio al dettaglio - *Einzelhandel* - comercio al por menor - *commerce de détail*
rete - Netz - *red, malla* - réseau - *network*
rete di relazioni sociali - Verflechtung der gesellschaftlichen Verhältnisse - *red de relaciones sociales* - imbrication des rapports sociaux - *network of social relationships*
rete di trasporti pubblici - Transportnetz, öffentliches - *red de transportes públicos* - réseau de transport en commun - *public transport network*
rete elettrica - Stromnetz - *red eléctrica* - réseau de distribution de l'électricité - *electricity network*
rete fognaria - Abwassernetz - *sistema de drenaje, red de desagüe* - réseau des eaux usées - *drainage system, sewer network*
rete stradale - Straßennetz - *red viaria* - réseau de voirie - *road network*
rete urbana - Städtenetz - *red urbana* - réseau urbain - *urban network*
retención de las aguas superficiales - rétention des eaux de surface - *retention of surface waters* - ritenzione delle acque superficiali - *Rückhalten von Oberflächenwasser*
retention of surface waters - ritenzione delle

acque superficiali - *Rückhalten von Oberflächenwasser* - retención de las aguas superficiales - *rétention des eaux de surface*
rétention des eaux de surface - retention of surface waters - *ritenzione delle acque superficiali* - Rückhalten von Oberflächenwasser - *retención de las aguas superficiales*
retirement age - età della pensione - *Pensionierungsalter* - edad de jubilación - *âge de retraite*
retour, recul - return, drop - *ritorno, arretramento* - Rückgang - *vuelta, retroceso*
retournement, virage - turn - *svolta* - Wendung - *viraje, vuelta*
retraining - riqualificazione professionale - *Umschulung* - recalificación profesional - *recyclage, reconversion professionnelle*
retraité - pensioner, retired person - *pensionato* - Pensionär, Rentner - *jubilado*
rétrécissement - shrinkage - *contrazione* - Schrumpfung - *contracción*
rétroactif - retroactive - *retroattivo* - rückwirkend - *retroactivo*
retroactive - retroattivo - *rückwirkend* - retroactivo - *rétroactif*
retroactivo - rétroactif - *retroactive* - retroattivo - *rückwirkend*
retroattivo - rückwirkend - *retroactivo* - rétroactif - *retroactive*
retroceso, recesión - récession, recul - *decrease, decline* - recessione - *Rezession*
retrógrado - arrieré - *top-down, downward* - arretrato - *rektrograd*
rettifica - Berichtigung - *rectificación* - rectification - *correction*
rettilineo stradale - Straßenabschnitte, schnurgerade - *recta de la carretera* - tronçon de route droite - *straight stretch of road*
return, drop - ritorno, arretramento - *Rückgang* - vuelta, retroceso - *retour, recul*
revalorisation - recycling - *riuso* - Reaktivierung - *reciclaje*
revalorización del suelo como producto de la urbanización - plus-value foncière résultant de l'urbanisation - *profit from property development* - plus-valore fondiario in seguito a urbanizzazione - *Wertsteigerung des Bodens durch Erschließung*
revenu - income, revenue - *reddito* - Einkommen, Ertrag - *ingresos*
revenu total du ménage - aggregate family income - *reddito familiare complessivo* - Haushaltseinkommen - *renta global de la familia*
revenue - introito - *Einnahme* - ingreso - *recette*
revenue, yield - rendita - *Rente* - renta - *rente*
reverse, conversely - all'inverso, al contrario - *umgekehrt* - al inverso, al contrario - *à l'envers, au contraire*
revestimiento herboso - couverture herbageuse - *grass cover* - copertura erbosa - *Graswuchs*
revidieren - revisar, revidir - *réviser* - revise (to) - *rivedere*
revisar, revidir - réviser - *revise (to)* - rivedere - *revidieren*
revise (to) - rivedere - *revidieren* - revisar, revidir - *réviser*
réviser - revise (to) - *rivedere* - revidieren - *revisar, revidir*
revision de cuentas por la autoridad tutelar - contrôle des comptes par l'autorité de tutelle - *district audit* - revisione dei conti da parte dell'autorità tutelare - *Rechnungsprüfung durch die Aufsichtsbehörde*
revisione dei conti da parte dell'autorità tutelare - Rechnungsprüfung durch die Aufsichtsbehörde - *revision de cuentas por la autoridad tutelar* - contrôle des comptes par l'autorité de tutelle - *district audit*
revisione dell'affitto - Mietanpassung - *ajuste del arriendo* - ajustement de loyer - *rent review*
revitalization of an area - rivitalizzazione di un'area - *Wiederbelebung eines Bereiches* - reavivación de un área - *rivitalisation d'une aire*
Rezession - retroceso, recesión - *récession, recul* - decrease, decline - *recessione*
re-classification - riclassificazione - *Umstufung* - reclasificación - *nouvelle classification*
re-stocking of rivers and lakes - ripopolamento di fiumi e laghi - *Wiederbeleben von Flüssen und Seen* - repoblar rìos y lagos - *rempoissonnement des rivières et lacs*
re-zoning, change of the original purpose - cambio di destinazione - *Umwidmung, Zweckentfremdung* - cambio de destino - *changement d'affectation*
rialloggiamento - Wiederansiedlung - *realojamiento* - relogement - *relocation*
riammodernamento a cura degli inquilini - Mietermodernisierung - *modernización a costa de los usuarios* - réaménagement par les

soins des locataires - *tenants modernisation*
riattivare - wiederherstellen - *reactivar, restaurar* - réactiver - *restore (to)*
ribasso degli interessi - Zinssenkung - *baja de intereses* - bonification d'intérêt - *reduction of interest rates*
ribboned - a fascia - *bandförmig* - en bandas, lineal - *rubané*
ricchezza - Reichtum - *riqueza* - richesse - *wealth*
ricerca applicata - Forschung, angewandte - *investigación aplicada* - recherche appliquée - *applied research*
ricerca della casa - Wohnungssuche - *búsqueda de la vivienda* - recherche du logement - *house hunting*
ricerca di mercato - Marktuntersuchung - *estudio de mercado* - étude de marché - *market research*
ricerca e sviluppo (R&S) - Forschung und Entwicklung (F&E) - *investigación y desarrollo* - recherche et développement (R&D) - *research and development (R&D)*
ricettività - Aufnahmefähigkeit - *receptividad* - capacité de réception - *receptiveness*
ricevuta - Quittung - *recibo* - reçu - *receipt*
richesse - wealth - *ricchezza* - Reichtum - *riqueza*
richiesta - Antrag - *solicitud* - requête, demande - *application, request*
richiesta, domanda - Anforderung - *exigencia, demanda* - exigence, requête - *requirement, demand*
richiesta di aiuti - Förderantrag - *solicitud de subvención* - requête de subventions - *application for grant*
Richter - juez - *juge* - judge - *giudice*
Richtlinie, Vorschrift - directiva, lìnea de conducta - *directive, ligne directrice* - directive, guide line - *direttiva, indirizzo*
Richtwert - standard, valor indicativo - *valeur indicative* - standard - *valore indicativo*
riciclaggio dei rifiuti - Wiederverwertung von Abfallstoffen - *riciclaje de residuos* - recyclage des déchets - *recycling of wastes*
riciclaggio delle acque luride - Abwasserklärung - *reciclaje de aguas residuales, depuradora* - assainissement, traitement des eaux usées - *waste water treatment, sewage treatment*
riciclaje de residuos - recyclage des déchets - *recycling of wastes* - riciclaggio dei rifiuti - *Wiederverwertung von Abfallstoffen*
riclassificazione - Umstufung - *reclasificación* - nouvelle classification - *re-classification*
ricomposizione fondiaria - Flurbereinigung - *modificación de los limites de fincas* - redressement parcellaire - *change of farm property lines*
riconversione - Umstellung - *reconversión* - reconversion - *reconversion, redevelopment*
ricorrere in appello - Berufung einlegen - *apelar una sentencia* - se pourvoir en appel - *appeal (to)*
ricostruzione - Wiederaufbau - *reconstrucción* - reconstruction - *rebuilding, reconstruction*
ricreazione - Erholung - *recreo* - récréation - *recreation*
ricupero - Rückgewinn - *recuperación* - récupération - *recovery*
ridurre - vermindern - *reducir* - réduire - *reduce (to)*
riduzione dei costi di produzione - Verringerung der Produktionskosten - *reducción de costes de producción* - diminution du coût de production - *reduction in the cost of production*
riduzione dei fitti - Mietminderung - *reducción de alquiler, de arrendamiento* - réduction de loyer - *rent reduction*
riduzione del rumore - Lärmverminderung - *reducción del ruido* - réduction de bruit - *noise abatement*
riesgo - risque - *risk* - rischio - *Risiko*
rifare gli impianti - neu ausstatten - *reequipar* - rééquiper - *refurnish (to)*
rifiuti domestici - Hausmüll - *basura doméstica* - ordures ménagères - *household refuse*
rifiuti nocivi - Abfälle, schädliche - *residuos nocivos* - déchets nocifs - *noxious waste*
rifiuti non biodegradabili - Sondermüll - *residuos no-biodegradables* - déchets spéciaux - *non-degradable, pollutive waste*
rifiuti solidi - Abfallstoffe, feste - *residuos sólidos* - déchets solides - *solid waste*
rifiuto - Zurückweisung - *rechazo* - refus - *refusal, rejection*
rifiuto della concessione - Versagung der Baugenehmigung - *negativa de concesión a construir* - refus de permis de construire - *planning refusal, building permit denial*
rifle-range - poligono di tiro - *Schießplatz* - polìgono de tiro - *champ de tir*
riforma - Reform - *reforma* - réforme - *reform*

riforma amministrativa - Verwaltungsreform - *reforma admistrativa* - réforme administrative - *administrative reform*
right of pre-emption - diritto di prelazione - *Vorkaufsrecht* - derecho de prelación - *droit de préemption*
right of pre-emption over a designated area - zona d'intervento fondiario - *Zone für Bodenintervention* - zona de intervención territorial - *Zone d'Intervention Foncière (Z.I.F.)*
right to shelter - diritto a un tetto - *Recht auf ein Obdach* - derecho de alojamiento - *droit à un logement*
rigonfiamento per il gelo - Frostaufbruch - *deformación causada por el hielo* - soulèvement par le gel - *frost, heavethaw*
rilevamento aereo - Luftbildmessung - *relevamiento aéreo* - aérophotogrammétrie - *aerial surveying*
rilottizzazione - Baulandumlegung, Arrondierung - *reparcelación* - remembrement - *replotting, land readjustment*
rimborso - Rückzahlung - *reembolso* - remboursement - *repayment*
rimboschimento - Aufforstung - *forestación, repoblación forestal* - reboisement - *reafforestation*
rimorchiatore - Schlepper - *remolcador* - remorqueur - *tug*
rimuovere - abschleppen - *remover, remolear* - évacuer - *tow away (to)*
rincaro - Verteuerung - *encarecimiento, subida de precios* - augmentation - *markup*
Ring, äußerer - anillo periférico - *ceinture périphérique, rocade extérieure* - outer ring road - *anello periferico, tangenziale*
Ring, innerer - vìa de circunvalación interior - *voie périphérique interne* - inner ring road - *viale di circonvallazione*
ring road - circonvallazione - *Ringstraße* - vìa de circunvalación - *route circulaire*
Ring von Vororten - cinturón periférico - *couronne suburbaine* - suburban ring - *anello suburbano*
ringförmig - anular - *annulaire* - circular - *ad anello, concentrico*
ringiovanimento - Verjüngung - *rejuvenecimiento* - rajeunissement - *rejuvenation*
Ringstraße - vìa de circunvalación - *route circulaire* - ring road - *circonvallazione*
rinnovo - Erneuerung - *renovación* - rénovation - *renewal*

rinunciare - verzichten auf - *renunciar* - renoncer - *renounce (to), abandon (to)*
riparazione - Ausbesserung, Reparatur - *reparación* - réparation, entretien - *repair*
riparazioni strutturali - Instandsetzungsarbeiten, strukturelle - *reparaciones estructurales* - réparation de structure - *structural repairs*
riparian rights - diritti d'utilizzazione dell'acqua - *Wassernutzungsrecht* - derechos de utilización del agua - *droits de l'utilisation de l'eau*
ripartizione secondo le occupazioni - Gliederung, berufsmäßige - *distribución de la mano de obra según las ocupaciones* - répartition par branches d'activités - *labour force composition*
ripartizione del mercato - Aufteilung des Markts - *reparto del mercado* - répartition du marché - *division of market shares*
ripascimento dei litorali - Gestaltung der Küste - *remodelación de litorales* - arénagement de la côte - *coastal accretion*
ripercussione - Folge, Konsequenz - *consecuencia, repercusión* - conséquence, répercussion - *spillover*
ripopolamento di fiumi e laghi - Wiederbeleben von Flüssen und Seen - *repoblar rìos y lagos* - rempoissonnement des rivières et lacs - *re-stocking of rivers and lakes*
riposarsi - ausruhen (sich) - *reposar* - reposer (se) - *rest (to), relax (to)*
ripresa - Aufschwung - *despegue, recuperación* - reprise - *upwising, recovery*
ripulitura - Beseitigung - *limpieza* - nettoyage - *clearance*
riqualificazione - Aufwertung, Höherstufung - *mejora calidadiva* - rehabilitation, rehaussement de niveau - *up-grading*
riqualificazione professionale - Umschulung - *recalificación profesional* - recyclage, reconversion professionnelle - *retraining*
riqueza - richesse - *wealth* - ricchezza - *Reichtum*
risanamento - Sanierung - *saneamiento* - assainissement, réhabilitation - *redevelopment, rehabilitation*
risanamento progressivo - Sanierung, stufenweise - *renovación progresiva* - rénovation progressive - *staggered renewal*
risanamento puntuale - Objektsanierung - *saneamiento puntual* - assainissement par endroits - *selective clearance*

risanamento urbano - Stadtsanierung - *rehabilitación urbana* - rénovation urbaine - *urban renewal*
risanare, bonificare - rekultivieren - *sanear* - assainir - *tidy up (to)*
riscaldamento - Heizung - *calefacción* - chauffage - *heating*
rischio - Risiko - *riesgo* - risque - *risk*
riserva - Rücklage - *reserva* - réserve - *reserves*
riserva di caccia - Jagdgehege - *vedado de caza, coto* - réserve de chasse - *game reserve*
riserva naturale, parco - Naturpark, Naturschutzgebiet - *reserva natural, parque natural* - réserve naturelle, parc naturel - *national park, nature reserve*
Risiko - riesgo - *risque* - risk - *rischio*
Risikokapital - capital en riesgo - *capital d'entreprise* - venture capital - *capitale di rischio*
risk - rischio - *Risiko* - riesgo - *risque*
risorse - Ressourcen - *recursos* - ressources - *resources*
risorse energetiche - Energieressourcen - *recursos energéticos* - ressources d'énergie - *energy resources*
risorse fondiarie - Grund und Boden - *recursos, bienes inmobiliarios* - terrains disponibles - *land resources*
risorse idriche - Wasservorkommen - *recursos hìdricos* - ressources en eau - *water resources*
risorse minerarie - Mineralvorkommen - *recursos minerales* - ressources en minéraux - *mineral resources*
risparmio - Sparguthaben - *ahorro* - épargne - *savings*
risque - risk - *rischio* - Risiko - *riesgo*
ristrutturare, riconvertire - umbauen - *restructurar, remodelar, rehabilitar* - restructurer, reconvertir - *remodel (to), convert (to)*
ristrutturazione urbana - Umlegung, städtische - *reparcelación urbana* - restructuration urbaine - *urban restructuring*
ritenzione delle acque superficiali - Rückhalten von Oberflächenwasser - *retención de las aguas superficiales* - rétention des eaux de surface - *retention of surface waters*
ritmo del desarrollo urbano - rythme du développement urbain - *speed of urban development* - ritmo di urbanizzazione - *Tempo der städtebaulichen Entwicklung*
ritmo di urbanizzazione - Tempo der städtebaulichen Entwicklung - *ritmo del desarrollo urbano* - rythme du développement urbain - *speed of urban development*
ritorno, arretramento - Rückgang - *vuelta, retroceso* - retour, recul - *return, drop*
riuso - Reaktivierung - *reciclaje* - revalorisation - *recycling*
riva di un fiume - Flußufer - *orilla de un rìo* - rive d'un fleuve - *river bank*
rive d'un fleuve - river bank - *riva di un fiume* - Flußufer - *orilla de un rìo*
rivedere - revidieren - *revisar, revidir* - réviser - *revise (to)*
river bank - riva di un fiume - *Flußufer* - orilla de un rìo - *rive d'un fleuve*
river bed - letto di un fiume - *Flußbett* - cauce, lecho de un rìo - *lit d'un fleuve*
river embankment - argine lungo un fiume - *Hochwasserdamm* - dique de un rìo - *levée d'un fleuve*
river mouth - foce - *Flußmündung* - desembocadura del rìo - *embouchure*
rivitalisation d'une aire - revitalization of an area - *rivitalizzazione di un'area* - Wiederbelebung eines Bereiches - *reavivación de un área*
rivitalizzazione di un'area - Wiederbelebung eines Bereiches - *reavivación de un área* - rivitalisation d'une aire - *revitalization of an area*
road access - accesso stradale - *Straßenanschluß* - acceso a la carretera - *accès routier*
road boundary, street line - bordo della strada - *Straßenbegrenzungslinie* - margen de la carretera - *côté de la route*
road fork, "Y" - biforcazione - *Straßengabelung* - bifurcación - *bifurcation*
road in a cut - strada in trincea - *Straße im Einschnitt* - desmonte recorte - *route en déblai, tranchée*
road link - collegamento stradale - *Straßenverbindung* - enlace de carreteras - *liaison routière*
road network - rete stradale - *Straßennetz* - red viaria - *réseau de voirie*
road race - corse su strada - *Straßenrennen* - carreras en carretera - *courses sur route*
road sign - cartello stradale - *Verkehrszeichen* - señal de tráfico - *panneau de signalisation*
road traffic - circolazione stradale - *Straßenverkehr* - circulatión por carretera - *trafic routier*
road transport - trasporto su strada - *Straßentransport* - transporte por carretera - *transport*

routier
road tunnel - strada in galleria - *Straßentunnel* - túnel - *route en tunnel*
roadside vegetation - strisce a verde ai lati delle strade - *Straßenbegleitgrün* - vegetación a la orìlla - *végetation aux côtés des rues*
robo - vol - *theft* - furto - *Diebstahl*
rocas - roches - *rocks* - rocce - *Gestein*
rocce - Gestein - *rocas* - roches - *rocks*
roches - rocks - *rocce* - Gestein - *rocas*
rociado - saupoudrage - *evenly spread* - distribuzione a pioggia - *Gießkannenprinzip*
rocìo - rosée - *dew* - rugiada - *Tau*
rocks - rocce - *Gestein* - rocas - *roches*
rocoso - caillouteux - *stony* - pietroso, ciottoloso - *steinig*
Rohstoff - materia prima - *matière première* - raw material - *materia prima*
Rolltreppe - escalera mecánica - *escalier roulant* - escalator - *scala mobile*
rompeolas - épi, éperon, brise-lames - *breakwater* - pennello, frangiflutti - *Wellenbrecher*
rond-point - roundabout, traffic circle - *rotonda, rotatoria* - Kreisverkehr - *rotonda*
room, chamber - camera - *Zimmer* - habitación, pieza - *chambre, salle*
room, parlor - stanza - *Stube* - cuarto, habitación, pieza - *salle, piéce*
room for manoeuvre - campo libero - *Freiraum* - campo libre - *champ libre, main libre*
room occupancy - indice di affollamento - *Raumbelegung* - ìndice de capacidad - *densité par pièce*
room unit - vano - *Raumeinheit* - pieza (de una casa) - *pièce unitaire*
rosa de los vientos - rose des vents - *wind rose* - rosa dei venti - *Windrose*
rosa dei venti - Windrose - *rosa de los vientos* - rose des vents - *wind rose*
rose des vents - wind rose - *rosa dei venti* - Windrose - *rosa de los vientos*
rosée - dew - *rugiada* - Tau - *rocìo*
rotación agraria - assolement - *crop rotation* - rotazione delle colture - *Fruchtwechsel*
rotazione delle colture - Fruchtwechsel - *rotación agraria* - assolement - *crop rotation*
rotonda - rond-point - *roundabout, traffic circle* - rotonda, rotatoria - *Kreisverkehr*
rotonda, rotatoria - Kreisverkehr - *rotonda* - rond-point - *roundabout, traffic circle*
rotta d'avvicinamento ad un aeroporto - Einflugschneise - *ruta de acercamiento a un aero-*

puerto - route d'approche vers un aéroport - *landing pattern*
rottame - Schrott - *chatarra* - ferraille, mitraille - *scrap*
rough estimate - capitolato - *Grobberechnung* - cálculo a grandes lìneas cálculo estimativo - *devis descriptif*
round trip - percorso di andata e ritorno - *Hin- und Rückfahrt* - recorrido de ida y vuelta - *parcours aller et retour*
roundabout, traffic circle - rotonda, rotatoria - *Kreisverkehr* - rotonda - *rond-point*
route à péage - toll road - *strada a pedaggio* - Mautstraße - *autovìa de peaje*
route circulaire - ring road - *circonvallazione* - Ringstraße - *vìa de circunvalación*
route construite des deux côtés - street with buildings on both sides - *strada con edifici allineati lungo i lati* - Straße, beidseitig bebaute - *calles con edificios alineados a los dos lados*
route d'approche vers un aéroport - landing pattern - *rotta d'avvicinamento ad un aeroporto* - Einflugschneise - *ruta de acercamiento a un aeropuerto*
route de transit - thoroughfare - *strada di transito* - Durchgangsstraße - *vìa de transito*
route empierrée - macadam - *macadam* - Schotterstraße - *macadám*
route en déblai, tranchée - road in a cut - *strada in trincea* - Straße im Einschnitt - *desmonte recorte*
route en gravier - gravel road - *strada ghiaiosa* - Kiesweg - *camino de grava*
route en tunnel - road tunnel - *strada in galleria* - Straßentunnel - *túnel*
route locale principale - collector road, local main road - *asse di quartiere* - Sammelstraße - *ruta local principal*
route nationale - federal highway, national motorway - *strada statale* - Bundesfernstraße - *carretera estatal carretera nacional*
route non goudronnée - unsurfaced road - *strada non asfaltata* - Straße, unbefestigte - *camino sin pavimentar*
route principale - trunk road, main street, major throughfare - *strada principale* - Hauptstraße - *calle principal*
route radiale - radial road - *strada radiale* - Radialstraße - *calle radial*
row house - casa in linea, a schiera - *Reihenhaus* - casas alineadas - *maison mitoyenne, en*

alignement
rubané - ribboned - *a fascia* - bandförmig - *en bandas, lineal*
Rückgang - vuelta, retroceso - *retour, recul* - return, drop - *ritorno, arretramento*
Rückgewinn - recuperación - *récupération* - recovery - *ricupero*
Rückgewinnung von Nebenerzeugnissen - recuperación de los subproductos - *récupération de sous-produits* - recovery of by-products - *recupero dei sottoprodotti*
Rückhalten von Oberflächenwasser - retención de las aguas superficiales - *rétention des eaux de surface* - retention of surface waters - *ritenzione delle acque superficiali*
Rücklage - reserva - *réserve* - reserves - *riserva*
rückwirkend - retroactivo - *rétroactif* - retroactive - *retroattivo*
Rückzahlung - reembolso - *remboursement* - repayment - *rimborso*
rue de desserte locale - access road, street - *strada di accesso* - Anliegerstraße - *camino de acceso, calle de acceso*
rue fermée à la circulation automobile - street closed to motor vehicles - *strada chiusa al traffico motorizzato* - Straße, für Motorfahrzeuge gesperrte - *calle cerrada al tráfico de vehìculos*
rue piétonnière - pedestrian street - *strada pedonale* - Fußgängerstraße - *calle peatonal*
rue plantée d'arbres - tree-lined street - *strada alberata* - Straße, baumbestandene - *calle con árboles*
rue représentative - fashionable street - *strada alla moda* - Prachtstraße - *calle de moda*
ruelle - alley, passage - *vicolo* - Gasse - *callejuela*

rugiada - Tau - *rocìo* - rosée - *dew*
ruisseau - creek, brook - *ruscello* - Bach - *arroyo*
rule, by-law articles - statuto, regolamento - *Satzung, Geschäftsordnung* - estatuto, reglamento - *statut, règlement*
rule, provision - norma - *Regel, Anweisung* - norma, regla - *norme, règle*
rules of procedures - regolamento interno - *Geschäftsordnung* - reglamento - *règlement interne*
rules of the game - regole del gioco - *Spielregeln* - reglas del juego - *règles du jeu*
Rundschreiben - circular - *circulaire* - news letter - *circolare*
running water - acqua corrente - *fließendes Wasser* - agua corriente - *eau courante*
runway - pista d'atterraggio - *Landebahn* - pista de aterrizaje - *piste d'atterrissage*
rural area - area rurale - *Gebiet, ländliches* - área rural - *zone rurale*
rural population - popolazione rurale - *Landbevölkerung* - población rural - *population rurale*
ruscello - Bach - *arroyo* - ruisseau - *creek, brook*
ruta de acercamiento a un aeropuerto - route d'approche vers un aéroport - *landing pattern* - rotta d'avvicinamento ad un aeroporto - *Einflugschneise*
ruta local principal - route locale principale - *collector road, local main road* - asse di quartiere - *Sammelstraße*
rythme du développement urbain - speed of urban development - *ritmo di urbanizzazione* - Tempo der städtebaulichen Entwicklung - *ritmo del desarrollo urbano*

S

Sachlage - situación - *état de choses, situation* - state of affairs - *stato di fatto*
Sackgasse - callejón sin salida - *impasse* - blind alley, cul-de-sac - *vicolo cieco*
safety zone - fascia di rispetto - *Abstandsfläche* - zona de preservación, espacio libre - *zone de sauvegarde*
saisie - seizure, distraint - *pignoramento* - Pfändung - *embargo*
saison de la chasse - hunting season - *stagione della caccia* - Jagdzeit - *estación de caza, temporada de caza*
sala comunale - Gemeindesaal - *sala municipal* - salle comunale - *village hall, civic centre, council chamber*
sala de esposiciones - salle d'expositions - *exhibition hall* - sala per esposizioni - *Ausstellungshalle*
sala municipal - salle comunale - *village hall, civic centre, council chamber* - sala comunale - *Gemeindesaal*
sala per esposizioni - Ausstellungshalle - *sala de esposiciones* - salle d'expositions - *exhibition hall*
salaire - wage - *paga, salario* - Lohn - *salario*
salaire, traitement - salary - *stipendio* - Gehalt - *sueldo, paga*
salaire minimum interprofessionel garanti (S.M.I.G.) - minimum legal wage - *salario minimo garantito* - Mindestlohn, allgemein garantierter - *salario mìnimo garantizado*
salarié - employee - *dipendente, salariato* - Arbeitnehmer - *empleado, subordinado, subalterno*
salario - salaire - *wage* - paga, salario - *Lohn*
salario mìnimo garantizado - salaire minimum interprofessionel garanti (S.M.I.G.) - *minimum legal wage* - salario minimo garantito - *Mindestlohn, allgemein garantierter*
salario minimo garantito - Mindestlohn, allgemein garantierter - *salario mìnimo garantizado* - salaire minimum interprofessionel garanti (S.M.I.G.) - *minimum legal wage*
salary - stipendio - *Gehalt* - sueldo, paga - *salaire, traitement*
saldo migratorio - solde migratoire - *net migration* - saldo migratorio - *Wanderungssaldo*
saldo migratorio - Wanderungssaldo - *saldo migratorio* - solde migratoire - *net migration*
sales - smercio - *Absatz* - ventas - *montant des ventes*
salida - sortie - *exit* - uscita - *Ausfahrt*
salida de emergencia - sortie de secours - *emergency exit* - uscita di sicurezza - *Notausgang*
salida de la autopista - sortie d'autoroute - *motorway exit* - uscita dell'autostrada - *Autobahnausfahrt*
salle, piéce - room, parlor - *stanza* - Stube - *cuarto, habitación, pieza*
salle comunale - village hall, civic centre, council chamber - *sala comunale* - Gemeindesaal - *sala municipal*
salle d'expositions - exhibition hall - *sala per esposizioni* - Ausstellungshalle - *sala de esposiciones*
salle de jeux - playroom, games room - *stanza da gioco* - Spielzimmer - *cuarto de juego*
salt water - acqua salata, di mare - *Salzwasser* - agua salada, de mar - *eau salée, de mer*
salvataggio - Bergung - *salvataje* - sauvetage - *rescue, salvage*

salvataje - sauvetage - *rescue, salvage* - salvataggio - *Bergung*
Salzwasser - agua salada, de mar - *eau salée, de mer* - salt water - *acqua salata, di mare*
Sammelstraße - ruta local principal - *route locale principale* - collector road, local main road - *asse di quartiere*
sample survey - sondaggio campionario - *Stichprobenerhebung* - muestreo, censo por muestra - *recensement par sondage*
Sandstrand - playa arenosa - *plage, grève* - sandy beach - *spiaggia sabbiosa*
sandy beach - spiaggia sabbiosa - *Sandstrand* - playa arenosa - *plage, grève*
saneamiento - assainissement, réhabilitation - *redevelopment, rehabilitation* - risanamento - *Sanierung*
saneamiento puntual - assainissement par endroits - *selective clearance* - risanamento puntuale - *Objektsanierung*
saneamiento, erradiación de barrios insalubres - assainissement après démolition - *slum clearance* - restauro pesante, con demolizioni - *Flächensanierung*
sanear - assainir - *tidy up (to)* - risanare, bonificare - *rekultivieren*
Sanierung - saneamiento - *assainissement, réhabilitation* - redevelopment, rehabilitation - *risanamento*
Sanierungsbeihilfe - subsidio para la mejora del habitat - *prime d'amélioration de l'habitat* - subsidy for urban renewal - *sussidio per il risanamento dell'habitat*
Sanierungsgebiet - área de saneamiento - *zone à assainir* - clearance area, improvement area - *area da risanare*
Sanierungsprogramm - programa para la mejora del habitat - *programme d'amélioration de l'habitat* - urban renewal programme - *programma di risanamento dell'habitat*
Sanierungsträger - responsable del sanamiento - *promoteurs de l'assainissement* - in charge of restoration - *responsabili del risanamento*
sans arbres - treeless - *senza alberi* - baumlos - *sin árboles*
sans préavis - without notice - *senza preavviso, in tronco* - fristlos - *sin aviso previo*
sans toit - homeless - *senzatetto* - obdachlos - *sin casa, desamparado*
satellite town - città satellite - *Trabantensiedlung* - ciudad-satélite - *ville satellite*

satisfacer las necesidades - remplir les exigences - *meet requirements (to)* - soddisfare le esigenze - *Bedürfnissen nachkommen*
Sättigungsgrad - nivel de saturación - *niveau de saturation* - saturation level - *livello di saturazione*
saturation level - livello di saturazione - *Sättigungsgrad* - nivel de saturación - *niveau de saturation*
Satzung, Geschäftsordnung - estatuto, reglamento - *statut, règlement* - rule, by-law articles - *statuto, regolamento*
Säulingssterblichkeit - mortalidad infantil - *mortalité infantile* - infant mortality - *mortalità infantile*
saupoudrage - evenly spread - *distribuzione a pioggia* - Gießkannenprinzip - *rociado*
sauvetage - rescue, salvage - *salvataggio* - Bergung - *salvataje*
savings - risparmio - *Sparguthaben* - ahorro - *épargne*
sbalzo - Ausleger, Vorsprung - *en voladizo* - porte-à-faux - *cantilever*
scadenza - Fälligkeit - *vencimiento* - échéance - *due date*
scaffolding - armatura, impalcatura - *Gerüst* - armadura, andamiaje - *armature, échafaudage*
scaglionamento - Staffelung - *escalonamiento* - échelonnement - *staggering*
scala d'intervento - Maßnahmenebene - *escala de intervención* - échelle d'intervention - *policy level*
scala mobile - Rolltreppe - *escalera mecánica* - escalier roulant - *escalator*
scale economy - economia di scala - *Degressionsgewinne* - economìa de escala - *économie d'échelle*
scaled-down, in miniature - in scala ridotta, in miniatura - *in verkleinertem Maßstab* - a escala reducida, en miniatura - *à l'échelle réduite, en miniature*
scambio - Austausch - *cambio* - échange - *exchange*
scaricare/caricare passeggeri - Fahrgäste absetzen/aufnehmen - *hacer subir y hacer bajar pasajeros* - faire descendre/ faire monter des passagers - *set down (to) / pick up (to) passengers*
scarico dei rifiuti - Deponie - *depósito de escombros* - décharge - *disposal site*
scartamento - Spurweite (Eisenbahn) - *ancho*

del carril - écartement - *gauge*
scarto da una tendenza generale - Abweichung vom allgemeinen Trend - *desviación de una tendencia general* - écart par rapport à la tendance générale - *deviation from a general trend*
scattered settlement - insediamento sparso - *Streusiedlung* - construcciones aisladas, dispersas - *urbanisation dispersée, mitage*
scelta collettiva - Entscheidung, kollektive - *decisión, elección colectiva* - choix collectif - *collective choice*
scelta del tracciato - Wahl der Trasse - *elección del trazado* - choix du tracé - *choice of route*
scelta localizzativa - Standortwahl - *elección del lugar* - choix de l'emplacement - *locational choice*
scenario - prospettiva, scenario - *Szenarium* - escenarios, perspectivas - *prospective, scénario*
Schablone - plantillas, chablón - *patron, gabarit* - stencil, template - *mascherina, sagoma*
Schaden - daño, perjuicio - *dommage* - damage - *danno*
Schadstoff - agente contaminador - *materiau polluant* - pollutant - *agente inquinante*
Schallzone - zona de ruidos - *zone de bruit* - sound emmission area - *zona di propagazione dei rumori*
Schätzung - estima, estimación - *estimation* - estimation - *stima*
Schätzung, steuerliche Veranlagung - valoración fiscal del patrimonio - *évaluation fiscale des biens* - assessment of properties - *valutazione fiscale delle proprietà*
Schätzungs-, Bewertungsmethoden - sistema de valuación - *méthodes d'évaluation* - appraisal techniques - *metodi di valutazione*
scheda - Karteikarte - *ficha* - fiche - *index, filing card*
schedario - Datei - *fichero* - fichier - *file*
schéma d'environnement, plan vert - environment plan - *piano ambientale* - Umweltplan - *plan ambiental*
schéma d'urbanisation - patterns of urbanization - *schema d'urbanizzazione* - Städtebaumodell - *esquema de urbanización*
schéma directeur, Plan d'occupation des sols (POS) - land use plan - *Piano Regolatore Generale (P.R.G.), piano d'uso del suolo* - Flächennutzungsplan - *Plan general de urbanización, Plan para uso del suelo*

schema d'urbanizzazione - Städtebaumodell - *esquema de urbanización* - schéma d'urbanisation - *patterns of urbanization*
schéma préliminaire, esquisse - preliminary, draft scheme - *progetto preliminare, di massima* - Vorentwurf - *esquema preliminar, bosquejo*
schémas montrant les propositions - drawings showing the proposal - *elaborati grafici illustranti la proposta* - Zeichnungen, das Vorhaben darstellend - *diagramas illustrativos de la propuesta*
scheme for reducing the density of population - programma di diminuzione della densità della popolazione - *Programm zur Reduzierung der Bevölkerungsdichte* - programa de reducción de la densidad de la población - *programme de dédensification*
schermo anti-abbagliante - Blendschutz- einrichtungen - *filtro anti-reflectante* - écran anti-éblouissant - *anti-glare screening*
schermo anti-rumore - Lärmabschirmung - *pantalla contra-ruido* - écran contre le bruit - *noise screening*
Schicht - turno, tanda - *poste, équipe* - shift - *turno*
Schießplatz - polìgono de tiro - *champ de tir* - rifle-range - *poligono di tiro*
Schirmwand - pared de defensa - *paroi-écran* - screen wall - *parete-cortina*
schizzo - Vorschlagsskizze - *bosquejo de un plano / de un proyecto* - esquisse de projet - *sketch proposal*
Schlachthof - matadero - *abattoir* - slaughterhouse - *mattatoio*
Schlafstadt - ciudad dormitorio - *ville dortoir* - dormitory town, bedroom community - *città dormitorio*
Schlammfläche - cieno, fondo cenagoso - *plage de vase* - mud area - *velma*
Schlammlawine - colada de barro - *coulée de boue* - mud flow, mud glacier - *colata di fango*
Schlepper - remolcador - *remorqueur* - tug - *rimorchiatore*
Schlepplift - telesquì - *téléski* - drag lift - *sciovia, skilift*
Schleuse - esclusa - *déversoir, écluse* - spillway, canal lock - *sfioratore, chiusa*
Schließung von Nebenstraßen - cierre de las calles laterales - *fermeture des rues latérales* - closing of side streets - *chiusura delle strade laterali*

schlüsselfertig - llave en mano - *clés en main* - turnkey - *chiavi in mano*
Schnee - nieve - *neige* - snow - *neve*
Schneefall - nevada - *chute de neige* - snowfall - *nevicata*
Schneepflug - quitanieve - *chasse-neige* - snow plough - *spazzaneve*
Schneeregen - aguanieve - *neige fondante* - sleet - *nevischio*
Schneesturm - tormenta de nieve - *blizzard* - blizzard - *tormenta*
Schnellverkehrsstraße - vìa de alta velocidad - *voie rapide* - high-speed road, major street artery - *strada di scorrimento veloce*
Schnitt - secciones - *coupe* - section - *sezione*
school building programme - programma di edilizia scolastica - *Schulbauprogramm* - programa de edificación escolar - *programme de constructions scolaires*
Schotterstraße - macadám - *route empierrée* - macadam - *macadam*
Schrägparken - aparcamiento en diagonal - *stationnement en oblique* - diagonal parking - *parcheggio in diagonale*
Schrebergarten - pequeño huerto - *jardin ouvrier* - allotment garden - *orto urbano*
Schrott - chatarra - *ferraille, mitraille* - scrap - *rottame*
Schrumpfung - contracción - *rétrécissement* - shrinkage - *contrazione*
Schulbauprogramm - programa de edificación escolar - *programme de constructions scolaires* - school building programme - *programma di edilizia scolastica*
Schuld, Verbindlichkeit - deuda - *dette* - debt, liability - *debito*
Schuldentilgung - liquidación de la deuda - *remboursement de la dette* - redemption of the debt - *estinzione del debito*
Schüttgut - carga a granel - *cargaison en vrac* - bulk cargo - *merce alla rinfusa*
Schutz, Warnung - tutela, protección, defensa - *protection, sauvegarde* - protection, custody - *tutela*
Schutzbereich - área bajo protección - *secteur sauvegardé, périmètre sensible* - protected area, conservation area - *zona di salvaguardia, area protetta*
Schutzdach - marquesina - *auvent* - porch roof - *pensilina*
Schwankung - oscilación, fluctuación - *oscillation, variation* - fluctuation, floating - *oscillazione, fluttuazione*
Schwarzbau - costrucción ilegal - *construction sauvage* - illegal building - *abuso edilizio*
Schwelle in der Fahrbahn - montìculos o gibosidades de disminución de la velocidad - *dos d'âne dans la chaussée* - humps in the roadway - *gobbe di rallentamento sulla strada*
Schwelle - umbral - *seuil* - threshold - *soglia*
Schwellenwert - valor de umbral - *valeur seuil* - threshold value - *valore di soglia*
Schwerpunkt - punto clave - *point essentiel, majeur* - focal, crucial point, emphasis - *fulcro, punto chiave*
Schwimmhalle - piscina cubierta - *piscine couverte* - indoor pool - *piscina coperta*
science park - parco tecnologico - *Innovationszentrum* - centro de innovación tecnológica, de experi- mentación cientifica - *technopole, parc scientifique*
sciopero - Streik - huelga - grève - *strike*
sciovia, skilift - Schlepplift - *telesquì* - téléski - drag lift
scission, division - split, cleavage - *divisione, spaccatura* - Spaltung - *división*
scogliera - Kliff - farallón - falaise - *cliff*
sconfinamento - Überschreitung - *paso, infracción* - franchissement - *trespassing, infringement*
scopo dello spostamento - Fahrtzweck - *motivo del deplazamiento* - but du déplacement - *purpose of the trip*
scoraggiare - abschrecken - *desanimar* - décourager - *deter (to)*
scrap - rottame - *Schrott* - chatarra - *ferraille, mitraille*
screen (to), assess (to) - esaminare, periziare - *begutachten* - realizar un peritaje - *expertiser*
screen line, cordon line - linea-schermo - *Absperrlinie* - lìnea de defensa - *ligne d'écran*
screen wall - parete-cortina - *Schirmwand* - pared de defensa - *paroi-écran*
scrubs - boscaglia - *Gestrüpp* - boscaje - *broussaille*
scuola elementare - Grundschule - *escuela primaria* - école primaire - *primary school*
se pourvoir en appel - appeal (to) - *ricorrere in appello* - Berufung einlegen - *apelar una sentencia*
sea bed - fondale marino - *Meeresboden* - fondo marino - *fond sous-marin*
sea-front - lungomare - *Seeseite* - paseo marìtimo - *front de mer*

sea level - livello del mare - *Meeresspiegelhöhe* - nivel del mar - *niveau de la mer*
seaside resort - stazione balneare - *Seebadeort* - balneario - *station balnéaire*
sec - dry - *asciutto* - trocken - *seco*
secca - Untiefe - *banco de arena, bajo fondo* - bas-fond - *shallows, shoal*
sección de una calle - coupe d'une rue - *section of road* - sezione stradale - *Straßenabschnitt*
sección transversal tìpica - profil en travers-type - *typical cross-section* - sezione trasversale tipica - *Regelquerschnitt*
secciones - coupe - *section* - sezione - *Schnitt*
seco - sec - *dry* - asciutto - *trocken*
second home - seconda casa - *Zweitwohnung* - segunda casa - *résidence secondaire*
seconda casa - Zweitwohnung - *segunda casa* - résidence secondaire - *second home*
sécretaire général - city manager - *segretario comunale* - Stadtdirektor - *secretario municipal, comunal*
secretario municipal, comunal - sécretaire général - *city manager* - segretario comunale - *Stadtdirektor*
secteur public - public sector - *settore pubblico* - Sektor, öffentlicher - *sector público*
secteur sauvegardé, périmètre sensible - protected area, conservation area - *zona di salvaguardia, area protetta* - Schutzbereich - *área bajo protección*
section - sezione - *Schnitt* - secciones - *coupe*
section of road - sezione stradale - *Straßenabschnitt* - sección de una calle - *coupe d'une rue*
sector público - secteur public - *public sector* - settore pubblico - *Sektor, öffentlicher*
sectoral plan - piano settoriale - *Fachplan* - plan sectorial - *plan de secteur*
sécurité routière - traffic safety - *sicurezza stradale* - Verkehrssicherheit - *seguridad en el trafico*
sécurité sociale - social security - *previdenza sociale* - Sozialversicherung - *seguridad social*
sede, filiale - Niederlassung - *filial, sucursal* - antenne, filiale - *establishment, branch*
sedimentación fluvial - sédiments charriés par les fleuves - *stream-borne sediments* - sedimentazione fluviale - *Gesteinsmaterial, vom Fluß mitgeführtes*
sedimentazione fluviale - Gesteinsmaterial, vom Fluß mitgeführtes - *sedimentación fluvial* - sédiments charriés par les fleuves - *stream-borne sediments*
sédiments charriés par les fleuves - stream-borne sediments - *sedimentazione fluviale* - Gesteinsmaterial, vom Fluß mitgeführtes - *sedimentación fluvial*
See - lago, embalse - *lac* - lake - *lago*
Seebadeort - balneario - *station balnéaire* - seaside resort - *stazione balneare*
Seeseite - paseo marìtimo - *front de mer* - seafront - *lungomare*
seggiovia - Sessellift - *telesilla* - télésiège - *chair lift*
segnalazione - Warnzeichen - *señalización* - signalisation - *warning sign*
segnaletica - Beschilderung - *señalisación* - signalisation, balisage - *sign posting*
segretario comunale - Stadtdirektor - *secretario municipal, comunal* - sécretaire général - *city manager*
segunda casa - résidence secondaire - *second home* - seconda casa - *Zweitwohnung*
seguridad en el trafico - sécurité routière - *traffic safety* - sicurezza stradale - *Verkehrssicherheit*
seguridad social - sécurité sociale - *social security* - previdenza sociale - *Sozialversicherung*
seguro - assurance - *insurance* - assicurazione - *Versicherung*
Sehenswürdigkeiten - lugares interesantes, sitios de valor artístico - *curiosités* - places of interest - *posti interessanti*
seicht, flach - poco profundo, bajo - *peu profond* - shallow - *poco profundo, basso*
seizure, distraint - pignoramento - *Pfändung* - embargo - *saisie*
Sektor, öffentlicher - sector público - *secteur public* - public sector - *settore pubblico*
Selbständigkeit - independencia - *indépendance* - indipendence - *indipendenza*
Selbsthilfe - auto-ayuda, iniciativa personal - *effort personnel* - self-help - *iniziativa personale*
Selbsthilfe im Wohnungsbau - autoconstrucción - *autoconstruction* - self-help housing - *autocostruzione*
Selbstverwaltung - autogestión - *auto gestion* - self-government - *autogoverno*
selciare - Aufpflastern - *pavimentar* - recouvrir la chaussée d'un pavé - *pave (to)*
selective clearance - risanamento puntuale - *Objektsanierung* - saneamiento puntual - *assainissement par endroits*

self-contained flat - appartamento autonomo - *Wohnung, abgeschlossene* - apartamento, vivienda independiente - *appartement indépendant*
self-financing - autofinanziamento - *Eigenfinanzierung* - autofinanciamiento - *autofinancement*
self-government - autogoverno - *Selbstverwaltung* - autogestión - *auto gestion*
self-help - iniziativa personale - *Selbsthilfe* - auto-ayuda, iniciativa personal - *effort personnel*
self-help housing - autocostruzione - *Selbsthilfe im Wohnungsbau* - autoconstrucción - *autoconstruction*
sell (to) - vendere - *verkaufen* - vender - *vendre*
semafori - Verkehrsampeln - *semáforos* - feux de circulation - *traffic lights*
semáforos - feux de circulation - *traffic lights* - semafori - *Verkehrsampeln*
semi-detached house - casa abbinata - *Doppelhaus* - casa pareada - *maison jumelée*
señal de tráfico - panneau de signalisation - *road sign* - cartello stradale - *Verkehrszeichen*
señalisación - signalisation, balisage - *sign posting* - segnaletica - *Beschilderung*
señalización - signalisation - *warning sign* - segnalazione - *Warnzeichen*
senda, vereda - chemin - *path* - sentiero - *Pfad*
sens des mouvements migratoires - direction of migration - *direzione dei movimenti migratori* - Wanderungsrichtung - *dirección de los movimientos migratorios*
sensitive, careful renewal - restauro leggero - *Erneuerung, behutsame* - renovación cuidadosa - *rénovation prudente*
senso unico - Einbahnstraße - *sentido único, sentido obligatorio* - à sens unique - *one-way street*
sentence, jugement - sentence, trial - *sentenza* - Urteil - *sentencia*
sentence, trial - sentenza - *Urteil* - sentencia - *sentence, jugement*
sentencia - sentence, jugement - *sentence, trial* - sentenza - *Urteil*
sentenza - Urteil - *sentencia* - sentence, jugement - *sentence, trial*
sentido único, sentido obligatorio - à sens unique - *one-way street* - senso unico - *Einbahnstraße*
sentiero - Pfad - *senda, vereda* - chemin - *path*

senza alberi - baumlos - *sin árboles* - sans arbres - *treeless*
senza preavviso, in tronco - fristlos - *sin aviso previo* - sans préavis - *without notice*
senzatetto - obdachlos - *sin casa, desamparado* - sans toit - *homeless*
separación - séparation - *separation* - separazione - *Trennung*
separado fisicamente - séparé physiquement - *physically separated* - separato fisicamente - *räumlich getrennt*
separated people - separati - *Personen, getrennt lebende* - personas que viven separadas - *personnes vivant séparées*
separati - Personen, getrennt lebende - *personas que viven separadas* - personnes vivant séparées - *separated people*
separation - separazione - *Trennung* - separación - *séparation*
séparation - separation - *separazione* - Trennung - *separación*
separato fisicamente - räumlich getrennt - *separado fisicamente* - séparé physiquement - *physically separated*
separazione - Trennung - *separación* - séparation - *separation*
séparé physiquement - physically separated - *separato fisicamente* - räumlich getrennt - *separado fisicamente*
sequence of operations - sequenza operativa, svolgimento del lavoro - *Arbeitsablauf* - organización del trabajo - *déroulement du travail*
sequenza operativa, svolgimento del lavoro - Arbeitsablauf - *organización del trabajo* - déroulement du travail - *sequence of operations*
service - servizio, prestazione - *Dienstleistung* - prestación de servicio - *prestation de service*
service area - area di servizio - *Raststätte* - área de servicio - *aire de service*
service centre - centro di servizio - *Dienstleistungszentrum* - centro de servicios - *centre de services*
service d'autobus pour travailleurs - company bus service - *servizio d'autobus per lavoratori* - Werkbusdienst - *servicio de autobuses para trabajadores*
service de consultation - counselling, advisory service - *servizio di consulenza* - Beratungdienst - *consultorio, servicio de consulta*
service de nettoiement des rues - street cleaning

service - *servizio di nettezza urbana* - Straßenreinigungsdienst - *servicio de limpieza urbana*
service des bâtiments - city architect's office, building surveyor's office - *assessorato all'edilizia* - Hochbauamt - *departamento de obras, departamento de construcciones*
service du feu, sapeurs pompiers - fire service, fire brigade - *servizio antincendio, vigili dei fuoco* - Feuerwehr - *servicio antiincendio, servicio de bomberos*
service logement - housing department - *ufficio casa* - Wohnungsamt - *oficina de viviendas*
service road - strada di servizio - *Anlieferungsstraße* - via de servicio - *voie de service*
service station - stazione di rifornimento - *Tankstelle* - estación de servicio, gasolinera - *station service*
serviced - urbanizzato - *erschlossen* - urbanizado - *équipé*
services collectifs - public facilities - *servizi pubblici* - Einrichtungen, öffentliche - *servicios públicos*
service-oriented - orientato all'utenza - *dienstorientiert* - orientado al uso - *visant les usagers*
service, agence d'urbanisme - local or urban planning authority - *ufficio urbanistico* - Stadtplanungsbehörde - *oficina de urbanística, delegado de urbanismo*
servicio antiincendio, servicio de bomberos - service du feu, sapeurs pompiers - *fire service, fire brigade* - servizio antincendio, vigili dei fuoco - *Feuerwehr*
servicio de autobuses para trabajadores - service d'autobus pour travailleurs - *company bus service* - servizio d'autobus per lavoratori - *Werkbusdienst*
servicio de limpieza urbana - service de nettoiement des rues - *street cleaning service* - servizio di nettezza urbana - *Straßenreinigungsdienst*
servicio de recogida de basuras - remassage des ordures, évacuation des déchets - *refuse collection, waste disposal* - evacuazione dei rifiuti - *Abfallbeseitigung, Müllabfuhr*
servicios públicos - services collectifs - *public facilities* - servizi pubblici - *Einrichtungen, öffentliche*
servidumbre - servitude foncière - *easement* - servitù fondiaria - *Grunddienstbarkeit*
servitù fondiaria - Grunddienstbarkeit - *servi-*

dumbre - servitude foncière - *easement*
servitude foncière - easement - *servitù fondiaria* - Grunddienstbarkeit - *servidumbre*
servizi pubblici - Einrichtungen, öffentliche - *servicios públicos* - services collectifs - *public facilities*
servizi sussidiari - Folgeeinrichtungen - *equipamientos auxiliares* - équipements auxiliaires - *ancillary facilities*
servizio, prestazione - Dienstleistung - *prestación de servicio* - prestation de service - *service*
servizio antincendio, vigili dei fuoco - Feuerwehr - *servicio antiincendio, servicio de bomberos* - service du feu, sapeurs pompiers - *fire service, fire brigade*
servizio d'autobus per lavoratori - Werkbusdienst - *servicio de autobuses para trabajadores* - service d'autobus pour travailleurs - *company bus service*
servizio di consulenza - Beratungdienst - *consultorio, servicio de consulta* - service de consultation - *counselling, advisory service*
servizio di nettezza urbana - Straßenreinigungsdienst - *servicio de limpieza urbana* - service de nettoiement des rues - *street cleaning service*
Sessellift - telesilla - *télésiège* - chair lift - *seggiovia*
set down (to) / pick up (to) passengers - scaricare/caricare passeggeri - *Fahrgäste absetzen/aufnehmen* - hacer subir y hacer bajar pasajeros - *faire descendre/ faire monter des passagers*
setos - haies - *hedges* - siepi - *Hecken*
set-off, clearance - compensazione - *Verrechnung* - compensación - *compensation*
settle (to), move (to) - insediare - *ansiedeln* - colocar, instalar - *implanter, établir*
settlement - insediamento - *Ansiedlung* - instalación - *établissement*
settore pubblico - Sektor, öffentlicher - *sector público* - secteur public - *public sector*
seuil - threshold - *soglia* - Schwelle - *umbral*
sewerage - canalizzazione - *Kanalisierung* - canalización - *canalisation*
sezione - Schnitt - *secciones* - coupe - *section*
sezione di censimento, circoscrizione statistica - Zählbezirk, statistischer Bezirk - *distrito de censo* - district de recensement, unité statistique - *census district, statistical area*
sezione stradale - Straßenabschnitt - *sección de*

una calle - coupe d'une rue - *section of road*
sezione trasversale tipica - Regelquerschnitt - *sección transversal tìpica* - profil en traverstype - *typical cross-section*
sfera d'influenza - Einflußsphäre - *esfera de influencia* - sphère d'influence - *sphere of influence*
sfioratore, chiusa - Schleuse - *esclusa* - déversoir, écluse - *spillway, canal lock*
sfitto, non occupato - leerstehend - *desalquilado, no ocupado* - vide, non occupé - *unoccupied, vacant*
sforzo - Anstrengung - *esfuerzo* - effort - *effort, stress*
sfrattare - kündigen - *despedir, dar de baja* - donner congé - *evict (to), give notice (to)*
sfratto - Räumungsbefehl - *expulsión legal, desahucio legal* - expulsion légale - *legal eviction*
sfruttamento - Ausnutzung - *explotación* - exploitation - *exploitation, use*
sgravi fiscali - Steuererleichterung - *reducción fiscal* - allégements fiscaux - *tax reduction*
shallow - poco profondo, basso - *seicht, flach* - poco profundo, bajo - *peu profond*
shallows, shoal - secca - *Untiefe* - banco de arena, bajo fondo - *bas-fond*
shareholders' equity - capitale netto - *Nettokapital* - capital neto - *actif net*
sharp bend - curva stretta - *Kurve, scharfe* - curva angosta - *virage brusque*
sharp increase - esplosione, crescita tumultuosa - *Ansteigen, schnelles* - explosión, aumento rápido - *accroissement rapide, explosion*
shift - turno - *Schicht* - turno, tanda - *poste, équipe*
shipyard - cantiere, arsenale - *Werft* - astilleros - *chantier naval*
shop, store - negozio - *Laden* - almacén, tienda - *magasin*
shop front - fronte commerciale - *Ladenfront* - zona comercial - *front de magasin*
shopping centre - centro commerciale - *Handelszentrum* - centro comercial - *centre commercial*
shore line - litorale - *Uferlinie* - litoral - *littoral*
shoreline erosion - erosione della costa - *Küstenerosion* - erosión de la costa - *érosion de la côte*
shrinkage - contrazione - *Schrumpfung* - contracción - *rétrécissement*
Sichtbarkeit - visibilidad - *visibilité* - visibility - *visibilità*
Sichtbehinderung - obstaculo a la visibilidad - *obstacle visuel* - visual obstruction - *ostacolo alla visibilità*
sicurezza stradale - Verkehrssicherheit - *seguridad en el trafico* - sécurité routière - *traffic safety*
side phenomenon - fenomeno concomitante, collaterale - *Begleiterscheinung* - fenómeno colateral, concomitante - *phénomène concomitant*
Siedlung, städtische - establecimiento urbano - *établissement urbain* - urban settlement - *insediamento urbano*
Siedlungsbrei - crescimiento urbano en forma de mancha de aceite - *croissance urbaine en tâche d'huile* - urban sprawl - *crescita urbana a macchia d'olio*
Siedlungsschwerpunkt - emplazamiento principal, emplazmiento clave - *zone majeure d'implantation* - key settlement area - *insediamento chiave*
siepi - Hecken - *setos* - haies - *hedges*
sightseeing - visita, giro - *Besichtigung, Rundfahrt* - visìta, excursión - *visite, tour*
sign (to) - firmare - *unterschreiben* - firmar - *signer*
sign posting - segnaletica - *Beschilderung* - señalisación - *signalisation, balisage*
signalisation - warning sign - *segnalazione* - Warnzeichen - *señalización*
signalisation, balisage - sign posting - *segnaletica* - Beschilderung - *señalisación*
signer - sign (to) - *firmare* - unterschreiben - *firmar*
silhouette - skyline - *profilo* - Profil - *perfil*
siltation - insabbiamento - *Verschlammung* - estancamiento - *envasement*
silvicultura - sylviculture - *forestry* - foresticultura - *Forstwirtschaft*
sin árboles - sans arbres - *treeless* - senza alberi - *baumlos*
sin aviso previo - sans préavis - *without notice* - senza preavviso, in tronco - *fristlos*
sin casa, desamparado - sans toit - *homeless* - senzatetto - *obdachlos*
sin empleo, desocupado - chômeur - *unemployed, jobless* - disoccupato - *Arbeitsloser*
sindacato - Gewerkschaft - *sindicato* - syndicat (de travailleurs) - *trade union*
sindaco - Bürgermeister - *alcalde* - maire - *mayor*

sindicato - syndicat (de travailleurs) - *trade union* - sindacato - *Gewerkschaft*
single family house - casa unifamiliare - *Einfamilienhaus* - casa unifamiliar - *maison individuelle*
single-person household - nucleo unipersonale - *Einpersonenhaushalt* - núcleo unipersonal - *foyer d'une personne*
sinueux - winding - *sinuoso* - gewunden - *sinuoso*
sinuoso - sinueux - *winding* - sinuoso - *gewunden*
sinuoso - gewunden - *sinuoso* - sinueux - *winding*
sistema de contabilidad - système de comptabilité - *accounting system* - sistema di contabilità - *Buchhaltungs-, Buchführungssystem*
sistema de drenaje, red de desagüe - réseau des eaux usées - *drainage system, sewer network* - rete fognaria - *Abwassernetz*
sistema de riego - système d'irrigation - *irrigation system* - sistema d'irrigazione - *Bewässerungssystem*
sistema de valuación - méthodes d'évaluation - *appraisal techniques* - metodi di valutazione - *Schätzungs-, Bewertungsmethoden*
sistema di contabilità - Buchhaltungs-, Buchführungssystem - *sistema de contabilidad* - système de comptabilité - *accounting system*
sistema d'irrigazione - Bewässerungssystem - *sistema de riego* - système d'irrigation - *irrigation system*
sistema economico - Wirtschaftssystem - *sistema económico* - système économique - *economic system*
sistema económico - système économique - *economic system* - sistema economico - *Wirtschaftssystem*
sistemazione, collocazione - Unterbringung - *acomodación* - recasement, hébergement - *accommodation*
sit and wait strategy - strategia dell'immobilismo - *Nichts-tun-Strategie* - estrategia del inmovilismo - *stratégie de l'immobilisme*
site - cantiere (di costruzione) - *Baustelle* - obra - *chantier (de construction)*
site & services - lotti attrezzati - *Parzellen, erschlossene* - parcelas urbanizadas - *tremes assainies, percelles assainies*
site naturel préservé - virgin landscape - *sito naturale vergine* - Landschaft, unberührte - *entorno natural virgen*

sito naturale vergine - Landschaft, unberührte - *entorno natural virgen* - site naturel préservé - *virgin landscape*
situación - état de choses, situation - *state of affairs* - stato di fatto - *Sachlage*
size category - classe di grandezza - *Größenklasse* - clase de tamaño - *classe de grandeur*
size distribution - suddivisione per taglia - *Verteilung nach Größe* - clasificación por medidas - *répartition par taille*
size of dwelling - dimensione dell'alloggio - *Wohnungsgröße* - dimensión de la vivienda - *taille du logement*
sketch proposal - schizzo - *Vorschlagsskizze* - bosquejo de un plano / de un proyecto - *esquisse de projet*
skill - abilità, capacità - *Fähigkeit* - talento, abilidad, aptitud - *aptitude, capacité*
skilled worker - personale qualificato, tecnico - *Facharbeiter* - obrero calificado - *ouvrier qualifié*
skyline - profilo - *Profil* - perfil - *silhouette*
skyscraper - grattacielo - *Wolkenkratzer* - rascacielo - *gratte-ciel*
slagheap - discarica - *Bergehalde* - vertedero - *terril*
slaughterhouse - mattatoio - *Schlachthof* - matadero - *abattoir*
sleet - nevischio - *Schneeregen* - aguanieve - *neige fondante*
slow lane - corsia per veicoli lenti - *Kriechspur* - vìa de baja velocidad - *voie lente*
slowing-down, deceleration lane - corsia di decelerazione - *Verzögerungsspur* - vìa de desaceleración - *voie de décélération*
slum - tugurio - *Elendswohnung* - casucho - *taudis*
slum area, shanty town - quartiere povero, baraccopoli - *Elendsviertel* - barrio pobre, chabola, favela - *bidonville*
slum clearance - restauro pesante, con demolizioni - *Flächensanierung* - saneamiento, erradiación de barrios insalubres - *assainissement après démolition*
small scale test - progetto pilota - *Modellversuch* - projecto piloto - *projet pilote*
small-business assistance - aiuti alla piccola e media industria - *Mittelstandsförderung* - ayuda a la pequeña y mediana industria - *aides aux petites et moyennes entreprises*
smaltimento dei rifiuti nel mare - Versenkung von Müll ins Meer - *depósito de residuos en el*

mar - décharge de déchets en mer - *dumping of refuse at sea*
smercio - Absatz - *ventas* - montant des ventes - *sales*
smoke - fumi - *Rauch* - humos - *fumée*
smontaggio - Abbau - *desguace* - démontage - *dismantling*
snow - neve - *Schnee* - nieve - *neige*
snow plough - spazzaneve - *Schneepflug* - quitanieve - *chasse-neige*
snowfall - nevicata - *Schneefall* - nevada - *chute de neige*
social acceptability - sopportabilità sociale - *Sozialverträglichkeit* - soportabilidad social - *compatibilité sociale*
social indicator - indicatore sociale - *Sozialindikator* - indicador social - *indicateur social*
social relations - relazioni sociali - *Verhältnisse, gesellschaftliche* - relaciones sociales - *relations sociales*
social security - previdenza sociale - *Sozialversicherung* - seguridad social - *sécurité sociale*
social services facilities - attrezzature sociali - *Sozialeinrichtungen* - instalaciones sociales equipamiento social - *équipements sociaux*
sociedad de responsabilidad limitada - société à responsabilité limitée (sarl) - *limited liability company (ltd), corporation* - società a responsabilità limitata (srl) - *Gesellschaft mit beschränkter Haftung (GmbH)*
sociedad de economìa mixta - Société d'Economie Mixte (SEM) - *joint public and private company* - società a partecipazione pubblica - *Gesellschaft, halbstaatliche*
sociedad inmobiliaria - société immobilière - *real estate company* - società immobiliare - *Immobiliengesellschaft*
sociedad por acciones, sociedad anónima - société anonyme (SA) - *joint stock company, corporation* - società per azioni (SpA) - *Aktiengesellschaft (AG)*
società a partecipazione pubblica - Gesellschaft, halbstaatliche - *sociedad de economìa mixta* - Société d'Economie Mixte (SEM) - *joint public and private company*
società a responsabilità limitata (srl) - Gesellschaft mit beschränkter Haftung (GmbH) - *sociedad de responsabilidad limitada* - société à responsabilité limitée (sarl) - *limited liability company (ltd), corporation*
società immobiliare - Immobiliengesellschaft - *sociedad inmobiliaria* - société immobilière - *real estate company*
società per azioni (SpA) - Aktiengesellschaft (AG) - *sociedad por acciones, sociedad anónima* - société anonyme (SA) - *joint stock company, corporation*
société à responsabilité limitée (sarl) - limited liability company (ltd), corporation - *società a responsabilità limitata (srl)* - Gesellschaft mit beschränkter Haftung (GmbH) - *sociedad de responsabilidad limitada*
société anonyme (SA) - joint stock company, corporation - *società per azioni (SpA)* - Aktiengesellschaft (AG) - *sociedad por acciones, sociedad anónima*
Société d'Economie Mixte (SEM) - joint public and private company - *società a partecipazione pubblica* - Gesellschaft, halbstaatliche - *sociedad de economìa mixta*
société immobilière - real estate company - *società immobiliare* - Immobiliengesellschaft - *sociedad inmobiliaria*
soddisfare le esigenze - Bedürfnissen nachkommen - *satisfacer las necesidades* - remplir les exigences - *meet requirements (to)*
soglia - Schwelle - *umbral* - seuil - *threshold*
soil - suolo - *Boden* - suelo - *sol*
soil erosion - erosione del suolo - *Bodenerosion* - erosión del suelo - *érosion du sol*
soil map - carta pedologica - *Bodenkarte* - mapa pedológico - *carte pédologique*
soil protection - difesa del suolo - *Bodenschutz* - protección del suelo - *protection des sols*
soil structure - struttura del suolo - *Bodenaufbau* - estructura del suelo - *structure du sol*
soil type - tipo di suolo - *Bodenart* - tipo de suelo - *type de sol*
soil use - uso del suolo - *Bodennutzung* - uso del suelo - *occupation du sol*
sol - soil - *suolo* - Boden - *suelo*
solar edificable - lot à bâtir - *building lot* - lotto edificabile - *Baugrundstück*
solde migratoire - net migration - *saldo migratorio* - Wanderungssaldo - *saldo migratorio*
sole proprietorship - proprietario unico - *Einzelfirma* - proprietario único - *en nom personnel*
soleamento, asoleamiento - ensoleillement - *exposure to sunlight* - soleggiamento - *Besonnung*
soleggiamento - Besonnung - *soleamento, asoleamiento* - ensoleillement - *exposure to sunlight*

solera - bordure - *kerb, curb* - cordolo - *Bordschwelle*
solicitante - requérant, demandeur - *applicant, petitioner* - firmatario della domanda - *Antragsteller*
solicitud - requête, demande - *application, request* - richiesta - *Antrag*
solicitud de permiso de construcción - demande de permis de construire - *building permit application* - domanda di concessione edilizia - *Bauantrag*
solicitud de subvención - requête de subventions - *application for grant* - richiesta di aiuti - *Förderantrag*
solid waste - rifiuti solidi - *Abfallstoffe, feste* - residuos sólidos - *déchets solides*
soltero - célibataire - *bachelor, single* - celibe - *Junggeselle, ledig*
solución - solution - *solution* - soluzione - *Lösung*
solution - solution - *soluzione* - Lösung - *solución*
solution - soluzione - *Lösung* - solución - *solution*
soluzione - Lösung - *solución* - solution - *solution*
sommet d'une colline - hilltop - *sommità di una collina* - Hügelkuppe - *cumbre de una colina*
sommità di una collina - Hügelkuppe - *cumbre de una colina* - sommet d'une colline - *hilltop*
sondage, enquête - inquiry, opinion poll - *sondaggio, inchiesta* - Umfrage - *encuesta*
sondaggio, inchiesta - Umfrage - *encuesta* - sondage, enquête - *inquiry, opinion poll*
sondaggio campionario - Stichprobenerhebung - *muestreo, censo por muestra* - recensement par sondage - *sample survey*
Sonderkommando - comando, unidad de tareas especiales - *unité d'emploi spécial* - task force - *unità speciale*
Sondermüll - residuos no-biodegradables - *déchets spéciaux* - non-degradable, pollutive waste - *rifiuti non biodegradabili*
Sondernutzung - usos especiales - *destination reservée* - special land use - *destinazioni speciali*
Sondervollmachten - poderes especiales - *pouvoirs spéciaux* - special powers, authorities - *poteri speciali*
soportabilidad social - compatibilité sociale - *social acceptability* - sopportabilità sociale - *Sozialverträglichkeit*

sopportabilità sociale - Sozialverträglichkeit - *soportabilidad social* - compatibilité sociale - *social acceptability*
soppressione di una tratta ferroviaria - Stillegung einer Bahnstrecke - *cierre de un ramal ferroviario* - désaffectation d'un tronçon ferroviaire - *railway abandonment*
sortant - outgoing - *in uscita* - herausgehend, ausstrahlend - *en salida*
sortie - exit - *uscita* - Ausfahrt - *salida*
sortie d'autoroute - motorway exit - *uscita dell'autostrada* - Autobahnausfahrt - *salida de la autopista*
sortie de secours - emergency exit - *uscita di sicurezza* - Notausgang - *salida de emergencia*
sorvegliante - Aufseher - *vigilante, guardia* - surveillant, garde - *overseer, guard*
sostegno - Stütze - *sostén* - soutien - *prop*
sostén - soutien - *prop* - sostegno - *Stütze*
sostituire - ersetzen - *reemplazar* - remplacer - *replace (to)*
sottoccupazione - Unterbeschäftigung - *subempleo* - sous-emploi - *underemployment*
sottopassaggio - Unterführung - *túnel, paso bajo nivel* - passage souterrain - *underpass*
sottopopolamento - Unterbevölkerung - *subpoblado* - sous-peuplement - *underpopulation*
sottostandard - minderwertig - *de calidad inferior* - de qualité inférieure - *sub-standard*
sottotetto - Dachraum, Mansarde - *buhardilla, mansarda* - mansarde - *attic room*
soulagement, décharge - relief - *alleggerimento, sgravio* - Entlastung - *aligeramiento, descarga*
soulèvement par le gel - frost, heavethaw - *rigonfiamento per il gelo* - Frostaufbruch - *deformación causada por el hielo*
soumission, offre - tender, bid - *offerta d'asta, di concorso* - Submission - *oferta de contrato*
sound emmission area - zona di propagazione dei rumori - *Schallzone* - zona de ruidos - *zone de bruit*
soundness, validity - validità - *Gültigkeit* - validez - *validité*
source - source, well - *fonte* - Quelle - *fuente*
source, well - fonte - *Quelle* - fuente - *source*
sources de financement - furthering sources - *fonti di finanziamento* - Fördertöpfe - *fuentes de financiamiento*
sous-emploi - underemployment - *sottoccupa-

zione - Unterbeschäftigung - *subempleo*
sous-locataire - subtenant - *subaffittuario* - Untermieter - *subarrendatario*
sous-louer - sublet (to) - *subaffittare* - untervermieten - *subarrendar*
sous-peuplement - underpopulation - *sottopopolamento* - Unterbevölkerung - *subpoblado*
soutien - prop - *sostegno* - Stütze - *sostén*
sovrabbondanza - Überfluß - *abundancia* - surabondance - *abundance*
sovraffollato - überfüllt - *atestado, abarrotado* - bondé - *overcrowded*
sovrapaso de peatones - pont piétonnier - *pedestrian crossing* - passerella pedonale - *Fußgängerübergang*
sovrappopolamento - Überbevölkerung - *superpoblación* - surpeuplement - *overpopulation*
sovvenzione d'esercizio - Betriebssubvention - *subsidio de funcionamento* - subvention de fonctionnement - *subsidy of operations*
sovvenzione specifica - Zuweisungen, zweckgebundene - *subvencion espec*ì*fica, vinculada* - subvention spécifique - *specific, allocated, earmarked grant*
sovvenzione, contributo - Zuschuß - *subvención, subsidio* - subvention, aide - *allowance, grant*
sovvenzioni di bonifica - Rekultivierungssubventionen - *fondos de saneamiento* - fonds de bonification - *recultivation grant*
Sozialeinrichtungen - instalaciones sociales equipamiento social - *équipements sociaux* - social services facilities - *attrezzature sociali*
Sozialfürsorge - asistencia social - *assistance sociale* - welfare work - *assistenza pubblica*
Sozialindikator - indicador social - *indicateur social* - social indicator - *indicatore sociale*
Sozialversicherung - seguridad social - *sécurité sociale* - social security - *previdenza sociale*
Sozialversicherungs- beiträge - cotizaciones de seguridad social - *cotisations de sécurité sociale* - contributions to the national insurance - *contributi, oneri sociali*
Sozialverträglichkeit - soportabilidad social - *compatibilité sociale* - social acceptability - *sopportabilità sociale*
Sozialwohnungsbau - vivenda social - *habitations à loyer modéré (H.L.M.)* - council tenancy - *edilizia pubblica, popolare*
Sozialzentrum - centro social - *centre social* - community centre - *centro sociale*

spa (thermal) - stazione termale - *Bad (Thermal)* - estación termal, termas - *station thermale*
space, area - spazio - *Raum* - espacio - *espace*
space standards - standard di superficie - *Raumnormen* - normas de superficie - *normes de surface*
spacing ordinance - regolamento sulle distanze - *Abstandserlaß* - normas para la regulación de distancias, ordenanza de espaciamiento - *réglementation des gabarits*
Spaltung - división - *scission, division* - split, cleavage - *divisione, spaccatura*
Spanne - margen - *marge, écart* - margin, span - *margine*
Sparguthaben - ahorro - *épargne* - savings - *risparmio*
sparpagliamento - Ausbreitung - *dispersión* - déploiement, étalement - *sprawl, dispersal*
spartitraffico - Mittelstreifen - *banda divisoria* - berme, bande de séparation - *median*
spatial analysis - analisi territoriale - *Raumanalyse* - análisis del territorio, análisis territorial - *analyse du territoire*
spatial mobility - mobilità spaziale - *Beweglichkeit, räumliche* - movilidad espacial - *mobilité spatiale*
spazierengehen - dar una vuelta, dar un paseo - *promener, se* - go for a walk (to) - *fare una passeggiata*
spazio - Raum - *espacio* - espace - *space, area*
spazio abitabile - Wohnfläche - *espacio habitable* - espace habitable - *living area*
spazio aperto, a uso pubblico - Freiraum, öffentlicher - *espacio público* - espace public - *public open space*
spazio aperto racchiuso da edifici - Freiraum, von Gebäuden umschlossener - *espacio abierto delimitado por edificios* - espace ouvert délimité par des bâtiments - *open space enclosed by buildings*
spazzaneve - Schneepflug - *quitanieve* - chasseneige - *snow plough*
spazzatura - Müll - *basura, residuos* - ordures - *waste, refuse*
special land use - destinazioni speciali - *Sondernutzung* - usos especiales - *destination reservée*
special paving - pavimentazione speciale - *Pflasterung, besondere* - pavimiento especial - *pavage spécial*
special powers, authorities - poteri speciali -

Sondervollmachten - poderes especiales - *pouvoirs spéciaux*
specialisation - specializzazione - *Spezialisierung* - especialización - *spécialisation*
spécialisation - specialisation - *specializzazione* - Spezialisierung - *especialización*
specializzazione - Spezialisierung - *especialización* - spécialisation - *specialisation*
specific, allocated, earmarked grant - sovvenzione specifica - *Zuweisungen, zweckgebundene* - subvencion específica, vinculada - *subvention spécifique*
spécification des matériaux - plans and specifications - *requisiti dei materiali* - Baubeschreibung - *especificación de materiales*
specimen - campione - *Probe, Muster* - muestra - échantillon, spécimen
spéculateur - speculator - *speculatore* - Spekulant - *especulador*
spéculation foncière - land speculation - *speculazione fondiaria* - Bodenspekulation - *especulación del suelo*
speculator - speculatore - *Spekulant* - especulador - *spéculateur*
speculatore - Spekulant - *especulador* - spéculateur - *speculator*
speculazione fondiaria - Bodenspekulation - *especulación del suelo* - spéculation foncière - *land speculation*
speed of urban development - ritmo di urbanizzazione - *Tempo der städtebaulichen Entwicklung* - ritmo del desarrollo urbano - *rythme du développement urbain*
Spekulant - especulador - *spéculateur* - speculator - *speculatore*
spend (to) - spendere - *ausgeben* - gastar - *dépenser*
spendere - ausgeben - *gastar* - dépenser - *spend (to)*
spendings on leisure - spese per il tempo libero - *Ausgaben für Freizeitgestaltung* - gastos para esparcimiento - *dépenses pour les loisirs*
speranza di vita - Lebenserwartung - *esperanza de vida* - espoir de vie - *life expectancy*
Sperrmüllbehälter - basurero colectivo - *poubelle pour les déchets encombrants* - bulk refuse container, dumpster - *pattumiera collettiva*
Sperrpfosten - guardacantón, guardabarros - *borne* - concrete bollard - *paracarro*
spesa pubblica - Ausgaben, öffentliche - *gastos públicos* - dépenses publiques - *public expenditure*
spese aggiuntive - Mehrkosten - *costos, gastos suplementarios* - frais supplémentaires - *additional costs*
spese condominiali - Nebenkosten - *gastos comunes* - charges locatives additionnelles - *extra costs for common services*
spese correnti - Ausgaben, laufende - *gastos corrientes* - dépenses courantes - *current expenses*
spese d'equipaggiamento - Kapitalaufwendung - *gastos de inversión* - dépenses d'investissement - *capital expenditure*
spese d'esercizio - Betriebsausgaben - *gastos empresariales* - dépenses de fonctionnement - *operation expenditures, operating costs*
spese di manutenzione - Instandhaltungskosten - *gastos de mantenimiento* - dépenses d'entretien - *maintenance costs*
spese per il tempo libero - Ausgaben für Freizeitgestaltung - *gastos para esparcimiento* - dépenses pour les loisirs - *spendings on leisure*
spese per la produzione del reddito - Werbungskosten - *gastos de publicidad* - frais de publicité - *professional outlay, class A deduction*
spettro, gamma - Palette - *gama, espectro* - gamme, éventail - *range*
Spezialisierung - especialización - *spécialisation* - specialisation - *specializzazione*
sphère d'influence - sphere of influence - *sfera d'influenza* - Einflußsphäre - *esfera de influencia*
sphere of influence - sfera d'influenza - *Einflußsphäre* - esfera de influencia - *sphère d'influence*
spiaggia sabbiosa - Sandstrand - *playa arenosa* - plage, grève - *sandy beach*
spiaggia sassosa - Kieselstrand - *playa rocosa* - plage à galets - *pebble beach*
Spiel im Freien - juego al aire libre - *jeu en plein air* - outdoor game - *gioco all'aperto*
Spielplatz - plaza de juegos - *terraine, aire de jeux* - playground - *campo da gioco*
Spielregeln - reglas del juego - *règles du jeu* - rules of the game - *regole del gioco*
Spielzimmer - cuarto de juego - *salle de jeux* - playroom, games room - *stanza da gioco*
spillover - ripercussione - *Folge, Konsequenz* - consecuencia, repercusión - *conséquence, répercussion*

spillway, canal lock - sfioratore, chiusa - *Schleuse* - esclusa - *déversoir, écluse*
spin-off effect - effetto secondario - *Nebenwirkung* - efecto secundario - *effet secondaire*
spin-off, side effect - effetto trascinamento - *Folgewirkungen* - efecto consecuencial, efecto de arrastre - *effet d'entraînement*
Spitze - cima, cumbre - *pic* - peak - *cima, picco*
Spitzenstunde - hora punta - *heure de pointe* - peak, rush hour - *ora di punta*
split, cleavage - divisione, spaccatura - *Spaltung* - división - *scission, division*
split-level house - casa a piani sfalsati - *Staffelhaus, Haus mit versetzen Ebenen* - casa de diferentes niveles - *maison à demi-niveaux*
sponsor - promotore, fautore - *Förderer* - promotor - *protecteur, promoteur*
spopolamento - Entvölkerung - *despoblamiento* - dépeuplement - *depopulation*
sport facilities - attrezzature per l'educazione fisica - *Sporteinrichtungen* - instalaciones deportivas equipamiento deportivo - *équipements pour l'éducation physique*
sport field - campo sportivo - *Sportanlage* - campo deportivo - *terrain de sport*
Sportanlage - campo deportivo - *terrain de sport* - sport field - *campo sportivo*
Sporteinrichtungen - instalaciones deportivas equipamiento deportivo - *équipements pour l'éducation physique* - sport facilities - *attrezzature per l'educazione fisica*
spostamento - Verlagerung - *desplazamiento* - déplacement - *displacement, relocation*
spostamento da casa - Fahrt von der Wohnung - *desplazamiento de la casa* - déplacement depuis le domicile - *home-based trip*
spostamento obbligato - Fahrt möglich durch nur ein Verkehrsmittel - *desplazamiento obligatorio* - déplacement captif - *captive trip*
spostamento per lavoro - Fahrt im Berufsverkehr - *desplazamiento por trabajo* - déplacement pour le travail - *work trip*
spostare, rilocalizzare - auslagern - *relocalizar* - transporter ailleurs, mettre à l'abri - *relocate (to)*
Sprachraum - espacio linguìstico, región linguìstica - *région linguistique* - region where a language is spoken - *regione linguistica*
sprawl, dispersal - sparpagliamento - *Ausbreitung* - dispersión - *déploiement, étalement*
spreco delle risorse naturali - Vergeudung der natürlichen Ressourcen - *desperdicio de recursos naturales* - gaspillage des resources naturelles - *wastage of natural resources*
spur side street, road - strada secondaria di collegamento - *Nebenstraße, Verbindungsweg* - calle secundaria, de servicio - *voie de desserte*
Spurbreite (Straße) - ancho de vìas - *largeur de voie* - lane width - *larghezza di corsia*
Spurweite (Eisenbahn) - ancho del carril - *écartement* - gauge - *scartamento*
squadra - Mannschaft - *equipo* - équipe - *team*
square, place - piazza - *Platz* - plaza - *place*
squatter - squatter, illegal occupant - *occupante abusivo* - Besetzer, Ansiedler ohne Rechtstitel - *abusivo*
squatter, illegal occupant - occupante abusivo - *Besetzer, Ansiedler ohne Rechtstitel* - abusivo - *squatter*
staatlich gelenkt - controlado por el Estado - *contrôlé par l'Etat* - state-planned - *controllato dallo Stato*
Staatseinnahme - rentas de Estado, rentas públicas - *recettes de l'Etat* - public revenues - *entrate pubbliche*
Staatshaushalt - balance del Estado, balance fiscal - *bilan de l'Etat* - national budget - *bilancio dello stato*
Staatsverschuldung - deuda pública - *endettement de l'État, dette publique* - national debt, public debt - *debito pubblico*
stabilità - Festigkeit - *estabilidad* - stabilité - *stability*
stabilité - stability - *stabilità* - Festigkeit - *estabilidad*
stability - stabilità - *Festigkeit* - estabilidad - *stabilité*
Stadt - ciudad - *ville* - town, city - *città*
Stadtautobahn - autovìa urbana - *autoroute urbaine* - urban motorway - *autostrada urbana*
Stadtbaurat - ingeniero jefe - *chef des services d'urbanisme* - chief planning officer, planning director - *ingegnere capo*
Stadtbevölkerung - población urbana - *population urbaine* - urban population - *popolazione urbana*
Stadtbewohner - ciudadanos - *citadins* - towns people, city dwellers - *cittadini*
Stadtbild - imagen de la ciudad - *image de la ville* - image of the city - *immagine urbana*
Stadtbote - mensajero municipal - *messager municipal* - town messenger - *messo comu-*

nale
Stadtdirektor - secretario municipal, comunal - *sécretaire général* - city manager - *segretario comunale*
Städteballung - aglomeración urbana - *agglomération urbaine* - urban agglomeration, conurbation - *agglomerato urbano*
Städtebau - urbanismo - *urbanisme* - town planning - *urbanistica*
Städtebaumodell - esquema de urbanización - *schéma d'urbanisation* - patterns of urbanization - *schema d'urbanizzazione*
Städtebaurecht - derecho urbanìstico - *droit de l'urbanisme* - planning law - *diritto urbanistico*
Städteförderung - promoción de ciudades - *promotion des villes* - urban boosterism - *promozione urbana*
Städtenetz - red urbana - *réseau urbain* - urban network - *rete urbana*
Stadtentwicklung - desarollo urbano - *développement urbain* - urban development - *sviluppo urbano*
Stadtentwicklungsplan - plan de desarollo urbano - *plan de référence, plan de développement urbain* - structure plan, land use plan - *piano di sviluppo*
Stadtgebiet - área urbana - *zone urbaine* - local authority jurisdiction - *territorio comunale*
Stadtgemeinde, Innenstadt - centro, centro urbano - *commune urbaine, quartier central* - city - *città, quartieri centrali*
Stadtgraben - foso en torno a la ciudad - *fossé de la ville* - town moat - *fossato attorno alla città*
Stadtlandschaft - paisaje urbano - *paysage urbain* - townscape - *ambiente urbano*
Stadtmauer - muralla de la ciudad - *enceinte d'une ville* - city wall - *mura della città*
Stadtplaner, beratender - consultor urbanìstico - *urbaniste conseil* - town planning consultant - *consulente urbanistico*
Stadtplanungsbehörde - oficina de urbanìstica, delegado de urbanismo - *service, agence d'urbanisme* - local or urban planning authority - *ufficio urbanistico*
Stadtpolitik - polìtica urbana - *politique urbaine* - urban policy - *politica urbana*
Stadtrat, Ratsherr - asesor, concejal - *adjoint au maire* - alderman, deputy mayor - *assessore municipale*
Stadtregion - región urbana - *région urbaine* -

urban region - *regione urbana*
Stadtreinigung - limpieza pública - *ramassage des ordures ménagères* - garbage collection, refuse collection - *nettezza urbana*
Stadtsanierung - rehabilitación urbana - *rénovation urbaine* - urban renewal - *risanamento urbano*
Stadtsbeamter - empleado estatal, funcionario - *employé de l'Etat, functionaire de l'Etat* - civil servant - *statale (impiegato)*
Stadtteilrat - asociación de vecinos, junta de vecinos - *conseil de quartier* - neighbourhood council - *consiglio di quartiere*
Stadttyp - tipo de ciudad - *type de ville* - type of town - *tipo di città*
Stadtverordneter, Stadtrat - consejero municipal, concejal - *conseiller municipal* - town councillor - *consigliere municipale*
Stadtverwaltung - centro cìvico, ayuntamiento - *administration communale* - civic center, city hall - *uffici comunali, centro civico*
Stadtviertel, alt - barrio histórico - *quartier ancien* - old neighbourhood - *quartiere storico*
Stadtzentrum - centro ciudad, - *centre ville* - city centre - *centro città*
staff - organico - *Personal* - personal - *personnel*
Staffelhaus, Haus mit versetzen Ebenen - casa de diferentes niveles - *maison à demi-niveaux* - split-level house - *casa a piani sfalsati*
Staffelung - escalonamiento - *échelonnement* - staggering - *scaglionamento*
stage in development - fase di sviluppo - *Stufe der Entwicklung* - fase de desarrollo - *étape du processus*
staggered renewal - risanamento progressivo - *Sanierung, stufenweise* - renovación progresiva - *rénovation progressive*
staggering - scaglionamento - *Staffelung* - escalonamiento - *échelonnement*
stagione della caccia - Jagdzeit - *estación de caza, temporada de caza* - saison de la chasse - *hunting season*
stagno - Teich - *estanque* - étang - *pond, pool*
stairwell - vano scale - *Treppenhaus* - caja de escaleras - *cage d'escalier*
standard - valore indicativo - *Richtwert* - standard, valor indicativo - *valeur indicative*
standard, valor indicativo - valeur indicative - *standard* - valore indicativo - *Richtwert*
standard di superficie - Raumnormen - *normas*

de superficie - normes de surface - *space standards*
standard of living - tenore di vita - *Lebensstandard* - nivel de vida - *standing, niveau de vie*
Standesamt - oficina de registro civil - *bureau de l'état civil* - registry office - *ufficio anagrafico*
standing, niveau de vie - standard of living - *tenore di vita* - Lebensstandard - *nivel de vida*
Stand, Klasse - clase - *classe* - status, class - *ceto, classe*
Standort - localización - *localisation, emplacement* - location - *localizzazione*
Standortvorteil - ventajas de la ubicación - *rente de situation* - locational advantage - *vantaggi dell'ubicazione, rendita di posizione*
Standortwahl - elección del lugar - *choix de l'emplacement* - locational choice - *scelta localizzativa*
Standpunkt - punto de vista - *point de vue* - point of view - *punto di vista*
stanza - Stube - *cuarto, habitación, pieza* - salle, pièce - *room, parlor*
stanza da gioco - Spielzimmer - *cuarto de juego* - salle de jeux - *playroom, games room*
stanza di lavoro - Arbeitszimmer - *cuarto de trabajo* - local de travail, atelier, bureau - *study*
stanziare, erogare - bereitstellen - *poner a disposición* - affecter - *allocate (to)*
Startbahn - pista de despegue - *piste de décollage* - take-off runway - *pista di decollo*
Starthilfe - ayudas para nuevas iniciativas - *aide de démarrage* - front-end assistance - *aiuti per nuove iniziative*
starting position - punto di partenza - *Ausgangspunkt* - punto de partida - *point de départ*
start-up period - fase iniziale - *Anfangsphase* - fase inicial - *periode de démarrage*
statale (impiegato) - Stadtsbeamter - *empleado estatal, funcionario* - employé de l'Etat, fonctionaire de l'Etat - *civil servant*
state, condition - stato, condizione - *Beschaffenheit* - estado, condicion - *constitution, état*
state of affairs - stato di fatto - *Sachlage* - situación - *état de choses, situation*
state-of-the-art - attualizzato, aggiornato - *auf dem neuesten Stand* - puesto al dia - *actualisé, mis à jour*
state-planned - controllato dallo Stato - *staatlich gelenkt* - controlado por el Estado - *contrôlé par l'Etat*
station - stazione - *Bahnhof* - estación - *gare*
station balnéaire - seaside resort - *stazione balneare* - Seebadeort - *balneario*
station climatique - health resort - *stazione climatica* - Kurort - *estación climática, balneario*
station d'essai - pilot plant - *impianto pilota* - Versuchsanlage - *estación piloto*
station de pompage - waterworks, pumpstation - *stazione di pompaggio* - Wasserwerk, Pumpstation - *estación de bombeo*
station de sports d'hiver - winter sports resort - *stazione di sport invernali* - Wintersportplatz - *estación de invierno*
station service - service station - *stazione di rifornimento* - Tankstelle - *estación de servicio, gasolinera*
station thermale - spa (thermal) - *stazione termale* - Bad (Thermal) - *estación termal, termas*
stationnaire, constant - constant, continuous - *stazionario* - beständig - *estacionario, constante*
stationnement - parking - *parcheggio* - Parken - *estacionamiento*
stationnement couvert - car port - *parcheggio coperto* - Abstellplatz, überdachter - *garaje cubierto*
stationnement dans la rue - on-street parking - *parcheggio su carreggiata* - Parken auf der Straße - *parking en la calle*
stationnement en oblique - diagonal parking - *parcheggio in diagonale* - Schrägparken - *aparcamiento en diagonal*
stationnement interdit - no parking - *divieto di parcheggio* - Parken verboten - *prohibido aparcar, estacionamiento prohibido*
stationnement le long du trottoir - street, curbside parking - *parcheggio sul bordo* - Parken am Straßenrand - *parking al costado*
stationnement limité - meter parking - *parcheggio a tempo* - Parken an Parkuhren - *estacionamiento limitado*
stationnement perpendiculaire au trottoir - transverse parking - *parcheggio a pettine* - Querparken - *aparcamiento transversal*
statistica ufficiale - Statistik, amtliche - *estadìstica oficial* - statistique officielle - *official statistic*
statistical breakdown - disaggregazione statistica - *Aufteilung, statistische* - desagregación

estadìstica - *désagrégation statistique*
Statistik, amtliche - estadìstica oficial - *statistique officielle* - official statistic - *statistica ufficiale*
statistique officielle - official statistic - *statistica ufficiale* - Statistik, amtliche - *estadìstica oficial*
stato, condizione - Beschaffenheit - *estado, condicion* - constitution, état - *state, condition*
stato civile - Familienstand - *estado civil* - état matrimonial - *marital status*
stato di fatto - Sachlage - *situación* - état de choses, situation - *state of affairs*
status, class - ceto, classe - *Stand, Klasse* - clase - *classe*
status, rank - rango, grado - *Rang* - rango - *rang, classe, condition*
statut, règlement - rule, by-law articles - *statuto, regolamento* - Satzung, Geschäftsordnung - *estatuto, reglamento*
statute-barred - in prescrizione - *verjährt* - prescripto - *en prescription*
statuto, regolamento - Satzung, Geschäftsordnung - *estatuto, reglamento* - statut, règlement - *rule, by-law articles*
stazionario - beständig - *estacionario, constante* - stationnaire, constant - *constant, continuous*
stazione - Bahnhof - *estación* - gare - *station*
stazione appaltante - Bauträger - *responsable de la construcción* - maître d'ouvrage - *builder*
stazione balneare - Seebadeort - *balneario* - station balnéaire - *seaside resort*
stazione climatica - Kurort - *estación climática, balneario* - station climatique - *health resort*
stazione di polizia - Polizeiwache - *cuartel de policìa* - gendarmerie - *police station*
stazione di pompaggio - Wasserwerk, Pumpstation - *estación de bombeo* - station de pompage - *waterworks, pumpstation*
stazione di rifornimento - Tankstelle - *estación de servicio, gasolinera* - station service - *service station*
stazione di sport invernali - Wintersportplatz - *estación de invierno* - station de sports d'hiver - *winter sports resort*
stazione termale - Bad (Thermal) - *estación termal, termas* - station thermale - *spa (thermal)*
stazione terminale - Endbahnhof - *estación*

terminal - terminus - *terminal*
steady, fixed - fisso - *fest* - fijo - *fixe*
steep bank - argine ripido - *Steilufer* - dique escarpado - *talus raide*
Steigung, maximale - pendiente máxima - *pente maximale* - maximum gradient - *pendenza massima*
Steilufer - dique escarpado - *talus raide* - steep bank - *argine ripido*
steinig - rocoso - *caillouteux* - stony - *pietroso, ciottoloso*
Steinschlag - caìda de piedras - *chute de pierres* - falling rocks - *caduta sassi*
Stelle - puesto - *place, poste* - place, post - *posto*
Stellplatzrichtwert - normas para el parking - *normes pour le stationnement* - parking standards - *norme per il parcheggio*
Stellung - posición - *position* - position - *posizione*
stencil, template - mascherina, sagoma - *Schablone* - plantillas, chablón - *patron, gabarit*
step by step, in stages - gradualmente - *stufenweise* - gradualmente, progresivamente - *graduellement, progressivement*
Sterberate - tasa de mortalidad - *taux de mortalité* - death rate - *tasso di mortalità*
Sterbeüberschuss - decrecimiento natural de la población - *diminution naturelle de la population* - natural population decrease - *decremento naturale della popolazione*
stesura - Aufsetzen (eines Textes) - *redacción, rédaction* - *draft*
Steuer, Gebühr - impuesto, tasa, contribución - *impôt, droits, taxe* - tax, fee - *imposta, tassa*
Steueraufkommen - recaudación fiscal - *recettes fiscales, revenus fiscaux* - tax revenue - *gettito fiscale*
Steuerbelastung - gravámen fiscal - *charge des impôts* - burden of taxation - *gravame fiscale*
Steuererleichterung - reducción fiscal - *allégements fiscaux* - tax reduction - *sgravi fiscali*
Steuerhinterziehung - evasión fiscal - *évasion fiscale* - tax evasion - *evasione fiscale*
Steuerzahler - contribuyente - *contribuable* - tax payer - *contribuente*
Stichprobenerhebung - muestreo, censo por muestra - *recensement par sondage* - sample survey - *sondaggio campionario*
Stichtag - fecha tope, plazo - *date fixée* - qualifying date, deadline - *giorno fissato*
Stiftung - fundación - *fondation* - foundation - *fondazione*

Stillegung einer Bahnstrecke - cierre de un ramal ferroviario - *désaffectation d'un tronçon ferroviaire* - railway abandonment - *soppressione di una tratta ferroviaria*
stima - Schätzung - *estima, estimación* - estimation - *estimation*
Stimme - voto - *vote* - vote - *voto*
stimolare l'economia - Wirtschaft anregen - *estimular la economìa* - stimuler l'économie - *stimulate the economy (to)*
stimulant, incitation - incentive, stimulus - *incentivo* - Anreiz - *incentivo, estìmulo*
stimulate the economy (to) - stimolare l'economia - *Wirtschaft anregen* - estimular la economìa - *stimuler l'économie*
stimuler l'économie - stimulate the economy (to) - *stimolare l'economia* - Wirtschaft anregen - *estimular la economìa*
stipendio - Gehalt - *sueldo, paga* - salaire, traitement - *salary*
stipulation - transaction, conclusion - *stipulazione* - Abschluß - *estipulación*
stipulazione - Abschluß - *estipulación* - stipulation - *transaction, conclusion*
stiva, area di carico - Laderaum - *bodega, depósito* - cale - *storage space*
stocks, inventory - provviste, riserve - *Vorräte* - stocks, reserva - *provisions, réserves*
stocks, reserva - provisions, réserves - *stocks, inventory* - provviste, riserve - *Vorräte*
Stockwerk, Etage - planta - *étage* - story, floor - *piano*
stony - pietroso, ciottoloso - *steinig* - rocoso - *caillouteux*
stopping place - area di ristoro - *Rastplatz* - area de descanso - *aire de repos*
storage space - stiva, area di carico - *Laderaum* - bodega, depósito - *cale*
story, floor - piano - *Stockwerk, Etage* - planta - *étage*
strada a pedaggio - Mautstraße - *autovìa de peaje* - route à péage - *toll road*
strada alberata - Straße, baumbestandene - *calle con árboles* - rue plantée d'arbres - *tree-lined street*
strada alla moda - Prachtstraße - *calle de moda* - rue représentative - *fashionable street*
strada chiusa al traffico motorizzato - Straße, für Motorfahrzeuge gesperrte - *calle cerrada al tráfico de vehìculos* - rue fermée à la circulation automobile - *street closed to motor vehicles*

strada con edifici allineati lungo i lati - Straße, beidseitig bebaute - *calles con edificios alineados a los dos lados* - route construite des deux côtés - *street with buildings on both sides*
strada di accesso - Anliegerstraße - *camino de acceso, calle de acceso* - rue de desserte locale - *access road, street*
strada di scorrimento veloce - Schnellverkehrsstraße - *vìa de alta velocidad* - voie rapide - *high-speed road, major street artery*
strada di servizio - Anlieferungsstraße - *via de servicio* - voie de service - *service road*
strada di transito - Durchgangsstraße - *vìa de transito* - route de transit - *thoroughfare*
strada ghiaiosa - Kiesweg - *camino de grava* - route en gravier - *gravel road*
strada in galleria - Straßentunnel - *túnel* - route en tunnel - *road tunnel*
strada in trincea - Straße im Einschnitt - *desmonte recorte* - route en déblai, tranchée - *road in a cut*
strada non asfaltata - Straße, unbefestigte - *camino sin pavimentar* - route non goudronnée - *unsurfaced road*
strada pedonale - Fußgängerstraße - *calle peatonal* - rue piétonnière - *pedestrian street*
strada principale - Hauptstraße - *calle principal* - route principale - *trunk road, main street, major throughfare*
strada radiale - Radialstraße - *calle radial* - route radiale - *radial road*
strada secondaria di collegamento - Nebenstraße, Verbindungsweg - *calle secundaria, de servicio* - voie de desserte - *spur side street, road*
strada statale - Bundesfernstraße - *carretera estatal carretera nacional* - route nationale - *federal highway, national motorway*
Strahlenbelastung - efectos de radiación - *effets de radiation* - exposure to radiation - *compromissione da radiazioni*
straight - dritto - *gerade* - recto, derecho - *droit*
straight stretch of road - rettilineo stradale - *Straßenabschnitte, schnurgerade* - recta de la carretera - *tronçon de route droite*
strait - stretto marino - *Meerenge* - estrecho - *détroit*
straripamento - Übertreten (Wasser) - *desborde, desbordamiento* - débordement - *overflowing*
strategia dell'immobilismo - Nichts-tun-Strategie - *estrategia del inmovilismo* - stratégie

de l'immobilisme - *sit and wait strategy*
strategia di investimento - Anlagestrategie - *estrategia de inversión* - stratégie des investissements - *investment strategy*
strategic plan - piano di massima, di inquadramento - *Rahmenplan* - plan estratégico - *plan cadre*
stratégie de l'immobilisme - sit and wait strategy - *strategia dell'immobilismo* - Nichtstun-Strategie - *estrategia del inmovilismo*
stratégie des investissements - investment strategy - *strategia di investimento* - Anlagestrategie - *estrategia de inversión*
Straße, baumbestandene - calle con árboles - *rue plantée d'arbres* - tree-lined street - *strada alberata*
Straße, beidseitig bebaute - calles con edificios alineados a los dos lados - *route construite des deux côtés* - street with buildings on both sides - *strada con edifici allineati lungo i lati*
Straße, für Motorfahrzeuge gesperrte - calle cerrada al tráfico de vehículos - *rue fermée à la circulation automobile* - street closed to motor vehicles - *strada chiusa al traffico motorizzato*
Straße, unbefestigte - camino sin pavimentar - *route non goudronnée* - unsurfaced road - *strada non asfaltata*
Straße im Einschnitt - desmonte recorte - *route en déblai, tranchée* - road in a cut - *strada in trincea*
Straßen in die Umgebung einbinden - insertar las calles en su ambiente - *intégrer les routes dans leur environnement* - fit (to) roads into their settings - *inserire le strade nel loro ambiente*
Straßen vom Verkehr abriegeln - prohibido circular, prohibida la circulación - *fermer les routes à la circulation* - close (to) the streets to vehicles - *chiudere le strade al traffico*
Straßenabschnitt - sección de una calle - *coupe d'une rue* - section of road - *sezione stradale*
Straßenabschnitte, schnurgerade - recta de la carretera - *tronçon de route droite* - straight stretch of road - *rettilineo stradale*
Straßenanschluß - acceso a la carretera - *accès routier* - road access - *accesso stradale*
Straßenbahn - tranvìa - *tramway* - trolley, tram - *tram*
Straßenbegleitgrün - vegetación a la orìlla - *végétation aux côtés des rues* - roadside vegetation - *strisce a verde ai lati delle strade*

Straßenbegrenzungslinie - margen de la carretera - *côté de la route* - road boundary, street line - *bordo della strada*
Straßengabelung - bifurcación - *bifurcation* - road fork, "Y" - *biforcazione*
Straßenmöblierung - mobiliario urbano - *mobilier urbain* - street furniture - *arredo urbano*
Straßennetz - red viaria - *réseau de voirie* - road network - *rete stradale*
Straßenniveau, auf - a nivel de la calle - *au niveau de la rue* - at street level - *a livello stradale*
Straßenreinigungsdienst - servicio de limpieza urbana - *service de nettoiement des rues* - street cleaning service - *servizio di nettezza urbana*
Straßenrennen - carreras en carretera - *courses sur route* - road race - *corse su strada*
Straßentransport - transporte por carretera - *transport routier* - road transport - *trasporto su strada*
Straßentrasse - trazado de un camino - *tracé d'une route* - layout of road - *tracciato di una strada*
Straßentunnel - túnel - *route en tunnel* - road tunnel - *strada in galleria*
Straßenverbindung - enlace de carreteras - *liaison routière* - road link - *collegamento stradale*
Straßenverkehr - circulatión por carretera - *trafic routier* - road traffic - *circolazione stradale*
Straßenverkehrstechnik - técnica de la circulación por carretera - *technique de la circulation routière* - traffic engineering - *tecnica della circolazione stradale*
stream - corriente - *Strom* - corriente - *courant*
stream gradient of a river - pendenza di un corso d'acqua - *Flußgefälle* - pendiente de un curso de agua - *pente d'un cours d'eau*
stream line - linea di deflusso - *Stromlinie* - lìnea de escurrimiento de aguas - *ligne d'écoulement*
stream-borne sediments - sedimentazione fluviale - *Gesteinsmaterial, vom Fluß mitgeführtes* - sedimentación fluvial - *sédiments chariés par les fleuves*
street cleaning service - servizio di nettezza urbana - *Straßenreinigungsdienst* - servicio de limpieza urbana - *service de nettoiement des rues*

street closed to motor vehicles - strada chiusa al traffico motorizzato - *Straße, für Motorfahrzeuge gesperrte* - calle cerrada al tráfico de vehìculos - *rue fermée à la circulation automobile*
street furniture - arredo urbano - *Straßenmöblierung* - mobiliario urbano - *mobilier urbain*
street lighting - illuminazione pubblica - *Beleuchtung, städtische* - iluminación pública - *éclairage public*
street with buildings on both sides - strada con edifici allineati lungo i lati - *Straße, beidseitig bebaute* - calles con edificios alineados a los dos lados - *route construite des deux côtés*
street, curbside parking - parcheggio sul bordo - *Parken am Straßenrand* - parking al costado - *stationnement le long du trottoir*
Streik - huelga - *grève* - strike - *sciopero*
Streit - controversia, pleito - *différend* - dispute - *vertenza*
Streitigkeit - conflicto - *conflit* - strife, conflict - *conflittualità*
stretto - eng - *estrecho, angosto* - étroit - *narrow*
stretto marino - Meerenge - *estrecho* - détroit - *strait*
Streusiedlung - construcciones aisladas, dispersas - *urbanisation dispersée, mitage* - scattered settlement - *insediamento sparso*
Streuung - despedida, despido - *dispersion, diffusion* - dispersal, spread - *dispersione, diffusione*
strife, conflict - conflittualità - *Streitigkeit* - conflicto - *conflit*
strike - sciopero - *Streik* - huelga - *grève*
strip cultivation - coltivazione a fasce - *Bewirtschaftung in schmalen Landstreifen* - cultivo en bandas - *culture en bandes*
strisce a verde ai lati delle strade - Straßenbegleitgrün - *vegetación a la orìlla* - végetation aux côtés des rues - *roadside vegetation*
striscia di mezzeria - Mittellinie - *lìnea axial* - ligne axiale - *centre line*
striscia di verde - Grünzug - *franja de jardìn* - coulée de verdure - *green wedge*
Strom - corriente - *courant* - stream - *corrente*
Stromlinie - lìnea de escurrimiento de aguas - *ligne d'écoulement* - stream line - *linea di deflusso*
Stromnetz - red eléctrica - *réseau de distribution de l'électricité* - electricity network - *rete elettrica*
strozzatura - Engpass - *embotellamiento, estrangulamiento* - goulet d'étranglement - *bottleneck*
structural change - modificazioni strutturali - *Strukturwandel* - cambio estructural - *changement de structure*
structural data - dati strutturali - *Strukturdaten* - datos estructurales - *données structurelles*
structural repairs - riparazioni strutturali - *Instandsetzungsarbeiten, strukturelle* - reparaciones estructurales - *réparation de structure*
structure - structure, pattern - *struttura, ossatura* - Gefüge, Struktur - *estructura*
structure, pattern - struttura, ossatura - *Gefüge, Struktur* - estructura - *structure*
structure de consommation - consumption pattern - *struttura dei consumi* - Konsumgewohnheiten - *estructura de consumos*
structure de la proprieté - ownership structure - *struttura proprietaria* - Eigentumsverhältnisse - *estructura de la propiedad*
structure du sol - soil structure - *struttura del suolo* - Bodenaufbau - *estructura del suelo*
structure par âge et par sexe - age-sex distribution - *distribuzione per età e sesso* - Alters- und Geschlechtsstruktur - *clasificación según edades y sexos*
structure plan, land use plan - piano di sviluppo - *Stadtentwicklungsplan* - plan de desarollo urbano - *plan de référence, plan de développement urbain*
structure tarifaire - rate structure - *struttura tariffaria, salariale* - Tarifstruktur - *estructura salarial*
Strukturdaten - datos estructurales - *données structurelles* - structural data - *dati strutturali*
Strukturwandel - cambio estructural - *changement de structure* - structural change - *modificazioni strutturali*
strumento urbanistico - Instrumentarium, städtebauliches - *instrumento urbanìstico* - instrument d'urbanisme - *town planning instrument*
struttura dei consumi - Konsumgewohnheiten - *estructura de consumos* - structure de consommation - *consumption pattern*
struttura del suolo - Bodenaufbau - *estructura del suelo* - structure du sol - *soil structure*
struttura proprietaria - Eigentumsverhältnisse - *estructura de la propiedad* - structure de

la proprieté - *ownership structure*
struttura tariffaria, salariale - Tarifstruktur - *estructura salarial* - structure tarifaire - *rate structure*
struttura, ossatura - Gefüge, Struktur - *estructura* - structure - *structure, pattern*
Stube - cuarto, habitación, pieza - *salle, piéce* - room, parlor - *stanza*
Stück - unidad, pieza - *pièce* - item, piece - *pezzo, unità*
studio - study-bedroom, studio apartment - *monolocale* - Apartment - *estudio, apartamento*
studio di fattibilità - Durchführbarkeitsstudie, Machbarkeitsstudie - *estudio de factibilidad* - étude de faisabilité - *feasibility study*
study - stanza di lavoro - *Arbeitszimmer* - cuarto de trabajo - *local de travail, atelier, bureau*
study-bedroom, studio apartment - monolocale - *Apartment* - estudio, apartamento - *studio*
Stufe der Entwicklung - fase de desarrollo - *étape du processus* - stage in development - *fase di sviluppo*
stufenweise - gradualmente, progresivamente - *graduellement, progressivement* - step by step, in stages - *gradualmente*
Stütze - sostén - *soutien* - prop - *sostegno*
su commissione, fatto apposta - im Auftrag, kundenspezifisch - *por encargo* - sur commande, exprès - *customized*
su misura - nach Maß - *a la medida* - sur mesure - *tailor-made*
su più livelli - niveaufrei - *a varios niveles* - denivelé - *grade-separeted*
subaffittare - untervermieten - *subarrendar* - sous-louer - *sublet (to)*
subaffittuario - Untermieter - *subarrendatario* - sous-locataire - *subtenant*
subarrendar - sous-louer - *sublet (to)* - subaffittare - *untervermieten*
subarrendatario - sous-locataire - *subtenant* - subaffittuario - *Untermieter*
subdesarrollado, atrasado - arriéré, en retard - *backward* - arretrato, sottosviluppato - *zurückgeblieben*
subempleo - sous-emploi - *underemployment* - sottoccupazione - *Unterbeschäftigung*
subida de precios - augmentation des prix - *price rise* - aumento dei prezzi - *Preisanstieg*
Subjektförderung (Wohnen) - crédito personal para la construcción - *aide personnalisée au logement* - housing allowance - *aiuto personalizzato per l'edilizia*
sublet (to) - subaffittare - *untervermieten* - subarrendar - *sous-louer*
Submission - oferta de contrato - *soumission, offre* - tender, bid - *offerta d'asta, di concorso*
Submissionsbedingungen - especificaciones - *cahier des charges* - conditions of bid - *capitolato d'appalto*
subpoblado - sous-peuplement - *underpopulation* - sottopopolamento - *Unterbevölkerung*
subregional plan - piano intercomunale - *Plan, interkommunaler* - plan intermunicipal, plan intercomunal - *plan intercommunal*
subsidence - mining damage - *subsidenza* - Bergschaden - *daños provocados por trabajos en minas*
subsidenza - Bergschaden - *daños provocados por trabajos en minas* - subsidence - *mining damage*
subsides - mezzi finanziari per l'incentivazione - *Fördermittel* - subvenciones - *subventions*
subsidio, subvención - allocation, aide - *subsidy, assistance* - sussidio, sovvenzione - *Beihilfe*
subsidio de funcionamento - subvention de fonctionnement - *subsidy of operations* - sovvenzione d'esercizio - *Betriebssubvention*
subsidio de la vivienda - subvention à l'habitat, aide à la pierre - *building subsidy, grant* - contributi per l'edilizia - *Wohnungsbausubvention*
subsidio de paro - allocation de chômage - *unemployment compensation* - sussidio di disoccupazione - *Arbeitslosengeld*
subsidio individual, subsidio familiar - aide à la personne, aide individualisée - *individual or family assistance* - sussidio individuale o familiare - *Individual- oder Familienbeihilfe*
subsidio para la mejora del habitat - prime d'amélioration de l'habitat - *subsidy for urban renewal* - sussidio per il risanamento dell'habitat - *Sanierungsbeihilfe*
subsidios de traslado - primes de déménagement - *house removal allowances, moving allowances* - sussidi al trasloco - *Umzugsbeihilfen*
subsidios familiares - allocations familiales - *child allowance* - assegni familiari - *Kindergeld*
subsidy, assistance - sussidio, sovvenzione -

Beihilfe - subsidio, subvención - *allocation, aide*
subsidy for urban renewal - sussidio per il risanamento dell'habitat - *Sanierungsbeihilfe* - subsidio para la mejora del habitat - *prime d'amélioration de l'habitat*
subsidy of operations - sovvenzione d'esercizio - *Betriebssubvention* - subsidio de funcionamento - *subvention de fonctionnement*
subsistence level - livello di sussistenza - *Existenzminimum* - nivel de subsistencia - *minimum vital*
subtenant - subaffittuario - *Untermieter* - subarrendatario - *sous-locataire*
suburb - periferia - *Peripherie* - periferìa, suburbio - *banlieue*
suburban municipalities - comuni della cintura - *Umlandgemeinde* - comunas sub-urbanas - *communes de banlieue*
suburban ring - anello suburbano - *Ring von Vororten* - cinturón periférico - *couronne suburbaine*
suburbanite - abitante in periferia - *Vorstadtbewohner* - habitante suburbano, habitante de las afueras - *banlieusard*
subvención, subsidio - subvention, aide - *allowance, grant* - sovvenzione, contributo - *Zuschuß*
subvencion especìfica, vinculada - subvention spécifique - *specific, allocated, earmarked grant* - sovvenzione specifica - *Zuweisungen, zweckgebundene*
subvención máxima - plafond pour l'attribution d'aide - *ceiling for subsides, upper limit for a grant* - tetto massimo per le sovvenzioni - *Förderungsobergrenze*
subvenciones - subventions - *subsides* - mezzi finanziari per l'incentivazione - *Fördermittel*
subvention, aide - allowance, grant - *sovvenzione, contributo* - Zuschuß - *subvención, subsidio*
subvention de fonctionnement - subsidy of operations - *sovvenzione d'esercizio* - Betriebssubvention - *subsidio de funcionamento*
subvention à l'habitat, aide à la pierre - building subsidy, grant - *contributi per l'edilizia* - Wohnungsbausubvention - *subsidio de la vivienda*
subvention spécifique - specific, allocated, earmarked grant - *sovvenzione specifica* - Zuweisungen, zweckgebundene - *subvencion especìfica, vinculada*

subventions - subsides - *mezzi finanziari per l'incentivazione* - Fördermittel - *subvenciones*
sub-standard - sottostandard - *minderwertig* - de calidad inferior - *de qualité inférieure*
suddividere - verteilen - *repartir, subdividir* - répartir - *apportion (to)*
suddivisione per taglia - Verteilung nach Größe - *clasificación por medidas* - répartition par taille - *size distribution*
sueldo, paga - salaire, traitement - *salary* - stipendio - *Gehalt*
suelo - sol - *soil* - suolo - *Boden*
suelo sin destino - zone sans affectation - *land not zoned for development* - suolo senza destinazione d'uso - *Zone, nicht für eine Entwicklung bestimmte*
suggerencia - tuyau, conseil - *hint, pointer, tip* - suggerimento - *Tip, Rat*
suggerimento - Tip, Rat - *suggerencia* - tuyau, conseil - *hint, pointer, tip*
suitability, fitness - vocazione - *Bestimmung, Eignung* - vocación - *vocation*
suitable - adatto - *geeignet* - conforme, adecuado - *approprié*
sul posto - vor Ort - *en terreno* - sur place - *on the spot*
Sumpf - pantano - *marais* - marsh - *palude*
suolo - Boden - *suelo* - sol - *soil*
suolo senza destinazione d'uso - Zone, nicht für eine Entwicklung bestimmte - *suelo sin destino* - zone sans affectation - *land not zoned for development*
superficie edificada - zone construite - *built-up area* - area edificata - *Fläche, bebaute*
superficie neta construida - surface nette - *net site area* - superficie netta - *Nettobaufläche*
superficie netta - Nettobaufläche - *superficie neta construida* - surface nette - *net site area*
superficie residencial, solar residencial - terrain à usage résidentiel - *land for housing* - superficie residenziale - *Wohnbaufläche*
superficie residenziale - Wohnbaufläche - *superficie residencial, solar residencial* - terrain à usage résidentiel - *land for housing*
superficie terrestre - surface terrestre - *land surface* - superficie terrestre - *Oberfläche des Landes*
superficie terrestre - Oberfläche des Landes - *superficie terrestre* - surface terrestre - *land surface*
superpoblación - surpeuplement - *overpopula-*

tion - sovrappopolamento - *Überbevölkerung*
supervised - custodito - *beaufsichtigt* - vigilado - *surveillé*
supervisory authority - autorità tutelare - *Aufsichtsbehörde* - autoridad tutelar, de control - autorité de tutelle
supervisory board, board of trustees - collegio dei sindaci, consiglio d'amministrazione - *Aufsichtsrat* - consejo de vigilancia, de administración - *conseil de surveillance, d'administration*
supply - offerta - *Angebot* - oferta - *offre*
supply (to) - fornire - *liefern* - abastecer - *fournir*
supply, service delivery - approvvigionamento - *Versorgung* - aprovisionamiento - *fourniture, ravitaillement*
support - appoggio, sostegno - *Unterstützung* - apoyo, sostén - *appui, soutien*
sur commande, exprès - customized - *su commissione, fatto apposta* - im Auftrag, kundenspezifisch - *por encargo*
sur mesure - tailor-made - *su misura* - nach Maß - *a la medida*
sur place - on the spot - *sul posto* - vor Ort - *en terreno*
surabondance - abundance - *sovrabbondanza* - Überfluß - *abundancia*
surface nette - net site area - *superficie netta* - Nettobaufläche - *superficie neta construida*
surface terrestre - land surface - *superficie terrestre* - Oberfläche des Landes - *superficie terrestre*
surface water - acque di superficie - *Oberflächenwasser* - aguas superficiales - *eaux de surface*
surpeuplement - overpopulation - *sovrappopolamento* - Überbevölkerung - *superpoblación*
surroundings, vicinity - dintorni - *Umgebung* - entorno, alrededores - *alentours, environs*
surveillant, garde - overseer, guard - *sorvegliante* - Aufseher - *vigilante, guardia*
surveillé - supervised - *custodito* - beaufsichtigt - *vigilado*
survey, study - indagine - *Untersuchung* - pesquisa, investigación - *recherche*
sussidi al trasloco - Umzugsbeihilfen - *subsidios de traslado* - primes de déménagement - *house removal allowances, moving allowances*

sussidio di disoccupazione - Arbeitslosengeld - *subsidio de paro* - allocation de chômage - *unemployment compensation*
sussidio per il risanamento dell'habitat - Sanierungsbeihilfe - *subsidio para la mejora del habitat* - prime d'amélioration de l'habitat - *subsidy for urban renewal*
sussidio individuale o familiare - Individual- oder Familienbeihilfe - *subsidio individual, subsidio familiar* - aide à la personne, aide individualisée - *individual or family assistance*
sussidio, sovvenzione - Beihilfe - *subsidio, subvención* - allocation, aide - *subsidy, assistance*
Süßwasser - agua dulce - *eau douce* - fresh water - *acqua dolce*
svalutazione - Abwertung - *devalutación* - dépréciation, dévaluation - *devaluation*
svantaggio - Nachteil - *desventaja* - désavantage - *disadvantage*
sventramento - Durchbruch - *destripamiento, excavación* - éventrement, percement - *breaking thorough, piercing*
sviluppare - entwickeln - *desarollar* - développer - *develop (to)*
sviluppo assiale - Wachstum, achsiales - *crecimiento axial* - croissance axiale - *axial growth*
sviluppo urbano - Stadtentwicklung - *desarollo urbano* - développement urbain - *urban development*
svincolo autostradale - Autobahnknotenpunkt - *nudo autoviario* - échangeur d'autoroute - *motorway interchange*
svolta - Wendung - *viraje, vuelta* - retournement, virage - *turn*
switching - mutamenti sociali - *Umschichtung* - cambio social - *bouleversement social*
sylviculture - forestry - *forestcultura* - Forstwirtschaft - *silvicultura*
syndicat (de travailleurs) - trade union - *sindacato* - Gewerkschaft - *sindicato*
syndicat pour la bonification - agricultural development association - *consorzio di bonifica* - Meliorationsverband - *consorcio de desarrollo agrìcola*
Syndicat Intercommunal à Vocations Multiples (S.I.V.O.M.) - association of municipalities for the provision of several services - *consorzio polivalente* - Zweckverband, interkommunaler - *consorcio polivalente*
système de comptabilité - accounting system -

sistema di contabilità - Buchhaltungs-, Buchführungssystem - *sistema de contabilidad*

système d'irrigation - irrigation system - *sistema d'irrigazione* - Bewässerungssystem - *sistema de riego*

système économique - economic system - *sistema economico* - Wirtschaftssystem - *sistema económico*

Szenarium - escenarios, perspectivas - *prospective, scénario* - scenario - *prospettiva, scenario*

T

tableau professionel - professional register - *albo professionale* - Berufsregister - *guìa profesional*
Tagesordnung des Gemeinderates - orden del dìa del concejo municipal - *ordre du jour du conseil municipal* - agenda for a town council meeting - *ordine del giorno del consiglio municipale*
tagliando, cedola - Abschnitt, Schein - *cupón, talón* - coupon, talon - *coupon, stub, counterfoil*
taglio nel bilancio - Haushaltskürzung - *reducción presupuestaria* - réduction budgétaire - *budget cut*
Tagung - convenio - *colloque* - meeting - *convegno*
taille du logement - size of dwelling - *dimensione dell'alloggio* - Wohnungsgröße - *dimensión de la vivienda*
tailor-made - su misura - *nach Maß* - a la medida - *sur mesure*
take-off runway - pista di decollo - *Startbahn* - pista de despegue - *piste de décollage*
Talboden - fondo de un valle - *fond de vallée* - valley floor - *fondo valle*
talento, abilidad, aptitud - aptitude, capacité - skill - abilità, capacità - *Fähigkeit*
taller - atelier - *workshop* - officina - *Werkstatt*
talus de protection - berm, bank of earth - *banchina di terra* - Erdwall - *terraplén*
talus raide - steep bank - *argine ripido* - Steilufer - *dique escarpado*
Tanker - petrolero - *pétrolier* - oil tanker - *petroliera*
Tankstelle - estación de servicio, gasolinera - *station service* - service station - *stazione di rifornimento*
tappeto erboso - Rasenfläche - *césped* - gazon - *lawn*
tarea, deber - devoir, tâche - *task, assignement* - compito, incarico - *Aufgabe*
targa automobilistica - Kraftfahrzeugkennzeichen - *placa de matrìcula* - plaque d'immatriculation, minéralogique - *registration number, car licence plate*
target group - gruppo bersaglio - *Zielgruppe* - grupo en cuestión - *groupe-cible*
tarifa, impuesto - imposition - *duty, fee* - tributo - *Abgabe*
tariffa di parcheggio - Parkgebühr - *tasa de aparcamiento, tarifa de aparcamiento* - taxe de stationnement - *parking fee*
Tarifstruktur - estructura salarial - *structure tarifaire* - rate structure - *struttura tariffaria, salariale*
tasa de aparcamiento, tarifa de aparcamiento - taxe de stationnement - *parking fee* - tariffa di parcheggio - *Parkgebühr*
tasa de cambio - taux du change - *exchange relation* - tasso di scambio - *Währungsrelation*
tasa de fecundidad - taux de fécondité - *fertility rate* - tasso di fecondità - *Fruchtbarkeitsziffer*
tasa de interés sobre un préstamo - taux d'emprunt - *lending rate* - tasso di prestito - *Zinssatz für Darlehen*
tasa de interés - taux d'intérêt - *interest rate* - tasso di interesse - *Zinssatz für Einlagen*
tasa de mortalidad - taux de mortalité - *death rate* - tasso di mortalità - *Sterberate*
tasa de reemplazo anual - taux annuel de remplacement - *annual rate of replacement* - tasso

di rimpiazzo annuo - *Ersatzrate, jährliche*
tasa de variación diaria - taux de variation journalière - *day-to-day variation factor* - variazione giornaliera - *Veränderungsfaktor, täglicher*
tasa inmobiliaria, impuesto inmobiliario - taxe immobilière, impôt foncier - *property tax* - tassa immobiliare, imposta fondiaria - *Grundsteuer*
tasa, derechos - droits, taxe - *fee, charge* - diritti, canone, tariffa - *Gebühr*
task force - unità speciale - *Sonderkommando* - comando, unidad de tareas especiales - *unité d'emploi spécial*
task, assignement - compito, incarico - *Aufgabe* - tarea, deber - *devoir, tâche*
tassa immobiliare, imposta fondiaria - Grundsteuer - *tasa inmobiliaria, impuesto inmobiliario* - taxe immobilière, impôt foncier - *property tax*
tassa sul reddito - Einkommensteuer - *impuesto sobre la renta* - impôt sur le revenu - *income tax*
tasso di cambio - Wechselkurs - *curso de cambio* - cours du change - *rate of exchange*
tasso di disoccupazione - Arbeitslosenquote - *porcentaje de paro* - taux de chômage - *unemployment rate*
tasso di fecondità - Fruchtbarkeitsziffer - *tasa de fecundidad* - taux de fécondité - *fertility rate*
tasso di formazione di nuovi nuclei familiari - Rate der Haushaltsbildungen - *ìndice porcental de formación de nuevos núcleos familiares* - taux de formation de ménages - *rate of new household formation*
tasso di interesse - Zinssatz für Einlagen - *tasa de interés* - taux d'intérêt - *interest rate*
tasso di mortalità - Sterberate - *tasa de mortalidad* - taux de mortalité - *death rate*
tasso di natalità - Geburtenrate - *porcentaje de natalidad* - taux de natalité - *birth rate*
tasso di prestito - Zinssatz für Darlehen - *tasa de interés sobre un préstamo* - taux d'emprunt - *lending rate*
tasso di rimpiazzo annuo - Ersatzrate, jährliche - *tasa de reemplazo anual* - taux annuel de remplacement - *annual rate of replacement*
tasso di scambio - Währungsrelation - *tasa de cambio* - taux du change - *exchange relation*
tasso di sviluppo - Wachstumsrate - *nivel de crecimiento* - taux de croissance - *growth rate*

Tätigkeiten nach Feierabend - actividades extralaborales - *activités après le travail* - afterwork activities - *attività svolte dopo il lavoro*
Tau - rocìo - *rosée* - dew - *rugiada*
taudis - slum - *tugurio* - Elendswohnung - *casucho*
Tauschwert - valor de cambio - *valeur d'échange* - exchange value - *valore di scambio*
taux annuel de remplacement - annual rate of replacement - *tasso di rimpiazzo annuo* - Ersatzrate, jährliche - *tasa de reemplazo anual*
taux de chômage - unemployment rate - *tasso di disoccupazione* - Arbeitslosenquote - *porcentaje de paro*
taux de croissance - growth rate - *tasso di sviluppo* - Wachstumsrate - *nivel de crecimiento*
taux d'emprunt - lending rate - *tasso di prestito* - Zinssatz für Darlehen - *tasa de interés sobre un préstamo*
taux de fécondité - fertility rate - *tasso di fecondità* - Fruchtbarkeitsziffer - *tasa de fecundidad*
taux de formation de ménages - rate of new household formation - *tasso di formazione di nuovi nuclei familiari* - Rate der Haushaltsbildungen - *ìndice porcental de formación de nuevos núcleos familiares*
taux d'intérêt - interest rate - *tasso di interesse* - Zinssatz für Einlagen - *tasa de interés*
taux de mariage - marriage rate - *quoziente di nuzialità* - Eheschließungsziffer - *coeficiente de matrimonios, tasa de matrimonios*
taux de mortalité - death rate - *tasso di mortalità* - Sterberate - *tasa de mortalidad*
taux de natalité - birth rate - *tasso di natalità* - Geburtenrate - *porcentaje de natalidad*
taux de variation journalière - day-to-day variation factor - *variazione giornaliera* - Veränderungsfaktor, täglicher - *tasa de variación diaria*
taux du change - exchange relation - *tasso di scambio* - Währungsrelation - *tasa de cambio*
taux par âge - population data by age group - *quozienti specifici per età* - Bevölkerungsdaten, altersspezifische - *coeficientes específicos por edad*
tavole di progetto - Entwurfszeichnungen - *láminas de dibujo, dibujos del proyecto* - planches de projet - *draft designs, sketches*
tax, fee - imposta, tassa - *Steuer, Gebühr* -

impuesto, tasa, contribución - *impôt, droits, taxe*
tax evasion - evasione fiscale - *Steuerhinterziehung* - evasión fiscal - *évasion fiscale*
tax on building property, property tax - imposta sui fabbricati - *Gebäudesteuer* - impuesto (tasa) a la construcción - *impôt sur la propriété bâtie*
tax payer - contribuente - *Steuerzahler* - contribuyente - *contribuable*
tax reduction - sgravi fiscali - *Steuererleichterung* - reducción fiscal - *allégerments fiscaux*
tax revenue - gettito fiscale - *Steueraufkommen* - recaudación fiscal - *recettes fiscales, revenus fiscaux*
taxable property - patrimonio immobiliare - *Liegenschaften, besteuerbare* - patrimonio inmobiliario - *immobilier imposable*
taxable value, rateable value - valori imponibili - *Werte, besteuerbare* - valores imponibles - *valeur imposable*
taxation of development gains due to planning - imposta sull'incremento di valore delle aree fabbricabili - *Abschöpfung von Planungsgewinnen* - impuesto sobre las ganancias derivadas de la planificación - *récupération des plus values liées aux décision de planification*
taxe de stationnement - parking fee - *tariffa di parcheggio* - Parkgebühr - *tasa de aparcamiento, tarifa de aparcamiento*
taxe immobilière, impôt foncier - property tax - *tassa immobiliare, imposta fondiaria* - Grundsteuer - *tasa inmobiliaria, impuesto inmobiliario*
taxe sur la valeur ajoutée (TVA) - value-added tax (VAT) - *imposta sul valore aggiunto (IVA)* - Mehrwertsteuer (MWST) - *impuesto sobre el valor añadido*
team - squadra - *Mannschaft* - equipo - *équipe*
teatro al aire libre - théâtre de verdure - *open-air theatre* - teatro all'aperto - *Freilichttheater*
teatro all'aperto - Freilichttheater - *teatro al aire libre* - théâtre de verdure - *open-air theatre*
Technik der Messung - tecnicas de medición - *techniques de mesure* - measurement techniques - *tecniche di misurazione*
technique de la circulation routière - traffic engineering - *tecnica della circolazione stradale* - Straßenverkehrstechnik - *técnica de la circulación por carretera*
techniques de mesure - measurement techniques - *tecniche di misurazione* - Technik der Messung - *tecnicas de medición*
Technologie, fortgeschrittene - tecnologia avanzada - *technologie avancée* - advanced technology - *tecnologia avanzata*
technologie avancée - advanced technology - *tecnologia avanzata* - Technologie, fortgeschrittene - *tecnologia avanzada*
technopole, parc scientifique - science park - *parco tecnologico* - Innovationszentrum - *centro de innovación tecnológica, de experimentación cientifica*
técnica de la circulación por carretera - technique de la circulation routière - *traffic engineering* - tecnica della circolazione stradale - *Straßenverkehrstechnik*
tecnica della circolazione stradale - Straßenverkehrstechnik - *técnica de la circulación por carretera* - technique de la circulation routière - *traffic engineering*
tecnicas de medición - techniques de mesure - *measurement techniques* - tecniche di misurazione - *Technik der Messung*
tecniche di misurazione - Technik der Messung - *tecnicas de medición* - techniques de mesure - *measurement techniques*
tecnologia avanzada - technologie avancée - *advanced technology* - tecnologia avanzata - *Technologie, fortgeschrittene*
tecnologia avanzata - Technologie, fortgeschrittene - *tecnologia avanzada* - technologie avancée - *advanced technology*
Teich - estanque - *étang* - pond, pool - *stagno*
telecommunication set, equipment - impianto di telecomunicazione - *Fernmeldeanlage* - instalación de telecomunicación - *installation de télécommunication*
Telefonzelle - cabina telefónica - *cabine téléphonique* - telephone booth - *cabina telefonica*
telephone booth - cabina telefonica - *Telefonzelle* - cabina telefónica - *cabine téléphonique*
teleriscaldamento - Fernheizung - *calefacción urbana* - chauffage urbain - *district heating*
télésiège - chair lift - *seggiovia* - Sessellift - *telesilla*
telesilla - télésiège - *chair lift* - seggiovia - *Sessellift*
téléski - drag lift - *sciovia, skilift* - Schlepplift - *telesquì*
telesquì - téléski - *drag lift* - sciovia, skilift - *Schlepplift*

temperate - temperato - *gemäßigt* - templado - *tempéré*

temperato - gemäßigt - *templado* - tempéré - *temperate*

temperatura media annuale - Jahresdurchschnitts- temperatur - *temperatura media anual* - température moyenne annuelle - *mean annual temperature*

temperatura media anual - température moyenne annuelle - *mean annual temperature* - temperatura media annuale - *Jahresdurchschnitts- temperatur*

température moyenne annuelle - mean annual temperature - *temperatura media annuale* - Jahresdurchschnitts- temperatur - *temperatura media anual*

temperature range - escursione termica - *Temperaturschwankung* - fluctuación térmica - *fluctuation de température*

Temperaturschwankung - fluctuación térmica - *fluctuation de température* - temperature range - *escursione termica*

tempéré - temperate - *temperato* - gemäßigt - *templado*

tempestad - orage - *thunderstorm* - temporale - *Gewitter*

templado - tempéré - *temperate* - temperato - *gemäßigt*

Tempo der städtebaulichen Entwicklung - ritmo del desarrollo urbano - *rythme du développement urbain* - speed of urban development - *ritmo di urbanizzazione*

tempo di percorrenza - Fahrzeit - *tiempo de recorrido* - temps de trajet - *travel time*

tempo libero - Freizeit - *tiempo libre* - loisirs - *leisure time*

temporaire - temporary - *provvisorio* - vorübergehend - *provisional, temporáneo*

temporale - Gewitter - *tempestad* - orage - *thunderstorm*

temporary - provvisorio - *vorübergehend* - provisional, temporáneo - *temporaire*

temps de déplacement pour aller au travail - journey to work travel time - *durata dello spostamento per lavoro* - Fahrzeit zur Arbeitsstätte - *tiempo de viaje por motivos de trabajo*

temps de trajet - travel time - *tempo di percorrenza* - Fahrzeit - *tiempo de recorrido*

tenant - inquilino, locatario - *Mieter* - arrendatario, inquilino - *locataire*

tenants modernisation - riammodernamento a cura degli inquilini - *Mietermodernisierung* - modernización a costa de los usuarios - *réaménagement par les soins des locataires*

tenants' association - associazione dei locatari - *Mieterverein* - asociación de inquilinos, de arrendatarios - *association des résidents*

tendance de la croissance démographique - trend of population growth - *tendenza dello sviluppo demografico* - Tendenz der Bevölkerungszunahme - *tendencia del desarrollo demográfico*

tendencia del desarrollo demográfico - tendance de la croissance démographique - *trend of population growth* - tendenza dello sviluppo demografico - *Tendenz der Bevölkerungszunahme*

Tendenz der Bevölkerungszunahme - tendencia del desarrollo demográfico - *tendance de la croissance démographique* - trend of population growth - *tendenza dello sviluppo demografico*

tendenza dello sviluppo demografico - Tendenz der Bevölkerungszunahme - *tendencia del desarrollo demográfico* - tendance de la croissance démographique - *trend of population growth*

tender, bid - offerta d'asta, di concorso - *Submission* - oferta de contrato - *soumission, offre*

tendero - détaillant - *tradesman, shopkeeper* - esercente - *Kleinkaufmann*

tendido de cables - cablage - *cabling, wiring* - cablaggio - *Verkabelung*

tenement building, apartment building - casa in affitto - *Mietshaus* - casa de alquiler - *immeuble locatif, maison de rapport*

tenement, rented flat - appartamento in affitto - *Mietwohnung* - vivienda en alquiler - *logement locatif*

teneur de sel, salinité - degree of salinity - *tenore salino* - Grad des Salzgehalts - *grado de salinidad*

tenore di vita - Lebensstandard - *nivel de vida* - standing, niveau de vie - *standard of living*

tenore salino - Grad des Salzgehalts - *grado de salinidad* - teneur de sel, salinité - *degree of salinity*

tenuta - Landgut - *propriedad rural, finca agrìcola*, - domaine - *estate, property*

term (short, medium, long) - termine (corto, medio, lungo) - *fristig (kurz-, mittel-, lang-)* - término, plazo (a corto, medio, largo) -

terme (court, moyen, long)
terme (court, moyen, long) - term (short, medium, long) - *termine (corto, medio, lungo)* - fristig (kurz-, mittel-, lang-) - *término, plazo (a corto, medio, largo)*
terme, delai - deadline, term - *termine, limite* - Termin. Frist - *plazo*
terminación, ampliación - achèvement, agrandissement - *completion, extension* - completamento, ampliamento - *Ausbau*
terminal - stazione terminale - *Endbahnhof* - estación terminal - *terminus*
termine (corto, medio, lungo) - fristig (kurz-, mittel-, lang-) - *término, plazo (a corto, medio, largo)* - terme (court, moyen, long) - *term (short, medium, long)*
termine, limite - Termin. Frist - *plazo* - terme, delai - *deadline, term*
término medio - moyenne - *average* - media - *Durchschnitt*
término, plazo (a corto, medio, largo) - terme (court, moyen, long) - *term (short, medium, long)* - termine (corto, medio, lungo) - *fristig (kurz-, mittel-, lang-)*
terminus - terminal - *stazione terminale* - Endbahnhof - *estación terminal*
Termin. Frist - plazo - *terme, delai* - deadline, term - *termine, limite*
terra incolta - Land, unbebautes - *tierra inculta* - terre non cultivée - *vacant land*
terrace - terrazza - *Terrasse* - terraza - *terrasse*
terraced housing - casa a terrazze - *Terrassenhaus* - casa en terraza - *bâtiment en terrasses*
terraferma - Festland - *tierra firme, continente* - continent - *mainland*
terrain agricole - agricultural land - *terreno agricolo* - Fläche, landwirtschaftliche - *terreno agricola, tierra de cultivo*
terrain à usage résidentiel - land for housing - *superficie residenziale* - Wohnbaufläche - *superficie residencial, solar residencial*
terrain bâti - built-on land - *terreno edificato* - Gebiet, bebautes - *terreno edificado*
terrain comunal - public land - *terreno comunale* - Gemeindeland - *terreno municipal, terreno comunal*
terrain constructible - developable land - *terreno edificabile* - Land, baureifes - *terreno edificable*
terrain d'aviation - airfield - *campo d'aviazione* - Flugplatz - *campo de aviación*
terrain de camping - camp site - *campeggio* - Campingplatz - *camping*
terrain de sport - sport field - *campo sportivo* - Sportanlage - *campo deportivo*
terrain destiné à l'habitat - residential land - *area per l'edilizia abitativa* - Bauland für den Wohnungsbau - *área residencial*
terrain non aménagé - undeveloped land - *terreno non attrezzato* - Gebiet, unerschlossenes - *terreno sin explotar*
terraine, aire de jeux - playground - *campo da gioco* - Spielplatz - *plaza de juegos*
terrains disponibles - land resources - *risorse fondiarie* - Grund und Boden - *recursos, bienes inmobiliarios*
terraplén - talus de protection - *berm, bank of earth* - banchina di terra - *Erdwall*
Terrasse - terraza - *terrasse* - terrace - *terrazza*
terrasse - terrace - *terrazza* - Terrasse - *terraza*
Terrassenhaus - casa en terraza - *bâtiment en terrasses* - terraced housing - *casa a terrazze*
terraza - terrasse - *terrace* - terrazza - *Terrasse*
terrazza - Terrasse - *terraza* - terrasse - *terrace*
terre labourable - arable land - *arativo* - Ackerland - *tierra de cultivo, laborable, tierra de labrantío*
terre non cultivée - vacant land - *terra incolta* - Land, unbebautes - *tierra inculta*
terremoto - tremblement de terre - *earthquake* - terremoto - *Erdbeben*
terremoto - Erdbeben - *terremoto* - tremblement de terre - *earthquake*
terreni vincolati, riserva fondiaria - Bodenvorrat, Baulandreserve - *terrenos reservados, reserva de suelos* - réserve foncière - *vacant land reserve*
terreno agricola, tierra de cultivo - terrain agricole - *agricultural land* - terreno agricolo - *Fläche, landwirtschaftliche*
terreno agricolo - Fläche, landwirtschaftliche - *terreno agricola, tierra de cultivo* - terrain agricole - *agricultural land*
terreno comunale - Gemeindeland - *terreno municipal, terreno comunal* - terrain comunal - *public land*
terreno dismesso, abbandonato - Brachland - *terrenos baldíos, barbecho* - friche - *derelict land, fallow*
terreno edificabile - Land, baureifes - *terreno edificable* - terrain constructible - *developable land*
terreno edificable - terrain constructible - *developable land* - terreno edificabile - *Land,

baureifes
terreno edificado - terrain bâti - *built-on land* - terreno edificato - *Gebiet, bebautes*
terreno edificato - Gebiet, bebautes - *terreno edificado* - terrain bâti - *built-on land*
terreno municipal, terreno comunal - terrain comunal - *public land* - terreno comunale - *Gemeindeland*
terreno non attrezzato - Gebiet, unerschlossenes - *terreno sin explotar* - terrain non aménagé - *undeveloped land*
terreno sin explotar - terrain non aménagé - *undeveloped land* - terreno non attrezzato - *Gebiet, unerschlossenes*
terrenos baldìos, barbecho - friche - *derelict land, fallow* - terreno dismesso, abbandonato - *Brachland*
terrenos reservados, reserva de suelos - réserve foncière - *vacant land reserve* - terreni vincolati, riserva fondiaria - *Bodenvorrat, Baulandreserve*
terres basses - lowlands - *bassopiani* - Tiefland - *llanos*
terril - slagheap - *discarica* - Bergehalde - *vertedero*
territoire - territory, area - *territorio, regione* - Gebiet - *territorio*
territorial waters - acque territoriali - *Hoheitsgewässer* - aguas territoriales - *eaux territoriales*
territorio - territoire - *territory, area* - territorio, regione - *Gebiet*
territorio, regione - Gebiet - *territorio* - territoire - *territory, area*
territorio comunale - Stadtgebiet - *área urbana* - zone urbaine - *local authority jurisdiction*
territory, area - territorio, regione - *Gebiet* - territorio - *territoire*
tesorero - trésorier - *treasurer* - tesoriere - *Kämmerer*
tesoriere - Kämmerer - *tesorero* - trésorier - *treasurer*
testo unico delle leggi comunali e provinciali - Gemeindeordnung - *leyes sobre la organización municipal* - lois sur l'organisation communale - *local byelaws, municipal charter*
tetto limite di densità - Bebauungsdichte, maximal zulässige - *lìmite máximo de densidad* - Plafond Légal de Densité (P.L.D.) - *maximum building intensity*
tetto massimo per le sovvenzioni - Förderungsobergrenze - *subvención máxima* - plafond pour l'attribution d'aide - *ceiling for subsides, upper limit for a grant*
théâtre de verdure - open-air theatre - *teatro all'aperto* - Freilichttheater - *teatro al aire libre*
theft - furto - *Diebstahl* - robo - *vol*
thematic map - carta tematica - *Thema-Karte* - mapa temático - *carte thématique*
Thema-Karte - mapa temático - *carte thématique* - thematic map - *carta tematica*
thermal pollution - degradazione da calore - *Belastung, thermische* - polución térmica - *pollution thermique*
third-party funds - fondi di terzi - *Drittmittel* - fondos de terceros - *moyens des tiers*
thoroughfare - strada di transito - *Durchgangsstraße* - vìa de transito - *route de transit*
threedimensional plan - piano planimetrico - *Plan, dreidimensionaler* - plano volumetrico - *plan volumétrique*
threshold - soglia - *Schwelle* - umbral - *seuil*
threshold value - valore di soglia - *Schwellenwert* - valor de umbral - *valeur seuil*
through traffic - traffico di attraversamento - *Durchgangsverkehr* - tránsito transversal - *circulation de transit*
throw-away pack - imballaggio senza resa, a perdere - *Wegwerfpackung* - embalaje sin retorno - *emballage à jeter*
thunderstorm - temporale - *Gewitter* - tempestad - *orage*
tidal range - escursione della marea - *Tidenhub* - dimensión de la marea - *ampleur de la marée, marnage*
Tidenhub - dimensión de la marea - *ampleur de la marée, marnage* - tidal range - *escursione della marea*
tides - marea - *Gezeiten* - marea, flujo y reflujo - *marée*
tidy up (to) - risanare, bonificare - *rekultivieren* - sanear - *assainir*
tie up (to), lock up (to) - vincolare - *festlegen* - vincular - *bloquer*
tied, earmarked - a destinazione vincolata - *zweckgebunden* - vinculado a objetivos - *affecté*
tief - profundo - *profond* - deep - *profondo*
Tiefbau - ingenierìa civil - *ponts et chaussées* - civil engineering - *genio civile*
Tiefe - profundidad - *profondeur* - depth - *profondità*
Tiefgang - calado - *tirant d'eau* - draught - *pescaggio*

Tiefland - llanos - *terres basses* - lowlands - bassopiani
tiempo de recorrido - temps de trajet - *travel time* - tempo di percorrenza - *Fahrzeit*
tiempo de viaje por motivos de trabajo - temps de déplacement pour aller au travail - *journey to work travel time* - durata dello spostamento per lavoro - *Fahrzeit zur Arbeitsstätte*
tiempo libre - loisirs - *leisure time* - tempo libero - *Freizeit*
Tiere, wilde - animales salvajes - *animaux sauvages* - wild animals - *animali selvatici*
Tiergarten - parque zoológico, casa de fieras - *jardin zoologique* - zoological garden - *giardino zoologico*
tierra de cultivo, laborable, tierra de labrantío - terre labourable - *arable land* - arativo - *Ackerland*
tierra firme, continente - continent - *mainland* - terraferma - *Festland*
tierra inculta - terre non cultivée - *vacant land* - terra incolta - *Land, unbebautes*
timber for construction - legname da costruzione - *Bauholz* - madera de construcción - *bois de construction*
timber production - produzione di legname - *Holzproduktion* - producción de madera - *production forestière*
time limit - limite di tempo - *Begrenzung, zeitliche* - lìmite de tiempo - *limitation dans le temps*
time of arrival - ora d'arrivo - *Ankunftszeit* - hora de llegada - *heure d'arrivée*
time of departure - ora di partenza - *Abfahrtszeit* - hora de salida - *heure de départ*
timetable - orario - *Fahrplan* - horario - *indicateur*
Tip, Rat - suggerencia - *tuyau, conseil* - hint, pointer, tip - *suggerimento*
tipi di divertimento - Freizeitgestaltung - *tipos de recreo* - types de loisirs - *recreational patterns*
tipo de ciudad - type de ville - *type of town* - tipo di città - *Stadttyp*
tipo de suelo - type de sol - *soil type* - tipo di suolo - *Bodenart*
tipo di città - Stadttyp - *tipo de ciudad* - type de ville - *type of town*
tipo di suolo - Bodenart - *tipo de suelo* - type de sol - *soil type*
tipos de recreo - types de loisirs - *recreational patterns* - tipi di divertimento - *Freizeitgestaltung*
tirant d'eau - draught - *pescaggio* - Tiefgang - calado
title deed, certificate - titolo - *Besitzurkunde* - tìtulo - *titre*
title holder, owner - intestatario - *Inhaber* - titular - *titulaire*
titolo - Besitzurkunde - *tìtulo* - titre - *title deed, certificate*
titre - title deed, certificate - *titolo* - Besitzurkunde - *tìtulo*
titulaire - title holder, owner - *intestatario* - Inhaber - *titular*
titular - titulaire - *title holder, owner* - intestatario - *Inhaber*
tìtulo - titre - *title deed, certificate* - titolo - *Besitzurkunde*
toll road - strada a pedaggio - *Mautstraße* - autovìa de peaje - *route à péage*
toll-free - esentasse, gratuito - *gebührenfrei* - gratuito, exento - *exempt de taxe*
toma de conciencia de los valores ambientales - prise de conscience de l'environnement - *environmental awareness* - presa di coscienza dei valori ambientali - *Umweltbewußtsein*
tool - utensile, attrezzo - *Werkzeug* - herramienta - *outil*
topografia - configuration du terrain - *topography* - orografia - *Geländeform*
topography - orografia - *Geländeform* - topografia - *configuration du terrain*
top-down, downward - arretrato - *rektrograd* - retrógrado - *arrieré*
Tor - portón - *portail* - gate - *cancello*
torboso - torfhaltig - *turboso* - tourbeux - *peaty*
torfhaltig - turboso - *tourbeux* - peaty - *torboso*
tormenta - Schneesturm - *tormenta de nieve* - blizzard - *blizzard*
tormenta de nieve - blizzard - *blizzard* - tormenta - *Schneesturm*
tornanti - Biegungen - *curvas* - tournants - *bends, curves*
torre - immeuble tour - *tower* - casa torre - *Turmbau*
torres - bâtiments-tours - *high rise tower* - edifici a torre - *Punkthäuser*
total population - popolazione totale - *Gesamtbevölkerung* - población total - *population totale*
total visual effect - effetto visuale complessivo - *Wirkung des Gesamtbildes* - efecto visual total - *effet visuel global*

tourbeux - peaty - *torboso* - torfhaltig - *turboso*
tourisme de week-end - week-end tourism - *turismo di fine settimana* - Wochenendtourismus - *turismo de fin de semana*
tourist area - zona turistica - *Fremdenverkehrsgebiet* - zona turìstica - *zone touristique*
tourist centre - centro turistico - *Fremdenverkehrszentrum* - centro turìstico - *centre de tourisme*
tourist facilities - attrezzature turistiche - *Einrichtungen für den Fremdenverkehr* - instalaciones turìsticas equipamiento turistico - *équipements touristiques*
tourist industry - industria del turismo - *Fremdenverkehrsindustrie* - industria del turismo - *industrie du tourisme*
tournants - bends, curves - *tornanti* - Biegungen - *curvas*
tow away (to) - rimuovere - *abschleppen* - remover, remolear - *évacuer*
tower - casa torre - *Turmbau* - torre - *immeuble tour*
town - cittadina, città - *Kleinstadt, Stadt* - ciudad pequeña, ciudad - *citadine, cité*
town, city - città - *Stadt* - ciudad - *ville*
town, district council - consiglio comunale - *Gemeinderat* - junta municipal - *conseil municipal*
town councillor - consigliere municipale - *Stadtverordneter, Stadtrat* - consejero municipal, concejal - *conseiller municipal*
town hall - municipio - *Rathaus* - ayuntamiento, municipio - *mairie*
town messenger - messo comunale - *Stadtbote* - mensajero municipal - *messager municipal*
town moat - fossato attorno alla città - *Stadtgraben* - foso en torno a la ciudad - *fossé de la ville*
town planning - urbanistica - *Städtebau* - urbanismo - *urbanisme*
town planning consultant - consulente urbanìstico - *Stadtplaner, beratender* - consultor urbanìstico - *urbaniste conseil*
town planning instrument - strumento urbanìstico - *Instrumentarium, städtebauliches* - instrumento urbanìstico - *instrument d'urbanisme*
towns people, city dwellers - cittadini - *Stadtbewohner* - ciudadanos - *citadins*
townscape - ambiente urbano - *Stadtlandschaft* - paisaje urbano - *paysage urbain*
trabajador - travailleur - *worker* - lavoratore - *Arbeiter*
trabajador inmigrado - travailleur immigré - *emigrant labour* - lavoratore immigrato - *Gastarbeiter*
trabajo en casa - travail à domicile - *work at home, cottage industry* - lavoro a domicilio - *Heimarbeit*
trabajo manual - travail manuel - *manual work* - lavoro manuale - *Arbeit, ungelernte*
trabajos de urbanización - urbanisation, mise en valeur - *pre-treatment, development, open-up* - collegamento, urbanizzazione - *Erschließung*
trabajos públicos - travaux publics - *public works* - lavori pubblici - *Arbeiten, öffentliche*
Trabantensiedlung - ciudad-satélite - *ville satellite* - satellite town - *città satellite*
trabas burocraticas, impedimentos burocraticos - entraves bureaucratiques - *red tape, bureaucratic impediments* - impedimenti burocratici - *Hemmnisse, bürokratische*
tracciato - Trasse - *traza* - tracé - *alignment*
tracciato di una strada - Straßentrasse - *trazado de un camino* - tracé d'une route - *layout of road*
tracé - alignment - *tracciato* - Trasse - *traza*
tracé d'une route - layout of road - *tracciato di una strada* - Straßentrasse - *trazado de un camino*
tracing paper - lucido - *Pause* - papel vegetal - *calque*
track - pista, traccia - *Bahn* - pista - *piste*
tract - board sheet - *volantino* - Flugblatt - *volante*
trade union - sindacato - *Gewerkschaft* - sindicato - *syndicat (de travailleurs)*
tradesman, shopkeeper - esercente - *Kleinkaufmann* - tendero - *détaillant*
trade-marked merchandise - articolo brevettato - *Markenartikel* - articulo patentado, marca registrada - *article de marque déposée*
traffic assignment, rerouting, diversion - attribuzione delle correnti di traffico - *Verkehrsumlegung* - asignación de la circulación - *affectation de la circulation*
traffic bottleneck, jam - ingorgo, coda - *Verkehrsstau, Verkehrsstockung* - embotellamiento - *embouteillage, bouchon*
traffic engineer - ingegnere del traffico - *Verkehrsingenieur* - ingeniero del tráfico - *ingénieur du trafic*
traffic engineering - tecnica della circolazione

stradale - *Straßenverkehrstechnik* - técnica de la circulación por carretera - *technique de la circulation routière*
traffic flow - flusso di traffico - *Verkehrsfluß* - flujos de tráfico - *flux de la circulation*
traffic lights - semafori - *Verkehrsampeln* - semáforos - *feux de circulation*
traffic reduction - moderazione del traffico - *Verkehrsberuhigung* - moderación del tráfico - *modération du trafic*
traffic safety - sicurezza stradale - *Verkehrssicherheit* - seguridad en el trafico - *sécurité routière*
traffico aereo - Luftverkehr - *trafico aéreo* - circulation aérienne, trafic aérien - *air traffic*
traffico di attraversamento - Durchgangsverkehr - *tránsito transversal* - circulation de transit - *through traffic*
traffico locale - Nahverkehr - *tráfico local* - trafic de proximité - *local traffic*
traffico pedonale - Fußgängerverkehr - *tráfico de peatones* - trafic de piétons, trafic piétonnier - *pedestrian traffic*
trafic de piétons, trafic piétonnier - pedestrian traffic - *traffico pedonale* - Fußgängerverkehr - *tráfico de peatones*
trafic de proximité - local traffic - *traffico locale* - Nahverkehr - *tráfico local*
trafic routier - road traffic - *circolazione stradale* - Straßenverkehr - *circulatión por carretera*
trafico aéreo - circulation aérienne, trafic aérien - *air traffic* - traffico aereo - *Luftverkehr*
tráfico de peatones - trafic de piétons, trafic piétonnier - *pedestrian traffic* - traffico pedonale - *Fußgängerverkehr*
tráfico local - trafic de proximité - *local traffic* - traffico locale - *Nahverkehr*
Träger, Überbringer - portador - *porteur* - carrier - *portatore*
traghetto - Fähre - *transbordador* - bac - *ferry*
Tragweite, juristische T. eines Plans - implicaciones jurídicas de un plan - *portée juridique d'un plan* - legal implications of a plan - *implicazioni giuridiche di un piano*
train connection - coincidenza dei treni - *Zuganschluß* - correspondencia de trenes - *correspondance des trains*
train de marchandises - freight train - *treno merci* - Güterzug - *tren de mercancìas*
train rapide inter-villes - intercity train, Amtrack train - *treno celere interurbano* - Intercityzug - *tren rápido interurbano, talgo*
traitement des ordures - waste disposal - *trattamento dei rifiuti* - Entsorgung - *tratamiento de residuos*
traitement informatique - electronic data processing (EDP) - *elaborazione elettronica* - Elektronische Datenverarbeitung (EDV) - *tratamiento de la información, computación*
tram - Straßenbahn - *tranvìa* - tramway - *trolley, tram*
tramway - trolley, tram - *tram* - Straßenbahn - *tranvìa*
transaction, conclusion - stipulazione - *Abschluß* - estipulación - *stipulation*
transbordador - bac - *ferry* - traghetto - *Fähre*
transbordar, cambiar de medio de transporte - changer de moyen de transport - *change (to) transport modes* - cambiare mezzo di trasporto - *umsteigen*
transbordement - transshipment - *trasbordo* - Umschlag - *transbordo*
transbordo - transbordement - *transshipment* - trasbordo - *Umschlag*
transfer, réétablissement - resettlement - *trasferimento* - Umsiedlung - *desplazamiento, mudanza*
transformación, remodelación - transformation - *conversion, transformation* - trasformazione, riconversione - *Umbau*
transformation - conversion, transformation - *trasformazione, riconversione* - Umbau - *transformación, remodelación*
transition, easement curve - curva di raccordo - *Übergangsbogen* - bucle de enlace - *courbe de raccordement*
tránsito transversal - circulation de transit - *through traffic* - traffico di attraversamento - *Durchgangsverkehr*
transmission - transmission, conveyance - *trasmissione* - Übertragung - *transmissión, traspaso*
transmission, conveyance - trasmissione - *Übertragung* - transmissión, traspaso - *transmission*
transmissión, traspaso - transmission - *transmission, conveyance* - trasmissione - *Übertragung*
transport de voyageurs - transport of people - *trasporto di persone* - Personenbeförderung - *transporte de personas*
transport ferroviaire - rail transport - *trasporto ferroviario* - Eisenbahntransport - *transporte*

ferroviario
transport of people - trasporto di persone - *Personenbeförderung* - transporte de personas - *transport de voyageurs*
transport privé - private transport - *trasporto privato* - Individualverkehr - *transporte privado*
transport routier - road transport - *trasporto su strada* - Straßentransport - *transporte por carretera*
transportation centre - centro di comunicazioni - *Verkehrszentrum* - centro de comunicación - *centre de communication*
transportation facilities - attrezzatura di trasporto - *Beförderungsmöglichkeiten* - instalaciones de transporte - *aménagements de transport*
transportation mode - mezzi di trasporto - *Verkehrsmittel* - medios de transporte - *moyens de transport*
transportation plan - piano della viabilità - *Verkehrsplan* - plan de viabilidad - *plan de transport*
transporte de personas - transport de voyageurs - *transport of people* - trasporto di persone - *Personenbeförderung*
transporte ferroviario - transport ferroviaire - *rail transport* - trasporto ferroviario - *Eisenbahntransport*
transporte por carretera - transport routier - *road transport* - trasporto su strada - *Straßentransport*
transporte privado - transport privé - *private transport* - trasporto privato - *Individualverkehr*
transporter ailleurs, mettre à l'abri - relocate (to) - *spostare, rilocalizzare* - auslagern - *relocalizar*
Transportkapazität - capacidad de transporte - *capacité de transport* - carrying capacity - *capacità di trasporto*
Transportnetz, öffentliches - red de transportes públicos - *réseau de transport en commun* - public transport network - *rete di trasporti pubblici*
transshipment - trasbordo - *Umschlag* - transbordo - *transbordement*
transverse parking - parcheggio a pettine - *Querparken* - aparcamiento transversal - *stationnement perpendiculaire au trottoir*
tranvìa - tramway - *trolley, tram* - tram - *Straßenbahn*

trasbordo - Umschlag - *transbordo* - transbordement - *transshipment*
trascurabile, irrilevante - unerheblich - *insignificante, irrelevante* - insignifiant - *irrelevant, insignificant*
trasferimento - Umsiedlung - *desplazamiento, mudanza* - transfer, réétablissement - *resettlement*
trasformación en área verde - verduration - *planting* - uso a verde - *Begrünung*
trasformazione, riconversione - Umbau - *transformación, remodelación* - transformation - *conversion, transformation*
trasloco - Umzug - *mudanza* - déménagement - *move*
trasmissione - Übertragung - *transmissión, traspaso* - transmission - *transmission, conveyance*
trasporto di persone - Personenbeförderung - *transporte de personas* - transport de voyageurs - *transport of people*
trasporto ferroviario - Eisenbahntransport - *transporte ferroviario* - transport ferroviaire - *rail transport*
trasporto privato - Individualverkehr - *transporte privado* - transport privé - *private transport*
trasporto su strada - Straßentransport - *transporte por carretera* - transport routier - *road transport*
Trasse - traza - *tracé* - alignment - *tracciato*
tratamiento de la información, computación - traitement informatique - *electronic data processing (EDP)* - elaborazione elettronica - *Elektronische Datenverarbeitung (EDV)*
tratamiento de residuos - traitement des ordures - *waste disposal* - trattamento dei rifiuti - *Entsorgung*
trattamento dei rifiuti - Entsorgung - *tratamiento de residuos* - traitement des ordures - *waste disposal*
travail à domicile - work at home, cottage industry - *lavoro a domicilio* - Heimarbeit - *trabajo en casa*
travail manuel - manual work - *lavoro manuale* - Arbeit, ungelernte - *trabajo manual*
travailleur - worker - *lavoratore* - Arbeiter - *trabajador*
travailleur immigré - emigrant labour - *lavoratore immigrato* - Gastarbeiter - *trabajador inmigrado*
travaux publics - public works - *lavori pubblici*

- Arbeiten, öffentliche - *trabajos públicos*
travel time - tempo di percorrenza - *Fahrzeit* - tiempo de recorrido - *temps de trajet*
travel to work distance - distanza pendolare - *Pendelentfernung* - distancia entre lugar de trabajo y residencia - *distance de migration journalière*
traversée - passage through - *attraversamento* - Durchfahrt - *pasaje*
traza - tracé - *alignment* - tracciato - *Trasse*
trazado de un camino - tracé d'une route - *layout of road* - tracciato di una strada - *Straßentrasse*
treasurer - tesoriere - *Kämmerer* - tesorero - *trésorier*
trébol de cuatro hojas - croisement en trèfle - *clover-leaf interchange* - quadrifoglio - *Kleeblattkreuz*
tree nursery - vivaio forestale - *Baumschule* - vivero forestal - *pépinière*
tree planting - plantumazione - *Baumpflanzung* - plantación de árboles - *boisement*
treeless - senza alberi - *baumlos* - sin árboles - *sans arbres*
tree-lined street - strada alberata - *Straße, baumbestandene* - calle con árboles - *rue plantée d'arbres*
Treibhauskultur - cultivo en invernadero - *culture en serre* - cultivation in greenhouses - *coltivazione in serra*
tremblement de terre - earthquake - *terremoto* - Erdbeben - *terremoto*
tremes assainies, percelles assainies - site & services - *lotti attrezzati* - Parzellen, erschlossene - *parcelas urbanizadas*
tren de mercancìas - train de marchandises - *freight train* - treno merci - *Güterzug*
tren rápido interurbano, talgo - train rapide inter-villes - *intercity train, Amtrack train* - treno celere interurbano - *Intercityzug*
trend of population growth - tendenza dello sviluppo demografico - *Tendenz der Bevölkerungszunahme* - tendencia del desarrollo demográfico - *tendance de la croissance démographique*
Trennung - separación - *séparation* - separation - *separazione*
treno celere interurbano - Intercityzug - *tren rápido interurbano, talgo* - train rapide inter-villes - *intercity train, Amtrack train*
treno merci - Güterzug - *tren de mercancìas* - train de marchandises - *freight train*

Treppenhaus - caja de escaleras - *cage d'escalier* - stairwell - *vano scale*
trésorier - treasurer - *tesoriere* - Kämmerer - *tesorero*
trespassing, infringement - sconfinamento - *Überschreitung* - paso, infracción - *franchissement*
tribunal administratif - administrative law court - *tribunale amministrativo* - Verwaltungsgericht - *tribunal administrativo*
tribunal administrativo - tribunal administratif - *administrative law court* - tribunale amministrativo - *Verwaltungsgericht*
tribunale amministrativo - Verwaltungsgericht - *tribunal administrativo* - tribunal administratif - *administrative law court*
tributary - affluente - *Nebenfluß* - afluente - *affluent*
tributo - Abgabe - *tarifa, impuesto* - imposition - *duty, fee*
Trinkwasser - agua potable - *eau potable* - potable water - *acqua potabile*
trocken - seco - *sec* - dry - *asciutto*
Trockenlegung - desagüe, saneamiento - *assèchement, drainage* - draining - *prosciugamento, drenaggio*
trolley, tram - tram - *Straßenbahn* - tranvìa - *tramway*
tronçon de route droite - straight stretch of road - *rettilineo stradale* - Straßenabschnitte, schnurgerade - *recta de la carretera*
trottoir - pavement, sidewalk - *marciapiede* - Bürgersteig - *àcera, vereda*
trottoir couvert - covered street - *portico* - Laubenstraße, Arkade - *pórtico*
trou, dent - empty site, vacant lot - *buchi, interstizi* - Baulücke - *huecos*
trunk, axis, shaft - asse - *Achse* - eje - *axe*
trunk road, main street, major throughfare - strada principale - *Hauptstraße* - calle principal - *route principale*
tug - rimorchiatore - *Schlepper* - remolcador - *remorqueur*
tugurio - Elendswohnung - *casucho* - taudis - *slum*
túnel - route en tunnel - *road tunnel* - strada in galleria - *Straßentunnel*
túnel, paso bajo nivel - passage souterrain - *underpass* - sottopassaggio - *Unterführung*
turboso - tourbeux - *peaty* - torboso - *torfhaltig*
turismo de fin de semana - tourisme de week-end - *week-end tourism* - turismo di fine

settimana - *Wochenendtourismus*
turismo di fine settimana - Wochenendtourismus - *turismo de fin de semana* - tourisme de week-end - *week-end tourism*
turista - Ferienreisender - *veraneante, turista* - vacancier - *vacationer*
Turmbau - torre - *immeuble tour* - tower - *casa torre*
turn - svolta - *Wendung* - viraje, vuelta - *retournement, virage*
turn, bent, idoneity - attitudine, idoneità - *Eignung* - aptitud, idoneidad - *aptitude, qualification*
turnkey - chiavi in mano - *schlüsselfertig* - llave en mano - *clés en main*
turno - Schicht - *turno, tanda* - poste, équipe - *shift*
turnover - giro d'affari - *Umsatz* - cifras de negocios - *chiffre d'affaires*
turno, tanda - poste, équipe - *shift* - turno - *Schicht*
tutela - Schutz, Warnung - *tutela, protección, defensa* - protection, sauvegarde - *protection, custody*
tutela, protección, defensa - protection, sauvegarde - *protection, custody* - tutela - *Schutz, Warnung*
tutela dell'acqua - Gewässerschutz - *protección del agua* - protection de l'eau - *water protection*
tuyau, conseil - hint, pointer, tip - *suggerimento* - Tip, Rat - *suggerencia*
type de sol - soil type - *tipo di suolo* - Bodenart - *tipo de suelo*
type de ville - type of town - *tipo di città* - Stadttyp - *tipo de ciudad*
type of town - tipo di città - *Stadttyp* - tipo de ciudad - *type de ville*
types de loisirs - recreational patterns - *tipi di divertimento* - Freizeitgestaltung - *tipos de recreo*
typical cross-section - sezione trasversale tipica - *Regelquerschnitt* - sección transversal tìpica - *profil en travers-type*

U

U-Bahn - metro - *métro* - underground, subway - *metropolitana*
Überalterung - envejecimiento - *vieillissement* - overageing - *invecchiamento*
Überbevölkerung - superpoblación - *surpeuplement* - overpopulation - *sovrappopolamento*
Überflutung - anegación, inundación - *inondation* - inundation, flooding - *allagamento*
Überfluß - abundancia - *surabondance* - abundance - *sovrabbondanza*
Überführung - paso superior - *pont-route* - flyover, overpass - *cavalcavia*
überfüllt - atestado, abarrotado - *bondé* - overcrowded - *sovraffollato*
Übergangsbogen - bucle de enlace - *courbe de raccordement* - transition, easement curve - *curva di raccordo*
Übergriff - empleo abusivo, abuso - *empiétement* - encroachment - *occupazione abusiva*
Überholspur - via de adelantamiento - *voie de dépassement* - overtaking lane, passing lane - *corsia di sorpasso*
Überholstellen - placitas de cruce, islotes - *zones de dépassement* - passing zones - *piazzole di incrocio*
Überlandleitung - lìnea de alta tensión - *ligne de courant de longue distance* - overhead power line - *fili sospesi dell'alta tensione*
Übernachtungen - pernoctar - *nuitées* - overnight stays - *pernottamenti*
Überschreibungsurkunde - acta de cesión - *acte de cession* - deed of conveyance - *atto di cessione*
Überschreitung - paso, infracción - *franchissement* - trespassing, infringement - *sconfinamento*
Überschwemmung - inundación - *crue* - flood - *inondazione*
Übertragung - transmissión, traspaso - *transmission, conveyance* - transmission - *trasmissione*
Übertreten (Wasser) - desborde, desbordamiento - *débordement* - overflowing - *straripamento*
Überwachung des Publikumverkehrs - control de los accesos públicos - *contrôle de l'accès public* - control of public access - *controllo dell'accesso pubblico*
Uferlinie - litoral - *littoral* - shore line - *litorale*
uffici comunali, centro civico - Stadtverwaltung - *centro civico, ayuntamiento* - administration communale - civic center, city hall
uffici intercomunali, comprensorio - Behörde, interkommunale - *administración intermunicipal* - administration intercommunale - inter-municipal authority
ufficiale - amtlich - *oficial* - officiel - *official*
ufficio - Büro, Amt - *oficina, despacho* - bureau - *bureau, office*
ufficio anagrafico - Standesamt - *oficina de registro civil* - bureau de l'état civil - *registry office*
ufficio casa - Wohnungsamt - *oficina de viviendas* - service logement - *housing department*
ufficio del catasto - Liegenschaftsamt - *registro de la propriedad* - bureau du cadastre - *real estate office*
ufficio edilizia - Bauordnungsamt - *dirección de obras municipales* - direction de l'équipement - *building inspection authorities*
ufficio postale - Postamt - *oficina de correos* -

bureau de poste - *post office*
ufficio urbanistico - Stadtplanungsbehörde - *oficina de urbanìstica, delegado de urbanismo* - service, agence d'urbanisme - *local or urban planning authority*
Umbau - transformación, remodelación - *transformation* - conversion, transformation - *trasformazione, riconversione*
umbauen - restructurar, remodelar, rehabilitar - *restructurer, reconvertir* - remodel (to), convert (to) - *ristrutturare, riconvertire*
umbral - seuil - *threshold* - soglia - *Schwelle*
Umfang der Einrichtungen - gama de equipamientos - *gamme d'équipements* - range of facilities - *gamma di attrezzature*
Umfassungsmauer - muro circundante - *mur d'enceinte* - enclousure wall - *muro di cinta*
Umfrage - encuesta - *sondage, enquête* - inquiry, opinion poll - *sondaggio, inchiesta*
Umgebung - entorno, alrededores - *alentours, environs* - surroundings, vicinity - *dintorni*
umgekehrt - al inverso, al contrario - *à l'envers, au contraire* - reverse, conversely - *all'inverso, al contrario*
umidità - Feuchtigkeit - *humedad* - humidité - *humidity, dampness*
Umkippen (biologisch) - muerte biologica - *mort biologique* - biological death - *morte biologica*
Umlandgemeinde - comunas sub-urbanas - *communes de banlieue* - suburban municipalities - *comuni della cintura*
Umlegung, städtische - reparcelación urbana - *restructuration urbaine* - urban restructuring - *ristrutturazione urbana*
Umleitung - desvìo - *déviation, détournement* - by-pass, diversion - *deviazione*
Umriß - contorno, perfil - *contour* - outline - *contorno*
Umsatz - cifras de negocios - *chiffre d'affaires* - turnover - *giro d'affari*
Umsatzrückgang - disminución, decrecimiento de ventas - *baisse des ventes* - reduction in sales - *contrazione delle vendite*
Umsatzsteigerung - aumento de ventas - *augmentation des ventes* - increase in sales - *aumenti delle vendite*
Umschichtung - cambio social - *bouleversement social* - switching - *mutamenti sociali*
Umschlag - transbordo - *transbordement* - transshipment - *trasbordo*
Umschulung - recalificación profesional - *recyclage, reconversion professionnelle* - retraining - *riqualificazione professionale*
Umsiedlung - desplazamiento, mudanza - *transfer, réétablissement* - resettlement - *trasferimento*
umsteigen - transbordar, cambiar de medio de transporte - *changer de moyen de transport* - change (to) transport modes - *cambiare mezzo di trasporto*
Umstellung - reconversión - *reconversion* - reconversion, redevelopment - *riconversione*
Umstrukturierungsfonds - fondos de restructuración urbana - *Fond d'Aménagement Urbain (FAU)* - central government funds for urban improvement - *fondi di ristrutturazione urbana*
Umstufung - reclasificación - *nouvelle classification* - re-classification - *riclassificazione*
Umwelt - medio ambiente - *environnement, milieu, ambiance* - environment - *ambiente*
Umweltbedingungen - condiciones ambientales - *conditions de l'environnement* - environmental conditions - *condizioni ambientali*
umweltbelastend - contaminador - *polluant* - polluting - *inquinante*
Umweltbewußtsein - toma de conciencia de los valores ambientales - *prise de conscience de l'environnement* - environmental awareness - *presa di coscienza dei valori ambientali*
umweltbezogen - en función del, relativo al ambiente - *lié à l'environnement* - area related, site-specific - *in funzione dell'ambiente*
Umweltplan - plan ambiental - *schéma d'environnement, plan vert* - environment plan - *piano ambientale*
Umweltqualität - calidad del ambiente - *qualité de l'environnement* - environmental quality - *qualità dell'ambiente*
umweltschädigend - perjudicial al medio ambiente - *nuisible à l'environnement* - environmentally damaging - *nocivo all'ambiente*
Umweltschutz - protección del medio ambiente - *protection de l'environnement* - environmental protection - *protezione ambientale*
Umweltschützer - ecólogista - *écologiste* - environmentalist - *ecologo*
Umweltverträglichkeits- prüfung - estudio del impacto ambiental - *étude d'impact* - environmental impact statement, assessment - *valutazione dell'impatto ambientale*
Umweltwerte - valores ambientales - *valeurs de l'environnement* - environmental values - *va-*

lori ambientali
Umwidmung, Zweckentfremdung - cambio de destino - *changement d'affectation* - rezoning, change of the original purpose - *cambio di destinazione*
Umzug - mudanza - *déménagement* - move - *trasloco*
Umzugsbeihilfen - subsidios de traslado - *primes de déménagement* - house removal allowances, moving allowances - *sussidi al trasloco*
unbalanced - disequilibrato - *ungleichgewichtig* - desequilibrado - *déséquilibré*
under way - in moto - *in Gang* - en marcha - *en marche*
underemployment - sottoccupazione - *Unterbeschäftigung* - subempleo - *sous-emploi*
underground, subway - metropolitana - *U-Bahn* - metro - *métro*
underground cables and pipes - cavi e tubi sotterranei - *Kabel und Leitungen, unterirdische* - cables y conductos subterráneos - *câbles et conduits souterrains*
underpass - sottopassaggio - *Unterführung* - túnel, paso bajo nivel - *passage souterrain*
underpopulation - sottopopolamento - *Unterbevölkerung* - subpoblado - *sous-peuplement*
undeveloped area - zona agricola - *Außenbereich* - zona exterior - *zone non urbanisée*
undeveloped land - terreno non attrezzato - *Gebiet, unerschlossenes* - terreno sin explotar - *terrain non aménagé*
undulating, wavy - ondulato - *wellenförmig* - ondulado - *ondulé*
undurchlässig - impermeable - *imperméable* - impervious, impermeable - *impermeabile*
unemployed, jobless - disoccupato - *Arbeitsloser* - sin empleo, desocupado - *chômeur*
unemployment - disoccupazione - *Arbeitslosigkeit* - paro - *chômage*
unemployment compensation - sussidio di disoccupazione - *Arbeitslosengeld* - subsidio de paro - *allocation de chômage*
unemployment rate - tasso di disoccupazione - *Arbeitslosenquote* - porcentaje de paro - *taux de chômage*
unerheblich - insignificante, irrelevante - *insignifiant* - irrelevant, insignificant - *trascurabile, irrilevante*
unfit, condemned - inabitabile - *ungeeignet, unbewohnbar* - inhabitable - *insalubre, inhabitable*

ungeeignet, unbewohnbar - inhabitable - *insalubre, inhabitable* - unfit, condemned - *inabitabile*
ungleichgewichtig - desequilibrado - *déséquilibré* - unbalanced - *disequilibrato*
unidad - unité - *unit* - unità - *Einheit*
unidad, pieza - pièce - *item, piece* - pezzo, unità - *Stück*
unidad ecológica - unité écologique - *ecological unit* - unità ambientale - *Einheit, ökologische*
unidad residencial - unité résidentielle - *dwelling unit* - unità abitativa - *Wohnungseinheit*
unificación - unification - *unification, standardization* - unificazione - *Vereinheitlichung*
unification - unification, standardization - *unificazione* - Vereinheitlichung - *unificación*
unification, standardization - unificazione - *Vereinheitlichung* - unificación - *unification*
unificazione - Vereinheitlichung - *unificación* - unification - *unification, standardization*
unit - unità - *Einheit* - unidad - *unité*
unità - Einheit - *unidad* - unité - *unit*
unità abitativa - Wohnungseinheit - *unidad residencial* - unité résidentielle - *dwelling unit*
unità ambientale - Einheit, ökologische - *unidad ecológica* - unité écologique - *ecological unit*
unità speciale - Sonderkommando - *comando, unidad de tareas especiales* - unité d'emploi spécial - *task force*
unité - unit - *unità* - Einheit - *unidad*
unité d'emploi spécial - task force - *unità speciale* - Sonderkommando - *comando, unidad de tareas especiales*
unité écologique - ecological unit - *unità ambientale* - Einheit, ökologische - *unidad ecológica*
unité résidentielle - dwelling unit - *unità abitativa* - Wohnungseinheit - *unidad residencial*
Universitätsstadt - ciudad universitaria - *ville universitaire* - university town - *città universitaria*
university town - città universitaria - *Universitätsstadt* - ciudad universitaria - *ville universitaire*
Unkrautbewuchs - malas hierbas - *mauvaises herbes* - weeds - *erbe infestanti*
unoccupied, vacant - sfitto, non occupato - *leerstehend* - desalquilado, no ocupado - *vide, non occupé*
unproductive, barren - improduttivo, sterile - *unproduktiv, unfruchtbar* - improductivo,

estéril - *improductif, stérile*
unproduktiv, unfruchtbar - improductivo, estéril - *improductif, stérile* - unproductive, barren - *improduttivo, sterile*
Unrechtmäßigkeit - ilegitimidad, acto ilegal - *illégitimité* - illegality - *illegittimità*
unsurfaced road - strada non asfaltata - *Straße, unbefestigte* - camino sin pavimentar - *route non goudronnée*
unter dem Durchschnitt - debajo de la media - *en dessous de la moyenne* - below average - *al di sotto della media*
unter Denkmalschutz - bajo protección - *classé* - listed (on the national register) - *vincolato*
Unterbeschäftigung - subempleo - *sous-emploi* - underemployment - *sottoccupazione*
Unterbevölkerung - subpoblado - *sous-peuplement* - underpopulation - *sottopopolamento*
Unterbringung - acomodación - *recasement, hébergement* - accommodation - *sistemazione, collocazione*
untereinander verbunden - interconexo - *interconnecté* - interconnected - *interconnesso*
Unterführung - túnel, paso bajo nivel - *passage souterrain* - underpass - *sottopassaggio*
Unterkunft - alojamiento - *logis* - lodging - *alloggio*
Untermieter - subarrendatario - *sous-locataire* - subtenant - *subaffittuario*
Unternehmen - empresa - *entreprise* - enterprise, plant - *impresa*
Unternehmer - empresario - *entrepreneur* - entrepreneur, contractor - *imprenditore*
Untersagung, Verbot - interdicción, prohibición - *interdiction* - prohibition - *interdizione, divieto*
unterschreiben - firmar - *signer* - sign (to) - *firmare*
Unterstützung - apoyo, sostén - *appui, soutien* - support - *appoggio, sostegno*
Untersuchung - pesquisa, investigación - *recherche* - survey, study - *indagine*
Untersuchung, öffentliche - encuesta administrativa - *enquête publique* - public enquiry - *inchiesta amministrativa*
Untersuchung über ungesunde Wohnbedingungen - encuesta de habitabilidad - *enquête d'insalubrité* - Public Health Administration survey before slum clearance - *verifica dell'abitabilità*
untervermieten - subarrendar - *sous-louer* - sublet (to) - *subaffittare*

Untiefe - banco de arena, bajo fondo - *basfond* - shallows, shoal - *secca*
Unwirksamkeit - ineficacia - *inefficacité* - inefficiency - *inefficienza*
uomo di casa - Hausmann - *hombre de casa* - homme au foyer - *house husband*
updating of a plan - variante, aggiornamento - *Planfortschreibung* - actualización o puesta al dìa de un plan - *actualisation, mise à jour d'un plan*
up-grading - riqualificazione - *Aufwertung, Höherstufung* - mejora calidadiva - *rehabilitation, rehaussement de niveau*
up-to-date - aggiornato - *neuzeitlich, zeitgemäß* - actual, puesto al dìa - *à jour, actuel*
upwising, recovery - ripresa - *Aufschwung* - despegue, recuperación - *reprise*
urban agglomeration, conurbation - agglomerato urbano - *Städteballung* - aglomeración urbana - *agglomération urbaine*
urban and rural distribution of population - rapporto tra popolazione urbana e rurale - *Verteilung der Stadt- und Landbevölkerung* - proporción entre población urbana y rural - *répartition entre la population urbaine et rurale*
urban boosterism - promozione urbana - *Städteförderung* - promoción de ciudades - *promotion des villes*
urban development - sviluppo urbano - *Stadtentwicklung* - desarollo urbano - *développement urbain*
urban development plan - piano urbanistico - *Bauleitplan* - plan regulador - *plan d'urbanisme*
urban growth - espansione urbana - *Ausdehnung, städtische* - expansión urbana - *expansion urbaine*
urban motorway - autostrada urbana - *Stadtautobahn* - autovìa urbana - *autoroute urbaine*
urban network - rete urbana - *Städtenetz* - red urbana - *réseau urbain*
urban policy - politica urbana - *Stadtpolitik* - polìtica urbana - *politique urbaine*
urban population - popolazione urbana - *Stadtbevölkerung* - población urbana - *population urbaine*
urban region - regione urbana - *Stadtregion* - región urbana - *région urbaine*
urban renewal - risanamento urbano - *Stadtsanierung* - rehabilitación urbana - *rénovation*

urbaine
urban renewal area - area di rinnovo urbano - *Erneuerungsgebiet* - área de rehabilitación urbana - *zone de rénovation*
urban renewal programme - programma di risanamento dell'habitat - *Sanierungsprogramm* - programa para la mejora del habitat - *programme d'amélioration de l'habitat*
urban settlement - insediamento urbano - *Siedlung, städtische* - establecimiento urbano - *établissement urbain*
urban sprawl - crescita urbana a macchia d'olio - *Siedlungsbrei* - crescimiento urbano en forma de mancha de aceite - *croissance urbaine en tâche d'huile*
urbanisation, mise en valeur - pre-treatment, development, open-up - *collegamento, urbanizzazione* - Erschließung - *trabajos de urbanización*
urbanisation dispersée, mitage - scattered settlement - *insediamento sparso* - Streusiedlung - *construcciones aisladas, dispersas*
urbanisme - town planning - *urbanistica* - Städtebau - *urbanismo*
urbanismo - urbanisme - *town planning* - urbanistica - *Städtebau*
urbaniste conseil - town planning consultant - *consulente urbanistico* - Stadtplaner, beratender - *consultor urbanístico*
urbanistica - Städtebau - *urbanismo* - urbanisme - *town planning*
urbanización - urbanization - *urbanization* - urbanizzazione - *Verstädterung*
urbanizado - équipé - *serviced* - urbanizzato - *erschlossen*
urbanization - urbanization - *urbanizzazione* - Verstädterung - *urbanización*
urbanization - urbanizzazione - *Verstädterung* - urbanización - *urbanization*
urbanized countryside - campagna urbanizzata - *Gebiet, erschlossenes ländliches* - campo urbanizado - *campagne desservie*
urbanizzato - erschlossen - *urbanizado* - équipé - *serviced*
urbanizzazione - Verstädterung - *urbanización* - urbanization - *urbanization*
urbanizzazione a nastro, sviluppo lineare - Bandentwicklung, bandartige Bebauung - *desarollo lineal* - construction en bandes, développement linéaire - *linear development, strip*
Ursachen- und Wirkungs- zusammenhang - relación causa-efecto - *rapport de cause à effect lieu de causalité* - relation between cause and effect - *rapporto causa effetto*
Urteil - sentencia - *sentence, jugement* - sentence, trial - *sentenza*
usage - use - *uso* - Nutzung - *uso, utilización*
usage à jardin des cours intérieures - planting courtyard garden - *messa a verde dei cortili* - Hofbegrünung - *jardines interiores*
uscita - Ausfahrt - *salida* - sortie - *exit*
uscita dell'autostrada - Autobahnausfahrt - *salida de la autopista* - sortie d'autoroute - *motorway exit*
uscita di sicurezza - Notausgang - *salida de emergencia* - sortie de secours - *emergency exit*
use - uso - *Nutzung* - uso, utilización - *usage*
use value - valore d'uso - *Gebrauchswert* - valor de uso - *valeur d'usage*
usefulness - utilità - *Nützlichkeit* - utilidad - *utilité*
use, exploitation - utilizzazione - *Verwertung, Benutzung* - utilización - *utilisation*
uso - Nutzung - *uso, utilización* - usage - *use*
uso a verde - Begrünung - *trasformación en área verde* - verduration - *planting*
uso del suelo - occupation du sol - *soil use* - uso del suolo - *Bodennutzung*
uso del suolo - Bodennutzung - *uso del suelo* - occupation du sol - *soil use*
usos especiales - destination reservée - *special land use* - destinazioni speciali - *Sondernutzung*
uso, utilización - usage - *use* - uso - *Nutzung*
utensile, attrezzo - Werkzeug - *herramienta* - outil - *tool*
utilidad - utilité - *usefulness* - utilità - *Nützlichkeit*
utilisation - use, exploitation - *utilizzazione* - Verwertung, Benutzung - *utilización*
utilisation proposée du sol - proposed land use - *destinazione prevista* - Bodennutzung, vorgeschlagene - *propuesta de utilización del suelo*
utilità - Nützlichkeit - *utilidad* - utilité - *usefulness*
utilité - usefulness - *utilità* - Nützlichkeit - *utilidad*
utilización - utilisation - *use, exploitation* - utilizzazione - *Verwertung, Benutzung*
utilización, aplicación - application, utilisation - *application of, utilization* - impiego, appli-

cazione - *Verwendung*
utilizzazione - Verwertung, Benutzung - *utilización* - utilisation - *use, exploitation*

V

vacaciones - congés - *holidays, vacation* - ferie, vacanze - *Ferien, Urlaub*
vacancier - vacationer - *turista* - Ferienreisender - *veraneante, turista*
vacant land - terra incolta - *Land, unbebautes* - tierra inculta - *terre non cultivée*
vacant land reserve - terreni vincolati, riserva fondiaria - *Bodenvorrat, Baulandreserve* - terrenos reservados, reserva de suelos - *réserve foncière*
vacationer - turista - *Ferienreisender* - veraneante, turista - *vacancier*
vado - gué - *ford* - guado - *Furt*
vague - wave - *onda* - Welle - *ola*
valanga - Lawine - *avalancha, alud* - avalanche - *avalanche*
valeur - value, worth - *valore* - Wert - *valor*
valeur après aménagement - value of developed land - *valore del terreno urbanizzato* - Wert nach der Erschließung - *valor del terreno urbanizado*
valeur comme terrain agricole - agricultural use value of land - *valore agricolo* - Nutzwert, landwirtschaftlicher - *valor agricola*
valeur comme terrain à bâtir - value as building land - *valore come terreno edificabile* - Wert als Bauland - *valor como terreno edificable*
valeur d'échange - exchange value - *valore di scambio* - Tauschwert - *valor de cambio*
valeur d'ensemble - value of an architectural setting as a whole - *valore d'insieme* - Ensemblewert - *valor de conjunto*
valeur d'expropriation - compulsory purchase value - *valore d'esproprio* - Enteignungswert - *valor de expropriación*

valeur d'usage - use value - *valore d'uso* - Gebrauchswert - *valor de uso*
valeur imposable - taxable value, rateable value - *valori imponibili* - Werte, besteuerbare - *valores imponibles*
valeur indicative - standard - *valore indicativo* - Richtwert - *standard, valor indicativo*
valeur locative - rental value - *valore locativo* - Mietwert - *valor de arriendo*
valeur seuil - threshold value - *valore di soglia* - Schwellenwert - *valor de umbral*
valeur vénale du sol - market value of property - *valore fondiario di mercato* - Marktwert des Bodens - *valor inmobiliar de mercado*
valeurs de l'environnement - environmental values - *valori ambientali* - Umweltwerte - *valores ambientales*
validez - validité - *soundness, validity* - validità - *Gültigkeit*
validità - Gültigkeit - *validez* - validité - *soundness, validity*
validité - soundness, validity - *validità* - Gültigkeit - *validez*
valley floor - fondo valle - *Talboden* - fondo de un valle - *fond de vallée*
valloné - hilly - *collinoso* - hügelig - *en colinas*
valor - valeur - *value, worth* - valore - *Wert*
valor agricola - valeur comme terrain agricole - *agricultural use value of land* - valore agricolo - *Nutzwert, landwirtschaftlicher*
valor como terreno edificable - valeur comme terrain à bâtir - *value as building land* - valore come terreno edificabile - *Wert als Bauland*
valor de arriendo - valeur locative - *rental value* - valore locativo - *Mietwert*
valor de cambio - valeur d'échange - *exchange*

value - valore di scambio - *Tauschwert*
valor de conjunto - valeur d'ensemble - *value of an architectural setting as a whole* - valore d'insieme - *Ensemblewert*
valor de expropriación - valeur d'expropriation - *compulsory purchase value* - valore d'esproprio - *Enteignungswert*
valor de umbral - valeur seuil - *threshold value* - valore di soglia - *Schwellenwert*
valor de uso - valeur d'usage - *use value* - valore d'uso - *Gebrauchswert*
valor del terreno urbanizado - valeur après aménagement - *value of developed land* - valore del terreno urbanizzato - *Wert nach der Erschließung*
valor inmobiliar de mercado - valeur vénale du sol - *market value of property* - valore fondiario di mercato - *Marktwert des Bodens*
valoración fiscal del patrimonio - évaluation fiscale des biens - *assessment of properties* - valutazione fiscale delle proprietà - *Schätzung, steuerliche Veranlagung*
valore - Wert - *valor* - valeur - *value, worth*
valore agricolo - Nutzwert, landwirtschaftlicher - *valor agricola* - valeur comme terrain agricole - *agricultural use value of land*
valore come terreno edificabile - Wert als Bauland - *valor como terreno edificabile* - valeur comme terrain à bâtir - *value as building land*
valore del terreno urbanizzato - Wert nach der Erschließung - *valor del terreno urbanizado* - valeur après aménagement - *value of developed land*
valore d'esproprio - Enteignungswert - *valor de expropriación* - valeur d'expropriation - *compulsory purchase value*
valore d'insieme - Ensemblewert - *valor de conjunto* - valeur d'ensemble - *value of an architectural setting as a whole*
valore di miglioria, plusvalore fondiario - Wertverbesserung - *plusvalìa inmobiliaria* - plus-value foncière - *betterment*
valore di scambio - Tauschwert - *valor de cambio* - valeur d'échange - *exchange value*
valore di soglia - Schwellenwert - *valor de umbral* - valeur seuil - *threshold value*
valore d'uso - Gebrauchswert - *valor de uso* - valeur d'usage - *use value*
valore fondiario di mercato - Marktwert des Bodens - *valor inmobiliar de mercado* - valeur vénale du sol - *market value of property*
valore indicativo - Richtwert - *standard, valor indicativo* - valeur indicative - *standard*
valore locativo - Mietwert - *valor de arriendo* - valeur locative - *rental value*
valores ambientales - valeurs de l'environnement - *environmental values* - valori ambientali - *Umweltwerte*
valores imponibles - valeur imposable - *taxable value, rateable value* - valori imponibili - *Werte, besteuerbare*
valori ambientali - Umweltwerte - *valores ambientales* - valeurs de l'environnement - *environmental values*
valori imponibili - Werte, besteuerbare - *valores imponibles* - valeur imposable - *taxable value, rateable value*
value, worth - valore - *Wert* - valor - *valeur*
value as building land - valore come terreno edificabile - *Wert als Bauland* - valor como terreno edificable - *valeur comme terrain à bâtir*
value judgement - giudizio di valore - *Werturteil* - juicio de valor - *jugement de valeur*
value of an architectural setting as a whole - valore d'insieme - *Ensemblewert* - valor de conjunto - *valeur d'ensemble*
value of developed land - valore del terreno urbanizzato - *Wert nach der Erschließung* - valor del terreno urbanizado - *valeur après aménagement*
value-added tax (VAT) - imposta sul valore aggiunto (IVA) - *Mehrwertsteuer (MWST)* - impuesto sobre el valor añadido - *taxe sur la valeur ajoutée (TVA)*
valutazione - Bewertung - *evaluación* - évaluation - *evaluation, appraisal*
valutazione dell'impatto ambientale - Umweltverträglichkeits- prüfung - *estudio del impacto ambiental* - étude d'impact - *environmental impact statement, assessment*
valutazione fiscale delle proprietà - Schätzung, steuerliche Veranlagung - *valoración fiscal del patrimonio* - évaluation fiscale des biens - *assessment of properties*
vanne de régulation - floodgates, sluices - *chiuse regolatrici* - Wehr - *compuertas, presas*
vano - Raumeinheit - *pieza (de una casa)* - pièce unitaire - *room unit*
vano scale - Treppenhaus - *caja de escaleras* - cage d'escalier - *stairwell*
vantaggi collaterali, prestazioni accessorie - Nebenleistung - *prestaciones colaterales* - gratte, prestation accessoire - *fringe benefit*

vantaggi dell'ubicazione, rendita di posizione - Standortvorteil - *ventajas de la ubicación* - rente de situation - *locational advantage*
variabile dipendente - Variable, abhängige - *variable dependiente* - variable dépendante - *dependent variable*
Variable, abhängige - variable dependiente - *variable dépendante* - dependent variable - *variabile dipendente*
variable dépendante - dependent variable - *variabile dipendente* - Variable, abhängige - *variable dependiente*
variable dependiente - variable dépendante - *dependent variable* - variabile dipendente - *Variable, abhängige*
variación, modificación - variation, écart - *change, variation* - variazione, modificazione - *Veränderung, Abweichung*
variante, aggiornamento - Planfortschreibung - *actualización o puesta al día de un plan* - actualisation, mise à jour d'un plan - *updating of a plan*
variation, écart - change, variation - *variazione, modificazione* - Veränderung, Abweichung - *variación, modificación*
variazione, modificazione - Veränderung, Abweichung - *variación, modificación* - variation, écart - *change, variation*
variazione giornaliera - Veränderungsfaktor, täglicher - *tasa de variación diaria* - taux de variation journalière - *day-to-day variation factor*
varietà - Vielfalt - *diversidad, variedad* - multiplicité - *diversity*
vaso da fiori - Blumenkübel - *maceta* - bac à fleurs - *flower tub*
vecindad - voisinage - *neighbourhood* - vicinato - *Nachbarschaft*
vedado de caza, coto - réserve de chasse - *game reserve* - riserva di caccia - *Jagdgehege*
vegetable garden - orto - *Gemüsegarten* - huerto - *jardin maraîcher*
vegetación a la orìlla - végetation aux côtés des rues - *roadside vegetation* - strisce a verde ai lati delle strade - *Straßenbegleitgrün*
végetation aux côtés des rues - roadside vegetation - *strisce a verde ai lati delle strade* - Straßenbegleitgrün - *vegetación a la orìlla*
vehicle - veicolo - *Fahrzeug* - vehìculo - *véhicule*
vehicular access - accesso veicolare - *Einfahrt für Fahrzeuge* - acceso de vehìculos - *accès aux véhicules*
véhicule - vehicle - *veicolo* - Fahrzeug - *vehìculo*
vehìculo - véhicule - *vehicle* - veicolo - *Fahrzeug*
veicolo - Fahrzeug - *vehìculo* - véhicule - *vehicle*
velma - Schlammfläche - *cieno, fondo cenagoso* - plage de vase - *mud area*
vélo, bicyclette - bicycle - *bicicletta* - Fahrrad - *bicicleta*
vélomoteur - motorbike, moped - *ciclomotore* - Mofa - *velomotor*
velomotor - vélomoteur - *motorbike, moped* - ciclomotore - *Mofa*
vencimiento - échéance - *due date* - scadenza - *Fälligkeit*
vender - vendre - *sell (to)* - vendere - *verkaufen*
vendere - verkaufen - *vender* - vendre - *sell (to)*
vendite all'estero - Auslandsumsatz - *venta al extrajero* - vente à l'étranger - *foreign sales*
vendre - sell (to) - *vendere* - verkaufen - *vender*
vent dominant - prevailing wind - *vento dominante* - Wind, vorherrschender - *viento predominante*
venta al extrajero - vente à l'étranger - *foreign sales* - vendite all'estero - *Auslandsumsatz*
ventajas de la ubicación - rente de situation - *locational advantage* - vantaggi dell'ubicazione, rendita di posizione - *Standortvorteil*
ventas - montant des ventes - *sales* - smercio - *Absatz*
vente à l'étranger - foreign sales - *vendite all'estero* - Auslandsumsatz - *venta al extrajero*
ventilación - aération, ventilation - *airing, ventilation* - ventilazione - *Entlüftung*
ventilazione - Entlüftung - *ventilación* - aération, ventilation - *airing, ventilation*
vento dominante - Wind, vorherrschender - *viento predominante* - vent dominant - *prevailing wind*
venture capital - capitale di rischio - *Risikokapital* - capital en riesgo - *capital d'entreprise*
veraltet - decrépito, obsoleto - *obsolète* - obsolete - *decrepito*
Veränderung - modificación, cambio - *changement* - change - *cambiamento*
Veränderungsfaktor, täglicher - tasa de variación diaria - *taux de variation journalière* - day-to-day variation factor - *variazione giornaliera*

Veränderungssteuerung - gestion del cambio - *gestion du changement* - management of change - *gestione del cambiamento*
Veränderung, Abweichung - variación, modificación - *variation, écart* - change, variation - *variazione, modificazione*
veraneante, turista - vacancier - *vacationer* - turista - *Ferienreisender*
verantwortlich - responsable - *responsable* - responsible, liable - *responsabile*
Verarbeitungsindustrie - industria de transforma- ción, de elaboración - *industrie de transformation* - manufacturing industry - *industria manifatturiera*
verbale, rendiconto - Protokoll - *acta* - procès-verbal - *minutes, proceeding*
Verband - consorcio - *association, fédération* - association - *consorzio*
Verbesserung - mejora - *amélioration* - improvement - *migliorìa*
Verbindung - ligazón, conexión - *liaison* - liaison, link - *collegamento*
Verbrauch - consumo, gasto - *consommation* - consumption - *consumo*
Verbrauchsgüter - bienes de consumo - *biens de consommation* - consumer goods - *beni di consumo*
Verbrennungsanlage - incinerador - *incinérateur* - incineration plant - *inceneritore*
Verdichtung - densificación - *densification* - process of becoming denser - *densificazione*
Verdichtungsgebiet - aglomeración - *zone de concentration* - agglomeration, conurbation - *zona di concentrazione*
verdienen - ganar, percibir - *gagner* - earn (to) - *guadagnare*
Verdunstung - evaporación - *évaporation* - evaporation - *evaporazione*
verduration - planting - *uso a verde* - Begrünung - *trasformación en área verde*
Veredelung - refinamiento, procesamiento - raffinage, transformation - processing - *raffinazione, trasformazione*
Verein, Kreis - club, cìrculo - *club, cercle* - club, organization - *circolo*
Vereinbarung - acuerdo, convención - *accord, convention* - arrangement - *accordo, convenzione*
Vereinheitlichung - unificación - *unification* - unification, standardization - *unificazione*
Verfahren - procedimiento - *procédure* - procedure - *procedura, proceeding*

Verflechtung - interconnección - *entrelacement* - interlacement - *intreccio*
Verflechtung der gesellschaftlichen Verhältnisse - red de relaciones sociales - *imbrication des rapports sociaux* - network of social relationships - *rete di relazioni sociali*
verfügbar - disponible - *disponible, prêt* - available, disposable - *disponibile*
Vergebung, Vergabe - concesión, encargo - *adjudication, passation, de marché* - allocation, award of contracts - *appalto*
Vergeudung der natürlichen Ressourcen - desperdicio de recursos naturales - *gaspillage des resources naturelles* - wastage of natural resources - *spreco delle risorse naturali*
Vergleichbarkeit - comparabilidad - *comparabilité* - comparability - *comparabilità*
Verhalten - comportamiento, conducta - *comportement* - behavior - *comportamento*
Verhältnis zwischen Angebot und Nachfrage - relación entre la oferta y la demanda - *rapports entre l'offre et la demande* - relationship between supply and demand - *rapporto tra offerta e domanda*
Verhältnis zwischen gefüllten und leeren Räumen - relación entre llenos y vacìos - *relation entre espaces pleins et vides* - relationship between solids and voids - *rapporto tra pieni e vuoti*
Verhältnisse, annehmbare - condiciones aceptables - *conditions acceptables* - acceptable conditions - *condizioni accettabili*
Verhältnisse, gesellschaftliche - relaciones sociales - *relations sociales* - social relations - *relazioni sociali*
Verhandlung - negociación - *négociation* - negotiation, bargaining - *negoziato, trattativa*
verifica dell'abitabilità - Untersuchung über ungesunde Wohnbedingungen - *encuesta de habitabilidad* - enquête d'insalubrité - Public Health Administration survey before slum clearance
verificación, prueba - vérification - *audit, check* - verifica, prova - *Prüfung*
vérification - audit, check - *verifica, prova* - Prüfung - *verificación, prueba*
verifica, prova - Prüfung - *verificación, prueba* - vérification - *audit, check*
verjährt - prescripto - *en prescription* - statute-barred - *in prescrizione*
Verjüngung - rejuvenecimiento - *rajeunisse-*

ment - rejuvenation - *ringiovanimento*
Verkabelung - tendido de cables - *cablage* - cabling, wiring - *cablaggio*
verkaufen - vender - *vendre* - sell (to) - *vendere*
Verkehrsampeln - semáforos - *feux de circulation* - traffic lights - *semafori*
Verkehrsaufkommen, stündliches - volumen horario del tráfico - *volume horaire de trafic* - hourly traffic volume - *volume orario di traffico*
Verkehrsberuhigung - moderación del tráfico - *modération du trafic* - traffic reduction - *moderazione del traffico*
Verkehrsentlastung - decongestión del tráfico - *décongestion de la circulation* - reduction of traffic congestion - *decongestionamento del traffico*
Verkehrsfläche, gemischte - carreteras, autopistas de uso múltiple - *voirie à utilisation mixte* - multipurpose road - *carreggiata ad uso plurimo*
Verkehrsfluß - flujos de tráfico - *flux de la circulation* - traffic flow - *flusso di traffico*
Verkehrsingenieur - ingeniero del tráfico - *ingénieur du trafic* - traffic engineer - *ingegnere del traffico*
Verkehrsmittel - medios de transporte - *moyens de transport* - transportation mode - *mezzi di trasporto*
Verkehrsplan - plan de viabilidad - *plan de transport* - transportation plan - *piano della viabilità*
Verkehrssicherheit - seguridad en el trafico - *sécurité routière* - traffic safety - *sicurezza stradale*
Verkehrsstau, Verkehrsstockung - embotellamiento - *embouteillage, bouchon* - traffic bottleneck, jam - *ingorgo, coda*
Verkehrsumlegung - asignación de la circulación - *affectation de la circulation* - traffic assignment, rerouting, diversion - *attribuzione delle correnti di traffico*
Verkehrszeichen - señal de tráfico - *panneau de signalisation* - road sign - *cartello stradale*
Verkehrszentrum - centro de comunicación - *centre de communication* - transportation centre - *centro di comunicazioni*
Verlagerung - desplazamiento - *déplacement* - displacement, relocation - *spostamento*
Verlängerung - prolongación, prórroga, extensión - *prolongement, prorogation, reconduction* - extension, delay - *proroga*

Verlust - pasivo, déficit - *passif, perte* - deficit, loss - *passivo*
Vermehrung, Wachstum - incremento - *accroissement* - increase, growth - *crescita, incremento*
Vermieter - arrendador, alquilador - *propriétaire bailleur* - landlord - *locatore*
vermindern - reducir - *réduire* - reduce (to) - *ridurre*
Verminderung - disminución, decremento, decrecimiento - *diminution* - reduction - *diminuzione*
Vermittler - mediador, intermediario - *médiateur, intermédiaire* - go-between, intermediary - *intermediario*
Vermögen - patrimonio, capital - *fortune* - estate, fortune, assets - *patrimonio, capitale*
Vermögen, unbewegliches - bienes inmuebles - *immeubles* - real assets - *beni immobili*
Verordnung, Erlaß - decreto, edicto - *décret* - decree, writ - *decreto*
Verordnung, gesetzliche - decreto-ley - *décret-loi* - executive order, statutory regulation - *decreto legge*
Verrechnung - compensación - *compensation* - set-off, clearance - *compensazione*
Verringerung der Produktionskosten - reducción de costes de producción - *diminution du coût de production* - reduction in the cost of production - *riduzione dei costi di produzione*
Versagung der Baugenehmigung - negativa de concesión a construir - *refus de permis de construire* - planning refusal, building permit denial - *rifiuto della concessione*
versamento annuale - Einzahlung, jährliche - *pago anual* - versement annuel - *annual installment*
versante di una montagna - Berghang - *ladera de una montaña* - fianc de montagne - *mountain side*
Verschlammung - estancamiento - *envasement* - siltation - *insabbiamento*
Verschmutzung - polución - *pollution* - pollution - *inquinamento*
Verschuldung - endeudamiento - *endettement* - indebtedness, debit - *indebitamento*
versement annuel - annual installment - *versamento annuale* - Einzahlung, jährliche - *pago anual*
Versenkung von Müll ins Meer - depósito de residuos en el mar - *décharge de déchets en*

mer - dumping of refuse at sea - *smaltimento dei rifiuti nel mare*
Verseuchung - contaminación - *contamination* - contamination - *contaminazione*
Versicherung - seguro - *assurance* - insurance - *assicurazione*
Versorgung - aprovisionamiento - *fourniture, ravitaillement* - supply, service delivery - *approvvigionamento*
Verstaatlichung - nacionalización - *nationalisation* - nationalization - *nazionalizzazione*
Verstädterung - urbanización - *urbanization* - urbanization - *urbanizzazione*
versteigern - poner a subasta, subastar - *mettre aux enchères* - auction (to) - *mettere all'asta*
Versuchsanlage - estación piloto - *station d'essai* - pilot plant - *impianto pilota*
vertedero - terril - *slagheap* - discarica - *Berghalde*
verteilen - repartir, subdividir - *répartir* - apportion (to) - *suddividere*
Verteilung der Stadt- und Landbevölkerung - proporción entre población urbana y rural - *répartition entre la population urbaine et rurale* - urban and rural distribution of population - *rapporto tra popolazione urbana e rurale*
Verteilung nach Größe - clasificación por medidas - *répartition par taille* - size distribution - *suddivisione per taglia*
vertenza - Streit - *controversia, pleito* - différend - *dispute*
Verteuerung - encarecimiento, subida de precios - *augmentation* - markup - *rincaro*
Vertiefung - cavidad - *creux* - hollow - *cavità*
Vertrag - contrato - *contrat* - contract, agreement - *contratto*
Verunstaltung der Landschaft - destrucción del paisaje - *dégradation du paysage* - blot, scarring of the landscape - *deturpamento del paesaggio*
Verursacherprinzip - principio del contaminador-pagador - *principe du pollueur-payeur* - polluter-pays principle - *principio dell'inquinante-pagante*
Verwaltung - administración - *administration* - administration, management - *amministrazione*
Verwaltungsbezirk - distrito administrativo - *circonscription administrative* - administrative unit - *circoscrizione amministrativa*
Verwaltungsbuchführung - contabilidad pública - *comptabilité administrative* - public accounts - *contabilità pubblica*
Verwaltungsgericht - tribunal administrativo - *tribunal administratif* - administrative law court - *tribunale amministrativo*
Verwaltungsgrenzen einer Stadt - lìmites administrativos de una ciudad - *limites administratives d'une ville* - administrative boundaries of a town - *confini amministrativi di una città*
Verwaltungsrat - consejo de administración - *conseil d'administration* - board of directors - *consiglio d'amministrazione*
Verwaltungsreform - reforma admistrativa - *réforme administrative* - administrative reform - *riforma amministrativa*
Verwendung - utilización, aplicación - *application, utilisation* - application of, utilization - *impiego, applicazione*
Verwertungskapital - capital de explotación - *capital d'exploitation* - working capital - *capitale di sfruttamento*
Verwertung, Benutzung - utilización - *utilisation* - use, exploitation - *utilizzazione*
verwirklichen - realizar - *réaliser* - carry out (to) - *realizzare*
verzichten auf - renunciar - *renoncer* - renounce (to), abandon (to) - *rinunciare*
Verzögerungsspur - vìa de desaceleración - *voie de décélération* - slowing-down, deceleration lane - *corsia di decelerazione*
Verzug - demora, retraso - *demeure, retard* - delay - *mora*
vestpocket park - polmone di verde - *Lunge, grüne* - pulmón, área verde - *poumon, espace ouvert*
via de aceleración - voie d'accélération - *acceleration lane* - corsia di accelerazione - *Beschleunigungspur*
via de adelantamiento - voie de dépassement - *overtaking lane, passing lane* - corsia di sorpasso - *Überholspur*
vìa de alta velocidad - voie rapide - *high-speed road, major street artery* - strada di scorrimento veloce - *Schnellverkehrsstraße*
vìa de baja velocidad - voie lente - *slow lane* - corsia per veicoli lenti - *Kriechspur*
vìa de circunvalación - route circulaire - *ring road* - circonvallazione - *Ringstraße*
vìa de circunvalación interior - voie périphérique interne - *inner ring road* - viale di circonvallazione - *Ring, innerer*

vìa de desaceleración - voie de décélération - *slowing-down, deceleration lane* - corsia di decelerazione - *Verzögerungsspur*
via de emergencia - bande d'arrêt d'urgence - *emergency lane, shoulder* - corsia di emergenza - *Haltespur für Notfälle*
via de servicio - voie de service - *service road* - strada di servizio - *Anlieferungsstraße*
vìa de transito - route de transit - *thoroughfare* - strada di transito - *Durchgangsstraße*
via exterior - voie extérieure - *outer lane* - corsia esterna - *Fahrspur, äußere*
viadotto - Viadukt - *viaducto* - viaduc - *overpass, viaduct*
viaduc - overpass, viaduct - *viadotto* - Viadukt - *viaducto*
viaducto - viaduc - *overpass, viaduct* - viadotto - *Viadukt*
Viadukt - viaducto - *viaduc* - overpass, viaduct - *viadotto*
viaggiatori per ora - Passagiere je Stunde - *viajeros por hora* - voyageurs par heure - *passengers per hour*
viaggio - Fahrt - *viaje* - voyage - *journey, trip*
viaje - voyage - *journey, trip* - viaggio - *Fahrt*
viaje en coche - voyage en voiture - *car journey, trip* - giro in macchina - *Autofahrt*
viajeros por hora - voyageurs par heure - *passengers per hour* - viaggiatori per ora - *Passagiere je Stunde*
viale, corso - Boulevard, Allee - *avenida, paseo* - boulevard, avenue - *boulevard, avenue*
viale di circonvallazione - Ring, innerer - *vìa de circunvalación interior* - voie périphérique interne - *inner ring road*
vibración - vibration - *vibration* - vibrazione - *Erschütterung*
vibration - vibration, quiver - *vibrazione* - Erschütterung - *vibración*
vibration, quiver - vibrazione - *Erschütterung* - vibración - *vibration*
vibrazione - Erschütterung - *vibración* - vibration - *vibration, quiver*
vicinanza - Nähe - *cercanìa, vecinidad* - proximité - *proximity*
vicinato - Nachbarschaft - *vecindad* - voisinage - *neighbourhood*
vicolo - Gasse - *callejuela* - ruelle - *alley, passage*
vicolo cieco - Sackgasse - *callejón sin salida* - impasse - *blind alley, cul-de-sac*
vide, non occupé - unoccupied, vacant - *sfitto,*
non occupato - leerstehend - *desalquilado, no ocupado*
vieillissement - overageing - *invecchiamento* - Überalterung - *envejecimiento*
Vielfalt - diversidad, variedad - *multiplicité* - diversity - *varietà*
viento predominante - vent dominant - *prevailing wind* - vento dominante - *Wind, vorherrschender*
Viertel - barrio - *quartier* - ward - *quartiere*
viewpoint - belvedere - *Aussichtspunkt* - mirador - *belvédère*
vigilado - surveillé - *supervised* - custodito - *beaufsichtigt*
vigilante, guardia - surveillant, garde - *overseer, guard* - sorvegliante - *Aufseher*
vigneto - Weinberg - *viñedo, viña* - vignoble - *vineyard*
vignoble - vineyard - *vigneto* - Weinberg - *viñedo, viña*
village de vacances - holiday village - *villaggio di vacanze* - Feriendorf - *pueblo de vacaciones*
village hall, civic centre, council chamber - sala comunale - *Gemeindesaal* - sala municipal - *salle comunale*
villaggio di vacanze - Feriendorf - *pueblo de vacaciones* - village de vacances - *holiday village*
ville - town, city - *città* - Stadt - *ciudad*
ville de décharge - overspill, relief town - *città dormitorio* - Entlastungsstadt - *ciudad-dormitorio*
ville de province - provincial town - *città di provincia* - Provinzstadt - *ciudad de provincia*
ville dortoir - dormitory town, bedroom community - *città dormitorio* - Schlafstadt - *ciudad dormitorio*
ville moyenne - medium-sized town - *città media* - Mittelzentrum - *ciudad de tamaño medio, ciudad media*
ville nouvelle - new town - *città nuova* - Neue Stadt - *ciudad nueva*
ville satellite - satellite town - *città satellite* - Trabantensiedlung - *ciudad-satélite*
ville universitaire - university town - *città universitaria* - Universitätsstadt - *ciudad universitaria*
Villenviertel, Einfamilienhausgebiet - barrio de chalets - *quartier pavillonaire* - area of detached houses - *quartiere di villette*
ville-pivot - core-city, central city - *città perno* -

Kernstadt - *ciudad pivote, ciudad núcleo*
villini - Bauweise, offene - *chalets, construcción abierta* - habitat pavillonaire - *detached houses*
vincolare - festlegen - *vincular* - bloquer - *tie up (to), lock up (to)*
vincolato - unter Denkmalschutz - *bajo protección* - classé - *listed (on the national register)*
vincolo della sovrintendenza - Denkmalschutzverordnung - *ordenanza para la conservación de monumentos históricos* - prescriptions pour la conservation des monuments historiques - *historic preservation regulations*
vincolo paesistico - Landschaftsschutz- verordnung - *decreto para la protección del paisaje* - décret pour la protection du paysage - *regulation for landscape protection*
vinculado a objetivos - affecté - *tied, earmarked* - a destinazione vincolata - *zweckgebunden*
vincular - bloquer - *tie up (to), lock up (to)* - vincolare - *festlegen*
viñedo, viña - vignoble - *vineyard* - vigneto - *Weinberg*
vineyard - vigneto - *Weinberg* - viñedo, viña - *vignoble*
virage brusque - sharp bend - *curva stretta* - Kurve, scharfe - *curva angosta*
virage de sortie - exit curve - *curva di uscita* - Ausfahrtskurve - *curva de salida*
viraje, vuelta - retournement, virage - *turn* - svolta - *Wendung*
virgin landscape - sito naturale vergine - *Landschaft, unberührte* - entorno natural virgen - *site naturel préservé*
visant les usagers - service-oriented - *orientato all'utenza* - dienstorientiert - *orientado al uso*
visibilidad - visibilité - *visibility* - visibilità - *Sichtbarkeit*
visibilità - Sichtbarkeit - *visibilidad* - visibilité - *visibility*
visibilité - visibility - *visibilità* - Sichtbarkeit - *visibilidad*
visibility - visibilità - *Sichtbarkeit* - visibilidad - *visibilité*
visìta, excursión - visite, tour - *sightseeing* - visita, giro - *Besichtigung, Rundfahrt*
visita, giro - Besichtigung, Rundfahrt - *visìta, excursión* - **visita turìstica guiada** - visite touristique guidée - *guided tour* - visita turistica guidata - *Fremdenführung*
visita turistica guidata - Fremdenführung - *visita turìstica guiada* - visite touristique guidée - *guided tour*
- visite, tour - *sightseeing*
visite, tour - sightseeing - *visita, giro* - Besichtigung, Rundfahrt - *visìta, excursión*
visite touristique guidée - guided tour - *visita turistica guidata* - Fremdenführung - *visita turìstica guiada*
visual obstruction - ostacolo alla visibilità - *Sichtbehinderung* - obstaculo a la visibilidad - *obstacle visuel*
vivaio forestale - Baumschule - *vivero forestal* - pépinière - *tree nursery*
vivenda social - habitations à loyer modéré (H.L.M.) - *council tenancy* - edilizia pubblica, popolare - *Sozialwohnungsbau*
vivero forestal - pépinière - *tree nursery* - vivaio forestale - *Baumschule*
vivienda - logement - *dwelling, home* - abitazione - *Wohnung, Wohneinheit*
vivienda en alquiler - logement locatif - *tenement, rented flat* - appartamento in affitto - *Mietwohnung*
vivienda en comunidad - communauté, groupe en cohabitation - *commune* - abitazione in comune, comunità di alloggio - *Wohngemeinschaft*
vocación - vocation - *suitability, fitness* - vocazione - *Bestimmung, Eignung*
vocation - suitability, fitness - *vocazione* - Bestimmung, Eignung - *vocación*
vocazione - Bestimmung, Eignung - *vocación* - vocation - *suitability, fitness*
Vogelperspektive - perspectiva caballera, perspectiva a vuelo de pájaro - *perspective à vol d'oiseau* - bird's eye perspective - *prospettiva a volo d'uccello*
voie d'accélération - acceleration lane - *corsia di accelerazione* - Beschleunigungspur - *via de aceleración*
voie d'eau navigable - waterway - *corso d'acqua navigabile* - Wasserstraße - *curso de agua navegable*
voie de décélération - slowing-down, deceleration lane - *corsia di decelerazione* - Verzögerungsspur - *vìa de desaceleración*
voie de dépassement - overtaking lane, passing lane - *corsia di sorpasso* - Überholspur - *via de adelantamiento*
voie de desserte - spur side street, road - *strada secondaria di collegamento* - Nebenstraße, Verbindungsweg - *calle secundaria, de servicio*

voie de service - service road - *strada di servizio* - Anlieferungsstraße - *via de servicio*
voie extérieure - outer lane - *corsia esterna* - Fahrspur, äußere - *via exterior*
voie ferrée - railway track - *strada ferrata, binario* - Eisenbahngleis - *ferrovia, andén*
voie lente - slow lane - *corsia per veicoli lenti* - Kriechspur - *vìa de baja velocidad*
voie périphérique interne - inner ring road - *viale di circonvallazione* - Ring, innerer - *vìa de circunvalación interior*
voie rapide - high-speed road, major street artery - *strada di scorrimento veloce* - Schnellverkehrsstraße - *vìa de alta velocidad*
voirie à utilisation mixte - multipurpose road - *carreggiata ad uso plurimo* - Verkehrsfläche, gemischte - *carreteras, autopistas de uso múltiple*
voisinage - neighbourhood - *vicinato* - Nachbarschaft - *vecindad*
voiture privée - private car - *autovettura privata* - Privatwagen (PKW) - *coche privado*
vol - theft - *furto* - Diebstahl - *robo*
volante - tract - *board sheet* - volantino - *Flugblatt*
volantino - Flugblatt - *volante* - tract - *board sheet*
volcan éteint - extinct volcano - *vulcano spento* - Vulkan, erloschener - *volcán extinto*
volcán extinto - volcan éteint - *extinct volcano* - vulcano spento - *Vulkan, erloschener*
Volkswirtschaft - economia politica - *économie politique* - economics - *economia politica*
Volkszählung (eine Bevölkerung von... auf Grund der V. von ...) - censo (una población de ... según el censo de ...) - *recensement (une population de... selon le recensement de ...)* - census (a ... census population of ...) - *censimento (una popolazione di... secondo il censimento del ...)*
Vollbeschäftigung - dedicación total - *plein emploi* - full employment - *pieno impiego*
Vollmacht - poder legal - *plein pouvoir, procuration* - procuration, proxy, power of attorney - *delega, procura*
Vollpension - pensión completa - *pension complète* - full board - *pensione completa*
volume horaire de trafic - hourly traffic volume - *volume orario di traffico* - Verkehrsaufkommen, stündliches - *volumen horario del tráfico*
volume orario di traffico - Verkehrsaufkommen, stündliches - *volumen horario del tráfico* - volume horaire de trafic - *hourly traffic volume*
volumen horario del tráfico - volume horaire de trafic - *hourly traffic volume* - volume orario di traffico - *Verkehrsaufkommen, stündliches*
vom Plan abweichend - no conforme - *dérogatoire* - non-conforming - *non conforme*
von Haus zu Haus - puerta a puerta - *porte à porte* - door-to-door - *porta a porta*
vor Ort - en terreno - *sur place* - on the spot - *sul posto*
voranschlagen - presupuestar, calcular de antemano - *calculer à l'avance* - estimate (to) - *preventivare*
Vorarbeiter, Polier - jefe de obras, maestro mayor - *contremaitre* - foreman - *caposquadra, capomastro*
Voraussetzung - condición pre-requisito - *présupposition, condition* - preconditioning, premise, prerequisite - *presupposto*
Voraussicht - previsión - *prévision* - forecast, estimate - *previsione*
Vorbild - ejemplo, modelo - *exemple, modèle* - example, model - *esempio, modello*
Vorentwurf - esquema preliminar, bosquejo - *schéma préliminaire, esquisse* - preliminary, draft scheme - *progetto preliminare, di massima*
Vorfluter - colector - *collecteur* - outfall drain, major storm drain - *collettore*
vorhanden - actual, disponible - *actuel, disponible* - existing, on hand - *attuale, a disposizione*
Vorkauf - prelación - *préemption* - pre-emption - *prelazione*
Vorkaufsrecht - derecho de prelación - *droit de préemption* - right of pre-emption - *diritto di prelazione*
Vorrang der Fußgänger - prioridad a los peatones - *priorité aux piétons* - pedestrian right of way - *priorità ai pedoni*
Vorräte - stocks, reserva - *provisions, réserves* - stocks, inventory - *provviste, riserve*
Vorschlagsskizze - bosquejo de un plano / de un proyecto - *esquisse de projet* - sketch proposal - *schizzo*
Vorschrift - reglamento - *règlement, prescription* - regulation - *regolamento, prescrizione*
Vorstadtbewohner - habitante suburbano, habitante de las afueras - *banlieusard* - suburba-

nite - *abitante in periferia*
Vorteil - provecho, ventaja - *bénéfice, avantage* - benefit, advantage - *beneficio, vantaggio*
vorübergehend - provisional, temporáneo - *temporaire* - temporary - *provvisorio*
votar - voter - *vote (to)* - votare - *wählen*
votare - wählen - *votar* - voter - *vote (to)*
vote, voix - vote - *voto* - Stimme - *voto, votación*
vote - voto - *Stimme* - voto, votación - *vote, voix*
vote (to) - votare - *wählen* - votar - *voter*
voter - vote (to) - *votare* - wählen - *votar*

voto, votación - vote, voix - *vote* - voto - *Stimme*
voto - Stimme - *voto, votacón* - vote, voix - *vote*
voyage - journey, trip - *viaggio* - Fahrt - *viaje*
voyage en voiture - car journey, trip - *giro in macchina* - Autofahrt - *viaje en coche*
voyageurs par heure - passengers per hour - *viaggiatori per ora* - Passagiere je Stunde - *viajeros por hora*
vuelta, retroceso - retour, recul - *return, drop* - ritorno, arretramento - *Rückgang*
vulcano spento - Vulkan, erloschener - *volcán extinto* - volcan éteint - *extinct volcano*
Vulkan, erloschener - volcán extinto - *volcan éteint* - extinct volcano - *vulcano spento*

W

Wachstum, achsiales - crecimiento axial - *croissance axiale* - axial growth - *sviluppo assiale*
Wachstumsdichte - densidad de urbanización - *densité de développement* - density of development - *densità dell'urbanizzazione*
Wachstumsrate - nivel de crecimiento - *taux de croissance* - growth rate - *tasso di sviluppo*
wage - paga, salario - *Lohn* - salario - *salaire*
wage differentials - differenze salariali - *Lohngefälle* - diferencias salariales - *différences salariales*
wage levels - livelli dei salari - *Lohnniveau* - nivel salarial - *niveaux des salaires*
Wahl der Trasse - elección del trazado - *choix du tracé* - choice of route - *scelta del tracciato*
Wahlbezirk - distrito electoral, circunscripción electoral - *circonscription électorale* - constituency - *circoscrizione elettorale*
wählen - votar - *voter* - vote (to) - *votare*
Währung - moneda - *monnaie* - currency - *moneta*
Währungsrelation - tasa de cambio - *taux du change* - exchange relation - *tasso di scambio*
waiting - attesa - *Warten* - espera - *attente*
waiting list - lista d'attesa - *Warteliste* - lista de espera - *liste d'attente*
Wald - bosque - *bois* - wood - *bosco*
Wäldchen - bosquecillo - *bosquet* - copse - *boschetto*
Waldfläche - zona arbolada - *zone boisée* - woodland - *zona boschiva*
Wanderungsrichtung - dirección de los movimientos migratorios - *sens des mouvements migratoires* - direction of migration - *direzione dei movimenti migratori*

Wanderungssaldo - saldo migratorio - *solde migratoire* - net migration - *saldo migratorio*
ward - quartiere - *Viertel* - barrio - *quartier*
Ware - mercancìa - *marchandise* - goods, merchandise - *merce*
warehouse - magazzino - *Lagerhaus* - deposito, almacén - *entrepôt*
Wärmerückgewinung - recuperación térmica - *récupération thermique* - heat recovery - *recupero del calore*
warning sign - segnalazione - *Warnzeichen* - señalización - *signalisation*
Warnzeichen - señalización - *signalisation* - warning sign - *segnalazione*
Warteliste - lista de espera - *liste d'attente* - waiting list - *lista d'attesa*
Warten - espera - *attente* - waiting - *attesa*
Wassereinzugsgebiet - cuenca hidrográfica - *bassin versant* - protected water recharge area - *bacino idrografico*
Wasserfall - cascada - *chute d'eau* - waterfall - *cascata*
Wasserleitung - conducto del agua, cañerìa - *conduite d'eau* - water line - *condotta d'acqua*
Wassernutzungsrecht - derechos de utilización del agua - *droits de l'utilisation de l'eau* - riparian rights - *diritti d'utilizzazione dell'acqua*
Wasserstraße - curso de agua navegable - *voie d'eau navigable* - waterway - *corso d'acqua navigabile*
Wasserverschmutzung - contaminación del agua - *pollution de l'eau* - water pollution - *inquinamento delle acque*
Wasserversorgung - abastecimiento de agua - *distribution de l'eau* - water supply - *eroga-*

zione dell'acqua
Wasservorkommen - recursos hìdricos - *ressources en eau* - water resources - *risorse idriche*
Wasserwerk, Pumpstation - estación de bombeo - *station de pompage* - waterworks, pumpstation - *stazione di pompaggio*
wastage of natural resources - spreco delle risorse naturali - *Vergeudung der natürlichen Ressourcen* - desperdicio de recursos naturales - *gaspillage des resources naturelles*
waste, refuse - spazzatura - *Müll* - basura, residuos - *ordures*
waste disposal - trattamento dei rifiuti - *Entsorgung* - tratamiento de residuos - *traitement des ordures*
waste heat - calore di scarico - *Abwärme* - calor perdido - *chaleur perdue*
waste water treatment, sewage treatment - riciclaggio delle acque luride - *Abwasserklärung* - reciclaje de aguas residuales, depuradora - *assainissement, traitement des eaux usées*
waste water, sewage - acque reflue, luride - *Abwasser* - aguas residuales - *eaux usées*
water bloom - proliferazione d'alghe - *Algenblüte* - proliferación de algas - *prolifération d'algues*
water line - condotta d'acqua - *Wasserleitung* - conducto del agua, cañerìa - *conduite d'eau*
water pollution - inquinamento delle acque - *Wasserverschmutzung* - contaminación del agua - *pollution de l'eau*
water protection - tutela dell'acqua - *Gewässerschutz* - protección del agua - *protection de l'eau*
water quality - purezza delle acque - *Gewässergüte* - calidad del agua - *qualité de l'eau*
water resources - risorse idriche - *Wasservorkommen* - recursos hìdricos - *ressources en eau*
water supply - erogazione dell'acqua - *Wasserversorgung* - abastecimiento de agua - *distribution de l'eau*
waterfall - cascata - *Wasserfall* - cascada - *chute d'eau*
waterproof containers - contenitori impermeabili - *Gefäße, wasserdichte* - contenedores impermeables, containers impermeables - *fûts étanches*
waterway - corso d'acqua navigabile - *Wasserstraße* - curso de agua navegable - *voie d'eau navigable*

waterworks, pumpstation - stazione di pompaggio - *Wasserwerk, Pumpstation* - estación de bombeo - *station de pompage*
wave - onda - *Welle* - ola - *vague*
wave action - azione delle onde - *Wellentätigkeit* - acción de las olas - *action des vagues*
wealth - ricchezza - *Reichtum* - riqueza - *richesse*
weather chart - carta meteorologica - *Wetterkarte* - mapa meteorológico - *carte météorologique*
weather forecast - previsioni del tempo - *Wettervorhersage* - predicción del tiempo - *prévision météorologique*
weather report - bollettino meteorologico - *Wetterbericht* - boletìn meteorológico - *bulletin météorologique*
Wechselbeziehungen zwischen Organismen - relación entre los organismos - *relation entre les organismes* - inter-relationship of organisms - *relazione tra gli organismi*
Wechselkurs - curso de cambio - *cours du change* - rate of exchange - *tasso di cambio*
weeds - erbe infestanti - *Unkrautbewuchs* - malas hierbas - *mauvaises herbes*
week day, working day - giorno feriale - *Werktag, Arbeitstag* - dìa laborable - *jour ouvrable*
week-end tourism - turismo di fine settimana - *Wochenendtourismus* - turismo de fin de semana - *tourisme de week-end*
Wegwerfpackung - embalaje sin retorno - *emballage à jeter* - throw-away pack - *imballaggio senza resa, a perdere*
Wehr - compuertas, presas - *vanne de régulation* - floodgates, sluices - *chiuse regolatrici*
Weide - pastizal - *pâturages* - grazing land - *pascolo*
weight - peso - *Gewicht* - peso - *poids*
weights and measures - pesi e misure - *Gewichts- und Maßeinheiten* - pesos y medidas - *poids et mesures*
Weinberg - viñedo, viña - *vignoble* - vineyard - *vigneto*
welfare criteria - criteri di benessere - *Wohlstandskriterien* - criterios de bienestar - *critères de bien-être*
welfare work - assistenza pubblica - *Sozialfürsorge* - asistencia social - *assistance sociale*
Welle - ola - *vague* - wave - *onda*
Wellenbrecher - rompeolas - *épi, éperon, brise-lames* - breakwater - *pennello, frangiflutti*

wellenförmig - ondulado - *ondulé* - undulating, wavy - *ondulato*
Wellentätigkeit - acción de las olas - *action des vagues* - wave action - *azione delle onde*
Wendung - viraje, vuelta - *retournement, virage* - turn - *svolta*
Werbung - publicidad, propaganda - *publicité, propagande* - publicity, advertisement - *pubblicità*
Werbungskosten - gastos de publicidad - *frais de publicité* - professional outlay, class A deduction - *spese per la produzione del reddito*
Werft - astilleros - *chantier naval* - shipyard - *cantiere, arsenale*
Werkbusdienst - servicio de autobuses para trabajadores - *service d'autobus pour travailleurs* - company bus service - *servizio d'autobus per lavoratori*
Werkstatt - taller - *atelier* - workshop - *officina*
Werkstoff - material - *matériau* - material - *materiale*
Werkswohnung - alojamiento para el personal - *logement de fonction* - company housing - *alloggio di servizio*
Werktag, Arbeitstag - dìa laborable - *jour ouvrable* - week day, working day - *giorno feriale*
Werkzeug - herramienta - *outil* - tool - *utensile, attrezzo*
Wert - valor - *valeur* - value, worth - *valore*
Wert als Bauland - valor como terreno edificable - *valeur comme terrain à bâtir* - value as building land - *valore come terreno edificabile*
Wert nach der Erschließung - valor del terreno urbanizado - *valeur après aménagement* - value of developed land - *valore del terreno urbanizzato*
Wertabschöpfung - impuesto sobre la plusvalìa inmobiliaria - *impôt sur les plus-values foncières* - betterment levy, special assessment - *imposta sul plus-valore fondiario*
Werte, besteuerbare - valores imponibles - *valeur imposable* - taxable value, rateable value - *valori imponibili*
Wertsteigerung des Bodens durch Erschließung - revalorización del suelo como producto de la urbanización - *plus-value foncière résultant de l'urbanisation* - profit from property development - *plus-valore fondiario in seguito a urbanizzazione*

Werturteil - juicio de valor - *jugement de valeur* - value judgement - *giudizio di valore*
Wertverbesserung - plusvalìa inmobiliaria - *plus-value foncière* - betterment - *valore di miglioria, plusvalore fondiario*
wetlands - marcita - *Wiese, feuchte* - fresquedal - *prairie irriguée*
Wettbewerb - concurso - *concours* - competition - *concorso*
Wettbewerbsfähigkeit - competividad - *compétitivité* - competitiveness - *competitività*
Wettbewerbswirtschaft - economìa competidora - *économie compétitive* - competitive economy - *economia concorrenziale*
Wetterbericht - boletìn meteorológico - *bulletin météorologique* - weather report - *bollettino meteorologico*
Wetterkarte - mapa meteorológico - *carte météorologique* - weather chart - *carta meteorologica*
Wettervorhersage - predicción del tiempo - *prévision météorologique* - weather forecast - *previsioni del tempo*
wharf, quay, pier - molo, gettata - *Kai* - muelle, malecón - *quai*
wide, broad - largo - *breit* - ancho - *large*
widely spaced, low density - decongestionato, a bassa densità - *aufgelockert* - descongestionado, espaciado - *aéré, dégagé*
widening line, future street line - limite di ampliamento - *Linie für die Straßenverbreiterung* - lìmite de ampliación - *limite d'élargissement*
Wiederansiedlung - realojamiento - *relogement* - relocation - *rialloggiamento*
Wiederaufbau - reconstrucción - *reconstruction* - rebuilding, reconstruction - *ricostruzione*
Wiederbeleben von Flüssen und Seen - repoblar rìos y lagos - *rempoissonnement des rivières et lacs* - re-stocking of rivers and lakes - *ripopolamento di fiumi e laghi*
Wiederbelebung eines Bereiches - reavivación de un área - *rivitalisation d'une aire* - revitalization of an area - *rivitalizzazione di un'area*
wiederherstellen - reactivar, restaurar - *réactiver* - restore (to) - *riattivare*
Wiederherstellung - restauración - *restitution, remise en état* - restoration - *restauro*
Widerspruch (jur.) - recurso, oposición - *opposition, recours* - objection, appeal - *impugnazione, opposizione*

Wiederverwertung von Abfallstoffen - riciclaje de residuos - *recyclage des déchets* - recycling of wastes - *riciclaggio dei rifiuti*
Wiese - prado - *pré* - meadow - *prato*
Wiese, feuchte - fresquedal - *prairie irriguée* - wetlands - *marcita*
wiew, opinion - parere - *Ansicht* - opinion - *avis*
wild animals - animali selvatici - *Tiere, wilde* - animales salvajes - *animaux sauvages*
willkürlich - arbitrariamente - *arbitrairement* - arbitrarily - *arbitrariamente*
wind erosion - erosione eolica - *Winderosion* - erosión por el viento - *érosion par le vent*
wind rose - rosa dei venti - *Windrose* - rosa de los vientos - *rose des vents*
Winderosion - erosión por el viento - *érosion par le vent* - wind erosion - *erosione eolica*
winding - sinuoso - *gewunden* - sinuoso - *sinueux*
Windrose - rosa de los vientos - *rose des vents* - wind rose - *rosa dei venti*
Windstoß - ráfaga, golpe de viento - *coup de vent* - gust - *raffica*
Wind, vorherrschender - viento predominante - *vent dominant* - prevailing wind - *vento dominante*
winter sports resort - stazione di sport invernali - *Wintersportplatz* - estación de invierno - station de sports d'hiver
Wintersportplatz - estación de invierno - *station de sports d'hiver* - winter sports resort - *stazione di sport invernali*
Wirksamkeit - eficacia - *efficacité* - effectiveness - *efficacia*
Wirkung des Gesamtbildes - efecto visual total - *effet visuel global* - total visual effect - *effetto visuale complessivo*
Wirtschaft - economìa - *économie* - economy - *economia*
Wirtschaft anregen - estimular la economìa - *stimuler l'économie* - stimulate the economy (to) - *stimolare l'economia*
Wirtschaftsförderung - promoción económica - *promotion économique* - promotion of the economy - *promozione economica*
Wirtschaftsgebäude - edificio para uso agricolo - *bâtiment d'exploitation agricole* - farm building - *edificio ad uso agricolo*
Wirtschaftskrise - crisis económica - *crise économique* - economic crisis - *crisi economica*
Wirtschaftssystem - sistema económico - *système économique* - economic system - *sistema economico*
Wirtschaft, gemischte - economìa mixta - *économie mixte* - mixed economy - *economia mista*
Wirtshaus - cafeterìa, café, bar - *bistrot, café* - public house, pub, bar - *bar, esercizio pubblico*
without notice - senza preavviso, in tronco - *fristlos* - sin aviso previo - *sans préavis*
Wochenendtourismus - turismo de fin de semana - *tourisme de week-end* - week-end tourism - *turismo di fine settimana*
Wohlstandskriterien - criterios de bienestar - *critères de bien-être* - welfare criteria - *criteri di benessere*
Wohnbaufläche - superficie residencial, solar residencial - *terrain à usage résidentiel* - land for housing - *superficie residenziale*
Wohnbevölkerung - población residente - *population résidente* - resident population - *popolazione residente*
Wohnbezirk, vorstädtischer - periferia residencial - *banlieue résidentielle* - residential suburb - *periferia residenziale*
Wohndichte - densidad residencial - *densité résidentielle* - residential density - *densità residenziale*
Wohnfläche - espacio habitable - *espace habitable* - living area - *spazio abitabile*
Wohngebiet - barrio residencial - *zone résidentielle* - residential area - *zona residenziale*
Wohngemeinschaft - vivienda en comunidad - *communauté, groupe en cohabitation* - commune - *abitazione in comune, comunità di alloggio*
Wohnsitz - domicilio, residencia - *domicile* - residence - *domicilio, residenza*
Wohnsitzwechsel - cambio de residencia - *changement de domicile, de résidence* - change of residence, move - *cambio di residenza*
Wohnumfeld - entorno residencial - *environnement résidentiel* - living environment - *intorno residenziale*
Wohnumfeldverbesserung - mejoramiento del entorno de las viviendas - *amélioration du cadre urbain* - improvement of the housing environment - *migliorie dell'intorno residenziale*
Wohnung - apartamento, vivienda, piso - *appartement* - flat - *appartamento*
Wohnung, Wohneinheit - vivienda - *logement* -

dwelling, home - *abitazione*
Wohnung, abgeschlossene - apartamento, vivienda independiente - *appartement indépendant* - self-contained flat - *appartamento autonomo*
Wohnung, umgebaute - piso transformado, reformado - *appartement transformé* - converted flat - *appartamento ristrutturato*
Wohnungsamt - oficina de viviendas - *service logement* - housing department - *ufficio casa*
Wohnungsbaukrise - crisis de la vivienda - *crise du logement* - housing crisis - *crisi edilizia*
Wohnungsbaurate, jährliche - porcentaje anual de nuevas viviendas - *pourcentage annuel de nouveaux logements* - annual rate of new housing construction - *percentuale annua di nuovi alloggi*
Wohnungsbausubvention - subsidio de la vivienda - *subvention à l'habitat, aide à la pierre* - building subsidy, grant - *contributi per l'edilizia*
Wohnungsbestand - parque habitacional - *logements existants* - housing stock - *parco alloggi*
Wohnungseinheit - unidad residencial - *unité résidentielle* - dwelling unit - *unità abitativa*
Wohnungsfrage - problema de la vivienda - *problème du logement* - housing question - *questione delle abitazioni*
Wohnungsgröße - dimensión de la vivienda - *taille du logement* - size of dwelling - *dimensione dell'alloggio*
Wohnungssuche - búsqueda de la vivienda - *recherche du logement* - house hunting - *ricerca della casa*
Wohnungs-Knappheit, Defizit - carencia de vivendas, déficit habitacional - *manque de logements* - housing shortage - *carenza di alloggi*
Wohnverhältnisse - condiciones de habitabilidad - *conditions de logement* - housing conditions - *condizioni abitative*
Wohnwert - habitabilidad - *habitabilité* - livability - *qualità abitativa*

Wolke - nube - *nuage* - cloud - *nube, nuvola*
Wolkenkratzer - rascacielo - *gratte-ciel* - skyscraper - *grattacielo*
wood - bosco - *Wald* - bosque - *bois*
wooded - boscoso - *bewaldet* - arbolado, boscoso - *boisé*
woodland - zona boschiva - *Waldfläche* - zona arbolada - *zone boisée*
work at home, cottage industry - lavoro a domicilio - *Heimarbeit* - trabajo en casa - *travail à domicile*
work trip - spostamento per lavoro - *Fahrt im Berufsverkehr* - desplazamiento por trabajo - *déplacement pour le travail*
worker - lavoratore - *Arbeiter* - trabajador - *travailleur*
working area - zona industriale e commerciale - *Gewerbegebiet* - zona industrial y comercial - *zone d'activités productives*
working capital - capitale di sfruttamento - *Verwertungskapital* - capital de explotación - *capital d'exploitation*
working class - classe operaia - *Arbeiterklasse* - clase obrera - *classe des travailleurs*
working conditions - condizioni lavorative - *Arbeitsbedingungen* - condiciones laborales - *conditions de travail*
working drawings - disegni costruttivi - *Konstruktionszeichnungen* - planos de ejecución, dibujos de construcción - *plans d'exécution*
working group - gruppo di lavoro - *Arbeitsgruppe* - grupo de trabajo - *groupe de travail*
working population - popolazione attiva - *Erwerbspersonen* - población activa - *population active*
working time - orario di lavoro - *Arbeitszeit* - horario laboral - *horaire de travail*
working-age - in età lavorativa - *arbeitsfähig* - en edad de trabajar - *en âge de travailler*
workshop - officina - *Werkstatt* - taller - *atelier*
worthy of preservation - meritevole di conservazione - *erhaltenswert* - merecedor de conservación - *méritant la conservation*

Z

Zahl der Parkplätze - número de estacionamientos - *nombre de places de stationnement* - number of parking places - *numero di spazi per parcheggio*
Zahl der Sterbefälle - número de muertes - *nombre des décès* - number of deaths - *numero dei decessi*
Zahl der Stockwerke - número de plantas - *nombre d'étages* - number of stories - *numero di piani*
Zählbezirk, statistischer Bezirk - distrito de censo - *district de recensement, unité statistique* - census district, statistical area - *sezione di censimento, circoscrizione statistica*
Zählbogen - formulario para el censo - *feuille de recensement* - census form - *modulo per il censimento*
Zählung unter Verwendung von Stichproben - censo por muestra - *recensement par sondage* - sample survey - *censimento per campione*
Zahlungsbilanz - balanza de pagos - *balance des paiements* - balance of payments - *bilancia dei pagamenti*
Zählungsdaten - datos del censo - *données du recensement* - census data - *dati del censimento*
Zaun - cerca, valla - *clôture* - fence - *recinto*
zebra crossing, pedestrian crossing - passaggio zebrato - *Zebrastreifen Fußweg* - paso de zebra - *passage "zebré", clouté*
Zebrastreifen Fußweg - paso de zebra - *passage "zebré", clouté* - zebra crossing, pedestrian crossing - *passaggio zebrato*
Zeichnungen, das Vorhaben darstellend - diagramas illustrativos de la propuesta - *schémas montrant les propositions* - drawings showing the proposal - *elaborati grafici illustranti la proposta*
Zentralität - centralidad - *centralité* - centrality - *centralità*
Zerfall, radioaktiver - descomposición radioactiva - *décomposition radioactive* - radioactive decay - *decadimento radioattivo*
zerklüftet - accidentado - *accidenté* - broken - *accidentato*
Zersiedlung der Landschaft - paisaje alterado - *mitage* - destruction of the landscape - *compromissione del paesaggio*
Zersplitterung des landwirtschaftlichen Besitzes - fraccionamiento de fincas agrìcolas - *fractionnement des domaines agricoles* - fragmentation of agricultural holdings - *frazionamento delle proprietà agricole*
Zielbestimmung - determinación de objectivos - *détermination de l'objectif* - determination of objectives - *determinazione degli obiettivi*
Ziele - objectivos - *objectifs* - objectives, targets - *obiettivi*
Zielgruppe - grupo en cuestión - *groupe-cible* - target group - *gruppo bersaglio*
Zielkonflikt - objectivos en conflicto - *conflit d'objectifs* - conflict of aims - *obiettivi in conflitto*
Zimmer - habitación, pieza - *chambre, salle* - room, chamber - *camera*
Zinssatz für Darlehen - tasa de interés sobre un préstamo - *taux d'emprunt* - lending rate - *tasso di prestito*
Zinssatz für Einlagen - tasa de interés - *taux d'intérêt* - interest rate - *tasso di interesse*
Zinssenkung - baja de intereses - *bonification d'intérêt* - reduction of interest rates - *ribasso*

degli interessi
Zoll - aduana - *douane, péage* - duty, customs - dazio, dogana
Zollkontrolle - control aduanero - *contrôle douanier* - customs control - controllo doganale
zona a sistemazione differita - Bauerwartungsland, Zone für zukünftige Bebauung - *área de desarollo futuro* - zone d'aménagement différé (Z.A.D.) - *area for future development*
zona agricola - Außenbereich - *zona exterior* - zone non urbanisée - *undeveloped area*
zona al margine di una conurbazione - Ballungsrandgebiet - *zona marginal de una conurbación* - zone périurbaine - *outer conurbation area*
zona arbolada - zone boisée - *woodland* - zona boschiva - *Waldfläche*
zona boschiva - Waldfläche - *zona arbolada* - zone boisée - *woodland*
zona climatica - Klimazone - *zona climática* - zone climatique - *climatic zone*
zona climática - zone climatique - *climatic zone* - zona climatica - *Klimazone*
zona comercial - front de magasin - *shop front* - fronte commerciale - *Ladenfront*
zona cuscinetto - Pufferzone - *zona tampón* - zone-tampon - *buffer zone*
zona d'urbanizzazione prioritaria - Baugelände, als vordringlich erklärtes - *zona de urbanización prioritaria* - Zone à Urbaniser en Priorité (Z.U.P.) - *area designated for immediate development*
zona da lottizzare - Gelände, für die Parzellierung freigegebenes - *zona de parcelación, zona para parcelar* - zone à lotir - *area to be alloted*
zona de influencia - zone d'influence - *catchment area, shed* - bacino d'attrazione - *Einzugsbereich*
zona de intervención territorial - Zone d'Intervention Foncière (Z.I.F.) - *right of pre-emption over a designated area* - zona d'intervento fondiario - *Zone für Bodenintervention*
zona de niebla - zone de brouillard - *fog belt* - zona nebbiosa - *Nebelgebiet*
zona de parcelación, zona para parcelar - zone à lotir - *area to be alloted* - zona da lottizzare - *Gelände, für die Parzellierung freigegebenes*
zona de preservación, espacio libre - zone de sauvegarde - *safety zone* - fascia di rispetto - *Abstandsfläche*
zona de ruidos - zone de bruit - *sound emmission area* - zona di propagazione dei rumori - *Schallzone*
zona de urbanización prioritaria - Zone à Urbaniser en Priorité (Z.U.P.) - *area designated for immediate development* - zona d'urbanizzazione prioritaria - *Baugelände, als vordringlich erklärtes*
zona di concentrazione - Verdichtungsgebiet - *aglomeración* - zone de concentration - *agglomeration, conurbation*
zona d'intervento fondiario - Zone für Bodenintervention - *zona de intervención territorial* - Zone d'Intervention Foncière (Z.I.F.) - *right of pre-emption over a designated area*
zona di propagazione dei rumori - Schallzone - *zona de ruidos* - zone de bruit - *sound emmission area*
zona di salvaguardia, area protetta - Schutzbereich - *área bajo protección* - secteur sauvegardé, périmètre sensible - *protected area, conservation area*
zona exterior - zone non urbanisée - *undeveloped area* - zona agricola - *Außenbereich*
zona industrial y comercial - zone d'activités productives - *working area* - zona industriale e commerciale - *Gewerbegebiet*
zona industrial - zone industrielle - *industrial zone* - zona industriale - *Industriegebiet*
zona industriale e commerciale - Gewerbegebiet - *zona industrial y comercial* - zone d'activités productives - *working area*
zona industriale - Industriegebiet - *zona industrial* - zone industrielle - *industrial zone*
zona marginal de una conurbación - zone périurbaine - *outer conurbation area* - zona al margine di una conurbazione - *Ballungsrandgebiet*
zona mista - Mischgebiet - *zona mixta* - zone mixte - *mixed use area*
zona mixta - zone mixte - *mixed use area* - zona mista - *Mischgebiet*
zona nebbiosa - Nebelgebiet - *zona de niebla* - zone de brouillard - *fog belt*
zona no edificable - zone interdite à la construction - *area subject to a building prohibition* - zona non edificabile - *Bauverbotszone*
zona non edificabile - Bauverbotszone - *zona no edificable* - zone interdite à la construction - *area subject to a building prohibition*
zona para edificios públicos - zone réservée

aux constructions publiques - *area for public buildings* - area di intervento pubblico - *Gebiet, für öffentliche Gebäude ausgewiesenes*
zona peatonal - zone piétonnière - *pedestrian precinct, pedestrian area* - zona pedonale - *Fußgängerzone*
zona pedonale - Fußgängerzone - *zona peatonal* - zone piétonnière - *pedestrian precinct, pedestrian area*
zona peligrosa - zone dangereuse - *danger zone* - zona pericolosa - *Gefahren-, Sperrzone*
zona pericolosa - Gefahren-, Sperrzone - *zona peligrosa* - zone dangereuse - *danger zone*
zona residenziale - Wohngebiet - *barrio residencial* - zone résidentielle - *residential area*
zona tampón - zone-tampon - *buffer zone* - zona cuscinetto - *Pufferzone*
zona turística - Fremdenverkehrsgebiet - *zona turìstica* - zone touristique - *tourist area*
zona turìstica - zone touristique - *tourist area* - zona turística - *Fremdenverkehrsgebiet*
zonas de intervención integrada - Zone d'Aménagement Concerté - *designated areas for integrated development* - zone di intervento integrato - *Zone für konzertierte Entwicklung*
zone (to) - definire la destinazione delle aree - *Flächennutzung festlegen* - fijar el uso del suelo - *déterminer l'utilisation des surfaces*
zone à assainir - clearance area, improvement area - *area da risanare* - Sanierungsgebiet - *área de saneamiento*
zone à lotir - area to be alloted - *zona da lottizzare* - Gelände, für die Parzellierung freigegebenes - *zona de parcelación, zona para parcelar*
Zone à Urbaniser en Priorité (Z.U.P.) - area designated for immediate development - *zona d'urbanizzazione prioritaria* - Baugelände, als vordringlich erklärtes - *zona de urbanización prioritaria*
zone boisée - woodland - *zona boschiva* - Waldfläche - *zona arbolada*
zone climatique - climatic zone - *zona climatica* - Klimazone - *zona climática*
zone construite - built-up area - *area edificata* - Fläche, bebaute - *superficie edificada*
zone dangereuse - danger zone - *zona pericolosa* - Gefahren-, Sperrzone - *zona peligrosa*
zone d'activités productives - working area - *zona industriale e commerciale* - Gewerbegebiet - *zona industrial y comercial*

Zone d'Aménagement Concerté - designated areas for integrated development - *zone di intervento integrato* - Zone für konzertierte Entwicklung - *zonas de intervención integrada*
zone d'aménagement différé (Z.A.D.) - area for future development - *zona a sistemazione differita* - Bauerwartungsland, Zone für zukünftige Bebauung - *área de desarollo futuro*
zone d'arrêt pour autobus - bus bay, stop lane - *piazzola di sosta per autobus* - Bushaltebucht - *estacionamento para autobuses*
zone de brouillard - fog belt - *zona nebbiosa* - Nebelgebiet - *zona de niebla*
zone de bruit - sound emmission area - *zona di propagazione dei rumori* - Schallzone - *zona de ruidos*
zone de concentration - agglomeration, conurbation - *zona di concentrazione* - Verdichtungsgebiet - *aglomeración*
zone d'émigration - region of declining population - *area di spopolamento* - Abwanderungsgebiet - *área en despoblamiento*
zone d'immigration - area with growing population - *area di immigrazione* - Zuwanderungsgebiet - *área de immigración*
zone d'influence - catchment area, shed - *bacino d'attrazione* - Einzugsbereich - *zona de influencia*
Zone d'Intervention Foncière (Z.I.F.) - right of pre-emption over a designated area - *zona d'intervento fondiario* - Zone für Bodenintervention - *zona de intervención territorial*
zone de loisirs - leisure area, recreation - *area per il tempo libero* - Erholungsgebiet - *área para el tiempo libre, área de recreación*
zone de rénovation - urban renewal area - *area di rinnovo urbano* - Erneuerungsgebiet - *área de rehabilitación urbana*
zone de sauvegarde - safety zone - *fascia di rispetto* - Abstandsfläche - *zona de preservación, espacio libre*
zone di intervento integrato - Zone für konzertierte Entwicklung - *zonas de intervención integrada* - Zone d'Aménagement Concerté - *designated areas for integrated development*
Zone für Bodenintervention - zona de intervención territorial - *Zone d'Intervention Foncière (Z.I.F.)* - right of pre-emption over a designated area - *zona d'intervento fondiario*
Zone für konzertierte Entwicklung - zonas de

intervención integrada - *Zone d'Aménagement Concerté* - designated areas for integrated development - *zone di intervento integrato*
zone industrielle - industrial zone - *zona industriale* - Industriegebiet - *zona industrial*
zone interdite à la construction - area subject to a building prohibition - *zona non edificabile* - Bauverbotszone - *zona no edificable*
zone majeure d'implantation - key settlement area - *insediamento chiave* - Siedlungsschwerpunkt - *emplazamiento principal, emplazmiento clave*
zone mixte - mixed use area - *zona mista* - Mischgebiet - *zona mixta*
zone non urbanisée - undeveloped area - *zona agricola* - Außenbereich - *zona exterior*
zone périurbaine - outer conurbation area - *zona al margine di una conurbazione* - Ballungsrandgebiet - *zona marginal de una conurbación*
zone piétonnière - pedestrian precinct, pedestrian area - *zona pedonale* - Fußgängerzone - *zona peatonal*
zone réservée aux constructions publiques - area for public buildings - *area di intervento pubblico* - Gebiet, für öffentliche Gebäude ausgewiesenes - *zona para edificios públicos*
zone résidentielle - residential area - *zona residenziale* - Wohngebiet - *barrio residencial*
zone rurale - rural area - *area rurale* - Gebiet, ländliches - *área rural*
zone sans affectation - land not zoned for development - *suolo senza destinazione d'uso* - Zone, nicht für eine Entwicklung bestimmte - *suolo sin destino*
zone touristique - tourist area - *zona turistica* - Fremdenverkehrsgebiet - *zona turìstica*
zone urbaine - local authority jurisdiction - *territorio comunale* - Stadtgebiet - *área urbana*
zones de dépassement - passing zones - *piazzole di incrocio* - Überholstellen - *placitas de cruce, islotes*
zone-tampon - buffer zone - *zona cuscinetto* - Pufferzone - *zona tampón*
Zone, nicht für eine Entwicklung bestimmte - suelo sin destino - *zone sans affectation* - land not zoned for development - *suolo senza destinazione d'uso*
zoning regulations - regolamentazione delle prescrizioni di zona - *Flächennutzungs-festlegung* - regulación del uso del suelo - *réglements du plan d'occupation des sols*
zoological garden - giardino zoologico - *Tiergarten* - parque zoológico, casa de fieras - *jardin zoologique*
Zufall - casualidad, azar - *hasard* - chance - *caso*
zufällig - por azar, casualmente - *par hasard* - by chance - *per caso*
Zugang zum Eigentum - acceso a la propriedad - *accession à la propriété* - access to ownership, to owner occupancy - *accesso alla proprietà*
Zugänglichkeit - accesibilidad - *accessibilité* - accessibility - *accessibilità*
Zuganschluß - correspondencia de trenes - *correspondance des trains* - train connection - *coincidenza dei treni*
Zunahme, natürliche - incremento natural - *accroissement naturel* - natural increase - *incremento naturale*
zurückgeblieben - subdesarrollado, atrasado - *arriéré, en retard* - backward - *arretrato, sottosviluppato*
Zurückweisung - rechazo - *refus* - refusal, rejection - *rifiuto*
Zusammenarbeit - cooperación - *coopération* - co-operation - *cooperazione*
Zusammenschluß von Kommunen - fusión de municipios - *fusion de communes* - merger of local authorities - *fusione di comuni*
Zuschuß - subvención, subsidio - *subvention, aide* - allowance, grant - *sovvenzione, contributo*
Zustand, in gutem - en buenas condiciones, bien conservado - *en bon état* - in good condition - *in buono stato*
zuständig - competente - *compétent* - in charge - *competente*
Zustimmung - adopción - *adoption (d'un projet)* - consent, approval - *adozione*
Zuverlässigkeit - fiabilidad - *fiabilité, sûreté* - reliability - *affidabilità*
Zuwachs, jährlicher - incremento anual - *augmentation annuelle* - annual increase - *incremento annuo*
Zuwanderungsgebiet - área de immigración - *zone d'immigration* - area with growing population - *area di immigrazione*
zuweisen - asignar - *assigner* - assign (to) - *assegnare*
Zuweisungen, zweckgebundene - subvencion

especìfica, vinculada - *subvention spécifique* - specific, allocated, earmarked grant - *sovvenzione specifica*
Zwangsankaufbescheid - obligación de compra - *mise en demeure d'acquérir* - compulsory purchase order - *obbligo d'acquisto*
zweckgebunden - vinculado a objetivos - *affecté* - tied, earmarked - *a destinazione vincolata*
Zweckprogramm - programa vinculado - *programme finalisé* - programme with specific purpose - *programma finalizzato*
Zweckverband, interkommunaler - consorcio polivalente - *Syndicat Intercommunal à Vocations Multiples (S.I.V.O.M.)* - association of municipalities for the provision of several services - *consorzio polivalente*
Zweig - rama, ramo - *branche* - branch - *ramo*
Zweitwohnung - segunda casa - *résidence secondaire* - second home - *seconda casa*